放送番組で読み解く社会的記憶

ジャーナリズム・リテラシー教育への活用

早稲田大学ジャーナリズム教育研究所
公益財団法人 放送番組センター
共編

日外アソシエーツ

装丁：赤田 麻衣子

はしがき

　少なくとも日本において類書のない本をここに刊行することになった。本書はどのような本であり、どのように読まれ、使われるべきであろうか。
　その問いに入る前に、放送番組とは私たちにとってどのような意味をもつものかを考えてみたい。私たちはテレビニュースを通じて毎日の政治的、経済的、社会的な出来事を観て知り、ドキュメンタリー番組を通じて出来事や歴史や人間の深層や実相を観て知り、テレビドラマを通じて時代の雰囲気や人間への見方を観て知り、ワイドショーを通じて世相の切り取られ方を観て知り、CMを通じて商品とその消費イメージを観て知る。その知るということ、あるいは認知するということは、テレビの中での映像・言語表現が私たちの頭の中に残り、蓄積され、濃縮され、沈澱されていくということである。そして、それは個人的レベルを越えて社会的レベルへと至り、やがてこの社会、この世界、この時代、この歴史についての集合的な記憶へと形成されていく。記憶は社会的なものになり、人々の間で共有化されていくのである。
　すなわち放送番組は社会的記憶の源泉のひとつとなっているのであり、しかもその映像イメージや、映像と映像を繋いでいく論理（それは明示的に語られることはない）などの効果によってある特有のモードで社会的記憶の生産が今日も続けられているのである。放送番組経由の社会的記憶とは、放送番組によって表象された社会的現実を私たちが選択的に解釈し記憶し、それを現実や事実だと考える傾向にあるということである。そして、その記憶を拠り所にして、今日の社会的現実と接触し、それを認知し、解釈し、位置づけていくのである。
　本書は、早稲田大学ジャーナリズム教育研究所が放送番組センターの委託により開始した共同研究を実行するために構成された「放送番組の森研究会」の成果である。10名の研究者の賛同を得て、研究会が実質的に活動を開始したのは2010年1月23日だった。それから2年経っ

いま、私たちは研究成果をここに公刊しようとしている。研究会の発足当初にあったのは、大学の授業で放送番組を活用する具体的方法を考えること、そしてその授業のための「教材」を開発し制作し公表することの2点であった。その中身のコンセプトについては研究会の討論に委ねられ、試行実験を通じて構成されていった。

　そして、ここに完成した「教材」は、研究会メンバーが社会的テーマについて一人一本の「テーマの樹」を立て、放送番組がそのテーマについてどのような表現をしてきたか、それがどのような社会的記憶の形成に関わってきたのかを検証する、そういう授業のための教材となっている。「樹」の立て方については共通フォーマットを作ったが、その中身については各テーマの固有性を尊重して、自由な幅をもたせている。フォーマットの中には「授業展開案」の項目が含まれている。これは「樹」の立案者が自分でやりたい授業をする場合の構成案として作ったものであり、一つの事例として受け止めていただきたい。決して授業のためのインストラクションとか指南書とかいう意味ではないし、ほかの人にこのような構成で授業を行ってほしいというメッセージでもない。その意味では「教材」というのは語弊があるかもしれない。むしろ、授業事例を参考にして、放送番組を活用した授業を作り出し、試していただきたい。

　「授業構成案」の提示という具体的な提案を行ったのは、私たち研究会が具体的かつ現実的な仕方で問題解決にアプローチしようと考えたからである。では、その解決すべき問題とは何か。大学での授業の中で放送番組を活用する仕組みやシステムがまだできていないということである。そこにはさまざまな制約がある。放送番組を大学でより自由に活用できるとしたら、どのような授業ができるのか、それを明示することこそが、放送業界を含めた、外の政治・経済・社会に対して改善のアピールになると、私たちは考えたのである。

　「放送番組の森」はこれで終わらない。私たちは呼びかけたい。みなさんにこの教材フォーマットを利用していただき、1本でも多くの「樹」を立てていただきたい。それがたくさんになれば、やがて「森」になる。それは大学での放送番組活用の具体的なニーズの浮上であり、顕在化となるのである。そのことが現行の制度やルールを変え、新しいシステム

はしがき

を生み出していく力になると、私たちは信じる。

　終わりに、本プロジェクトにご協力いただいた研究会メンバーに感謝したい。あまり馴染みのない仕事で苦労はあったけれども、ユニークな経験を楽しまれたとすれば、幸いである。また、研究委託元の放送番組センター事務局長の鈴木豊氏、業務部長の筧昌一氏には大変お世話になった。毎回の研究会にもご出席いただき、感謝申し上げたい。さらに、本書の編集・出版をお引き受けいただいた日外アソシエーツ編集局の青木竜馬氏と簡志帆氏に心からお礼を申し上げたい。

2012年3月
早稲田大学ジャーナリズム教育研究所所長
「放送番組の森研究会」座長
花田達朗

放送番組で読み解く社会的記憶

凡例

1　10本の樹の基本フォーマット

　① テーマの概説
　② 関連年表（出来事・事件、放送番組発表、他メディア動向など）
　③ テーマを扱ったテレビ番組の系譜論
　④ 授業展開案（関連番組を使った3～5回分の授業構成の提示）
　⑤ 参考図書・文献・資料一覧
　⑥ 公開授業の経験から考えたこと

2. 引用・参考文献の書誌事項

　（1）書籍／紀要・雑誌記事／資料（ウェブサイト等）の種別ごとに出版年月順に配列した。発行年月が同じ場合は和文は著者姓の五十音順、欧文は著者姓のアルファベット順に並べた。
　（2）書籍は著者名／出版年／『書名』／出版者、雑誌記事は著者名／出版年／「論文のタイトル」／『雑誌名』／発行月（号）／初ページ－終ページ、ウェブサイトは著者名／タイトル／（取得年月日／URL）を記載した。

3. 資料編　関連番組一覧

　（1）本文に関連する放送番組を各章ごとに放送日順に配列した。
　（2）掲載する項目と順番は、番組タイトル／放送局／放送年月日／放送ライブラリー及びNHKアーカイブスの公開状況（2012年3月現在）とした。
　（3）「授業展開案」で取り上げた放送番組は太字で示した。
　（4）利用者側から見て区別がつけられるように、公開状況は以下の記号で表した。
　　◎＝放送ライブラリーの公開番組検索でデータあり、一般公開あり
　　△＝放送ライブラリーの公開番組検索でデータなし
　　○＝NHKクロニクル・NHKアーカイブス保存番組検索でデータあり、かつ「NHK番組公開ライブラリー」で一般公開あり
　　☑＝NHKクロニクル・NHKアーカイブス保存番組検索でデータあり、一般公開なし
　　×＝NHKクロニクル・NHKアーカイブス保存番組検索でデータなし、一般公開なし

目次

はしがき　　　　　　　　　　　　花田 達朗 ………… iii
凡例 …………………………………………………………… vi
目次 …………………………………………………………… vii

総　論　放送番組資料の教育活用と社会的記憶の批判的検証
　　　　　　　　　　　　　　　　花田 達朗 ………… 1
第1章　ヒロシマ・ナガサキの樹　　安藤 裕子 ………… 13
第2章　BC級戦犯の樹　　　　　　藤田 真文 ………… 37
第3章　華僑・華人の樹　　　　　　林 怡蕿 …………… 57
第4章　原子力の樹　　　　　　　　烏谷 昌幸 ………… 93
第5章　「水俣」の樹　　　　　　　小林 直毅 ………… 127
第6章　失業の樹　　　　　　　　　伊藤 守 …………… 181
第7章　ベトナム戦争の樹　　　　　別府 三奈子 ……… 205
第8章　沖縄返還密約の樹　　　　　花田 達朗 ………… 251
第9章　犯罪の樹　　　　　　　　　大石 泰彦 ………… 289
第10章　アフガン・イラク戦争の樹　野中 章弘 ………… 319

資料編　関連番組一覧 ……………………………………… 352
あとがき　　　　　　　　　　　　鈴木 豊 …………… 376
放送ライブラリーの紹介 …………………………………… 378

総論　放送番組資料の教育活用と社会的記憶の批判的検証

花田達朗

1　大学の実情と放送番組資料の不備

　今日、大学の教育現場では放送済みの放送番組がさまざまな形で使われている。資料として授業の中で活用されている。映像世代の学生たちには放送番組やドキュメンタリー映画などの映像メディアは受け入れられやすく、また映像が知的な刺激を与え、学生たちの認識の覚醒に力があることを大学教員は日常的に知っているからである。もちろん、同時に映像のもつ威力の裏にある問題性、つまりウソや誘導や単純化などについても十分に自覚している。

　早稲田大学ジャーナリズム教育研究所は大学でのジャーナリスト養成教育の研究開発とジャーナリズム研究の自己革新を目標に設置され、実際に研究所スタッフによってそのような授業を行い、毎年それをブラッシュアップしてきた。その教育現場はオープン教育センターに設置された全学共通副専攻のジャーナリズム／メディア文化コースのコア科目で、ジャーナリズム概論やジャーナリズム演習などである。学部学生向けの授業であり、そこにあらゆる学部の学生たちが集まってきて受講する。それらの授業でももちろん折にふれ放送番組やドキュメンタリー映画を使ってきた。授業の性格上、必要不可欠である。さらには通常の授業枠とは別に講堂や教室でドキュメンタリー番組を上映して、番組制作者を招いて討論する集まりもたびたび行われてきた。

　では、そこで利用されている放送済みの放送番組はどこから来ているのであろうか。多くの大学教員がそうであるように、われわれも自分で個人的に集めた DVD を使っている。自分で録画して保存しているものや知り合いの番組制作者に頼んで譲り受けたものなどである。ということは、各教員の個人的コレクション、すなわちプライベート・アーカイブに依存しているのである。録画できなかったり、制作者を知らなかっ

たりしたら、どうしたらいいのだろうか。現状では個人的努力に任されていて、効率が悪いし、また利用の機会という視点からすれば、不公平さがあると思われる。一度は公衆に向けて公開された放送済みの放送番組を大学の授業で、つまり教育目的で資料として使うために、どうしてこのような面倒な努力をしなければならないのだろうか。時として理不尽さを覚えてきた。

2　放送番組の森研究会の発足

　そうしたときに、放送番組センターよりジャーナリズム教育研究所に共同研究の打診があった。センターの側には放送ライブラリーの社会的認知度をもっと高めて、ライブラリーの社会的機能の充実を図りたいという希望があり、社会的利用の突破口として大学での教育を考えていた。そのため、保存された放送番組を大学教育で活用する具体的な方策や実例を研究してほしいということだった。それはジャーナリズム教育を実施し、その教育の方法や手段について日頃考えてきた研究所の関心と一致した。

　では、どのように研究するのか。そのコンセプト作りの模索で多少手間取ったが、研究会を立ち上げて教材開発に取りかかることにした。研究会は「放送番組の森研究会」と名付けられ、研究者10名と放送番組センターの2名によって発足し、2010年1月23日の第1回研究会開催をもってスタートした。ジャーナリズム教育に関わってきた研究者やメディア分析・テレビ番組分析に実績のある研究者や独自の研究路線を歩んできた研究者などに呼びかけて、集まっていただいた。私は研究会の趣旨を説明し、メンバーそれぞれにテーマの樹を1本立ててもらい、そのテーマについての教材を制作してもらうことを依頼した。

　討論はそこから始まった。それぞれが大学の授業でテレビ映像資料を使用していたし、そこでの問題意識をそれぞれに強く持っていた。目前の学生たちを相手にして、誰もが新しい教育方法や手段の必要性を感じ、新しい授業の形を試行錯誤していた。各メンバーが多くの経験と認識を次々に語り、これまで横の連絡はなかったけれども、実は共通の課題を抱え、共通の土俵に立っていることがわかった。

しかし、いざ教材のコンセプトとなると、メンバーの間でイメージはいろいろ異なっていた。そもそも教材を作るという発想が誰にとっても初めてのことであり、これまでしてきた研究や教育の仕事とは少し勝手が違っていた。何のための、誰のためのプロダクト（制作物）か。当初あったジャーナリスト養成教育用の教材というイメージは打ち消され、ジャーナリズム・リテラシー教育用の教材というところでまとまった。教育の対象は大学の3、4年生と設定された。

テーマの樹の立て方については、直ちに出された「ヒロシマ・ナガサキ」「水俣」「原子力」などのテーマの水準で揃えることにした。その水準とは、日本の戦後史の流れの中に置かれるテーマであり、社会的な問題が現実に存在していて、問題としての「名指し」「命名」が行われていて、そしてそれに関わる放送番組が制作されてきていて、さらにそういう放送番組に対する社会的な批評や評価が出されているような、そのようなレベルのテーマということである。つまり、戦後史の流れ、テーマの浮上・結晶化、番組制作者の認知・認識、放送番組の束の制作・送信、社会的な受容・認知という関係で捉えようという考え方である。

そして、テーマの樹のフォーマットを次のように作った。
 1 テーマの概説
 2 関連年表
 3 テーマを扱ったテレビ番組の系譜・関連番組一覧
 4 授業展開案（3～5回）
 5 参考図書・文献・資料一覧
 6 公開授業の経験から考えたこと

ここに収録されている10本の樹はこの共通フォーマットに則って制作されている。ただ、関連番組一覧はまとめて巻末に掲載されている。

3　研究会の問題意識とアプローチ

さて、放送番組に対してどのような態度をとり、それをどのように授業に使うのだろうか。放送番組の教育利用という場合、少なくとも二つの態度ないし立場があるように思われる。その違いをどう表現すればよいか、いろいろな表現の仕方があるかもしれないが、ポジティビスティックな立場（positivistic）とクリティカルな立場（critical）の違いと言っ

ておきたい。前者は放送番組を優れたツールとして、知識や認識の伝達に役立てようとする立場である。放送番組の質や内容を肯定的に捉え、そこから積極的に学ぼうとする立場であり、放送番組を間違いのない教科書のように見なしているところがあると言えるだろう。それに対して後者は放送番組自体の「正しさ」を前提とはせず、むしろそれを対象化して批判的な距離をとり、放送番組を社会的文脈の中に置いて分析の対象とする立場である。分かりやすく言うと、前者は放送番組を完成された料理としておいしく食べる立場で、後者は放送番組をまな板の上に載せて調理する立場だと言えるかもしれない。われわれは後者の立場に立っている。

このことは「教材」の意味にも響いてくる。ポジティビスティックな立場にとって、放送番組自体が学習教材であり、それは教科書や副読本や参考図書に並ぶものである。われわれにとって放送番組はそういうものではないし、われわれが本書で教材開発と言っている「教材」とは放送番組自体のことを指しているのではない。ここで「教材」と言っているのは、放送番組を資料として使いながらジャーナリズム・リテラシー教育をするための教材のことである。

では、どのようなアプローチからジャーナリズム・リテラシー教育をするのか、そのコンセプトが問題となる。われわれが選んだキー・コンセプトは「社会的記憶」(social memory)である。集合的記憶 (collective memory)と言われる場合もある。そこでの問いは、「放送番組は出来事やテーマをどのように表現し、それらをどのように表象し、もって社会的記憶をどのように創ってきたか」である。逆から言えば、今日のわれわれの社会的記憶はどこから来ているのか。その源泉、由来、出典はどこにあるのか。それはかなりの比重で放送番組とその表現にある。これが仮説である。これを具体的なテーマを立てつつ、検証していこうというのが研究会のアプローチである。

以上を教育研究課題としてまとめれば、次のようになるだろう。
・出来事や社会的現実を表現し、表象した放送番組の系譜をどのように可視化できるか。それと社会的認識や社会的記憶との関係をどのように可視化できるか。
・放送番組の集積保存態＝ライブラリー／アーカイブス（第一の森）

総論　放送番組資料の教育活用と社会的記憶の批判的検証

から「表象の森」(第二の森) を作り出す。
・そのプロダクトの設計と制作をする。そして、それを授業に使う。
・現実態と可能態を明らかにする。何かを描くということは別の何かを描かないということである。何かを表すということは別の何かを隠すことである。表されなかったことは可能性として未来に残されているということである。

4　教材開発の試み〜実用化実験〜

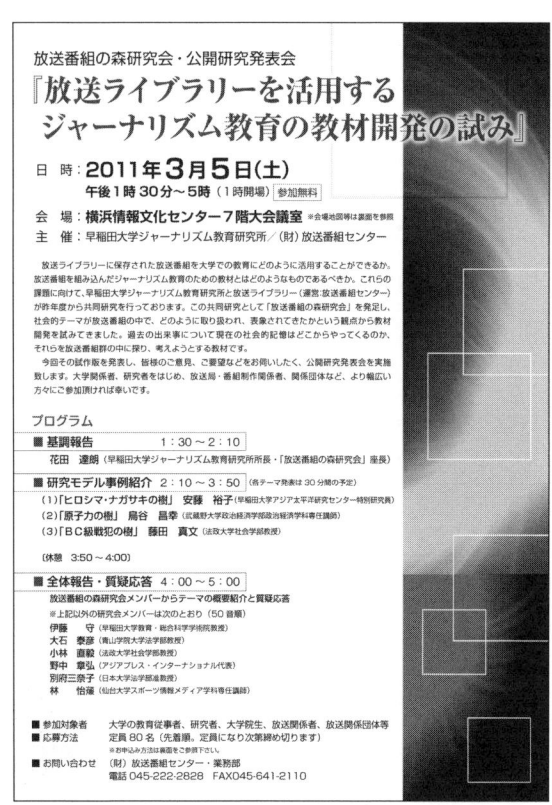

第1回公開研究発表会チラシ

10名のメンバーがそれぞれに自分のテーマの樹を立て、試作品を作り、研究会で披露し、相互に批評しあった。横浜の放送ライブラリーに

放送番組で読み解く社会的記憶

通って番組を視聴し、研究者室で議論し、試作品は何度も修正された。それは工房のようなものだった。そうして10本の樹が徐々に形をなしていった。

　研究会は2回の公開イベントを放送ライブラリーで開催して、実用化実験の披露をし、オーディエンスの反応を吸収した。

　2011年3月5日（土）に横浜情報文化センターで第1回公開研究発表会として「放送ライブラリーを活用するジャーナリズム教育の教材開発の試み」を開催した。ここでわれわれの考え方について中間報告を行った。

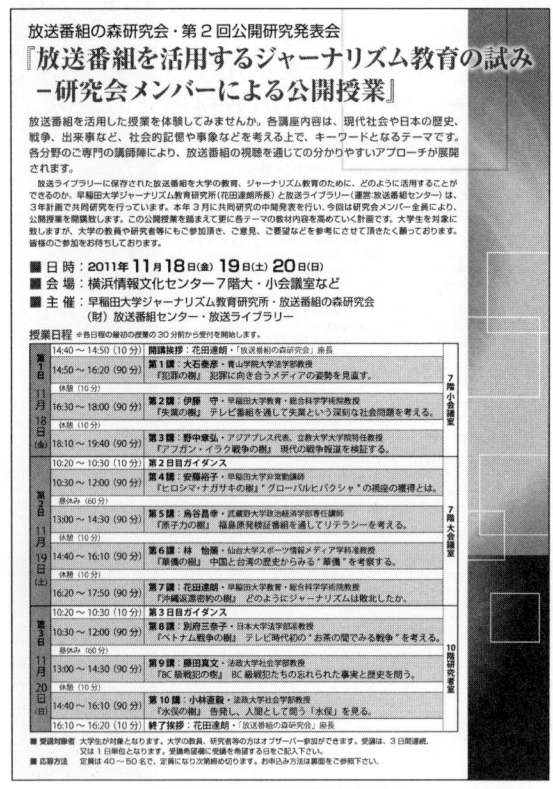

第2回公開研究発表会チラシ

　次に、2011年11月18日（金）、19日（土）、20日（日）の3日間にわたって横浜情報文化センターで第2回公開研究発表会として「放送

番組を活用するジャーナリズム教育の試み──研究会メンバーによる公開授業」を開催した。各メンバーがこの「公開授業の経験から考えたこと」がそれぞれの樹の中に収録されている。授業のやり方も多様であったが、この項に収録されている各執筆者の思いも多様である。授業風景が本書にDVDとして付されている。この教材をベースにして実際にどのような授業が行われたのかをご覧になって、参考にしていただきたい。

5　放送済みの放送番組は誰のものか～アーカイブスの普遍化を～

　ところで、冒頭に述べたように、われわれは放送済みの放送番組を大学の授業で活用してきたが、大きな不便さと不合理さを感じてきた。この研究会はジャーナリズム・リテラシー教育用の教材開発を目的としているが、しかし同時に教材を制作することで大学のニーズを社会的に具現化することによって、この大きな不便さを改善することの必要性を明確にし、事態を動かして行くことに貢献したいと考えている。

　われわれは現状の放送ライブラリーではまったく不十分だと考えている。そもそも放送ライブラリーや映像アーカイブスに対する発想を大きく転換する必要があるのではないか。放送番組センターが設置する放送ライブラリーは放送法によって定められた施設であるが、その背後には放送番組を優れた文化財と見なし、だから保存・保護・公開する必要があるという発想がある。放送ライブラリーは文化的価値を認められた文化財の展示場なのである。他方、NHKアーカイブスはもともと組織内の資源活用という発想から生まれ、番組制作のための材料・資源の保存活用と後進の教育・研修のためのストックという用途を満たすために構築されてきた。加えて、映像アーカイブスは研究資料として重要なので、公開するようにという研究者サイドからの要望の高まりのなかで、NHKアーカイブスは今日研究者・大学院生のみに部分的に公開するという道を開いている。と同時に、NHKはNHKオンデマンドやDVD販売などで、放送済みの放送番組から経済的な価値を引き出そうという道も歩んでいる。これはコンテンツ・ビジネスという今日の一般的な流れに重なる局面である。

　このように見てくると、放送ライブラリーや映像アーカイブスは文化

財、研究資料、経済的財という3つの価値から捉えられてきたと言える。つまり、文化的、学術的、経済的な価値である。しかし、それではまったく不十分ではないだろうか。そこにわれわれの研究会のアプローチである「社会的記憶」の概念が登場する。すでに述べたように、今日われわれの社会がもっており、この瞬間も活き活きと作動している社会的記憶はかつて放送された放送番組から大きく影響を受けて形成されている。その社会的記憶のひとつひとつの妥当性を尋ねるとき、われわれは放送済みの放送番組の中に分け入って、その記憶されたイメージの出典を探し、確認し、批判的な分析と検証をしなければならない。その道が誰にも開かれ、保障されていなければならない。それを保障するのが放送ライブラリーや映像アーカイブスであり、そこにそれらの施設の社会的かつ積極的な意味があるはずだ。

　この点はプリントメディアにおいては国立国会図書館を頂点として各種の図書館によって保障されている。放送メディアではなぜそれが等閑視されて憚られないのであろうか。理由として考えられるのは、放送メディア業界自体が自らのプロダクトの社会的意味を低く見ているのではないか、また放送番組は放送したらおしまいで、後のことは知らないという考え方にあるのではないか、それにもかかわらず放送後の放送番組も自分たちのものだと考えているのではないか、という点である。と同時に、放送法制もそのような発想を共有しているように思われる。

　結論を言えば、放送済みの放送番組はもはや放送事業者だけのものではない。なぜなら、公衆に向かって放送された放送番組は公衆に対して影響を与えたのであるから、そこで公衆に対して責任が発生し、物証としての放送番組は公共化されるからである。パブリッシングとは、出版・公開を意味するが、同時にそれによってその表現物はパブリック化される、つまり公共化されることを意味する。つまり公共的に所有されるのである。このように考えるならば、すべての放送済みの放送番組が社会的資料として、公共財として誰にでも公開されるべきなのだと言わなければならない。アーカイブスを「セカンドメディア」として構想し[注1]、普遍化していくことこそが将来の進むべき道だと言える。

　この点で世界の先端を走っているのはフランスのINA（イナ、フランス国立視聴覚研究所）である。ラジオ・テレビ番組の法定納入制度に基

づいており、「世界最大のデジタル・データバンク、ヨーロッパ随一の視聴覚分野の職業人育成センター、実験・研究施設、野心的で革新的な制作のプラットフォーム」[注2)]となっている。その財源については、「2003年、INAの年間予算は1億ユーロで、その68.2パーセントは受信料から、31.8パーセントは契約収入（権利販売、アーカイブ分担金、育成・研究・制作による収入）である」[注3)]と記述されている。受信料の3パーセント以下が投入されているのである[注4)]。INAで現在課題としているのは視聴覚の記憶の管理であり、アーカイブスへのユニバーサル・アクセスである。

6　著作権法経済体制への疑問〜デジタル環境と社会的責任の考慮を〜

　しかし、日本のメディア業界からいつも聞こえてくるのは著作権法の存在である。資料としての放送番組の公共化に対する消極的姿勢が著作権法を盾にして温存されているように見えるのは誤っているであろうか。著作権法第35条（学校その他の教育機関における複製等）によれば教育機関では公表された著作物を複製したり、利用したりすることはできると規定しているのだが、大学の中では誰もが著作権法にびくびくしている。放送ライブラリーでも番組保存には放送局の許諾と著作権処理が必要で膨大なコストがかかっている。
　著作権法とは「著作者等の権利の保護」をするための法律である。その際著作権者の利益とは人格権と財産権とによって構成されていると見なされる。著作者人格権とは公表権、氏名表示権、同一性保持権として概念化されているが、これらは著作者の人格を保護する個人的な権利だと言える。複製権や上演権や上映権や公衆送信権などと分類されている諸権利は著作物からの収益を保障するためのもので、財産権とまとめることができる。これは、言い換えれば、私的経済の権利だと言えるのではないか。すなわち著作権法は著作者の個人的権利と私的権利を保障しているのである。
　この法理は、権利の昔の名称が「版権」であったことにも現れているように、印刷による複製という技術様式を基礎にして考案されたもので

ある。それが20世紀のマスメディアの時代に他の技術様式にも援用されて今日に至っているのみならず、さらに今日のデジタル生産様式の中でも踏襲されようとしている。印刷メディアのみの時代にその技術を前提として構成された法理は今日、明らかに、新しい文化的生産力にはもはや適合せず、その発展の足枷となっている。著作権法は確かに著作者の個人的・私的な権利を保護しているかもしれないが、「文化の発展に寄与すること」となっているかどうかは疑わしい。生産者の視点だけで消費者の視点がないからである。送り手の利益のみが保護されていて、受け手の利益が考慮されていないのである。

著作者が著作物から収益を上げ、次の創造に投資する資金を獲得し、また著作活動で生計を立てるための収入が保障されるようにすることは今後とも重要である。しかし、それが達成できるのであれば、別のやり方でもよいのではないか。目的と手段の問題であって、手段は環境条件の中で変更可能なはずではなかろうか。つまり、デジタル技術環境に適合した、著作者資金回収のための新しい経済モデルが考案されるべきなのである。

そして、さらに個人的・私的な権利ばかりを規定している著作権法は、責任の概念を取り込むべきではないか。著作者の社会的責任である。ここでテーマになっている放送番組にしても、その著作権者には社会的責任があり、それから免れる訳にはいかないであろう。著作物をパブリッシングするということは社会に公的な痕跡を残すことであり、個人的・私的権利の要求だけではもはや許されないであろう。と同時に、放送番組の著作権者の中にはもっと積極的に社会的責任を果たしたいと考える人々も少なからずいるだろう。

研究機関としての大学は著作物生産拠点であるが、教育機関としての大学は著作物消費機関である。著作物利用者としての大学は団結して著作権者や現行の著作権体制の運用者に対して自らの利益を主張すべきではないかと思われる。それが制度の革新の糸口となるはずである。

7　樹から森へ〜植林への呼びかけ〜

われわれは教材開発という形で資料としての放送番組に対する大学に

おけるニーズの物資化をはかった。それによってあらゆる面から見て遅れている現状の改善に寄与しようとした。この試みは途についたばかりで、いまだ十分ではない。

「放送番組の森」はいまだ森ではない。10本の樹が立っている小さな林に過ぎない。これらの樹は共通の問題意識で、地下茎で繋がっている。この試みの趣旨、すなわち放送番組を資料として大学の授業に活用し、授業の形態と内容の革新をはかり、学生諸君に社会を観る批判的な認知・認識能力を養ってほしいという趣旨に賛同されるみなさんに呼びかけたい。もしもわれわれの提案したフォーマットが役に立つなら、それを使って、テーマの樹を立てていただきたい。10本が1000本になれば、森と呼ばれるかもしれない。それは無視できない存在であり、放送ライブラリーおよび映像アーカイブスの設置主体やそれを取り巻く制度の運用主体はその思想とシステムを再考せざるを得なくなるであろう。

注
1) 拙著「セカンドメディアとしての責任と未来―大学のジャーナリズム教育と放送ライブラリーの活用」『月刊民放』、2010年12月号、日本民間放送連盟、31頁を参照していただければ、幸いである。
2) エマニュエル・オーグ、2007年、『世界最大デジタル映像アーカイブ INA』（西兼志訳）、白水社、10頁。
3) 前掲書、54頁。
4) 前掲書、132頁。なお、これは私見であるが、日本でもこのチャンスがあったのではないか。NHK経営委員会と総務省の政治日程では、2012年10月より放送受信料を地上契約で8.9パーセント値下げすることが2011年10月に決まっている。この「受信料10パーセント還元問題」は小泉純一郎首相の自民党政権時代に竹中平蔵総務大臣の下で出された方針で、2004年の制作費不正支出に対する視聴者からの批判に端を発したとは言え、当時の政権の市場経済優先思想が背景にあったと言える。つまりNHKへの懲罰的な意味とNHKの経営規模を制限する発想から出たものだと言えよう。しかし、政権交代を考えれば、もしもNHK組織がその減額された財源規模でやっていけるのであれば、その減額相当分は放送制度全体を賄う財源としてキープし、そのうちのたとえば放送受信料の2パーセント、すなわち約130億円を放送ライブラリー（その時は組織を再編して）に予算化するという考え方もあったのではないかと考える。それはフランスINAの年間予算（2003年）の1

放送番組で読み解く社会的記憶

億ユーロに匹敵する。もちろんそのためには政治的意志と制度構想力が必要であるのは言うまでもない。

■大学関係者が集い、放送番組の活用を考える研究発表会を開催

当センターと早稲田大学ジャーナリズム教育研究所は、平成21年度から3カ年計画で、"放送ライブラリーの保存番組を大学教育にどのように利活用できるか"をテーマに共同研究を進めている。3月5日(土)、横浜の施設内で「放送ライブラリーを活用するジャーナリズム教育の教材開発の試み」と題して公開研究発表会を開催した。当日、大学関係者38名の参加者は約4時間近くにわたり、熱心に聴講していた。

冒頭、当センターの工藤専務理事の挨拶に続き、早稲田大学ジャーナリズム教育研究所の花田達朗所長(教育・総合科学学術院教授)が基調報告を行った。花田教授は「この共同研究を促進するために『放送番組の森研究会』を立上げ、早稲田大のほか法政大、青山学院大、日大、立教大などで教鞭をとる先生方10名で、テーマの検討や教材開発を検討してきた」と紹介し、「放送番組は現実を切り取って再構成したもので現実の代用品でもある。人々は番組を見ることで、その事実の表象が記憶される。放送番組を大学教育に活用する役割と効果は高く、"番組は公共財である"との視点が大事だ」と強調した。

この後、3人の研究会メンバーが、モデル教材の試作版として、「ヒロシマ・ナガサキ」「原子力」「BC級戦犯」をテーマに番組上映を交えて講義した。最後に、研究会メンバーと参加者との間で熱心な質疑が展開された。

「放送番組センターレポート」No.6

■11月、放送番組を大学教育に活用するモデル授業を集中講義で実施

当センターは、早稲田大学ジャーナリズム教育研究所と放送ライブラリーの保存番組を大学のジャーナリズム教育のために、どのように活用することができるのかをテーマに共同研究を進めており、本年3月に研究成果を大学関係者や放送局員などを対象に中間発表会を行った。今回は11月18、19、20日の3日間連続で、大学生を対象に公開授業を実施し、講師は共同研究を推進する「放送番組の森研究会」の10人のメンバーが"テーマの樹"を掲げ、ドキュメンタリーやドラマを盛り込んだ1コマ90分の授業を担当した。毎回の授業には、首都圏の学生を中心に7〜8大学の学生40〜50人が聴講し、講義の後半には活発な質疑応答があり、時間を超過する授業もみられた。(写真は花田教授の授業風景)

第1日目の開講挨拶で、研究会座長の花田教授は、「それぞれのテーマが放送番組でどう表現されてきたかを検証したい。大学の授業における番組使用のモデルが増えていくことを期待する」と抱負を述べ、モデル授業がスタートした。講師とテーマは、18日の第1講は、青山学院大学法学部・大石泰彦教授の「犯罪の樹」、第2講は早稲田大学教育・総合科学学術院・伊藤守教授の「失業の樹」、第3講はアジアプレス代表・立教大学大学院・野中章弘特任教授の「アフガン・イラク戦争の樹」、19日の第4講は早稲田大学・安藤裕子非常勤講師の「ヒロシマ・ナガサキの樹」、第5講は武蔵野大学政治経済学部・鳥谷昌幸専任講師の「原子力の樹」、第6講は仙台大学スポーツ情報メディア学科・林怡蘐准教授の「華僑の樹」、第7講は早稲田大学教育・総合科学学術院・花田達朗教授の「沖縄返還密約の樹」、20日の第8講は日本大学法学部・別府三奈子准教授の「ベトナム戦争の樹」、第9講は法政大学社会学部・藤田真文教授の「BC級戦犯の樹」、第10講は法政大学社会学部・小林直毅教授の「水俣の樹」。

参加した学生からは「言葉で理解するより映像の方が頭に入り、印象も強く残る」「映像があって、その解説もあり内容を理解しやすくなる」「ジャーナリズムと報道のあり方が、番組そのものの視点や内容に凝縮されている」「新聞のデータベースはあるが、映像は簡単には手に入らない」などの感想が寄せられた。なおアンケート集計では、「大いに役立つ」83%、「役立つ」が14%で、大学の授業に放送番組を活用することに対して高評価する回答が得られた。

「放送番組センターレポート」No.9

第 1 章　ヒロシマ・ナガサキの樹

安藤 裕子（あんどう ゆうこ）

早稲田大学非常勤講師
　1967 年長崎市生まれ。東京大学教養学部国際関係論学科卒。広告代理店博報堂での 10 年間の勤務を経て、早稲田大学大学院アジア太平洋研究科に入学。2009 年博士号（学術）取得。早稲田大学アジア太平洋研究センター特別研究員を経て、現職。著作は『反核都市の論理―「ヒロシマ」という記憶の戦争―』（三重大学出版会、2011 年）。

「ヒロシマ・ナガサキ」の象徴、原爆ドーム。
© AFP PHOTO/ Kazuhiro NOGI

1 テーマ「ヒロシマ・ナガサキ」の概説

　戦後史における多くの重要な出来事は、「ヒロシマ・ナガサキ」に再考を促す新たな批判的視座を呈示してきた。テレビ報道はその視座を十分に用いたと言えるであろうか。

「敗戦と被害」のシンボルとして

　「広島・長崎への原爆投下」は、アジア・太平洋戦争の終結と敗戦の象徴として、また日本が受けた被害の象徴として、強く日本国民の記憶に焼きつけられた。しかし、直後に始まる占領政策によって、報道の自由が厳しく弾圧された為に、その具体的な被害の惨状に関して国民が知るまでには占領の終結を待たねばならなかった[注1]。とりわけ放射線による被害については報道が厳しく検閲され、十分に知られることがないままに放置された。

　その一方で、「原子力平和利用」への期待はおおいに煽られた。日本は米国の科学技術の力に敗北したのだとする敗戦直後の報道論調は、日本が「科学立国」として再出発しなければならないと考える大きなベクトルを生み出した。「原子力平和利用」はその柱のひとつと見なされたのである。こうして戦後間もない期間に、"終末のシンボル"である「原爆」と"未来のシンボル"である「原子力」が別個のものとして切り離されて語られる素地が形成され、その姿勢が長期に渡って継続されてきた。

日本人共有の記憶としての語り

　戦後日本の再出発に当たって、もうひとつの大きな推進ベクトルとなったのが「平和国家の建設」である。「平和国家の建設」をアピールする際に、「唯一の被爆国」としての「核廃絶・恒久平和実現」に向けた決意が、前面に押し出されることになった。この語りは、1954年のビキニ水爆実験とそれに伴う第五福竜丸被曝事件を大きな契機として、日本全国へと拡大し、広島/長崎/ビキニが日本人共有の被害の記憶として語られ始め、原水爆禁止運動が大きな盛り上がりを見せることになる。しかし、激化する冷戦構造を背景とした原水禁運動の政治的分裂や、

非核三原則を国是としながらも米国の「核の傘」の下に留まり続け、必要に応じて「ヒロシマ・ナガサキ」の記憶を平和外交に利用するという政府の態度は、次第に国民感情と乖離したものになっていった。そして、困難な生活苦や社会差別に直面している被爆者を、社会の片隅に置き去りにすることにもなったのである。

国際社会へのアピール

1970年代から1980年代にかけては、更なる冷戦の進行によって、全面核戦争の恐怖が世界中で高まっていった時代である。軍縮と軍拡の間で一進一退の緊迫した状況が進む中で、1980年代初頭には欧州や米国で核廃絶に向けた市民運動が最大の盛り上がりを見せた[注2]。こうした全世界的な関心の中で、ヒロシマ・ナガサキは核廃絶のシンボルとして国際社会にアピールすることに心を砕いていたように見受けられる[注3]。しかし、その眼差しの先にあったのは主に欧州や米国であり、隣国からの冷ややかな視線にいまだ自覚的ではなかったと言える。

日本がいわゆる片面講和であるサンフランシスコ平和条約を締結し、独立国としての再スタートを切ったことは、日本にアジア・太平洋戦争の加害者としての意識を大きく欠落させることになった。日韓条約や日中国交回復はこうした中で進められたのであり、隣国からの批判が日本人の耳に届くのは、経済的相互交流が活発化する1970年代以降のことである。この長期に渡る加害者意識の欠落は、日本人の近現代史認識における"神経麻痺"をつくり出したと言っても過言ではない。そして、この間、ヒロシマ・ナガサキは外部の批判にさらされることなく、全面核戦争の終末的シンボル、悲惨な被害の象徴としてのみ自己認識し続けた。被爆地内部の加害者意識の欠落は、日本人以外の被爆者の存在を長く覆い隠すことになったのである[注4]。

「歴史の記憶」をめぐる相克

しかし、1982年の「教科書問題」[注5]を一つの契機として、日本とアジア諸国の間の「歴史認識問題」が脚光を浴びると、ヒロシマ・ナガサキは加害者意識の欠落した日本に対する批判の矢面に立たされることになる。アジア諸国から批判され、核保有国の耳には届かないというヒロシマ・ナガサキの「核兵器廃絶」の願いは、経済大国になってもなお隣

国の尊敬を勝ち取れず、国際社会で指導力を発揮できない日本という国家の苛立ちや焦りと重なるものがあった。また、1994年に起きたスミソニアン論争[注6]を次なる契機として、ヒロシマ・ナガサキは改めて「歴史の記憶」をめぐる意識ギャップに対峙することを迫られた。これらの出来事を通じて、敗戦と被害のシンボルであったヒロシマ・ナガサキは、その内部に加害者意識を取りこみ、更には加害者と被害者という二元論を乗り越えた新たな視点を組み入れ、その普遍的な意味の解明に向けて少しずつ動き出し始めたのである。

冷戦後の新たな動き

1990年代に入り、冷戦構造の劇的な消滅と、その後各地で多発した民族紛争やテロリズムは、ヒロシマ・ナガサキを新たな局面に向かわせた。すなわち、核抑止か核廃絶かの二項対立ではなく、核抑止が効かない核テロリズムという新たな問題にどう対処するか、核保有の野望を見せる国々の登場による核拡散の危機をどう防ぐかが、緊急に問われるようになったのである。また、米国スリーマイル島（1979年）・旧ソ連チェルノブイリの原発事故（1986年）や、冷戦後明らかになった核製造施設周辺の汚染は、「環境と生命」という新たな視点からの核兵器／原子力平和利用の検証を促した。世界に広がる「ヒバクシャ」の存在が顕在化していく中で、日本における「唯一の被爆国」の語りは徐々に消滅していった。そして、戦後長期に渡って、切り離されて語られてきた「原爆」と「原子力平和利用」の問題がようやく複合的に語られるようになってきたのである。

人類と核は共存できるのか

21世紀に入り、米国にオバマ政権が誕生したことによって、国際社会にはようやく核軍縮・核廃絶に向けた前向きな機運が生まれている。また、2011年3月に起きた東日本大震災とそれに伴う福島第一原子力発電所事故は、長年「核の軍事利用」とは切り離して語られてきた「核の平和利用」という概念の見直しを急速に迫る契機となった。核兵器であれ、原発であれ、一度爆発したら生態系に取り返しのつかない大きな破壊を生み出してしまう「核」という存在。「人類は核と共存できるのか」——1975年の原水禁世界大会の場で広島大学の森瀧市郎が世界に問い

第 1 章　ヒロシマ・ナガサキの樹

かけた命題[注7]を、今改めて人類は真剣に考えようとしている。
　ヒロシマ・ナガサキ・ビキニ・フクシマを経験した日本は、その教訓を世界にどのようなメッセージとして発信していくことができるのか。その為に、テレビ報道は一体何ができるのであろうか。

注
1) GHQが占領政策の一環として1945/9/19に発令した報道管制、いわゆるプレスコードの第4項に、「占領軍に対し、破壊的な批判を加えたり、同軍に対し不信や怨念を招くような事項を掲載してはならない」とある。原爆に関する報道はその最たるものとして厳しく取り締まられた。占領終結後の1952/8/6に発表された『アサヒグラフ』に「原爆被害の初公開」と題した特集が掲載されたのが、国民に被爆の惨状を知らしめた最初の報道だったと考えられる。
2) 発端となったのは、1979年にNATOが、ソ連が東欧に配置した核ミサイルを撤去しない場合、欧州5カ国に対抗措置として核ミサイルを配置すると決定を下した事である。1981年に米レーガン大統領が「欧州限定核戦争」の可能性に言及すると、大規模な抗議運動が沸き起こり、1983年にはピークに達した。米国でも「核凍結運動」が盛り上がり、セントラルパークに100万人規模の群衆が集まる抗議行動が行われた。
3) 広島の被爆詩人栗原貞子は、1971年発表の詩『ニッポン・ピロシマ』の中で、「世界のヒロシマ」にならんとして浮かれるヒロシマを「ピロシマ」と呼んで批判した。
4) 原爆投下時、広島・長崎には植民地政策の影響や強制連行によって移り住んだ朝鮮人、中国人、台湾人、そして連合軍捕虜、南方留学生等の外国人が居住していた。被爆した朝鮮人は広島で3万人前後、長崎で2万人前後という研究結果があるが、公的な記録は出ていない。
5) 1982年の教科書検定において、文部省が中国華北部への「侵略」という表記を「進出」という表記に書き換えさせたとする報道をめぐる外交問題を指す。
6) 1994～95年にかけて米国で起きた論争。スミソニアン航空宇宙博物館は、終戦50周年を記念して、原爆投下機エノラ・ゲイ号の復元展示を計画していた。展示企画の初稿は最新の学術的研究成果を反映させた意欲的な内容のものであり、広島・長崎から被爆遺品を借りて展示することも予定されていた。しかし、この内容は米国民の誇り高い「正義の記憶」に疑義を差し挟む非愛国的なものだと受け止められ、退役軍人は元より、保守系メディア・議会をも巻き込んだスミソニアンバッシング騒動へと発展した。その結果、当初の展示企画は白紙撤回され、館長は退任に追い込まれたのである。
7) 森瀧市郎は1975年の原水禁世界大会の場で、軍事利用であれ平和利用であれ、

放送番組で読み解く社会的記憶

「核と人類は共存できない」という「核絶対否定」の理念を表明し、生涯に渡って非核文明の実現を提唱し続けた。

2 「ヒロシマ・ナガサキ」関連年表

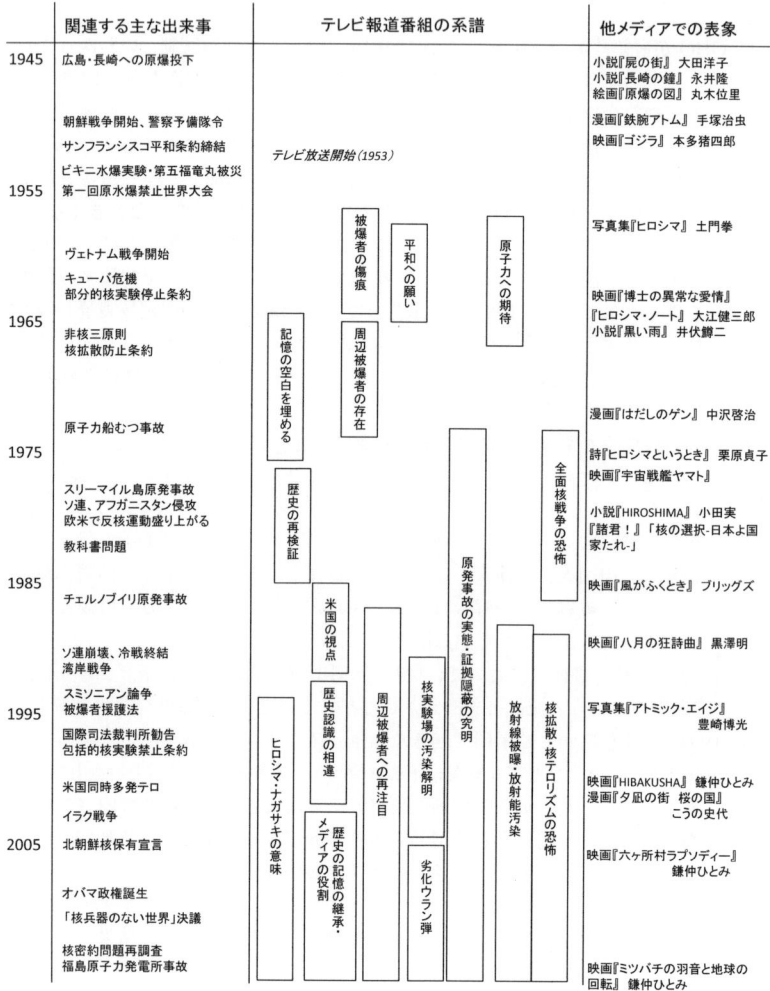

第1章　ヒロシマ・ナガサキの樹

3　「ヒロシマ・ナガサキ」を扱ったテレビ番組の系譜

　広島平和祈念式典がNHKによって初めてテレビ中継されたのは、1958年のことである。以後今日に至るまで、広島・長崎両市の平和祈念式典の模様は、毎年NHKによって全国中継されており、ヒロシマ・ナガサキの悲惨な被害の記憶を国民共通の記憶として繰り返し焼きつける上で重要な役割を果たしてきた。

　平和祈念式典の中継がヒロシマ・ナガサキに関するテレビ報道のひとつの柱であるとするならば、もうひとつの柱は各テレビ局が独自の調査報道に基づいて制作する特集番組である。ヒロシマ・ナガサキに関わる番組のほとんどは、原爆投下日の8月6日、8月9日当日とその前後に集中的に放映されてきた。以下に、これらの報道特集番組がどのような題材を取り上げてきたのか、その変遷を見ていく。

　テレビ放送が開始された1953年から1960年代前半にかけては、「被爆者の傷痕」や「被爆者の平和への願い」に焦点を当てた番組が中心であった。占領下の報道規制によって、爆心地の被害状況の真実は長く封印されてきた。日本全国で、広島や長崎においてさえも戦後復興が急ピッチで進められる中、十分な理解を得ることがないままに被爆者は社会の片隅に追いやられ、健康上の不安や生活苦、社会差別に悩まされていた。こうした状況を社会に告発する為に、改めて原爆投下による被害の真実を伝え、戦後十数年が経過した後の被爆者がどのような状況に置かれているのかを、伝えることが求められたのであろう。

　これに加えて、1954年に米国がビキニ環礁で実施した水爆実験によって被爆した第五福竜丸の乗組員が死亡するという事態が起こると、原水爆に対する日本国民の拒否感は頂点に達し、市民による原水爆禁止運動がおおいに盛り上がりを見せた。そして、原水禁運動への期待と核兵器廃絶・世界平和実現に向けての強い願いは、ヒロシマ・ナガサキの願い、被爆者の願いとして、この時期のヒロシマ・ナガサキの報道番組の表象の中心に置かれたのである。もっとも、この時期の「被爆者」とはすなわち「広島・長崎で被爆した日本人」のことであり、外国人被爆者を始めとする周辺の被爆者はほとんど可視化されていなかった。

しかし、1960年代後半に入ると、沖縄在住の被爆者、韓国・朝鮮人被爆者のようなこれまで視野の外に置かれてきた国内外の被爆者を取り上げた報道番組が、数は少ないながらも制作されるようになる。更に、原爆投下から20〜30年が経過してもなお被爆者やその子孫をおびやかす、原爆の中長期的影響について掘り下げようとする番組が見られるようになった。

一方で、時間の経過とともに徐々に生じつつあった「記憶の空白」を埋めていこうとする番組も複数登場した。NHK総合テレビで1967年に放送された『**軒先の閃光〜よみがえった爆心の町〜**』は、1966年にNHK広島放送局の呼びかけによって始まった「爆心地復元運動」[注8]に呼応するものである。同様に、1975年に放送された『**市民の手で原爆の絵を**』もまた、NHK広島放送局が「市民の手で原爆の記憶を絵に残そう」と呼びかけたのに対して、多くの市民から絵が寄せられ、やがて大きな運動となって展開していった様子を記録した番組である。原水禁運動の政治的分裂によって求心力を失っていた被爆地市民の反核運動が、テレビジャーナリズムを触媒として新たな方向に動き出したという点で報道番組の歴史に刻まれる作品と言えるだろう。

1970年代後半から1980年代半ば過ぎにかけてのヒロシマ・ナガサキ関連のテレビ報道番組に見られる特徴の一つは、米ソ軍縮交渉の行き詰まりに伴って全面核戦争への危機感が高まり、「もしも全面核戦争が起ったらどうなるのか」というシミュレーションを試みる番組が目立つようになったことである。たとえば、1979年のNHK特集では『**核の時代**』と題する4回シリーズを放送し、ヨーロッパで核戦争が起きたらどうなるか、この恐怖を避けるためにはどうすればよいのかを検討した。また、1983年には核爆発前後の米国の都市を描いて全米で大きな議論を呼んだ映画、『ザ・デイ・アフター』[注9]を取り上げた。こうした番組の中でも、国内外で最も反響を呼んだものの一つが、1984年の『**世界の科学者は予見する・核戦争後の地球**』（NHK特集）であった。第1部「地球炎上」は24.1％、第2部「地球凍結」は20.2％という高視聴率を獲得し、放送直後にNHKに寄せられた電話は約3000件、届いた感想は1000通近くにのぼり、その後海外でも放映されて大きな反響を呼んだ。CGが

第1章　ヒロシマ・ナガサキの樹

使われる以前のものだが、今見ても視覚的に強い印象を与える番組である。

もう一つの特徴としては、原爆投下後30年が経過して米国での機密文書公開が進んだことを受けて、改めて原爆投下政策の歴史的検証を試みる報道番組が増加したことがあげられる。歴史検証から発展して、原爆投下国米国における原爆意識・核意識を取り上げた番組が登場するようになったのもこの時期である。

1989年のベルリンの壁の崩壊、続く1991年のソ連の崩壊によって、長期に渡った東西冷戦構造が終焉すると、ヒロシマ・ナガサキをめぐる新たな報道のテーマが浮かび上がってきた。その一つが、核拡散、核テロリズムの恐るべき現状を明らかにしようとする番組である。1990年代には、旧ソ連邦からの核兵器の密売や核技術の流出などをめぐる番組が多く制作され、米国同時多発テロ以後は核テロリズムの動きを追うもの、北朝鮮やイラン、イラクにおける核開発疑惑を検証するものなどが多く登場した。

この問題と並んで、放射線被曝・核汚染をめぐる報道番組も意欲的に制作されるようになった。1986年にソ連でチェルノブイリ原発事故が起きてから、特にNHKは一貫してこの問題に関心を持って報道を継続してきた。冷戦終結によってソ連の核実験施設周辺の膨大な汚染実態が明らかになったことで、広島・長崎、原発事故による被曝、核実験場周辺の汚染状況等の問題を時空を超えて結びつけて検討する「グローバルヒバクシャ」の視座が生まれたのである。

更に、1960年代半ば頃から少しずつとりあげられながらも、十分に国民に知られることのないまま放置されていた外国人被爆者の問題も、1990年代に入って再度取り上げられるようになっていた。日中韓の経済的、社会的交流が活発化するほどに、歴史認識をめぐる問題が円滑な交流を阻む障害としてクローズアップされるようになったのであり、日本人の加害意識の欠如には隣国から痛烈な批判が浴びせられていた。こうした中で、平岡敬広島市長（当時）は、1991年の平和宣言の中で、初めてアジアに対する日本の加害への謝罪を織り込んだ。平岡は中国新聞記者時代から韓国・朝鮮人被爆者の問題に取り組んでいたこともあ

り、「核状況を克服するには国家を超える視点を獲得しなければならない。被爆朝鮮人は私たちをその視点へと導いてくれる存在である。」(平岡 1983: 306) との考えを抱いてきた。こうした動きに背中を押されるように、補償や慰霊碑移転の問題をめぐる議論など、外国人被爆者に関する報道が次第に取り上げられるようになっていったのである。

原爆投下をめぐる歴史認識の相違もまた、1990年代に多く取り上げられた題材である。これには、上記の歴史認識問題に加えて、1994年から1995年にかけて米国で起きたスミソニアン論争が大きな影響を与えたと考えられる。特に、1995年は原爆投下50周年を振り返る特別番組が多く放送された年であるが、**『原爆をどう教えるか〜日米の教室から』**、**『世界は原爆をどう伝えたか』**(共に NHK 教育) など、教育現場やメディアにおけるヒロシマ・ナガサキの表象のあり方を諸外国と比較検討して自己検証する番組が目についたのが特徴的である。

以上のように、1990年代以降、ヒロシマ・ナガサキに関わる報道番組は多様な切り口から取り上げられるようになってきている。この傾向は21世紀に入ってからも継続しており、ヒロシマ・ナガサキの普遍的意味を様々な切り口から問おうとする番組制作への努力が続けられている。例えば、2000年の『神と原爆〜浦上カトリック被爆者の55年〜』は、これまで真正面から取り上げられてこなかったヒロシマとナガサキの個別性の問題に、地元長崎放送が取り組んだ意欲作である。また、TBSがテレビ放送50周年／戦後60周年の特別企画として制作した**『ヒロシマ〜あの時、原爆投下は止められた　いま、明らかになる悲劇の真実〜』**(2005年) や**『消えた町並みからのメッセージ―CGでよみがえる8月6日―』**(広島テレビ、2005年) のように、飛躍的に進歩するCG技術を用いて、テレビ映像ならではの可能性を追求する番組も制作されるようになっている。今後は、東日本大震災とそれに伴う福島第一原子力発電所事故を大きな契機として、ヒロシマ・ナガサキの報道が原子力発電所関連の報道と、より連関して語られる機会が増えるのではないかと予想される。

注
8) 1966年8月に中国ブロックで放映された『カメラ・リポート：爆心半径500メートル』がきっかけとなって始まった市民運動は、やがて行政や研究所も巻き込んで発展していった。広島大学放射能医科学研究所の湯崎稔が中心となり、原爆によって焼失した地域の生存者を探し出し、彼らの記憶をもとに1945年8月6日の状態を正確に再現し、記録しようとする膨大な追跡調査を行った。
9) 『ザ・デイ・アフター』（ニコラス・メイヤー監督）は東西間の緊張が高まり、核戦争が勃発したとの設定下で、核爆発前後数日間のカンザスシティの様子を描いたもの。米ABCテレビで放送され、46％という高視聴率を獲得した。

4 授業展開案

第1回　ヒロシマ・ナガサキのNational Narrativeを考える
第2回　「忘れられた被爆者」の顕在化
第3回　「唯一の被爆国」の語りからの脱却
第4回　「歴史の記憶」をめぐる認識ギャップとその検証
第5回　テレビメディアの可能性を考える

第1回　ヒロシマ・ナガサキのNational Narrativeを考える

　授業の導入部として、戦後日本においてヒロシマ・ナガサキがテレビを通じてどのように典型的に表象されてきたのかを考察する。
　アジア・太平洋戦争における「敗戦」と「被害」のシンボルとしての語り。あるいは、戦争放棄、非核三原則といった戦後日本の平和国家建設への決意の出発点としての語り。身体と心の傷を抱えながらも、怒りや憎しみを乗り越えて「他の誰にも同じ思いをさせたくない」と願う被爆者の忍耐強い姿。これらは、ヒロシマ・ナガサキを語る時の典型的な表象であり、戦後比較的短期間の間に国民のヒロシマ・ナガサキのイメージとして定着したと考えられる。
　これらのイメージを形作る上で、テレビはどのような役割を果たしたのだろうか。広島市・長崎市が主催する原爆死没者慰霊式典は、NHKによって毎年全国中継されている。近年は現役首相の参列とスピーチが定着しており、国事に準じた取扱いにも見える。また、原爆投下に

放送番組で読み解く社会的記憶

写真1 秋葉忠利市長（当時）による平和宣言。『語り継ぐものへ…』（広島ホームテレビ、2000年8月6日）

よる惨状の記憶を辿るドキュメンタリーやドラマは、毎年8月初旬に集中的に放映され、「被害」、「平和への願い」のシンボルとしてのヒロシマ・ナガサキのNational Narrativeを、繰り返し国民の脳裏に焼き付けている。ドラマや映画の中に登場する被爆者の多くは、『夢千代日記』の夢千代や『黒い雨』の矢須子がそうであるように、過酷な運命を受け入れ、辛抱強く威厳を持って生きる「罪がなくて、徳のある人物」として描かれている。

このような一連のヒロシマ・ナガサキの典型的な表象から、こぼれ落ちているものはないのか、あるとしたら一体何なのかを考えてみる。

※備考：必要に応じて、テレビ以外の資料（社会科や歴史の教科書、『原爆の図』の画集、漫画『はだしのゲン』など）も参照する。

【番組】　下記のものから抜粋
NHK総合『夢千代日記』（ドラマ人間模様）、1981年2月15日放送、46分、◎○
NHK総合『きみはヒロシマを見たか〜広島原爆資料館〜』（NHK特集）、1982年8月6日放送、79分、◎○
日本テレビ『黒い雨 姪の結婚』（ドラマスペシャル）、1983年8月20日放送、68分、◎
広島ホームテレビ『語り継ぐものへ・・・』、2000年8月6日放送、59分（←広島原爆死没者慰霊式典中継番組）、◎
長崎国際テレビ『被爆57周年　原爆犠牲者慰霊　長崎平和祈念式典』、2002年8月9日放送、59分、◎

【文献】
藤原帰一、2001年、『戦争を記憶する――広島・ホロコーストと現在』講談社。
NHK出版編、2003年、『ヒロシマはどう記録されたか――NHKと中国新聞の原爆報道』日本放送出版協会。
吉田裕、2005年、『日本人の戦争観――戦後史のなかの変容』岩波書店。
米山リサ、2005年、『広島――記憶のポリティクス』岩波書店。
黒古一夫、2005年、『原爆は文学にどう描かれてきたか』八朔社。

第 1 章　ヒロシマ・ナガサキの樹

桜井均、2005 年、『テレビは戦争をどう描いてきたか——映像と記憶のアーカイブス』岩波書店。
安藤裕子、2009 年、「ヒロシマ・ナガサキはどのように表象されてきたか－公的記憶の変遷を辿る－」早稲田大学大学院アジア太平洋研究科 2009 年度博士論文。
Ian Buruma, 1994, *The Wages of Guilt: Memories of War in Germany and Japan,* New York: Farrar, Straus, Giroux.（＝石井信平訳、2003 年、『戦争の記憶——日本人とドイツ人』筑摩書房。）
Mick Broderick ed., 1996, *HIBAKUSHA CINEMA: Hiroshima, Nagasaki and the Nuclear Image in Japanese Firm,* London: Kegan Paul International.（＝柴崎昭則他訳、1999 年、『ヒバクシャ・シネマ——日本映画における広島・長崎と核のイメージ』現代書館。）

　第 2 回目以後は、第 1 回で見た典型的な National Narrative でない面を、テレビ報道がどのように取り上げてきたのか、もしくは取り上げてこなかったのかを検討する。

第 2 回　「忘れられた被爆者」の顕在化

　ヒロシマ・ナガサキの報道において、被爆者は常に焦点を当てられる存在であったが、長く視野の外に置かれてきた「忘れられた被爆者」が存在した。原爆投下時に広島・長崎に居た朝鮮人・中国人・台湾人や連合軍捕虜、南方留学生などの外国人被爆者や、沖縄の被爆者、あるいは入市被爆者、黒い雨降雨地域の被爆者、被爆二世などがこれにあたる。なかでも、朝鮮人や中国人、台湾人、南方留学生の被爆者が、日本での報道の視野の外に置かれてきたという事実は、日本人の加害者意識の欠如と分かちがたく結びついている。
　中国地方の有力紙である中国新聞では、1960 年代半ば頃からこれら「忘れられた被爆者」が取り上げられるようになっていたが、テレビの全国放送枠でこの題材が取り上げられたのは、NHK が 1971 年に放送した**『埋もれた 26 年〜韓国の原爆被爆者〜』**が最も初期のものだと考えられる。
　その後、1982 年のいわゆる「教科書問題」によって韓国や中国からの批判を浴びたことが契機となり、歴史認識論争が白熱した 1980 年代後半から 1990 年代前半にかけて、NHK や広島・長崎の地元放送局は、

放送番組で読み解く社会的記憶

何度かこの外国人被爆者の問題を取り上げてきた。1992年に長崎放送が制作した『**忘れられた死者たち**』は、浦上刑務所に服役していた中国、韓国、朝鮮の人々の遺族への取材を通じて、日本の戦後処理のあり方への深い反省を促す番組である。

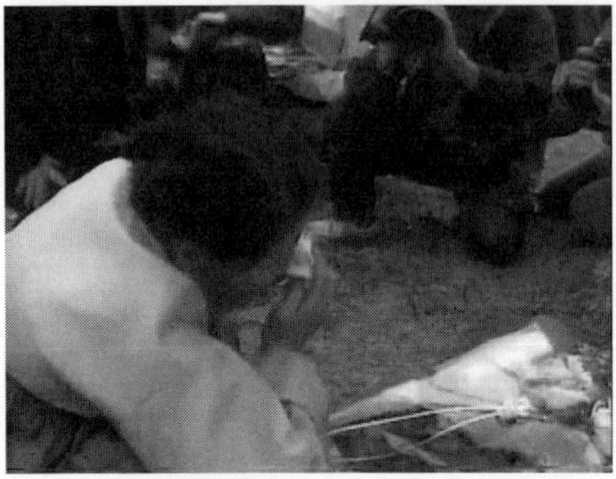

浦上刑務所の跡地は、長崎平和公園の駐車場建設現場から発掘された。強制連行によって長崎に連れてこられ、冤罪の可能性も否定できないようなずさんな取り調べによって服役させられていた刑務所で、原爆の犠牲になった死者たち。しかし、その遺族に対して日本からの死亡通知が届くことはなく、遺骨返還の要求にも誠実に応えようとしてこなかった。遺族が抱えてきた苦しみの重さと、「観光地に刑場は合わない」として刑務所跡地の埋め立てを主張する市議会議員の認識の浅薄さが、悲しいほど対照的である。

写真2　浦上刑務所跡地に花をたむける韓国人被爆者遺族。『忘れられた死者たち』(長崎放送、1992年8月9日)

「忘れられた被爆者」の存在を顕在化する上で、テレビジャーナリズムが果たした役割には一定の評価を与えるべきだと考えるが、これらの被爆者に対する実質的救済が始まるまでには長い時間を要したのであり、いまだ不十分であることを鑑みれば、テレビ報道の在り方を反省する材料は多々残されているであろう。今日においても、外国人被爆者問題を取り上げることに対する一部視聴者の反発や放映への暗黙の圧力は存在し続けており、「第四の権力」としてのマスメディアの独立性を考える上でも、興味深いケースを提供していると言える。

【番組】
NHK総合『埋もれた26年〜韓国の原爆被爆者〜』(NHK特派員報告)、1971年8月10日放送、?分、△☐
NHK総合『忘れられた兵士たち　ヒロシマ・朝鮮人救援部隊』(プライム10)、1991年10月31日放送、55分、◎☐
長崎放送『忘れられた死者たち』、1992年8月9日放送、38分、◎

長崎国際テレビ『埋められた刑務所　爆死した朝鮮の人びと』（NNN ドキュメント '98)、1998 年 8 月 10 日放送、27 分、◎

【文献】
深川宗俊、1974 年、『鎮魂の海峡――消えた被爆朝鮮人徴用工 246 名』現代史出版会。
田島治太夫・井上俊治、1980 年、『煉瓦の壁――長崎捕虜収容所と原爆のドキュメント』現代史出版会。
中山士朗、1982 年、『天の羊――被爆死した南方特別留学生』三交社。
平岡敬、1983 年、『無援の海峡――ヒロシマの声、被爆朝鮮人の声』影書房。
伊藤孝司、1987 年、『写真記録原爆棄民――韓国・朝鮮人被爆者の証言』ほるぷ出版。
鈴木賢士、2000 年、『韓国のヒロシマ――韓国に生きる被爆者は、いま』高文研。

第 3 回　「唯一の被爆国」の語りからの脱却

　日本の小中学校、高校の社会科・歴史教科書の結びの部分においては、「世界で、原爆の被害を受けたただ一つの国である日本の国民は、平和がいかにたいせつであるかを痛切に感じている」[注10]といった「唯一の被爆国」を強調する語りが、戦後長期に渡って行われてきた。「唯一の被爆国」の語りは、政治や外交の場においてもしばしば利用されてきたのであり、「被爆ナショナリズム」と揶揄されることもあった。しかし、第 2 回の授業で検討したように外国人被爆者の存在が次第に顕在化してきたこと、あるいは米国スリーマイル島やソ連チェルノブイリの原発事故による被曝者、核施設周辺の汚染が生み出した被曝者、核実験場風下の住民やアトミック・ソルジャーなどの、核時代が世界に生み出した「ヒバクシャ」の存在が徐々に明らかにされていったことによって、「唯一の被爆国」の語りは少しずつ後退していった。

　広島・長崎への原爆投下による被爆者と、世界各地のヒバクシャを繋いでいく「グローバルヒバクシャ」の視点は、ヒロシマ・ナガサキを過去の特定の場における出来事ではなく、現在起こっていること、未来に起こりうることとして連続して考えていく上で、大変重要な視点である。

　テレビ報道においては、チェルノブイリ原発事故が大きな契機となって、主に 1990 年代以降に「グローバルヒバクシャ」の視座を提供する報道番組が散見されるようになった。広島テレビ放送が 1990 年に放送した『**核汚染の原野　ソ連核実験場セミパラチンスク**』（NNN ドキュメント '90) は、グラスノスチを推進する崩壊前夜のソ連の核実験場に、

写真3　カザフ共和国アルマアタ市で開催された「核実験禁止国際市民会議」で初めて手を取り合うネバダ・セミパラチンスク・広島のヒバクシャ。『核汚染の原野　ソ連核実験場セミパラチンスク』（NNNドキュメント'90）（広島テレビ放送、1990年6月16日）

西側諸国の報道陣として初めて取材した番組である。

セミパラチンスクはソ連最大の核実験場であり、40年間に500回にも及ぶ核実験が繰り返されてきた。番組は、その風下にあるカラウル村、サジャール村の住民に取材をし、被曝の被害内容と共に、彼らが政府に何も知らされないまま人体実験に利用されていたことを明らかにする。グラスノスチをアピールするためであるのか、取材に応じる軍人が、「一人も核実験の被害者はいない」と言い張る姿が印象に残る。

また、静岡第一テレビが1994年に放送した『**失われた楽園　ビキニ核実験被害から40年**』（NNNドキュメント'94）は、冷戦時代に66回に及ぶ核実験の実験場とされてきたマーシャル諸島の住民の現在を取材した番組である。ここにおいても、米政府から十分な説明を受けることなく故郷を奪われ、被曝者となった住民の長期に渡る苦悩が明らかにされる。番組の後半、日本の取材スタッフに対して「日本が戦争をしなければ、ここで核実験はなかったかもしれない」という厳しい発言がぶつけられる。「被爆の被害を受けた国民同士」という安易な意識の共有が拒絶される瞬間である。

一方、NHKは、とりわけチェルノブイリ原発事故に大きな関心を寄せ、継続的にその後の模様を追跡する番組を作り続けている。また、1995年にNHKが放送した『**調査報告・地球核汚染　ヒロシマからの警告**』は、米国の核実験場ハンフォード、旧ソ連の核施設マヤーク、ビキニ水爆実験が行われたマーシャル諸島の3か所への取材を通じて、核汚染の問題をグローバルイシューとして捉え、世界に広がる「核時代の犠牲者＝HIBAKUSHA」とヒロシマの被爆者を結びつける視点を呈示している。

振り返れば、1950年代から核実験場にされた地域には多くのヒバク

シャが生まれていた。ビキニ水爆実験と第五福竜丸乗組員の被曝があれほどまでに日本国民の注目を集めたにも関わらず、これらのヒバクシャが、テレビジャーナリズムから長く見落とされがちであったのはどうしてなのだろう。なぜ、チェルノブイリ原発事故が、報道の関心を惹きつけるきっかけとなったのだろうか。

注
10) 東京書籍 1981 年発行『新しい社会歴史』p.327 より。

【番組】
広島テレビ放送『核汚染の原野　ソ連核実験場セミパラチンスク』（NNN ドキュメント '90)、1990 年 6 月 16 日放送、26 分、◎
静岡第一テレビ『失われた楽園　ビキニ核実験被害から 40 年』（NNN ドキュメント '94)、1994 年 12 月 19 日放送、26 分、◎
NHK 総合『調査報告・地球核汚染　ヒロシマからの警告』、1995 年 8 月 6 日放送、90 分、◎×

【文献】
小田実、1981 年、『HIROSHIMA』講談社。
広瀬隆、1982 年、『ジョン・ウェインはなぜ死んだか』文藝春秋。
豊崎博光、1995 年、『アトミック・エイジ　地球被曝はじまりの半世紀』築地書館。
広河隆一、1999 年、『チェルノブイリ　消えた 458 の村』日本図書センター。
森住卓、1999 年、『セミパラチンスク　草原の民・核汚染の 50 年』高文研。
グローバルヒバクシャ研究会編、2005 年、『隠されたヒバクシャ：検証＝裁きなきビキニ水爆被災』凱風社。

【資料】
鎌仲ひとみ監督、2003 年、ドキュメンタリー映画『HIBAKUSYA——世界の終わりに』、グループ現代。

第 4 回　「歴史の記憶」をめぐる認識ギャップとその検証

　日本では、ヒロシマ・ナガサキはアジア・太平洋戦争の「被害」のシンボルであり、原爆投下は「絶対悪」として語られ続けてきた。一方、米国においては、原爆投下は残虐を極めたアジア・太平洋戦争を終結に導き、数多くの米国民のみならず、日本国民をも救った「正義の記憶」として、一貫して語り継がれてきた。

この真逆とも言える認識の相違が、戦後50年の歳月を経て白日の下にさらされたのが、1994年から1995年にかけて米国で起きたスミソニアン論争である。スミソニアン航空宇宙博物館で、終戦50周年を機に企画された原爆投下機エノラ・ゲイ号の復元展示に際して、博物館は最新の学術的成果を反映させた意欲的な展示をしようと考え、広島・長崎から被爆資料を借り出すことも計画されていた。しかし、この展示企画は空軍協会を始めとする退役軍人から猛烈な批判を浴びた。空軍協会のキャンペーンはやがて保守系メディアや議会をも巻き込んだ大きな博物館バッシングの潮流を作り出し、ついに博物館は展示企画を白紙撤回するに至ったのである。この時のメディアの偏った報道の在り方は、「第二のマッカーシズムだ」と批判されたほどであった。

　スミソニアン論争の顛末は日本側に少なからぬショックを与えた。自分たちが50年間世界に訴え続けてきたメッセージは、ほとんど届いていなかったのではないだろうか、という失望と焦りが広がったのである。

　このことが大きなきっかけとなって、戦後50年を記念する報道番組の中には、日本が行った加害の側面に積極的に目を向けようとする番組や、ヒロシマ・ナガサキに対する米国やアジア諸国との"記憶の溝"を検証しようとする番組が複数登場した。1995年の『**アメリカの中の原爆論争～スミソニアン展示の波紋～**』（NHKスペシャル）は、スミソニアン論争の経緯をわかりやすく辿りながら、日米の原爆観ギャップを検証しようと試みたドキュメンタリーである。

　これに加えて、1990年代後半には、『**放送はヒロシマをどう伝えてきたか**』（ETV特集）のような、ヒロシマ・ナガサキのこれまでの報道のあり方に自己批判的検討を加える番組も制作されるようになったのも、新たな試みであった。

【番組】
NHK総合『アメリカの中の原爆論争～スミソニアン展示の波紋～』（NHKスペシャル）、1995年6月放送、?分、△×
NHK総合『放送はヒロシマをどう伝えてきたか』（ETV特集）、1998年8月3日、4日放送、?分、△☑

【文献】
NHK取材班、1996年、『（NHKスペシャル）アメリカの中の原爆論争——戦後50

年スミソニアン展示の波紋』ダイヤモンド社。
直野章子、1997年、『ヒロシマ・アメリカ——原爆展をめぐって』渓水社。
細谷千博他編、2004年、『記憶としてのパールハーバー』ミネルヴァ書房。
安藤裕子、2011年、『反核都市の論理』三重大学出版会。
Allan Winkler, 1993, *Life under a Cloud: American Anxiety about the Atom*, New York: Oxford University Press, Inc.（＝麻田貞雄監訳、1999年、『アメリカ人の核意識——ヒロシマからスミソニアンまで』ミネルヴァ書房。）
Philip Nobile ed., 1995, *Judgment at the Smithsonian*, New York: Marlowe & Co.（＝三国隆志他訳、1995年、『葬られた原爆展——スミソニアンの抵抗と挫折』五月書房。）
Robert Lifton and Greg Mitchell, 1995, *Hiroshima in America: Fifty Years of Denial*, New York: Putnam's Sons（＝大塚隆訳、1995年、『アメリカの中のヒロシマ（上）（下）』岩波書店。）
Edward Linenthal and Tom Engelhardt eds., 1996, *History wars: the Enola Gay and other battles for the American past*, New York: Metropolitan Books（＝島田三蔵訳、1998年、『戦争と正義——エノラ・ゲイ展論争から』朝日新聞社。）
Martin Harwit, 1996, *An Exhibit Denied : Lobbying the History of Enola Gay*, New York: Copernicus（＝山岡清二監訳、1997年、『拒絶された原爆展——歴史のなかの「エノラ・ゲイ」』みすず書房。）
Laura Hein and Mark Selden eds., 1997, *Living With the Bomb: American and Japanese Cultural Conflicts in the Nuclear Age*. New York: M.E. Sharpe Inc.

第5回　テレビメディアの可能性を考える

1984年に放送された『世界の科学者は予見する・核戦争後の地球』（NHK特集）は、東京タワー上空2400mで1メガトン級の核爆弾が炸裂したらどうなるか、という想定を映像化した番組である。スウェーデン王立科学アカデミーが100人近い専門家の研究成果を結集させて作成した詳細な調査報告書に基づく説得力のある番組であり、第36回イタリア賞ドキュメンタリー部門グランプリを受賞した。その際の審査委員長のコメントは下記の通りである。

　「この番組は、核戦争によるすさまじいばかりの破壊の全体像を過不足なく、冷静に、正確に伝えることに成功しました。科学的事実を説得力のある映像表現に変えて積み重ねました。とりわけ現実感

あふれる特殊撮影と日本ならではの被爆者の証言が、番組に強い力を与えていました。しかし私たちが最も大切だと考えたことは、今、テレビジョンが世界に対して何を果たさなければならないのか。あるいは何を果たせるのかということでした。」（相沢 2003: 301）

　この番組は CG が使用される以前のものであるが、制作スタッフの熱意と創意工夫が編み出した特撮効果が十分に活かされたものであり、テレビ報道の新たな可能性を呈示した点が評価されたのだ。
　近年では、『**原爆投下・10 秒の衝撃**』（NHK スペシャル）（1998 年）のように、飛躍的に進化する CG 技術を駆使して、原爆投下直後の衝撃を映像で再現しようと試みる番組も登場している。広島平和記念資料館の大規模改装に向けた事業計画策定のプロセスでも、映像を利用して衝撃を体感するような体験型の展示を取り入れるべきか否かの議論が行われた記録がある。こうしたヴァーチャル体験は実際の体験を矮小化して記憶させるものだとする批判も強くあり、賛否両論分かれている。

　一方、2005 年に広島テレビ放送が制作した『**消えた町並みからのメッセージ―CG でよみがえる 8 月 6 日―**』は、今までとは違う新たな CG 利用の試みである。この番組が密着するのは、原爆ドームの隣に住居があった男性、田邊雅章氏である。学童疎開によって被爆を免れ、長じて映像作家となった田邊氏は、自分が生まれ育った爆心地付近の町並みを、CG を用いて再現しようと考える。番組は、この映像化がかつてこの街に暮らしていた人々や、映像化に携わった若い大学生たちにどのような感情を引き起こすのかを丁寧に掬い取っていく。「普段の生活、普通の人々が犠牲になったということを（映像で）残したい」と語る田邊氏の言葉が印象的である。

写真 4 『ヒロシマ・グラウンド・ゼロ』より―産業奨励館（原爆ドーム）の上空から細工町方面を見る。『消えた町並みからのメッセージ―CG でよみがえる 8 月 6 日―』（広島テレビ放送、2005 年 12 月 17 日）

最終回となる第5回では、テレビ映像ならではの特性を活かした試みによって、視聴者の反響を呼んだ番組を取り上げながら、映像メディアとしてのテレビジャーナリズムの可能性について考えてみる。

【番組】
NHK総合『世界の科学者は予見する・核戦争後の地球 (1) 地球炎上 (2) 地球凍結』（NHK特集）、1984年8月5日、6日放送、(1) 60分、(2) 45分、△☒
NHK総合『原爆投下・10秒の衝撃』（NHKスペシャル）、1998年8月6日放送、59分、△○
広島テレビ放送『消えた町並みからのメッセージ──CGでよみがえる8月6日──』、2005年12月17日放送、47分、◎

【文献】
スウェーデン王立科学アカデミー編、1983年、『1985年6月世界核戦争が起ったら──人類と地球の運命』岩波書店。
NHK広島「核・平和プロジェクト」、1999年、『原爆投下・10秒の衝撃』日本放送出版協会。
相田洋、2003年、『ドキュメンタリー私の現場　記録と伝達の40年』日本放送出版協会。
田邊雅章、2008年、『ぼくの家はここにあった　爆心地～ヒロシマの記録～』朝日新聞出版。

5　参考図書・文献・資料一覧

〔書籍（発行年順）〕
深川宗俊、1974年、『鎮魂の海峡──消えた被爆朝鮮人徴用工246名』現代史出版会。
田島治太夫・井上俊治、1980年、『煉瓦の壁──長崎捕虜収容所と原爆のドキュメント』現代史出版会。
小田実、1981年、『HIROSHIMA』講談社。
中山士朗、1982年、『天の羊──被爆死した南方特別留学生』三交社。
広瀬隆、1982年、『ジョン・ウェインはなぜ死んだか』文藝春秋。
スウェーデン王立科学アカデミー編、1983年、『1985年6月世界核戦争が起ったら──人類と地球の運命』岩波書店。
平岡敬、1983年、『無援の海峡──ヒロシマの声、被爆朝鮮人の声』影書房。
伊藤孝司、1987年、『写真記録原爆棄民──韓国・朝鮮人被爆者の証言』ほるぷ出版。
豊崎博光、1995年、『アトミック・エイジ　地球被曝はじまりの半世紀』築地書館。
NHK取材班、1996年、『(NHKスペシャル) アメリカの中の原爆論争──戦後50年スミソニアン展示の波紋』ダイヤモンド社。

直野章子、1997 年、『ヒロシマ・アメリカ――原爆展をめぐって』渓水社。
広河隆一、1999 年、『チェルノブイリ 消えた 458 の村』日本図書センター。
NHK 広島「核・平和プロジェクト」、1999 年、『原爆投下・10 秒の衝撃』日本放送出版協会。
森住卓、1999 年、『セミパラチンスク 草原の民・核汚染の 50 年』高文研。
鈴木賢士、2000 年、『韓国のヒロシマ――韓国に生きる被爆者は、いま』高文研。
藤原帰一、2001 年、『戦争を記憶する――広島・ホロコーストと現在』講談社。
NHK 出版編、2003 年、『ヒロシマはどう記録されたか――NHK と中国新聞の原爆報道』日本放送出版協会。
相田洋、2003 年、『ドキュメンタリー私の現場 記録と伝達の 40 年』日本放送出版協会。
細谷千博他編、2004 年、『記憶としてのパールハーバー』ミネルヴァ書房。
吉田裕、2005 年、『日本人の戦争観――戦後史のなかの変容』岩波書店。
グローバルヒバクシャ研究会編、2005 年、『隠されたヒバクシャ：検証＝裁きなきビキニ水爆被災』凱風社。
米山リサ、2005 年、『広島――記憶のポリティクス』岩波書店。
黒古一夫、2005 年、『原爆は文学にどう描かれてきたか』八朔社。
桜井均、2005 年、『テレビは戦争をどう描いてきたか――映像と記憶のアーカイブス』岩波書店。
田邊雅章、2008 年、『ぼくの家はここにあった 爆心地〜ヒロシマの記録〜』朝日新聞出版。
安藤裕子、2009 年、「ヒロシマ・ナガサキはどのように表象されてきたか－公的記憶の変遷を辿る－」、早稲田大学大学院アジア太平洋研究科 2009 年度博士論文。
安藤裕子、2011 年、『反核都市の論理』三重大学出版会。
Allan Winkler, 1993, *Life under a Cloud: American Anxiety about the Atom*, New York: Oxford University Press, Inc.（＝麻田貞雄監訳、1999 年、『アメリカ人の核意識――ヒロシマからスミソニアンまで』ミネルヴァ書房。）
Ian Buruma, 1994, *The Wages of Guilt: Memories of War in Germany and Japan*, New York: Farrar, Straus, Giroux.（＝石井信平訳、2003 年、『戦争の記憶――日本人とドイツ人』筑摩書房。）
Philip Nobile ed., 1995, *Judgment at the Smithsonian*, New York: Marlowe & Co.（＝三国隆志他訳、1995 年、『葬られた原爆展――スミソニアンの抵抗と挫折』五月書房。）
Robert Lifton and Greg Mitchell, 1995, *Hiroshima in America: Fifty Years of Denial*, New York: Putnam's Sons（＝大塚隆訳、1995 年、『アメリカの中のヒロシマ（上）（下）』岩波書店。）
Mick Broderick ed., 1996, *HIBAKUSHA CINEMA: Hiroshima, Nagasaki and the Nu-

clear Image in Japanese Firm, London: Kegan Paul International.（＝柴崎昭則他訳、1999 年、『ヒバクシャ・シネマ——日本映画における広島・長崎と核のイメージ』現代書館。）

Edward Linenthal and Tom Engelhardt eds., 1996, *History wars: the Enola Gay and other battles for the American past*, New York: Metropolitan Books（＝島田三蔵訳、1998 年、『戦争と正義——エノラ・ゲイ展論争から』朝日新聞社。）

Martin Harwit, 1996, *An Exhibit Denied : Lobbying the History of Enola Gay*, New York: Copernicus（＝山岡清二監訳、1997 年、『拒絶された原爆展——歴史のなかの「エノラ・ゲイ」』みすず書房。）

Laura Hein and Mark Selden eds., 1997, *Living With the Bomb: American and Japanese Cultural Conflicts in the Nuclear Age*. New York: M.E. Sharpe Inc.

〔紀要・雑誌（発行年順）〕

七沢潔、2008 年、「原子力 50 年・テレビは何を伝えてきたか——アーカイブスを利用した内容分析」『放送研究と調査　NHK 放送文化研究所年報 2008』第 52 集、251-331 頁。

〔資料〕

鎌仲ひとみ監督、2003 年、ドキュメンタリー映画『HIBAKUSYA——世界の終わりに』、グループ現代。

6　公開授業の経験から考えたこと

　公開授業では、11 月 19 日第 4 講の枠を頂戴し、授業展開案の第 3 回を「テレビ報道はグローバルヒバクシャの視座をどのように獲得してきたか」というタイトルでデモンストレーションする機会を得た。ここではその所感を記す。

　「放送番組の森研究会」が始動した当初に最も時間が割かれた議論のひとつが、「開発する教材はどのような授業で使われることを想定するか」という問題だった。すなわち、ジャーナリストを養成する為の教育で使おうとするのか、広くジャーナリズムを理解する為の教育で使おうとするのか、あるいはさまざまな社会問題を映像を通じて学習する為の教育で使おうとするのか、という問題である。熱い討論の結果、2 番目の目的である「広くジャーナリズムを理解する為の教育で使うためのも

の」、言い換えれば「ジャーナリズム・リテラシーを学習するための教材」をゴールに開発を進めることが決まった。

　研究会のメンバーの多くは大学でメディア論やジャーナリズム論を専門に教えているが、私は「歴史の記憶と表象」を専門としており、ジャーナリズム・リテラシー教育の経験はほとんど皆無と言ってよい。そもそもメンバーに加わってよいのか、いささかの不安があったことは否定できない。しかし、公開授業を体験してみて、この教材が「ヒロシマ・ナガサキ」のような特定の社会問題をより深く広く学習する為にもおおいに有効活用できるものであるとの確信を得ることができた。

　「文章では伝達することに限界がある内容や量の知識を映像が伝え得る」という利点は指摘するまでもないが、それだけではない。現代社会が抱える諸問題の多くは、その背景が複雑に絡み合っており、多面的な角度から光を当てなければ全体像を把握することは不可能である。自分が得ている知識やものの見方はすべてではなく、そこに可視化されていないものは何かと批判的に問う姿勢は、いかなる社会問題に向かい合う際にも必ず私たちが持っていなければならない姿勢である。鋭い視点で切り取られた良質な報道番組、あるいは逆に一面的なものの見方を無意識に誘導する番組などを実際に見ることは、情報の溢れかえった社会に生きる私たちにそのような視点を持つことの重要性を気づかせてくれる。

　ところで、私自身は報道番組を一つの作品として捉えており、授業で使用する際にはノーカットで見せられるようになるべく30分以内の番組を選んでいる。しかし、これが前提となると、90分授業の中で見せられる番組は限られたものになってしまう。報道番組は、90分、120分といった長尺の番組にも力作が多いからだ。そう考えると、学生がインターネットや学内イントラネットを通じて、オンデマンドの環境で番組を視聴することができ、授業では一部を抜粋して使用できるという状態が、やはり理想型であろう。

　研究会に参加したことで、放送番組を使用するためにいかに多くの承諾を得なければならないのかを思い知ることとなったが、小学生の頃から番組をYou Tubeで検索するのが当たり前になっている世代が大学に入学してくる前に、一日も早く放送番組を公共の財産として高等教育の場で有効活用できる環境が整うように、微力ながら貢献できればと願う。

第2章　BC級戦犯の樹

藤田 真文（ふじた まふみ）

法政大学社会学部メディア社会学科・教授
　1959年生まれ。専門はマス・メディア論。テレビドラマや新聞記事の分析。著書に、『ギフト、再配達：テレビ・テクスト分析入門』（せりか書房）、『メディアの卒論』（ミネルヴァ書房）、『ポピュラーTV』（風塵社）、『プロセスが見えるメディア分析入門』（世界思想社）、『テレビジョン・ポリフォニー：番組・視聴者分析の試み』（世界思想社）、『テレビニュースの社会学：マルチモダリティ分析の実践』（世界思想社）など。

極東国際軍事裁判　ここでは戦争指導者が裁かれた。
© AFP PHOTO

1 テーマ「BC級戦犯」の概説

忘れ去られた存在—BC級戦犯

　戦犯とは、「戦争犯罪人」の略である。辞書では「戦争犯罪」を「国際条約の定める戦闘法規に違反する行為。例えば、降伏者の殺傷、禁止兵器の使用など」と説明する（『大辞泉』参照）。

　学校の歴史の授業で「BC級戦犯」について習ったことを記憶している人はほとんどいないのではないだろうか。それも無理はない。中学・高校の歴史教科書で「戦犯」として取り上げられるのは、もっぱらA級戦犯と極東国際軍事裁判（東京裁判）である。極東国際軍事裁判でA級戦犯とされたのは、東条英機ら太平洋戦争開戦当時の軍・政府指導者であった。政治史・事件史が中心となる中学・高校の歴史教科書で、A級戦犯が大きくあつかわれるのは当然かもしれない。一方、BC級戦犯については、ほとんど触れられていない。例えば、『改訂版　詳説日本史B』では、BC級戦犯は本文ではなく「東京裁判」のコラムの中で3行記述されているだけである（山川出版社、2008年）。

　「BC級戦犯」とは、第二次世界大戦後におこなわれた国際軍事裁判所や極東国際軍事裁判の条例で、戦争犯罪類型B項「通例の戦争犯罪」、C項「人道に対する罪」に該当するとされた戦争犯罪人である。日本のBC級戦犯の裁判は、連合国のアメリカ・イギリス・オランダ・フランス・オーストラリア・中国・フィリピンの七カ国がそれぞれ裁判を行った。戦時中に残虐行為に関わったとして約5千700人が裁かれ、934人が死刑となっている（林2005：3）。他方、極東国際軍事裁判（東京裁判）において戦争犯罪類型A項「平和に対する罪」で起訴された被告は28名、死刑になった者は7名である。関係者の数でいえば、BC級戦犯裁判のほうがはるかに規模が大きい。

　数年の間に934人が死刑になったとしたら、けっして無視できない歴史的事件であったはずである。にもかかわらず、歴史教科書での取扱い

に見るように、BC級戦犯は現代の私たちから忘れ去られた存在となっている。そのような中でも、BC級戦犯を扱った番組は数としてけっして多くはないが、数十年にわたって作られ続けてきた。これらの番組が、私たちが忘れた「BC級戦犯」という存在を現代によみがえらせてくれる。

現代につながるBC級戦犯問題：何が問題なのか

　筆者は、BC級戦犯の問題は、戦後60年以上たった現在でもじっくり考えるべき意味をもっていると思っている。というのも、第一に、アジア太平洋戦争をどのようにとらえていたかという、その時代時代の歴史認識とBC級戦犯についての評価が密接に結びついているからである。BC級戦犯は、アジア太平洋戦争についての歴史認識の映し鏡と言ってもよい。BC級戦犯に対する日本社会の評価は、戦後おおまかに言って三度変化した。

　①第1期：BC級戦犯を非人道的な「犯罪人」として糾弾した時期（終戦（1945年）～サンフランシスコ平和条約発効（1952年）ころまで）……BC級戦犯は、日本を戦争に向かわせたA級戦犯（軍・政府指導者）と同罪の「人民の敵」、収容所で捕虜を虐待したり、戦地で住民に虐殺・拷問などの非人道的な危害を加えた「暴力の野獣」などと糾弾された。戦犯にリストアップされた容疑者は、警察に逮捕されGHQ（占領軍総司令部）に引き渡されたこともあり、まさに犯罪人と見なされた（林2005: 43-46）[注1]。

　②第2期：BC級戦犯に「犠牲者」として同情が集まった時期（全戦犯の釈放（1958年）ころまで）……1952年ころから、様々な戦犯釈放運動が展開されるようになった（林 2005: 191-192）。BC級戦犯が罪に問われた捕虜の虐待や敵兵や住民への非人道的危害は、軍や上官の命令にしたがって行っただけである。彼らは占領下の「勝者の裁判」によって断罪された「犠牲者」であるとの同情が寄せられた。さらに、彼らが捕虜収容所や戦地で行った行為は、戦時においてはやむを得なかった。犯罪ではない、とする意見もあった。

　③第3期：忘却から関係者の証言と歴史的再評価の時期（現在まで）

……巣鴨プリズンや国外の刑務所に収監されていたBC級戦犯がすべて釈放されるとBC級戦犯の問題は、ときどき書籍やメディアで取り上げられる程度で社会的関心は薄れていく。しかし、巣鴨プリズンの中では、「平和グループ」という学習組織が作られ、BC級戦犯たちが自らの行為が戦争犯罪だったとの反省を獄中から書籍の形で刊行した。釈放後も彼らは、平和運動や自らの戦争犯罪についての証言を続けた。また、日本の外交資料館やアメリカ公文書館などの歴史史料が公開されたこともあり、研究者によるBC級戦犯の歴史研究も進み、現在ではBC級戦犯についての歴史的再評価の時期を迎えた（内海2004参照）。

　再びBC級戦犯問題の現代的意義であるが、第二にBC級戦犯問題の追究は、アジア太平洋戦争における日本の加害の問題、日本の戦争犯罪・戦争責任を明らかにすることに結びつく。戦時中日本国内に留まっていた軍や政府の戦争指導者層（A級戦犯）とは違い、BC級戦犯の多くは前線の指揮官であった。BC級戦犯として起訴されたもので、軍の階級でもっとも多いのが、曹長・軍曹・伍長などの准士官・下士官（50.9％）であった。彼らの多くは、軍に長年所属したたたきあげであり、往復ビンタなど日本軍内の暴力的な習慣にも慣れている。その習慣が、占領地の住民や捕虜への対応に現れた。また、占領地で治安維持にあたり、抗日運動を取り締まった憲兵や、朝鮮人の俘虜収容所監視員に死刑になった者の比率が多いことも特徴である。

　BC級戦犯の起訴理由の42.6％は「俘虜の殺人・虐待・虐待致死」、54.8％が「非戦闘員の殺人・虐待・虐待致死」であり、この二つがほとんどを占めている（林2005: 64-71）。直接に戦闘に参加し、占領地の住民と接触したBC級戦犯の証言は、実に生々しく戦場の実相を伝えてくれる。

　巣鴨プリズン「平和グループ」の活動でもわかるように、日本の戦争犯罪・戦争責任の事実を明確に知ることは、アジア太平洋地域における平和を構築するためにこれから何が必要かを考える出発点ともなるであろう。BC級戦犯問題は、未来に結びつく課題でもある。林博史の以下の二点は非常に重要な指摘である。

① 戦犯を戦争被害者と見ることは、まるで日本人全体（国家や軍の指導者も含めて）が戦争被害者であるかのように扱い、日本の行った戦争によって被害を受けたアジアの人々を視野の外に置くことになる（林 2005: 191）。

② 戦犯裁判をおこなわず、残虐行為を裁かなかったとするならば、戦争中に何をしようと国際社会が公認したのと同じことになる。日本人が自らの戦争犯罪を問うことではじめて、第二次世界大戦中の連合国側の戦争犯罪がまったく裁かれなかった点、朝鮮戦争やベトナム戦争など第二次世界大戦以後に連合国が行った戦争犯罪を批判的に見ることができる（林 2005: 202-203、210-211）。

注
1)「人民の敵」、「暴力の野獣」という言葉は、あとで取り上げるテレビドラマ『**遠い日の戦争**』（青春の昭和史〔1〕）（1979年）に出てくる表現である。

放送番組で読み解く社会的記憶

2 「BC級戦犯」関連年表

	関連する主な出来事	社会的評価	テレビ番組の系譜	他メディアでの表象
1944	米戦争犯罪取締規定制定（8月） 連合国戦争犯罪委員会極東小委員会発足（11月）	犯罪人としての戦犯		
1945	米グアム戦犯裁判開始（2月） 米戦争犯罪規定制定（6月） ポツダム宣言（7月） 日本敗戦（8月） スガモプリズン開設（11月） 豪モロタイ裁判開始（11月） 米マニラ裁判山下大将に死刑判決（12月）			
1946	英シンガポール、クアラルンプールなど 蘭バタビア、仏サイゴン、連合国各国が戦犯裁判開始 連合国各国が戦犯裁判開始 東京裁判開廷（5月）			
1947	日本国憲法施行（5月） 比マニラ裁判開始（8月）			
1948	東京裁判終了（11月） A級戦犯死刑執行（12月） 英関係BC級裁判終了（12月）			
1949	中国国民党政府関係BC級裁判終了（1月） 中華人民共和国建国（10月） 米蘭比関係BC級裁判終了（10～12月）			
1950	朝鮮戦争勃発（6月） 仏関係BC級裁判終了（6月）戦犯全員巣鴨に移送			
1951	サンフランシスコ平和条約調印 豪関係BC級裁判終了（4月）最後の死刑（6月）			
1952	巣鴨刑務所日本に移管（4月） 日華平和条約発効（8月）戦犯全員釈放 米戦犯赦免仮釈放委員会設置（9月）	戦争犠牲者としての戦犯		加藤哲太郎「私達は再軍備の引換え切符ではない」『世界』10月号 巣鴨法務委員会編『戦犯裁判の実相』 亜東書房編『われ死ぬべしや―BC級戦犯者の記録』 渡辺はま子「ああモンテンルパの夜は更けて」
1953	比戦犯全員巣鴨へ移送（7月）全員釈放（12月）			巣鴨遺書編纂会『世紀の遺書』 理論社編集部編『壁あつき部屋―巣鴨BC級戦犯の人生記』 飯塚浩二編『あれから七年―学徒戦犯の獄中からの手紙』
1954	仏戦犯全員釈放（4月）			
1956	中華人民共和国戦犯起訴免除者帰国（6～9月）		テレビ放送開始	映画『壁あつき部屋』（松竹 脚本安部公房）
1957	最後の戦犯釈放（7月）			
1958	英仏関係戦犯全員釈放（2月、12月）		ドラマ『私は貝になりたい』（KRT 脚本橋本忍）	
1959	戦犯刑死者を靖国合祀（4月、10月）		『モンテンルパへの通信』（NHK日本の素顔）	映画『私は貝になりたい』（東宝 脚本橋本忍）
1964	中華人民共和国最後の戦犯帰国（4月）			
1965	日韓条約・日韓請求権協定締結			
1966	刑死者全員を靖国合祀（10月）			
1971		忘却→関係者の証言と歴史的再評価		
1975（戦後30年）				
1978			『遥かなるモンテンルパ』（NHKある人生） 『汚名 あるC級戦犯の秘録』（朝日放送）	吉村昭『遠い日の戦争』
1979			『戦犯たちの中国再訪の旅』（RKB毎日放送） ドラマ『青春の昭和史［1］遠い日の戦争』（テレビ朝日）	
1981				上坂冬子『巣鴨プリズン13号鉄扉 裁かれた戦争犯罪』
1982				内海愛子『朝鮮人BC級戦犯の記録』
1983				茶園義男編・解説『日本BC級戦犯資料』
1989			『戦犯たちの告白～撫順・太原戦犯管理所1062人の手記～』（NHK）	
1990			『ある男の謝罪 土屋元憲兵少尉と中国』（山形放送）	
1991	「韓国・朝鮮人戦犯の国家補償等請求訴訟」東京地裁に提訴（11月）		『裁きのはてに BC級戦犯・遺された者たちの今』（信越放送）	
1993			『チョウムンサンの遺書 シンガポールBC級戦犯裁判』（NHK）	
1994			『責任なき戦場～ビルマ・インパール』（香華』（テレビ東京） ドラマ『私は貝になりたい』（TBS 脚本橋本忍） 『SUGAMOは忘れない～BC級戦犯の手記～』（NHK）	
1995（戦後50年）				
1996	「韓国・朝鮮人戦犯の国家補償請求訴訟」東京地裁原告請求を棄却（11月）			
1999	「韓国・朝鮮人戦犯の国家補償等請求訴訟」最高裁上告棄却判決確定（12月）		『日本人中国抑留の記録』（NHK）	
2001			『獄中から届いた遺書』（北日本放送）	
2005（戦後60年）				
2007			ドラマ『真実の手記 BC級戦犯 加藤哲太郎「私は貝になりたい」』（日本テレビ）	映画『私は貝になりたい』（東宝 脚本橋本忍）
2008			『BC級戦犯 獄窓からの声』（NHK） 『シリーズBC級戦犯』（NHK） 『あの人に会いたい 渡辺はま子（歌手）』（NHK） ドラマ『最後の戦犯』（NHK） 『"認罪"～中国 撫順戦犯管理所の6年～』（NHK）	
2009			『戦場のメロディ』（フジテレビ）	

3 「BC級戦犯」を扱ったテレビ番組の系譜

　前の節で述べたようなBC級戦犯への社会的評価の変化には、放送番組も様々な形で関わっている。前の節の時代区分のうち第1期は、占領下であったためGHQの検閲もあり放送番組での目立った表現活動はない。第2期にBC級戦犯は、ドラマ『**私は貝になりたい**』という劇的な形でテレビに登場する。

(1) テレビドラマ『私は貝になりたい』のインパクト

　BC級戦犯への社会的評価に大きな影響力があったのは、第2回の授業でとりあげるテレビドラマ『**私は貝になりたい**』である。1958年にラジオ東京テレビ（KRT、現TBS）で放送された同番組は、第13回文部省芸術祭で文部大臣賞（現在の大賞）を受賞するなど、テレビ草創期の名作ドラマとされる。

　主人公は戦時中、上官に米軍捕虜の殺害を命じられる。しかし、臆病な主人公は捕虜を殺すことはできず傷つけただけであった。終戦後は郷里で理髪師として静かに暮らしていた主人公であったが、突然戦犯として逮捕され最終的には死刑になってしまう。この悲劇のドラマによって、BC級戦犯＝戦時体制の悲劇的な犠牲者というイメージが社会的に広がった。

写真1　死刑判決が申し渡され無実を叫ぶ清水豊松（フランキー堺）。『サンヨーテレビ劇場　私は貝になりたい』（東京放送、1958年10月31日）

　「この作品は、BC級戦犯の問題を多くの人に訴えた。日本軍の被害者であり、戦争裁判の犠牲者という、BC級戦犯の一つの典型を描き出した。また、日本の戦争責任を誰がとったのか、問題を投げかけたのである。創成期のテレビという媒体でオンエアーされ、茶の間にBC級戦犯の問題をもちこんだ。被害者としてのBC級戦犯

像を定着させた。」(内海 2004: 17)
「このドラマが戦犯裁判について日本人のなかに、あるステロタイプ化されたイメージを作るのに大きく影響したように思える。」(林 2005: 195)

その他の番組としては、NHK 総合『モンテンルパへの追憶』(日本の素顔)(1959 年)、NHK 総合『遥かなるモンテンルパ』(ある人生)(1971 年)、朝日放送『汚名　ある C 級戦犯の秘録』(1975 年)、RKB 毎日放送『戦犯たちの中国再訪の旅』(1978 年)、テレビ朝日『遠い日の戦争』(1979 年)などが制作されている。

(2) 関係者の証言と自省を伝えるドキュメンタリー

巣鴨プリズンから BC 級戦犯がすべて釈放された後、第 3 期には社会的な忘却の時代が訪れる。そのような中でも、内海愛子『朝鮮人 BC 級戦犯の記録』や茶園義男編・解説『日本 BC 級戦犯資料』などの著作が刊行されている。

放送番組としては、NHK 総合『"戦犯"たちの告白〜撫順・太原戦犯管理所 1062 人の手記〜』(1989 年)、山形放送『ある戦犯の謝罪　土屋元憲兵少尉と中国』(1990 年)、信越放送『裁きのはてに　BC 級戦犯・遺された者たちの今』(1991 年)のように、1990 年ごろから地方局が BC 級戦犯や関係者のドキュメンタリーを制作し始めた。『ある戦犯の謝罪』では、中国で憲兵をしていた土屋氏が、抗日運動の弾圧のため投獄・拷問など住民に非人道的危害を加えた自らの戦争責任を反省し証言する。

NHK のドキュメンタリー制作者である桜井均は、フィリピン・モンテンルパ刑務所に収容されていた BC 級戦犯を扱った 1959 年の『日本の素顔』をはじめとした NHK のドキュメンタリーを視聴し直した。そして、そこではフィリピン人の戦争被害は語られないままだったと批判する。

「アジア各地で行われた BC 級戦犯裁判は、一審即決の不完全なものであった。しかし、それは彼らが他人の土地で何をしたのかを

語らない理由にはならない。(中略)戦争の巻き添えを食ったフィリピン・セブの人びとは意識の外に置かれたままである。」(桜井2005: 48)

こう述べた桜井自身は、1991年にNHKスペシャルのシリーズ「アジアと太平洋戦争」で、『チョウムンサンの遺書　シンガポールBC級戦犯裁判』を制作する。この番組は、捕虜虐待の罪で死刑となった捕虜収容所の看守・朝鮮半島出身のチョウ氏の足跡をたどる。

その後もNHKでは、数年に一番組の割合でBC級戦犯関係のドキュメンタリーが作られ続けていく。2008年に制作された2つの番組、『シリーズBC級戦犯』(ETV特集) と『"認罪"〜中国撫順戦犯管理所の6年』(ハイビジョン特集) は、その到達点とも言うべき番組であった。『シリーズBC級戦犯』では、第1回で韓国・朝鮮籍のBC級戦犯、第2回で巣鴨プリズン「平和グループ」の活動を取り上げている。

これらのドキュメンタリーは、BC級戦犯を悲劇的な犠牲者として描くテレビドラマ『私は貝になりたい』の枠組みを超える観点を作りあげてきた。授業の第3回から第5回までで詳しく触れるが、巣鴨プリズン「平和グループ」や中国「撫順戦犯管理所」などで、自らの戦争犯罪を内省した戦犯たちの思索には、非常に教えられることが多い。

4　授業展開案

第1回　犯罪人としての「BC級戦犯」
第2回　戦争被害者としての「BC級戦犯」〜テレビドラマ『私は貝になりたい』のインパクト
第3回　創作と現実〜『私は貝になりたい』のモデル・加藤哲太郎
第4回　証言と自省〜ドキュメンタリーの中のBC級戦犯
第5回　未来への志向〜BC級戦犯の現在

第1回　犯罪人としての「BC級戦犯」

1970年代に制作されたドラマではあるが、テレビ朝日『遠い日の戦争』(青春の昭和史〔1〕) に、警察に追われ逃亡するBC級戦犯の姿が描か

写真2 戦犯として追われる清原琢也（小林薫）はどうやって逃亡するかを元上官（米倉斉加年）と相談する。『青春の昭和史〔1〕遠い日の戦争』（テレビ朝日／テレパック、1979年9月3日）

れている。この番組から、BC級戦犯が逮捕・起訴された終戦直後の日本社会では彼らのことをどのように認識していたかを探ってみたい。

　ドラマは予備校生の息子（堀光昭）が偶然に自分の父親（二谷英明）が戦犯だったことを知るという脚色が施されている。ドラマの時間を放送された1970年代に合わせるための工夫である（テレビドラマでは、よくこのような脚色が見られる）。息子に迫られた父親は、自分の過去（戦中の父親は小林薫が演じている）を語り出す。父親は、釈放後も自分の犯した罪は消えることはないと苦しんできたと息子に言う。息子も父親の苦しみを理解する。

　ドラマにはBC級戦犯を「人民の敵」、「暴力の野獣」と糾弾した新聞記事が引用されている。これが終戦直後のBC級戦犯に対する見方であった。主人公（小林薫）がBC級戦犯となった一因に、上官が自分たちの責任を逃れるために、下士官であった主人公に罪をなすりつけるシーンも出てくる。これはのちに見るように、『私は貝になりたい』とまったく同じである。

　このドラマの原作は、吉村昭の小説『遠い日の戦争』である。吉村の原作は、終戦直後西部軍司令部で実際に起こったB29搭乗員の処刑事件（油山事件）を題材にしている。主人公の防空情報主任・清原琢也は、B29搭乗員の処刑に加わった。彼は、B29の無差別爆撃で多くの犠牲者が出た住民たちの恨みをはらすための処刑だと考えていた。だが、占領軍によって清原は戦犯とされ逃亡生活が始まる。三年のち彼は警察に逮捕され、巣鴨プリズンに収監される。この小説の最後のほうに記されている次のような主人公の心情は、注目される。

「（琢也は戦犯たちを指して）戦争犠牲者という言葉が流行語のよう

に使われていることは知っていたが、少なくとも自分には縁遠いものに感じられた。彼は弟に、自分はそのような範疇に入るような男ではなく、あくまでアメリカ人の首を刎ねた一人の男だ、と書き送った。」(吉村 1978: 244、丸括弧内は筆者)。

吉村の原作にもドラマにも、BC級戦犯が戦争犠牲者であるという観点はない。

【番組】
テレビ朝日『遠い日の戦争』(青春の昭和史〔1〕)、1979年9月3日放送、99分、◎
【文献】
吉村昭、1978年、『遠い日の戦争』新潮社。

第2回　戦争被害者としての「BC級戦犯」～テレビドラマ『私は貝になりたい』のインパクト

1958年に放送されたテレビドラマ『私は貝になりたい』は、テレビ草創期の名作ドラマとされる。『私は貝になりたい』の主人公・清水豊松は、高知県で理髪業を営んでいた。豊松は昭和19年に召集され内地で訓練を受けていた。その訓練地でB-29が撃墜され、搭乗員が捕虜になる。豊松は上官から捕虜殺害を命じられるがためらう。終戦後、豊松は故郷で理髪業を再開したが、捕虜殺害の罪で特殊警察に逮捕され結局死刑の判決が下る。

『私は貝になりたい』で描かれる軍事裁判のシーンは、BC級戦犯問題とは何か、彼らが被った運命をコンパクトにまとめている。裁判の中で清水豊松の上官は、「捕虜を適当に処分せよと言ったが、直接に処刑せよといった覚えがない」などと自分の責任を逃れる証言をする。また、裁判官が「あなたは捕虜処刑をよいことだと思ったのか」と豊松に質問すると、豊松は「日本の兵隊は、牛や馬と同じです。心などあるはずがない」「上官の命令は天皇陛下の命令であり、拒否することなどできない」と答える。裁判官が、「あなたは天皇のコトバを直接聞いたのですか」と再び聞くと、豊松は絶句して答えられなくなってしまう。

絞首台へと向かう豊松は、家族にあてた遺書の中で「私は貝になりたい」という自分の心情を吐露する。

> 「せめて生まれ変わることができるのなら。いいえお父さんは生まれ変わっても、もう人間になんかなりたくありません、人間なんていやだ。牛か馬のほうがいい。
> もし生まれ変わっても牛か馬の方がいい。
> いや牛や馬ならまた人間にひどい目に遭わされる。
>
> どうしても生まれ変わらなければならないのなら、いっそ深い海の底の貝にでも。そうだ貝がいい。貝だったら深い海の底の岩にへばりついているから、なんの心配もありません。
>
> 深い海の底の貝だったら、戦争もない。兵隊にとられることもない。房江や健一のことを心配することもない。私は貝になりたい。どうしても生まれ変わらねばならないなら、私は貝になりたい。」

『私は貝になりたい』以後、BC級戦犯は戦時体制の犠牲となり、いわれなき罪に問われ処刑された戦争の被害者との認識が社会にひろまった。これは、戦争責任者として批判的に扱われることが多い「A級戦犯」と対照的である。『私は貝になりたい』は、まだBC級戦犯を戦争犯罪人として白眼視していた当時の日本にあっては、「社会的告発」の意味を持っていたとも言える。

【番組】
ラジオ東京テレビ『私は貝になりたい』(サンヨーテレビ劇場)、1958年10月31日放送、92分、◎

第3回　創作と現実～『私は貝になりたい』のモデル・加藤哲太郎

ここでは、ドラマという創作とモデルの実人生のズレから、テレビ番組の中のBC級戦犯像の多様性を論じていく。

第2回でとりあげたドラマ『私は貝になりたい』には、モデルがいた。ドラマ『私は貝になりたい』の下敷きとなったBC級戦犯の手記があっ

た。手記の作者である加藤哲太郎は、戦時中新潟俘虜収容所所長であった。新潟俘虜収容所では、肺炎や栄養失調で捕虜の死亡率が高く、また逃亡した捕虜が殺される事件もあった。加藤自身は収容所の待遇改善に取り組み、また捕虜殺害にも直接関与していなかったとされるが、現場の責任者として戦犯になる可能性が大きかった。加藤は一人罪を背負って日本中を転々としたのち逮捕される。そして、収監された巣鴨プリズンの獄中で、加藤はドラマ『**私は貝になりたい**』の原作とも言える手記「狂える戦犯死刑囚」を書いた。「狂える戦犯死刑囚」は、巣鴨で処刑されたある死刑囚が残した遺書の再録という形をとっている。これは、加藤が巣鴨に収監された自らの心情を語るためにとった虚構であった。「狂える戦犯死刑囚」の次のような一節が、ドラマ『**私は貝になりたい**』の脚本家・橋本忍にインスピレーションを与えた。

> 「今度生まれかわるならば、私は日本人になりたくはありません。いや、私は人間になりたくありません。牛や馬にも生まれません。人間にいじめられますから。どうしても生まれかわらなければならないのなら、私は貝になりたいと思います。貝ならば海の深い岩にヘバリついて何の心配もありませんから。何も知らないから、悲しくも嬉しくもないし、痛くも痒くもありません。」(加藤 1994: 27、飯塚浩二編 (1953)『あれから七年—学徒戦犯の獄中からの手紙』光文社からの再録)

加藤自身はドラマ『**私は貝になりたい**』や「狂える戦犯死刑囚」とは違い、家族や友人らの必死の助命嘆願運動で、禁固30年の刑となり後に恩赦で出獄している。加藤は巣鴨プリズン内のいわゆる「平和グループ」に属していた。巣鴨プリズンに収監中に雑誌『世界』に「私達は再軍備の引換え切符ではない」を投稿し、警察予備隊(自衛隊の前身)を創設して再軍備へと向かう吉田内閣を批判した。

加藤はドラマ『**私は貝になりたい**』が放送されたあと、このドラマが自分の手記をもとにしたものであることに気づき、原作権をめぐり脚本家の橋本忍とTBSを訴えている。裁判所に提出した文書の中で、加藤は次のように述べる。

「私はあのテレビ・ドラマが、私の原作「狂える戦犯死刑囚」を歪めていること、思想的追究が不徹底であることに強い憤りの念を覚えていました。」（加藤 1994: 249）

　加藤のいう「思想的追究の不徹底」とは何であったのか。「狂える戦犯死刑囚」は、次のように結ばれている。

「（再軍備という）今の情勢がすすめば、保安隊（自衛隊の前身）は他国の紛争に巻込まれることは必然である。保安隊の諸君は、赤木氏（「狂える戦犯死刑囚」の主人公）およびすべてのBC級戦犯の例にかんがみて、自分の行動を律するのが、自分のために得策であることを知るべきである。戦争だから、戦争の要求に従って行動したという自己弁護はなりたたぬであろう。その戦争に参加し協力したという根本的な事由によって、彼の道徳的責任そのものが追求されるかもしれない。人間のモラルは早晩、その段階に到達するであろうし、また当然、到達しなければならない。」（加藤 1994: 33-34、丸括弧内は筆者）

　加藤は、BC級戦犯裁判で自分が問われた罪を「戦争下だったのだからしょうがない」と自己弁護することなく、自らが行った捕虜への非人道的危害に向き合うべきだとしているのである。
　加藤の実人生については、日本テレビ放送網『真実の手記　BC級戦犯　加藤哲太郎「私は貝になりたい」』（2007年）が制作されている。このドラマは、加藤の著書『私は貝になりたい―あるBC級戦犯の叫び』で描かれた捕虜殺害の経過、逃亡生活、家族による助命嘆願運動などを比較的忠実に再現している。

【番組】
　日本テレビ放送網『終戦記念特別ドラマ・真実の手記BC級戦犯　加藤哲太郎「私は貝になりたい」』、2007年8月24日放送、120分、△
【文献】
　加藤哲太郎、1994年、『私は貝になりたい―あるBC級戦犯の叫び』春秋社．

第2章　BC級戦犯の樹

第4回　証言と自省～ドキュメンタリーの中のBC級戦犯

　この回では、BC級戦犯本人が、自らが戦犯であるという事実をどのようにとらえていたか、ドキュメンタリーの証言から考える。

　『ある戦犯の謝罪　土屋元憲兵少尉と中国』では、戦時中満州で憲兵（警察的な業務に携わる軍人）をしていた土屋芳雄が、抗日運動の弾圧のため中国人をスパイ容疑で殺害したことを証言している。土屋は次のように言う。

> 「（自分の所属していた憲兵隊は、）中国人民に対する弾圧のために設けられた。そして中国人民が立ち上がらないようにするのが憲兵隊であった。12年間、共産党、国民党、人民組織、1917人を検挙して取り調べをして、拷問したり投獄した。」（括弧内は筆者）

　土屋は、自分の所属する憲兵隊では、抗日運動家と見なされた中国人200人から300人を裁判なしに処刑したとしている。「一人でも多く殺すことが、憲兵隊の功績」だったという。

　戦後、中国の撫順戦犯管理所に収容された土屋は、死刑を覚悟した。しかし、戦犯管理所では、戦犯を処刑することなく「反省によって真人間に戻す」という方針がとられた。1956（昭和31）年に釈放され帰国した土屋

写真3　土屋元憲兵少尉はチチハルの河原で現地住民を殺害したことを告白する。『ある戦犯の謝罪　土屋元憲兵少尉と中国』（NNNドキュメント'90　シリーズ・45年目の夏に〔3〕）（山形放送、1990年8月20日）

は、自分の加害責任を告白し戦争の悲惨さを訴える平和活動を続けている。ただ、そのような土屋でも、再び満州の地を踏むことはためらわれた。「中国の人に合わせる顔がない。どこに行っても謝罪するしかない」と土屋は考えていた。

　それでも土屋は「生きているうちに謝罪するのが人の道ではないか」と思い直し、意を決して満州に謝罪の旅をする。そして憲兵隊時代に、

自分が処刑した人民活動家の家族と面会を果たす。現在は医大の教授となっている四女は土屋の前で、父親を失ってからの生活苦を涙ながらに語る。最後に自分の罪を謝罪した土屋に対して、「生きているうちに、中国のために力を尽くしてください」という。

【番組】
山形放送『ある戦犯の謝罪　土屋元憲兵少尉と中国』（NNN ドキュメント '90「シリーズ・45 年目の夏に　第 3 回」）、1990 年 8 月 20 日放送、26 分、◎
信越放送『裁きのはてに　BC 級戦犯・遺された者たちの今』、1991 年 5 月 25 日放送、49 分、◎

第 5 回　未来への志向～ BC 級戦犯の現在

ETV 特集『シリーズ BC 級戦犯 (2) "罪" に向きあう時』などを視聴しながら、『私は貝になりたい』とは別の文脈で BC 級戦犯を考える。『(2) "罪" に向きあう時』では、BC 級戦犯として巣鴨拘置所に収監された飯田進を中心に、巣鴨拘置所内で自発的に起こった平和運動とその思いを現在も持ち続けていることを描く。

『"罪" に向きあう時』に登場する飯田進と李鶴来は、収監された巣鴨プリズンの反戦平和グループで出会う。陸軍の情報要員だった飯田は、アジア民族の解放のためとすすんで軍に志願した。だが、ニューギニアでの戦闘中、抗日ゲリラだとして住民一家を殺害するに至り、戦争の意義への疑念がわいてくる。収監された獄中で「自らの精神を浄化すべき」と考え、「戦時中の自分の思想を否定するため」巣鴨で反戦平和活動を行う。捕虜監視員だった李は、巣鴨の収監当初、自分を告訴した捕虜を恨んでいた。しかし、元捕虜への恨みを越え自分の罪に向きあう。

NHK ハイビジョン特集『"認罪"～中国撫順戦犯管理所の 6 年』では、周恩来首相の指示のもと、「認罪教育」という BC 級戦犯にたいする独自の取り組みが行われた中国の戦犯処理を取り上げる。周恩来は、日本軍関係者が自ら罪を認め、罪を認めた者を中国側が許す過程が必要だという。日本兵たちは、戦時中の自らの罪を詳細に記述する告白文の提出を求められる。国家の戦争責任を抽象的に反省することはできても、戦時中の個人の罪を認めることは難しい。細かいことはなかなか書けない。

罪を告白するほど刑罰が重くなるのではという恐怖がある。日本兵が書いた告白文は何度も書き直しを命じられた。

当時を回想して日本兵たちは次のように言う。「人間として洗いざらいを吐き出す。」「自分はどういう責任を取るのか。上官はどういう責任を取るべきか（問い直した）」。管理所に収容されて4年目、各兵士は全員を前に壇上で告白を迫られる。この罪の告白によって「これまでの自分はいなくなった」と感じた者もいた。終戦から11年の1956（昭和31）年、BC級戦犯とされた日本軍関係者は、ほとんどが罪を問われることなく帰国することになる。

現在国際紛争の和平プロセスとして、刑事裁判による関係者の処罰と並んで「真実和解委員会方式」という手段が模索されている。この方式では紛争中の自らの行為について真実を告白することと引き換えに罪に問われない。というのも「応報的処罰よりも、『真実』を明らかにし被害者と加害者が和解することが優先されるからである」（谷川昌幸）。谷川昌幸は、撫順戦犯管理所での認罪教育を、真実和解委員会の先駆けだと評価する。

> 「この時代にはまだ「真実和解」の概念はなく、この作品も「真実和解」を掲げたものではないが、内容的には日中両当事者が「真実和解」にいたる過程の克明なドキュメントといってよいものである。（中略）このドキュメンタリー「認罪」を観ると、戦時の虐殺などのもたらす激しい憎しみは、加害者の処罰だけでは決して癒されないことがよくわかる。虐殺の事実を見つめることは、加害者にとって、実際には、耐え難い苦痛だ。加害者がその苦痛に耐え「事実」を認め、心から謝罪するとき、被害者側からの赦しが可能となり、真実の和解への道が開けてくる。「認罪」は、真実和解がどのようなものであるかを、歴史的事実の再現を通して見事に描き出していた。」（谷川昌幸ブログ「ネパール評論」2009年7月22日）

以上のようなBC級戦犯問題の授業から、アジア太平洋戦争における日本の戦争犯罪・戦争責任の事実を明確に知り、アジア太平洋地域における平和を構築するためにこれから何が必要かを考えることができればと思う。

【番組】
NHK 総合 『シリーズ BC 級戦犯（1）韓国・朝鮮人戦犯の悲劇（2）"罪"に向きあう時』（ETV 特集）、2008 年 8 月 17 日、24 日放送、? 分、△☑
NHK BS Hi 『"認罪"〜中国撫順戦犯管理所の 6 年』（ハイビジョン特集）、2008 年 11 月 30 日放送、? 分、△○

【文献】
大森淳郎・渡辺考、2009 年、『BC 級戦犯—獄窓からの声』日本放送出版協会.
飯田進、2009 年、『魂鎮への道—BC 級戦犯が問い続ける戦争』岩波書店.
帰山則之、2009 年、『生きている戦犯—金井貞直の「認罪」』芙蓉書房出版.
荻野富士夫・吉田裕・岡部牧夫編、2010 年、『中国侵略の証言者たち—「認罪」の記録を読む』岩波書店.

【資料】
谷川昌幸ブログ「ネパール評論」 2009 年 7 月 20 日
（2012 年 1 月 15 日取得、http://nepalreview.wordpress.com/2009/07/）

5 参考図書・文献・資料一覧

〔書籍（発行年順）〕
飯塚浩二編、1953 年、『あれから七年—学徒戦犯の獄中からの手紙』光文社.
理論社編集部編、1992=1953 年、『壁あつき部屋—巣鴨 BC 級戦犯の人生記（「戦争と平和」市民の記録）』理論社.
吉村昭、1978 年、『遠い日の戦争』新潮社.
内海愛子、1982 年、『朝鮮人 BC 級戦犯の記録』勁草書房.
茶園義男編・解説、1983 年、『日本 BC 級戦犯資料』不二出版.
加藤哲太郎、1994 年、『私は貝になりたい—ある BC 級戦犯の叫び』春秋社.
田中宏巳、2002 年、『BC 級戦犯』筑摩書房.
内海愛子、2004 年、『スガモプリズン：戦犯たちの平和運動（歴史文化ライブラリー 176）』吉川弘文館.
林博史、2005 年、『BC 級戦犯裁判』岩波書店.
桜井均、2005 年、『テレビは戦争をどう描いてきたか 映像と記憶のアーカイブス』岩波書店.
新井恵美子、2008 年、『モンテンルパの夜明け—BC 級戦犯の命を救った歌を作った人々』光人社.
大森淳郎・渡辺考、2009 年、『BC 級戦犯—獄窓からの声』日本放送出版協会.
飯田進、2009 年、『魂鎮への道—BC 級戦犯が問い続ける戦争』岩波書店.
帰山則之、2009 年、『生きている戦犯—金井貞直の「認罪」』芙蓉書房出版.
荻野富士夫・吉田裕・岡部牧夫編、2010 年、『中国侵略の証言者たち—「認罪」の

記録を読む』岩波書店。

〔紀要・雑誌（発行年順）〕
―戦犯者、1952 年、「私達は再軍備の引換え切符ではない―戦犯釈放運動の意味について」『世界』、1952 年 10 月号、231-243 頁。

〔資料〕
谷川昌幸ブログ「ネパール評論」 2009 年 7 月 20 日
(2012 年 1 月 15 日取得、http://nepalreview.wordpress.com/2009/07/)

6 公開授業の経験から考えたこと

2011 年 11 月 18 日（金）～20 日（日）に行われた連続公開授業で、3 日目に「BC 級戦犯」の授業を行った。90 分のモデル授業だったので、「4 授業展開案」で書いた 5 回の授業案のうち、第 1 回（犯罪人としての「BC 級戦犯」）、第 2 回（戦争被害者としての「BC 級戦犯」～テレビドラマ『私は貝になりたい』のインパクト）、第 4 回（証言と自省～ドキュメンタリーの中の BC 級戦犯）をコンパクトにまとめる形で授業を構成した。テレビドラマ『私は貝になりたい』を軸にしながら、BC 級戦犯に対する日本社会のとらえ方の多面性＝戦争犯罪者か／戦争の犠牲者かを理解してもらうことを授業の主眼とした。

授業をしてみて、あらためて「BC 級戦犯」が自分の問題なのだと、大学生に思ってもらうことの難しさを感じた。広島・長崎の原爆（ヒロシマ・ナガサキの樹）、原子力発電（原子力の樹）、現代の戦争（ベトナム戦争の樹、アフガン・イラク戦争の樹）に比べれば、BC 級戦犯はまだ「遠い」問題であり続けている。

一緒に授業を聴講していた NHK のドキュメンタリー制作者が、「アジア太平洋戦争期の BC 級戦犯のように、もし自分が徴兵されて、上官から住民の殺害や捕虜の虐待を命令されたときに、その命令を拒否できるか」という問いが重要だと指摘されていた。私の今回の公開授業は、まだ BC 級戦犯という歴史的な存在を追うことにこだわりすぎていたように思う。むしろ上記の指摘のように、大学生が BC 級戦犯の立場に身を置くような問いを発することが重要なのであろう。

その意味では、今回の公開授業で触れなかった授業案第 3 回にある『**私は貝になりたい**』のモデル・加藤哲太郎が獄中でつづった「狂える戦犯死刑囚」を深く読み込むことも一つのアプローチである。加藤は、「戦争下だったのだからしょうがない」と自己弁護せずに、BC 級戦犯裁判で自分が問われた捕虜への非人道的危害と向き合っている。戦地に置かれた個人の存在を問うドキュメンタリーとしては、米軍の捕虜になり「戦争を早く終わらせるために」軍の機密を証言した日本兵の苦悩を扱った『**日本兵サカイタイゾーの真実〜写真の裏に残した言葉**』（静岡放送）（2009 年）がある。

　さらには BC 級戦犯と A 級戦犯や極東軍事裁判に関する番組を連続して視聴して対比させたり、アジア太平洋戦争期の日本軍の組織的問題に関するドキュメンタリーと関連づけたりする授業も可能であろう。また、授業案第 5 回の『"認罪"〜中国撫順戦犯管理所の 6 年』を教材として、勝者が敗者を断罪する形で終らない国際紛争の和平プロセスのあり方を考えてみてもよいだろう。日本軍の組織的問題については、『**日本海軍　400 時間の証言**』（NHK スペシャル）（2009 年）など、優れたドキュメンタリーが制作されている。

第3章　華僑・華人の樹

林 怡蕿（リン・イーシェン）

仙台大学スポーツ情報マスメディア学科・准教授
　国立台湾大学新聞研究所修士号取得。東京大学大学院人文社会系研究科修士号取得、同博士課程単位取得修了、博士（社会情報学）。論文に、博士論文「エスニシティと放送制度の矛盾相克─台湾のエスニック・メディア研究」（2011年度東京大学）、「ドキュメンタリー映像は社会的対話を生むか─台湾植民地統治をめぐる二作品から考える─」『世界』2010年1月号。

開廟六周年を祝う媽祖祭の賑やかな雰囲気に包まれる横浜媽祖廟。（2012年3月、筆者撮影）

放送番組で読み解く社会的記憶

1 テーマ「華僑・華人」の概説
(1) 身近になりつつある「華僑・華人」

　ここでは、時事問題でも、流行の話題でもないが、しかし近代日本の発展と関わりの深い「華僑・華人」を取り上げる。おそらく日本人でも一度は耳に、目にしたことがあるであろう「華僑・華人」という言葉。国境間の移動を経験し、日本をその終着点にした中国系／台湾系の人々の存在感は近年高まりつつある。日本法務省入国管理局の統計数字によれば、2007 年の時点で日本にいる外国人登録者のうち、中国出身者（台湾、香港を含む）は約 60.6 万人、そして 2010 年には 68.7 万人にまで増加している。この数字は、1972 年当時の 4.8 万人の約 14.28 倍にのぼり、日中国交正常化後中国人が日本に大勢やって来たことを裏付ける数字である。さらに、外国人登録者総数は約213.4万人という統計もあるが、中国出身者はその 32.2% を占めており、韓国・朝鮮出身者の 26.5% を抜いて現在もっとも大きい割合を占めている。この数字からも、日本社会における「華僑・華人」が示す存在感は、小さくはないものであることがわかる。経済を含め、日本社会はもはや彼らの存在を無視することは不可能である。そしてその規模がさらに増大するにつれて今後市井の人でも彼らを身近に感じることだろう。

　しかし、「華僑・華人」に対する社会の一般的理解はそれに比例するものであるのか。こうした疑問からメディア表象を検証することにした。その前にまず、文化人類学の視点から「華僑・華人」をエスニック集団 (ethnic group) として捉えてみたい。エスニック集団の起源をめぐっては原初主義と近代主義という異なる立場があるが、「華僑・華人」のエスニック・アイデンティティは近代の国民国家という枠組みのなかに形成されたものとする観点からすれば、近代主義の立場の方が優勢な解釈のように思われる。後述するように「華僑」と「華人」を区別する基準は居住国の国籍の有無だが、しかし華僑も華人もともに出自である「中

第3章　華僑・華人の樹

華文化」というエスニック・アイデンティティを持っていることに変わりはないことから、この章のタイトルに両者を併記し、検討の対象にした。

　エスニック集団とは、国民国家というナショナルな枠組みのなかの下位概念だが、固有の歴史、先祖、文化、言語、宗教などをベースに、アイデンティティを共有する人々の集合体を指す。移民は、少人数で分散するため移住に際しては共同体意識を形成するのは難しいと考えられるが、しかしやがて移住先で人数が増加し、一致団結して共同の利益を守ることが必要とされてくると、次第に共通したアイデンティティが芽生え、移民エスニック集団が誕生する。彼らは、政治的抑圧の経験や記憶を抱える先住民やナショナルな少数派とは、政治的権利に対する要求において決定的な違いがある。移民エスニック集団は、独立または自治のような政治的志向を持たない一方、他方では多くの場合、居住国の主流社会の統合政策を受け入れる態度を示し、統合の条件の一部については多文化主義の観点から再交渉を行うケースもある[注1]。総じて言えば、移民エスニック集団は政治性が薄い反面、伝統的慣習や祭事、食文化、言語などエキゾチックな部分に注目が集まる傾向を見せている。「華僑・華人」の場合も例外ではないと言えよう。

　とはいえ、「華僑・華人」を文化的側面だけで捉えてしまうと、彼らが背負ってきた歴史的、政治的側面を見落としてしまい、「華僑・華人」の全体像を把握し損ねることになる。実のところ、彼らの存在抜きには近代日本の歴史は語れないほど、華僑は政治的に、社会的に、経済的に日本社会に深く関わっていたのである。

　本章は、華僑・華人がメディアにおいてどのように取り上げられて来たのかを中心に考察する。その際、「華僑・華人」をめぐる文化的側面のほかに、政治的側面を理解することの重要性を提起することを試みる。近代華僑と日本、台湾、中国の歴史との関わりの詳細については、これまで多くの学術的書物によって取り上げられており、戦前戦後における日本華僑・華人の歴史についても緻密な考察が行われている（「4　参考図書・文献・資料一覧」を参照）。歴史の解説は本章の目的ではないためここでは割愛したが、各時代における大きな出来事について「2　華僑・華人関連年表」に整理し、まとめた。また、「3　授業展開案」には映像作品のほか、関連歴史の参考文献もあわせて取り上げることにした。こ

のように政治的、社会的、経済的、文化的意味合いなど多角的に考察できる「華僑・華人」という概念について、メディア表象はどのように伝えてきたのか。メディア表象と社会的記憶のあり方、本章がそれについて考える手掛かりになることを願う。

(2)「華僑・華人」をめぐる呼称のバリエーション

華僑・華人の「華」は、「中華」という概念を示す語である。「中華」は、民族的、文化的概念として理解されるべきもので、「地理的、政治的な意味で使われる『中国』という概念とは異なる」(陳 2001: 71)ことを指摘しておきたい。シンボルとしての「中華」は、中国の悠久の歴史、言語文化、伝統行事、生活習慣や価値観からなる民族的、文化的概念で、広義に理解されている概念であるゆえ、曖昧さを有している。この「中華」という概念を自らのアイデンティティの一部として受け入れる人々が、華僑・華人である。

以上は華僑・華人のアイデンティティの側面だが、しかし実態を考察すると、「華僑の実体は一口で総括できるような単純なものではなく、歴史も一本調子なものではない」(斯波 1995: 8)という指摘からわかるように、簡単に把握できるような概念ではない。時代または世代の推移に伴い、華僑を指し示す概念や呼称が変化し、それぞれの包摂範囲も異なる。ここでは「華工」、「華商」、「華僑」、「華裔」、「華人」からなる呼称のバリエーションを紹介し、最後に「チャイニーズ・ディアスポラ」から華僑・華人という集合体概念が抱える限界について言及する。

・「華工」、「苦力」（クーリー）

16世紀以降、中国大陸の東南沿岸部から、出稼ぎ労働者として東南アジアやアメリカ大陸へ移動する人々は、華工または苦力（クーリー）と称される（譚・劉 2008: 164）。「工」とは中国語でいう労働者の略であるが、苦力は英語「Coolie」の中国語表記で、もともとインドの賎民を指す言葉が中国人肉体労働者に転用された経緯がある。華工も苦力も過酷な労働環境と劣悪な労働条件を強いられた中国人労働者の代名詞だが、そのなかには人身売買や不当契約といった不法ケースも多く発生し

たという（西川・伊藤 2002: 152-153; 廖 2011: 36-37）。1840 年代以降、欧米諸国において奴隷解放令の施行および西洋列強の植民地開発における需要をきっかけに、大量の華工が海外へ流出するようになる。そのなかでも中国国内の政治的不安定で生み出された流亡農民の多くは、中南米、オーストラリア各地の鉱山で重労働を担わされ、現地社会の経済と開発建設を底辺から支えていた（戴 1991; 陳 2001）。このように華工の大量出国のピークは、19 世紀半ばから 20 世紀半ばの約 100 年間も続き、18 世紀から 20 世紀まで世界に散在した華工人口は 600 － 700 万人にのぼったという推計がある（廖 2011: 37）。日本にも開港後の 1860 年代に、「人足」と呼ばれる中国人出稼ぎ労働者が多くやってきたほか、「1920 年前後に中国の浙江地方からの中国人労働者の大量入国があり、それが関東大震災時の中国人労働者虐殺事件につながり、また日中戦争時の中国人労働者強制連行なども行われた」（西川・伊藤 2002: 208-209）、などの記述が語るように、華工も日本に足跡を残した。終戦当時の中国人労働者の人数は約 4 万人と見られている（譚・劉 2008: 181）。

・「華商」

　華僑の原型とされるのは、華商である。遅くとも 12 世紀からすでに華商によって海上貿易ネットワークが築かれ、南洋、東南アジアを中心に貿易活動が盛んに行われていた。

　前述の華工は人数において華僑最大の構成だったのだが、しかしビジネスを通して居住国において一定の経済的、社会的基礎を築き、さらに資本家として世界各国に進出し、世界経済に大きな影響力を発揮してきたのは、華商と呼ばれる人々である。華商とは、言葉の通り「商売をする華僑・華人」を意味する。華僑の経済活動の側面に重点を置いたこの呼称は、「華僑・華人」の下位概念として位置づけられている。華商は「華僑・華人」であるが、「華僑・華人」はすべてが華商ではないからである。海外で裸一貫で事業を起こし、やがて財をなしたという、いわゆる「白手成家」の華商は少なくなり、彼らを中心に多くの互助や同郷組織が作られるようになった。華僑社会は「三縁」と呼ばれる「地縁、血縁、業縁」の繋がりでできており、中華会館、華僑総会といった代表的な親睦組織のほか、福建幇、広東幇、三江幇のような地縁と業縁の複合体からで

きたギルドも存在している（陳 2005b）。そうした繋がりやネットワークのなかからビジネスチャンスが生まれ、活用されていくのである。華商の価値観やビジネスの特徴について、それを体系的に研究した陳天璽の分析によれば、次のようにまとめることができる。まず、華商は中国語の「関係」という人的ネットワークを重んじる傾向があり、そこを中心にビジネスチャンスを掴み、あるいはビジネスの展開をするのだという。また、「関係」を保つためにはなによりも「信用」が不可欠である。それは儒教思想に由来した「信」という人倫関係をもとに発展した考えで、こうした「関係」と「信用」によって「人間関係の網目」が形成され、そこを情報や資本や人材が移動し、ビジネスチャンスが生まれるのである。そして、華商ビジネスは家族経営方式を採用したものが多いことも指摘されたが、家族間の精神的連帯はビジネスを根底から支える重要な要素であることももう一つの大きな特徴である（陳 2001: 158-218）。「関係」、「信用」、「家族主義」の三つは、華商ビジネスを理解するうえで押さえておかねばならない重要な概念である。

・「華僑」

華商が華僑の経済的側面ならば、華僑と次項で述べる華人はその国籍の帰属の側面、あるいはアイデンティティを語る側面であろう。「華」の意味についてすでに述べたが、「僑」とは「仮住まい」を指すという一般的な認識がある。

明と清という時代は、14世紀から福建と広東沿岸に「海禁令」を敷き、一般個人の海外渡航を厳しく制限していた。生まれ育った土地を離れていた華僑は政府当局に「賤民」、「不埒な輩」、「謀反の徒」、「棄民」と見なされていた。そこで華僑は「流亡者的な性格がつきまとう」（中村 2004: 235）という負のイメージを背負う言葉として社会的に定着した。しかし、「華僑」の「僑」の語源に遡り、それが「喬遷」という「人が遷居するのを称える敬語表現」の同義語であることを指摘した意見もある（中村 2004: 233-235）。

「華僑」という言葉の由来について異なる説があるが、ここで二つの主要な説を紹介しておく。一つは、先述の棄民と見なした消極的な態度から一転し、清朝政府が「海外在住中国人の地位を準国民に引き上げる

第3章　華僑・華人の樹

ため、苦し紛れに作った言葉」（莫 2000: 16）と捉えるもの。もう一つは、横浜で「華僑学校」が構想されたころに生まれた言葉であるという主張である。いずれにせよ「華僑」という言葉は 20 世紀初期の造語であることがわかる。その時代はちょうど孫文が革命を唱え、中国ナショナリズムが台頭し、中国人意識が高揚する時代でもあった。新時代における中国の国家建設に多くの華僑が積極的に参加し、「華僑は革命の母」（華僑為革命之母）が広く謳われることによって「華僑＝愛国者」というイメージが定着するようになった。1926 年に国民党政府が海外華僑に関わる諸事項を専管する中央行政部門「僑務委員会」[注2] を設立し、また、1947 年の第一回立法委員（国会議員に相当）選挙の際に華僑の選挙区と当選枠が設けられ、海外にいる華僑の本国での政治参加が保障されるようになった。こうして「華僑」という言葉は政治制度において定着した。

　華僑について「中国国籍を保持したまま海外に私的（中国の公務を帯びない）に、かつ長期的（一時的な旅行や商社の駐在員もしくは留学生、就学生、技術研修生などは含まれない）に居住する中国人だけ」（戴 1991: 20）（下線は筆者）、あるいは『社会学辞典』の「overseas Chinese, Chinese abroad 中国国籍を保持したまま、長期的に、私的に中国領土外の土地や国家に居住する中国人の総称」[注3] という定義が主流だが、そこで華僑と判断されるのは、海外に永住し、中国国籍を保持する者である。また、「華僑」の到来の時期によって「老華僑／新華僑」と区別する見方もある。その時代的区切りは 1980 年代から始まる中国の改革開放政策である。「老華僑」はおもに 1980 年以前に海外に定住した人々を指す概念だが、彼らの職業構成は比較的単純で、人口推移も安定していた。彼らの全てにはあてはまらないが、全体的に言えばアイデンティティは「落葉帰根」（らくようきこん）（出稼ぎののち故郷に帰る）に表されるように母国に対する帰

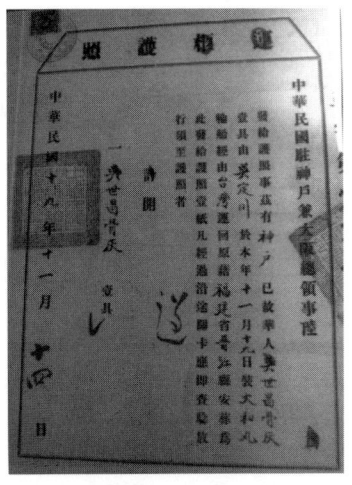

写真 1　神戸華僑歴史博物館提供
（2011 年 6 月　筆者撮影）

63

属意識が強い世代であった。写真1は1930年に神戸華僑のお骨を台湾経由で福建省の本籍地に運送するための「運柩護照」(パスポート)である。故人に対しても生きている人間と同様、帰国の法的手続きが整備された点から遺体に対する尊重の意思が窺える。逆に言えば煩雑な手続きをしてまでも遺体を故郷へ帰したいという当時の華僑の望郷の念の強さも伝わってくる。

　80年代以降、海外での就職、投資、留学、移住、結婚、出稼ぎなど以前よりも多種多様な目的で海外へ移住する中国人が増加した。上記の老華僑とは対照的に、国籍やアイデンティティの持ち方についてより柔軟な対応傾向の見られるこれらの人々は、「新華僑」とされる。

・「華人」

　もう一つは華人という呼称である。これは海外に居住し、中国の国籍を持たない中国系／台湾系移民を指している。中国系華人の誕生のきっかけは、中華人民共和国(以下、中国)の華僑政策にある。二重国籍を認めない1980年の国籍法は、多くの華僑の居住国への帰化を促す結果をもたらした。

　こうした本国の法律変革は華僑の華人化の一因だが、しかし国籍の変更に対する本人の帰属意識の多元化も一因として挙げられる。そのなかに例えば国籍変更はあくまでも仕事や生活上の利便を図るためであり、アイデンティティとは別次元の問題だと割り切った考えを示す華人もいる。帰化後も生活・飲食習慣、春節(旧暦新年)など中国の伝統行事において祖国で暮らしていた当時と変わらない生活スタイルを維持しつつも、居住国の年中行事を現地の人々と一緒に祝い、その社会にとけ込む華人の人々がいる(譚・劉 2008: 171)。

　すなわち、華人は複数のアイデンティティを持ちつつ状況や時代の変化に応じて柔軟に適応していく側面があるといえよう。また、研究者によって「華人」を「海外華人」、「外籍華人」のようにさらに区別して使う例もある。前者は、「海外にいる中国系の人々」と捉えられ、彼らのアイデンティティを強調し、国籍を問題にしない包括的な見方。後者は「すでに在住国の国籍を取得した中国系統の人を指し、中国の血統を持ちながらも、国籍的にはもはや中国人ではない人々」という法律規定か

ら捉える見方である（譚・劉 2008: 158）。いずれにせよ、華人は華僑を代表する「落葉帰根」のような祖国志向を持たず、「落地生根」（移住先に安住する）という言葉のように、居住国に定住する志向を強く持つ人々である。

・華裔（かえい）

　国語辞典で見ると、「裔」とは、「血筋の末」、「子孫」という意味である。この意味で華裔を捉えると、まず何代か前から海外に移住し、居住国の市民権を持つ者の子孫であると把握することができよう。さらに次の定義がある。「居住国の市民としての自覚が強い。ただし、祖国や郷里と文化的に断絶するのではなく、ルーツとしての中華文化、歴史への思い入れも心中にとどめている」が、「中国の政治、経済、社会の変動への強い関心」（譚・劉 2008: 164）も抱いている人々。また、「現地化した『僑生』とは明らかに違う。華裔は差別に抗して、または子弟の教育を考えて、第二、第三の安住地へと移る。その多くは『中国人性』（チャイニーズネス）を棄て去らないが、その逆もある」、「彼らの大半は高い教育程度を必要とする職業をおび、際立ってコスモポリタンな人々なのである」（斯波 1995: 9）とポジティブに捉える見方がある。他方では、「本人がいかなるアイデンティティを持っているかを一切問わず、単に血統上の中国人であれば華裔と言える」（廖 2011: 30）、「居住国出身で中国系の血筋である三世や四世を指し、中国の文化や言語に対する知識の浅い者」（陳 2001: 31）という血統論を中心に捉える観点もある。このように華裔を捉える定義はまちまちであり、統一されていないのが現状である。しかし、少なくとも彼らはすでに居住国に統合された世代であり、居住国の市民権をもち、それに対する政治的帰属感が強いと見ることができる。一部には自らの「中華」というルーツに関心を持ちながらも、主流社会に完全にとけ込み、同化した例も少なくない。

・「チャイニーズ・ディアスポラ」の登場

　以上、異なる呼称を見てきたが、各呼称は絶対的な区別を持っているわけではなく、曖昧で理解を妨げる部分もある。例えば、華僑と華人の違いは中国国籍の有無にあると述べたが、しかし、二重国籍（例えば

中華民国（台湾）の国籍法は事実上の二重国籍を承認する）あるいは無国籍のケースで考えると、こうした認定の仕方に限界が見えてくる（廖 2011: 29）。台湾と在住国の二つの国籍を持つ者、あるいは居住国で生まれながらも台湾や中国の国籍である者は、華僑なのか、華人なのかという判断が難しい。また、華裔と華人の概念には重複した部分があるため、二世以降で居住国の国籍をもつ華僑の子孫は、どちらに分類すべきか明確な基準はない。そこで近年は、英語文献に多く登場した「チャイニーズ・ディアスポラ」という概念を用いて華僑・華人を捉え直す動きが現れつつある。様々な理由や時期、そして異なる志向で世界に分散している華僑・華人がもつ多様性という特徴について「チャイニーズ・ディアスポラ」という語を通して分析し、新たな意味合いを発見しようとする研究スタンスである。つまり、ナショナリズムに代表される民族感情や国籍制度など本国を円の中心に据え、そことの距離で華僑・華人を論じてきた従来の視点とは異なり、華僑・華人を主体として彼らが異なる歴史、環境のなかで培ってきた多様性に注目するアプローチである。今後、国民国家の枠組みを超越し、コスモポリタンの視点から華僑・華人を世界市民として捉え直す新たな視座がますます要請されるように思われる。

(3) 華僑・華人をめぐる認定

　以上検討した呼称は、一見客観的であるかのようにみえ、しかしその背後には認定の規定という問題が横たわっている。「華僑・華人」という身分は、一体だれがどのように規定したのか。ここでは「他者による認定」と「自己による認定」という二つの立場を中心に見ていきたい。他者による認定は、客観的な方法としてもっぱら法律上の認定を指すのだが、そこには出身国と居住国の法律がある。日本政府は「出入国管理及び難民認定法」および「外国人登録法」に基づいて在留外国人の管理を行う。基本的には「日本人の配偶者」、「定住者」、「永住者の配偶者」の在留資格をもつ「中国人」（台湾、香港含む）は「華僑」と見なされる。そのほかの「留学」、「教授」、「投資・経営」などの在留資格は、永住の可能性が不明確であるため、仮に事実上永住に近い状態であっても、統

計数字で見る際には「華僑」とはみなされない。出身国の場合だが、中国が1980年から施行した「中華人民共和国国籍法」、さらに1990年に制定した国内法「帰僑僑眷権益保護法」（1991年1月1日施行）によれば、華僑とは「海外に定住している中国公民」である。すなわち、華僑とは中国国籍所持者、華人とは中国国籍喪失者であるといえる。中華民国（以下、台湾）は、二重国籍を容認し、華僑の認定についてかなり早い時期から実施している。戦前から中華民国駐神戸総領事館は「華僑登記証」を発行し、華僑の人数や所在そして職業などの把握をしていた。戦後、戦勝国となった中華民国人や中華民国国籍を回復した台湾出身者には「華僑臨時登記証」が発行され、中華民国国籍を証明する有効な書類と認められた。また、地方の華僑総会が発行した「華僑証明書」、中華民国駐日代表団が発給した「中華民国留日僑民登記証」も国籍証明のほか、華僑を把握するための措置であった（中華会館編2000: 234-235、303-304）。さらに、台湾政府は、2002年に「華僑身分証明条例」を制定・施行し、それによって発行された「華僑身分証明書」は華僑の台湾での投資、不動産の売買、受験、遺産相続、兵役免除等の手続きを行う際の公的証明書類となる。こうした「他者＝国／行政」による認定と承認は、一方的な規定という性質のものである。華僑は国民国家のあいだを行き来し、国民国家の境界に縛られていないイメージを有するが、実のところ、二つの国の異なる法律体制に二重に束縛されている一面がこのように明らかになる。彼らの存在によって国民国家からなる境界線が一層鮮明に浮き彫りにされたように思われる。

　上述の法律面における認定のほか、エスニック・アイデンティティの帰属先として「中華」を選ぶという、いわゆる主観的な自己認定という見方も挙げられる。この場合は、たとえすでに数世代が定住し国籍が変わっていても、自らの出自、血縁、文化を拠りどころに自分が華人であるというアイデンティティが芽生え、それを自分の人生に関わる重要な部分として受け入れることが可能である。とりわけ二世以降の世代は、居住国と祖国に対して、程度の濃淡に個人差があるものの、総じて言えば彼らは多様化したアイデンティティを持ちながら、生活における様々な場面に対応している。「自分はなに人であるのか？」を自己に対して不断に問いかけ、自己定義し続けている。文化的アイデンティティは、

チャイニーズ・ディアスポラを形成する上で大きな役割を果たすように思われる。また、居住国の主流社会に対しても、多様化したアイデンティティの存在の可能性を提示することによって、多民族、多文化共生のあり方を考えるきっかけとなることが考えられる。

(4) 複数の国民国家と歴史を生きる華僑

　上述では、華僑という人々は「中国籍」をもつ人間であり、「中国領土」から離れて暮らしている人々であるという定義を紹介した。一見明白な定義のようであるが、実のところ「中国籍」の認定をめぐって歴史上、複雑な政治的問題が存在していたのである。政権の入れ替わりによって「華僑」と呼ばれる対象が変化したことから、「華僑」概念の複雑性を見ていきたい。

　まず、「台湾華僑」という、従来あまり知られていない華僑の存在を取り上げる。1895年－1945年の日本植民地統治期間中、台湾に住んでいた「華僑」の人々である。「台湾華僑」と呼ばれる彼らは、「台湾出身の華僑」ではなく、「台湾に住んでいる華僑」を意味する。しかし、台湾という漢民族が8割以上居住している地に、また漢民族出身の華僑が住んでいるということ自体不思議に聞こえるかもしれない。しかしそこから逆に、民族的境界と政治的単位の一致を要求するナショナリズムの矛盾が見えてくるように思われる。

　「台湾華僑」という人々の存在に焦点を当てた文献は極めて希少である。近年出版されたものでは菊地一隆の『戦争と華僑――日本・国民政府公館・傀儡政権・華僑間の政治力学』（2011年、汲古書院）がある。ここでは菊地の論考を中心に、「台湾華僑」の特徴と時代的背景を把握する。

　菊地は「台湾華僑とは、日本が台湾を植民地にした1895年5月以降、1945年8月日本敗戦の間に中国大陸から台湾に来て一定期間定住した中国人を指す」と定義している（菊地 2011: 223）。また、「台湾華僑」という呼称について、それは当時珍しいものではなく「日本・台湾総督府のみならず、蒋介石・国民政府僑務委員会も使用していた」（菊地 2011: 223）ことがわかる。当時の台湾総督府の統計資料を見る限り、

第3章　華僑・華人の樹

「台湾華僑」の8割が労働者であったことがもっとも大きな特徴である。彼らは「清国労働者」、「支那労働人」と呼ばれたほか、一般的には「華工」とも呼ばれており、また自称として「民国人」を用いている。渡航制限のため多くは台湾に渡れなかったが、1904年9月台湾総督府が「支那労働者取締規則」を制定し、「台湾華僑」の数を把握した。もっともピーク時の1936年前後には6万人を数え、満州事変や盧溝橋事件を境に3万人に減少した時期もあるが、おおむね4－5万人前後で推移していたという。出身地でみれば、約8割は福建省出身で、ほかに広東省、浙江省、江西省の三つの省に約2割が集中している（菊地 2011: 227）。大工、苦力・日雇い、料理人、裁縫工、理髪工などが代表的職種であることからわかるように、「台湾華僑」とは、前述の菊地の定義にさらに、「その多くは沿岸の福建省と広東省から、出稼ぎ労働を主な目的に台湾へ渡航した人々である」と付け加えることができよう。労働者階級からなる「台湾華僑」は、自らの権利の交渉と保護、そして同郷出身者間の親睦を深める目的で1927年に台北で台湾中華総会館を設立し、1931年に設立された中華民国総領事館とのあいだに緊密な連携が図られた。そこで「台湾華僑」が期待されたのは、日本法律の遵守、華僑の団結、儲蓄と母国への送金であった（菊地 2011: 247）。このように生計のために台湾に渡り、小規模でありながら一致団結をはかり、母国との繋がりを保とうとする「台湾華僑」の様子が確認できた。この点においてはほかの地域や国の華僑とほぼ変わらないのだが、しかし「台湾華僑」はより複雑な政治的情勢のなかに置かれていたのであった。台湾人（本島人）とは言語と文化と出自が通じることから「民族感情を扇動する恐れ」、「治安維持と諜報活動防止」などを理由に常に台湾総督府の監視を受けていたからである。1931年の満州事変、1937年7月の盧溝橋事件の際には、「敵国民」となった「台湾華僑」に対する大量検挙が実施されるようになる。そこで「華僑事件」と呼ばれる一連の逮捕劇が起こり、約400人が身柄を拘束され、「抗日救国組織」への参加という疑いがかけられた。弾圧を避けるために親日派の「台湾華僑」（広東出身）が1937年の末に台北で「中華民国華僑大会」を開催し、親日の姿勢を強めた。さらに彼らは華僑親日組織・台湾華僑親民総公会を創設し、日本による傀儡政権と呼ばれる「中華民国臨時政府」（1937年、北京で成立）の支持、そして「容共抗日」（共

産党とともに抗日する）を掲げる蒋介石が率いる国民党政府との絶縁を表明した（菊地 2011: 260）。1940年南京で成立した汪精衛傀儡政権は、日本と中国の関係を敵対から友好に転じさせ、「台湾華僑」を板挟みの状態から解放させた出来事だった。こうして戦中期における反共産党、反蒋介石、親日団体を組織し日華親善を掲げた「台湾華僑」の姿が確認できる。その背後には、異民族に統治された台湾社会に、華僑である中国人が直面していた政治的情勢と民族感情の葛藤があった。

　終戦後、台湾が蒋介石の国民党政府に代表される中華民国の統治下に置かれるようになると、台湾における「中国出身の台湾華僑」の存在が抱える矛盾は解消された。しかしそれと同時に、それまで日本植民地統治下に法的な位置づけにおいて日本人であった台湾住民は、中華民国人となり、戦後の日本社会では「華僑」という身分に転じた。戦後の日本では彼ら台湾出身華僑は、言語や歴史の経験が異なるなかで、中国出身華僑との融合を模索し、華僑社会がまとまりつつあるようにみえた。だが、1949年の蒋介石政権の台湾への撤退および中華人民共和国の成立は、華僑社会内部に分裂をもたらすようになった。反共を堅持する台湾の国民党政権を選ぶか、それとも台湾が中国の一部と主張する中華人民共和国を選ぶか、この二つの立場のあいだに対立が起こり、華僑社会は台湾系華僑と中国系華僑に分かれるようになった。そのほかに国民党政府と中国政府の両方を批判し、台湾独立の主張を打ち立てた台湾人華僑も現れ、「台湾独立建国」というもう一つの選択肢が提出された。政治的アイデンティティの選択を迫られたな

写真2　朝日新聞、1972年9月30日、朝刊、23面

かで、それぞれが馳せる理想的な国家への思いであった。

　70年代まで日本政府は台湾の国民党政府の合法的地位を承認していたため、大陸系華僑は国交のないなかで耐え忍んでいたのだが、70年代始めに大きな転換を迎えた。台湾の国民党政府は1971年に国連からの離脱を余儀なくされたうえ、1972年に日本、そして1979年にアメリカとの国交断絶を経験した。大陸系華僑は1972年の「日中国交正常化」によって一転して合法的地位を手に入れた。70年代におきたこれら国際秩序の劇的変動は、台湾系華僑の間に大きな衝撃を与えた。写真2は1972年9月30日付、横浜の領事館に国籍離脱の手続きのために駆けつけた台湾系華僑を取り上げた記事である。台湾系華僑のなかに自分の身と将来に対する不安から日本帰化を希望する人々が大勢いたが、しかし選べずに「無国籍」となった人々も少なからずいた。

　このように、「華僑」という言葉には国民国家の狭間に置かれ歴史の荒波に翻弄されていた時代的背景が含まれている。

(5) メディア表象における他者

　「華僑・華人」の存在とその社会的営みは、社会学、政治学、経済学等の分野においてこれまで様々な視点から考察され、分析されてきた[注4]。また、神戸華僑歴史博物館、横浜開港資料館、日本華僑華人学会をはじめとする組織や大学の研究機関においても、オーラルヒストリーの記録活動が行われており、マクロとミクロレベルにおける華僑の全貌を捉えようとする研究の動きは今日においても続いている。

　このように学術界において「華僑・華人」とそれをとりまく歴史的、政治的問題を捉える研究に一定の蓄積があることは明らかである。しかし、学術的取り組みとその成果の一部を反映すべきメディア表象では、「華僑・華人」を取り上げた作品は決して多いとはいえない（「関連番組一覧」を参照）。ここでは限られた作品のなかから、「華僑・華人」に関する表象をどのように読み取ればよいかについて少し考えたい。

　歴史の書物をひも解けば、日本にいる華僑は17世紀からすでに長崎で商業活動を展開し活躍し始めたとある。1859年の横浜開港とともに外国商館の通訳や使用人としてその商業的地位を築きあげ、近代アジア

の貿易や近代国家の成立と深く関わっていた。こうした商機を求める彼らは、近代という時代に日本、台湾、中国がそれぞれナショナリズムを追い求めた過程における一つの「副産物」であるとも捉えられる。国民国家という政治共同体の形成と維持をめぐって、その境界線の内部では「自己」と「他者」の区別という包摂と排除のメカニズムが作動するのだが、それはマスメディアを含めたさまざまな社会的制度を通して行われており、主流社会の内部で共有される社会的認識の多くもそれによって構築されるものである。マスメディアの場合で言えば、たとえば「自／他」という認識の枠組みの提示を繰り返すことによって、ステレオタイプが形成されていくことが一例である。そこで「華僑＝他者」という「副産物」の存在から国民国家の有り様を逆照射すると、意外にも覆い被され見えずにいた部分が浮かび上がってくる。国民アイデンティティの矛盾、国籍帰属問題、文化や言語の同化と異化をめぐる葛藤、などである。

　他者である「華僑」は異なる時代にそれぞれ異なるレベルによって包摂／排除され、彼らを他者として見なす視線も時代とともに変化し続けてきた。メディアがどのような視点から我々に華僑の存在を提示しているのかは当然重要であるが、しかし取り上げられていない部分、すなわち「切り捨てられた現実の表象」にも光を当てる必要があるように思われる。

　この教材の目的は「華僑」という存在を通して、日本社会における文化、価値観、アイデンティティをめぐる多元性、そして他者に対する認識の問題を提起することにある。

　「3　授業展開案」においては、放送ドキュメンタリーが華僑の言説にフォーカスした部分を確認する。メディアはどのような表象を通して「華僑」を取り上げて来たのか。これらのドキュメンタリー番組を通して、「華僑」をめぐるメディアの言説と記憶のあり方について考える。

注
1) カナダの政治哲学者ウィル・キムリッカ、2005年、『新版　現代政治理論』第8章「多文化主義」日本経済評論社を参照。
2)「僑務」とは、「華僑事務」の略。現在の「僑務委員会」(Overseas Compatriot Affairs Commission)

3) 『社会学事典』弘文堂、129 頁。
4) 日本華僑華人学会（2003 年設立、http://www.jssco.org/）のホームページに掲載された多くの業績を参照されたい。

2 「華僑・華人」関連年表

年代	日本、中国、台湾、世界の動き	台湾にいる華僑・華人	日本にいる華僑・華人
1570	長崎開港。		
1689			中国人が長崎の唐人屋敷での滞在を義務づけられる。
1840	中国でアヘン戦争勃発。		
1842	中英南京条約締結。上海、寧波、福州、アモイ、広州の開港と香港割譲決定。		
1853	7月、ペリー、浦賀に来航。8月、プチャーチン、長崎に来航。		
1854	日米和親条約締結、日本開国が決定。		
1858	日本が米、蘭、英、露、仏の5カ国と修好通商条約を締結。		
1859	7月、横浜、長崎、箱館の三港開港。		
1867			「横浜外国人居留地取締規則」制定、籍牌規則実施。
1868	1月、神戸港開港、大阪開市。3月、神戸雑居地設置。		
1869	新潟港開港。		
1871	9月、日清修好条規締結。		日清修好条規締結。中国人の自由居住が認められる。〔神戸・大阪〕「清国人取締仮規則」発布。

1872			〔神戸・大阪〕2月、雑居地規則発布。8月、兵庫県が籍牌手続きを布告。
1873			〔横浜〕中華会館建物落成。
1874	5月、日本による台湾出兵。		2月、「在留清国人籍牌規則」制定。
1878			長崎と横浜の清国領事館が業務開始。
1889	2月、大日本帝国憲法発布。		
1893			〔神戸・大阪〕1月、神阪中華会館落成。
1894	7月、日英通商航海条約調印、不平等条約の改正に成功。8月、日清戦争勃発、日清修好条規破棄。外国貿易における実権を取り戻す商権回復運動発生。		8月、日本が中国人を敵性国民として扱う勅令137号を発布。〔神戸・大阪〕清国領事館による華僑引揚勧告。
1895	下関条約で台湾が日本に割譲、日本植民地時代開始。		11月、孫文が日本亡命。興中会横浜支部設立。
1898			〔神戸〕6月、『東亜報』創刊。〔横浜〕中西学校が大同学校と改称。12月、『清議報』発刊。
1899	7月、いわゆる内地雑居令勅令352号発令。8月、日本の外国人居住地撤廃、外国人の内地雑居開始。	台湾総督府が「清国労働者取締規則」発布。	6月、横浜、神戸、長崎、函館の華僑が内地雑居許可を請願。8月、横浜華商会議所設立。
1900	義和団事件勃発。		〔神戸・大阪〕3月、神戸華僑同文学校校舎落成。
1904	日露戦争勃発。	台湾総督府が「支那労働者取締規則」を制定。	〔神戸・大阪〕11月、中華会館、社団法人認可。『日華新報』創刊。12月、清国駐神戸領事館による「日本への帰化を禁止する布告」。
1905	日露講和条約締結。		
1908	11月、溥儀が清朝の第12代皇帝・宣統帝として即位。		〔横浜〕広東系の華僑学校設立。

第3章　華僑・華人の樹

1909			〔神戸・大阪〕5月、神戸中華商務総会、大阪中華商務総会設立。
1910	日本による韓国「併合」。		12月、函館中華会館落成。
1911	10月、武昌蜂起、辛亥革命勃発。		12月、旅日華僑敢死隊（神戸義勇軍、横浜決死隊）結成。
1912	1月、中華民国成立。8月、国民党結成（北京）。		〔神戸・大阪〕3月、中華民国成立祝賀提灯行列。中華民国駐神戸領事館開設。
1913	10月、日本が中華民国を承認。		〔神戸・大阪〕3月、孫来神、中華会館で歓迎宴会。8月、孫文が日本亡命。
1914	7月、第一次世界大戦勃発。		〔神戸・大阪〕神戸華強学校創立。
1918	11月、第一次世界大戦終結。		〔神戸・大阪〕神戸中華総商会と改称。大阪中華総商会と改称。
1919	1月、パリ講和会議。10月、中国国民党結成。		〔神戸・大阪〕2月、中華学校開校。
1923		台北に台湾中華会館が創設。その後台湾各地にも中華会館が相次いで設立。	〔横浜〕9月、関東大震災による横浜中華街の崩壊。罹災華僑が神戸に避難。
1925	7月、国民政府成立（広州）。		
1926			〔横浜〕10月、中華公立学校落成。
1927		3月、台北で台湾中華総会館が成立、台湾華僑の中枢となる。	
1929	2月、（中国）国民政府が「国籍法」制定。6月、日本が国民政府を承認。		〔神戸〕8月、神戸総領事館、華僑の「戸口調査」について通告。

1931	9月、満州事変（九一八事変）勃発。	4月、国民党政府が台湾総領事館を設立。台北華僑総商会が成立、台湾華僑の分裂が表面化。日中関係が不安定のなか、台湾華僑は両国の親善をはかり、懇談会を各地で開催。	〔神戸〕12月、帰国船・新銘号、神戸入港。
1932	3月、満州国成立。		〔神戸〕中華公学・同文学校、学生減少のため一時休校（1934年9月に再開）。
1936	12月、西安事変勃発。	台湾中華総会館は南京国民政府支持と「張学良排撃」を表明。	内務省による華僑学校の「排日」教科書取締。 〔神戸・大阪〕最後の回葬（故郷への遺体の運送）。
1937	7月7日、日華事変勃発（盧溝橋事件）。12月14日、王克敏を委員長とする中華民国臨時政府が北京で成立。12月、南京大虐殺事件。	6月、「台湾華僑抗日救国会」成立、本部は台湾中華総会館に置き、支部は各地の中華会館に置く。台湾中華総会館、領事館などの有志が華僑の帰国を支援し、救済を行う。 12月、「華僑事件」という華僑の大量検挙が実施される。 12月26日、台北で「中華民国華僑大会」開催。臨時政府支持、「蒋政権に対し即時絶縁」と表明。台湾華僑の間に中国投資熱（海南島）が急速に高まる。	華僑集団帰国。中国国民党横浜支部解散。
1938	3月、中華民国維新政府成立（南京）。	1月、中華民国総領事館閉鎖。2月1日、総領事帰国。中華総会館、各地の中華会館解散。「新台湾華僑新民総公会」設立。	2月、中華民国駐神戸総領事館・大阪分館閉鎖。中華民国駐横浜総領事館閉鎖。
1939	9月、ドイツによるポーランド侵攻、ヨーロッパで戦争勃発。		〔神戸・大阪〕9月、神戸華僑同文学校と神阪中華公学が合併、神戸中華同文学校と改称。

年			
1940	3月30日、汪精衛の南京国民政府成立。11月、「日華基本条約」調印。	汪精衛政権の成立を祝い式典が各地の華僑会館と新民公会で開催。	3月、全日本華僑総会成立（東京）。8月、駐神戸総領事館成立。9月、在横浜中華民国総領事館開設。大勢の華僑が汪精衛政権支持を表明。
1941	12月8日、太平洋戦争勃発。	2月、汪精衛による総領事館再開。	
1944		2月、総領事馬長亮と新民総公会の主導で、日本政府に「台湾華僑号」を献機することに決定。	7月、「旅外僑民国籍証明書条例」（汪精衛政権）。〔神戸〕8月、呉服行商弾圧事件。
1945	8月、広島・長崎に原発投下。第二次世界大戦終結。		5月、横浜大空襲。4～6月、神戸空襲、中華会館、神戸中華同文学校など焼失。8月、横浜華僑臨時総会組織。9月、大阪華僑総会設立。10月、神戸華僑総会設立。
1946	（中国）国民党と共産党の内戦が本格化。6月、国民党政府が「在外台僑国籍処理弁法」を発布。	1月、国民党政府による台湾省民の国籍回復訓令の発布。	2月、GHQ「朝鮮人、中国人、琉球人および台湾人の登録に関する覚書」。3月、関西中華国文学校（大阪中華学校の前身）設立。9月、横浜中華小学校開校（1968年に横浜中華学院に改称）。
1947		「二・二八事件」発生。	2月、GHQ「中華民国人の登録に関する覚書」。5月、「外国人登録令」施行。京都華僑学校開校。〔横浜〕第三代関帝廟落成。
1949	10月、中華人民共和国成立。12月、中華民国政府が台北へ移転。		
1951	9月、サンフランシスコ講和会議開催。		
1952	4月、日華平和条約締結。		4月、台湾省出身者の中国国籍回復。8月1日、横浜中華学校に中台対立事件（「八一学校事件」）発生。中国人留学生、華僑の帰国ブーム。

1953	7月、朝鮮休戦協定締結。		〔横浜〕9月、横浜山手中華学校創立。 〔神戸・大阪〕3月、台湾省出身青年戦没者慰霊祭。在日華僑の帰国本格化。
1959	10月、中・ソ対立表面化。		9月、神戸中華同文学校校舎落成、学校法人となる。
1972	ニクソン訪中、日中国交樹立。		9月、台湾出身華僑の国籍離脱ブーム始まる。
1980	9月、「中華人民共和国国籍法」制定。		
1986	中国改革開放政策により、この頃から新華僑の来日増加。		〔横浜〕1月、第3代関帝廟焼失。2月、第1回春節祭開催。
1987	7月、38年ぶりに戒厳令解除（台湾）。		5月、神戸華僑研究会（神戸華僑華人研究会の前身）設立。
1990			〔横浜〕8月、第4代関帝廟落成。
1991	第一回華商大会（シンガポール）開催。		
1995			〔神戸・大阪〕1月、阪神・淡路大震災、南京町の関帝廟は大損傷を受け、義荘の墓碑約半数倒壊。
1999			日本中華総商会、日本華僑連合総会設立。
2004			〔横浜〕2月、みなとみらい線元町・中華街駅が開業。
2006			〔横浜〕3月、媽祖廟オープン。
2009	横浜開港150周年。		

【出典】菊地（2011）、西川・伊藤（2002）、中華会館編（2000）、神戸華僑華人研究会編（2004）、横浜開港資料館（2009）、可児・斯波・游（2002）を参考に筆者が作成したもの。

3 授業展開案

　ここでは4回の授業構成を通して、ドキュメンタリー番組が「華僑」をどのように取り上げ、どの部分に重点を置いたかを見ていく。メディアにおける華僑の表象を確認する作業を通して、多文化社会のあり方を模索しつつある日本社会の「他者に対する理解」について考えたい。

　　第1回　エスニックな世界と伝統行事
　　第2回　複数の歴史と国民国家の境界線を生きた19世紀前半の華僑
　　第3回　日本における小さな異国：華僑コミュニティの過去と現在
　　第4回　新時代の華人：世界における留学生と華商の活躍

第1回　エスニックな世界と伝統行事

　華僑という人々は、いつの時代に日本のどこにやって来たのか。そして彼らは日本でどのような生活を営んで来たのか。これらの質問は、おそらく一般の読者が最初に思いつくものであろう。異国文化を理解するには、まずその歴史、伝統行事、生活スタイル、建築様式から入るのが一般的であるとされるが、これは日本における華僑コミュニティーを理解するにも有効な手段であると考えられる。第1回は17世紀の長崎と19世紀の横浜を取り上げた放送番組からスタートする。
　福建省と広東省出身者が大勢を占める華僑の人々は、江戸時代から長崎市内と唐人屋敷、そして1859年の横浜開港をきっかけに現在の関内（横浜市中区）と山手（同前）近辺に集まるようになる。それが今日の長崎新地中華街と横浜中華街の原型である。こうした日本主流社会にとっての「小さな異国」は、日本主流社会の政治的、経済的、社会的変化に対応しつつ、内部ではその伝統文化、生活様式、年中行事を守り抜いてきた。長崎の華僑・華人社会を取り上げた4本のテレビ番組（【番組】参照）から、この二つの側面をみることができる。中国寺、唐寺（とうじ）と呼ばれる華僑・華人の信仰を支える寺は、こと異国で生活する彼らの拠り所といえる存在である。番組では、興福寺、福済寺、崇福寺など、釈迦如来、関羽、媽祖を祀るために建てられた寺の多くが、はるばる中国から資材を運ばせ当時の中国工匠により独特の建築様式で建てら

れたことを取り上げ、「小さな異国」で守るべき文化が尊重されていることを伝えている。

また一方では、華僑コミュニティのなかで行われる年中行事を取り上げている。国際墓地での墓参りをはじめ、旧正月、お盆、元宵節、清明節、媽祖祭、関帝祭、春節など伝統的な行事を粛々と且つ華やかに執り行う姿と同時に、近年中華街活性化のために新しく創出したランタンフェスティバルといった「新しい伝統」と「地域共生」を目指す試みが描かれている。

また、華僑の「亡骸を故郷に戻す」という強烈な望郷の念を表す「落葉帰根(らくようきこん)」という言葉とそれが意味するものを取り上げたのは、『神奈川再発見 横浜・中華義荘』(テレビ神奈川、1995年)である。1923年の関東大震災をきっかけに途絶えた遺体の帰郷という慣習は、現地埋葬という形に変えられた。その後の「落葉生根(らくようせいこん)」という華僑社会の定住・永住志向への転換も、こうした埋葬習慣の変化から窺うことができる。【番組】に挙げた映像を通して華僑社会の伝統行事と文化の歴史的背景に対する理解はある程度深めることができると考えられる。しかし神戸南京町の歴史を取り上げた番組が欠けているため、参考文献を用いて確認することをおすすめする。

写真1 中華義荘の墓に遺骨を納めた後、供養のための「紙銭」(あの世のお金)を燃やす華僑一家。『神奈川再発見 横浜・中華義荘』(テレビ神奈川／神奈川県教育委員会、1995年12月10日)

写真2 航海守護神とされる媽祖。本名は林黙娘。中国から渡来してきた多くの船に祀られた神様。媽祖に対する信仰は華僑とともに世界中に広がっている。『長崎華僑の信仰 崇福寺の年中行事』(ふるさとの伝承)(NHK教育、1997年10月5日)

第3章　華僑・華人の樹

【番組】
テレビ神奈川『神奈川再発見　横浜・中華義荘』、1995年12月10日放送、21分、◎

NHK 教育『長崎華僑の信仰　崇福寺の年中行事』（ふるさとの伝承）、1997年10月5日放送、40分、◎○

長崎放送『九州遺産　友朋の礎　唐寺／JNN 九州沖縄7局共同企画』、2000年2月26日放送、47分、◎

NHK 教育『大陸からの風吹く寺　～長崎・崇福寺～』（国宝探訪）、2000年9月16日放送、29分、◎☑

長崎放送『新長崎歴史散歩　長崎華僑歳時記』、2001年9月23日放送、49分、◎

【文献】
中華会館編、2000年、『落地生根——神戸華僑と神阪中華会館の百年』研文出版。
西川武臣・伊藤泉美、2002年、『開国日本と横浜中華街』大修館書店。
神戸華僑華人研究会編、2004年、『神戸と華僑——この150年の歩み』神戸新聞総合出版センター。
譚璐美・劉傑、2008年、『新華僑　老華僑——変容する日本の中国人社会』文藝春秋。

第2回　複数の歴史と国民国家の境界線を生きた19世紀前半の華僑

　留学、戦乱、飢饉など様々な事情からよりよい安定した生活を求めて海を渡り、見知らぬ土地で第二の人生を始めようとする華僑の人々。しかし異国社会の文化と言語への適応に神経を擦り減らしながら暮らさなければならない日々。その上一旦祖国に動乱が起こり、居住国との戦争へと発展するや、彼らはたちまち極めて危うい立場に立たされる。とりわけ戦時中、厳しい防諜の風潮のなかで「華僑＝他者」は社会的動乱を引き起こし得る怪しい存在と見なされ、スパイ容疑をかけられたケースもあった（前述の概説「台湾華僑」の部分を参照）。1894年の日清戦争、そして1937年7月7日の盧溝橋事件に起因した日中戦争当時、日本に生活する華僑は常に身の危険と隣り合わせであった。
　さらに、1949年国民党政府の台湾移転および中華人民共和国の成立に伴う「祖国の分裂」という緊迫した状況も日本の華僑社会を一層不安定な状態に陥れた。1972年の日中国交正常化で直接的な影響を受けたのは、日本にいる華僑であったことはいうまでもない。1972年の『朝日新聞』に取り上げられた中華民国国籍の離脱ブーム（概説（4）参照）

は日本華僑社会が抱える複雑な思いと葛藤を物語るものである。こうした近代華僑の歴史を、放送番組ではどのように伝えてきたのか。

まず、孫文が率いる革命と新しい中国の建設に協力した海外華僑の姿の一部は、NHK教育の『日中往還5 一衣帯水をめざして 近代の亡命者と華僑』(NHK市民大学)(1986年)において確認できる。NHK総合テレビの『初めて戦争を知った〔3〕 夫たちが連れて行かれた 神戸・華僑たちと日中戦争』(1993年)では、戦時中の1944年に起きた神戸の呉服行商をしていた中国人華僑が蒙った、集団スパイ容疑をかけられ拷問されるという事件を取り上げた。それまで闇に葬られていた部分にスポットを当て、取材を重ねて真実を解き明かそうとした番組である。NHK総合『長い旅路 戦争をこえた家族の記録』(1988年)は、台湾、満州、中国、日本、四つの地域と国民国家の歴史が複雑に絡み合う時代のなかで生き抜いた音楽家一家の物語である。日本植民地統治下で本島人であった台湾人夫董清才と日本人妻吉崎芳が満州国で出会い、やがて5人の子供に恵まれた。しかし戦争や政治を嫌った董が満州国建国10周年のために創作した慶祝歌が文化革命の際に敵性とみなされ一家は窮地に陥る。彼らは半世紀の間中国東北部を点々とする生活を余儀なくされ、そして日本帰国後は言語と文化の壁に直面しながらも懸命に生きようとする。番組では一家の歴史のみならず家庭内に現れた世代間のギャップをも丁寧に記録している。

写真3 仲間同士で組合を作り、呉服の行商を手掛けていた華僑たち。多くが戦時中、突然警察に捕らえられ、えん罪で拷問を受けた。『初めて戦争を知った〔3〕夫たちが連れて行かれた 神戸・華僑たちと日中戦争』(NHK総合、1993年8月4日)

「華僑」。その「僑」の字が示すところは単に「出自国から離れて暮らす」という意味に留まる。しかしながら歴史と運命に翻弄され激動の時代を生き抜いて来た彼らを見ると、「僑」の後ろに多くの背景を抱えていることがわかる。

第3章　華僑・華人の樹

【番組】

NHK 教育『日中往還5　一衣帯水をめざして　近代の亡命者と華僑』(NHK 市民大学)、1986年4月4日放送、? 分、△☑

NHK 総合『長い旅路　戦争をこえた家族の記録』1988年8月13日放送、49分、◎☑

NHK 総合『初めて戦争を知った〔3〕　夫たちが連れて行かれた　神戸・華僑たちと日中戦争』、1993年8月4日放送、44分、◎☑

【文献】

仁木ふみ子、1993年、『震災下の中国人虐殺』青木書店。

日本華僑華人研究会編著、2004年、『日本華僑・留学生運動史』日本僑報社。

陳天璽、2005年、『無国籍』新潮社。

菊地一隆、2011年、『戦争と華僑——日本・国民政府公館・傀儡政権・華僑間の政治力学』汲古書院。

第3回　日本における小さな異国：華僑コミュニティの過去と現在

　華僑コミュニティを根底から支えるのは、同郷・同業をベースにした「幫」や「会館」、「公所」という組織である。遡れば16世紀から「中国で都市間の商業が日常化するにつれて生じた、郷党をベースとする商工業のギルドのことであり、また拠点となる建物のこと」(斯波 1995: 67)が会館と呼ばれ、それが華僑の海外移住に伴い設立されるようになった。血縁や同じ郷里の結束を固めるこうした組織は、日本では19世紀半ばから福建幫、広東幫、潮州幫、三江幫が主要な勢力を確立し、華僑コミュニティを裏から支える重要な存在となっている。支えられる側の代表的なものは、長崎新地中華街、神戸南京町、横浜中華街がある。異国情緒を感じさせる観光地として名高いこれらの隆盛は、華僑コミュニティが戦前の空襲と戦後の大震災を乗り越えて再建を成功させた証である。現在、中華料理店が立ち並ぶ町として知られている横浜中華街は、実のところ20世紀初頭までは「貿易業や金融業、家具製造や楽器製造、飲食業や劇場など」(西川・伊藤 2002: v)、さまざまな業種に従事する中国人や日本人が暮らす街だった。中国人の間では次第に「三把刀」と呼ばれる仕立屋（裁縫バサミ）、理髪店（剃刀）、料理屋（包丁）のいずれも「刀」を使用する職業が盛んになっていった（譚・劉 2008）。これは非熟練技術者の日本入国が厳しく制限されるようになったが故であるが、その結

放送番組で読み解く社会的記憶

果90年代半ば以前の中華街の独特な生態が作り出された。この時期の中華街の姿を捉えた放送番組は、『横浜中華街』（いっと6けん小さな旅）（1983年放送、NHK総合）、『故郷はるか華僑の春節　神戸・南京町』（ふるさと登場）（1987年放送、NHK-BS1）、『ミナト神戸　三把刀物語』（ぐるっと海道3万キロ）（1988年放送、NHK総合）、『故郷心に継ぐ　横浜中華街』（小さな旅）（1994年放送、NHK総合）の4本がある。今から20年近く前の番組であるが、華僑を取り上げた数少ない番組のなかにあって、食文化、生活風景、伝統信仰と関帝廟、中華学校など華僑コミュニティの日常生活全般にフォーカスした作品であった。近年脚光を浴びつつある池袋チャイナタウンの生態の一部は『我愛池袋～もうひとつの震災物語～』（ザ・ノンフィクション）（2012年放送、フジテレビ）において確認することができる。そこで成功を求めて日本にやってきた新華僑の頑張る姿が描かれたほか、地元社会との共生を模索し挫折を乗り越えようとする一面も窺える。「中華街とチャイナタウン」という華僑コミュニティが呈した異なる風景の比較から、華僑・華人が経験した時代的変遷に迫ることができるように思われる。

写真4　普段あまり見かけられない「熊の手」という中華料理の食材を紹介している食料品店のオーナー。20万円もかかるそうだ。『いっと6けん小さな旅　横浜中華街』（NHK総合、1983年4月8日）

【番組】
　NHK総合『横浜中華街』（いっと6けん小さな旅）、1983年4月8日放送、30分、◎☑
　NHK総合『東のはてなる国　～横浜多国籍街～』（ぐるっと海道3万キロ）、1986年5月12日放送、29分、◎×
　NHK-BS1『故郷はるか華僑の春節　神戸・南京町』（ふるさと登場）、1987年3月6日放送、?分、△☑
　NHK総合『ミナト神戸　三把刀物語』（ぐるっと海道3万キロ）、1988年2月1

日放送、？分、△☒
NHK総合『故郷心に継ぐ　横浜中華街』(小さな旅)、1994年3月5日放送、29分、◎☒
フジテレビ『我愛池袋〜もうひとつの震災物語〜』(ザ・ノンフィクション) 2012年2月12日放送、55分、△

【文献】
山下清海、2000年、『チャイナタウン——世界に広がる華人ネットワーク』丸善。
西川武臣・伊藤泉美、2002年、『開国日本と横浜中華街』大修館書店。
林兼正・小田豊二、2009年、『聞き書き　横濱中華街物語』集英社。
田中健之、2009年、『横浜中華街——世界最強のチャイナタウン』中央公論新社。
横浜開港資料館、2009年、『横浜中華街150年——落地生根の歳月』横浜開港資料館。
林兼正、2010年、『なぜ、横浜中華街に人が集まるのか』祥伝社。
山下清海、2010年、『池袋チャイナタウン——都内最大の新華僑街の実像に迫る』洋泉社。

第4回　新時代の華人：世界における留学生と華商の活躍

　1980年代の中国改革開放政策を発端に、海外へ移住する中国人の増加は著しいものがある。人口の変化からみれば、1980年代までに主に台湾出身者が構成した華僑人口5.5万人あまりが、1991年に約3倍の17万人にまで増加した。その後は右肩上がりの推移を見せ、1996年には23.4万人、2000年に入ると35.5万人にまで増加した。そして2002年42万人台、2005年51万人台、さらに2007年に60万人台に達し、2010年には約68万人の中国人が日本国内で生活していることがわかる[注5]。なお、そのなかには台湾、マカオ、香港出身者も含まれている。また、彼らの在留資格でもっとも多いのは永住者の16.9万人であり、1990年代の7倍に増加している。その次は、留学資格で滞在している13.4万人。ほかに家族滞在5.9万人、日本人配偶者5.3万人の順となっている[注6]。これらの数字からまず把握できるのは、80年代以降の在日中国人の急増、そして留学生の数が依然として大きな割合を占めている点である。また、2008年から在日中国人の数は韓国・朝鮮出身者数を上回り、外国人登録者のなかでもっとも大きな構成比例（2009年段階では31.1％）を占めるようになったことがもう一つの大きな変化である。以上の数字のなかに短期滞在志向で、従来の「華僑」という長期居住志向ではない人々

もカウントされているが、統計を通して在日中国人の大まかな構成と規模を把握することに差し支えないと考える。

これら1980年以降に大量に出国した人々は、区別して「新華僑」と呼ばれている。彼らは一般的に「高度教育を受けた人が多く、日本などの海外において中堅・大企業、教育研究部門等に就職し、上層社会に進出している」というイメージで捉えられている（譚・劉 2008: 162）。上述の統計でみれば、「教授」、「投資」、「研究」、「技術」、「人文知識／国際業務」資格の人数は約6.6万人で、在日中国人の約1割である。これを留学資格の人数に加えると、約20万人、全体の三分の一の在日中国人は高度技術・知識をもつ／もとうとする人々であることがわかる。こうした1980年以降という時代の転換点を境に日本にやってきた中国人の姿を捉える映像には、たとえば『小さな留学生』（2000年5月5日放送、フジテレビ）、『若者たち』（2000年11月25日放送、フジテレビ）、『私の太陽』（2001年4月27日放送、フジテレビ）『泣きながら生きて』（2006年11月3日放送、フジテレビ）がある。いずれも在日中国人自身により撮影・制作された作品だが、そこには言語と文化の厚い壁に戸惑いを覚えながら、貧しい生活を乗り越えようとする留学生たちの姿が鮮明に捉えられている。新天地で家族のためによりよい人生を求めようと寂しさと貧しさに耐えるなかで、様々な出来事を通して感じた楽しさと辛さ。留学生としての在日中国人、すなわち「新華僑／華人」予備軍と呼んでもいい人々の異郷でのリアルな一面をこれらの映像を通して確認することができるのではないかと考えられる。

写真5　北京からモスクワへ向かう国際列車の車内。ロシア各地で売りさばく衣料品を積み込み、異郷での成功を夢見る中国人。『西方に黄金夢あり　中国脱出・モスクワ新華僑』（NHKスペシャル）（NHK総合、1993年2月17日）

また、経済活動の側面も見過ごせない。改革開放後中国国内の貧富格差から逃れ、同郷または知人のつてを頼りに海外へ脱出する新華僑の動きがある。『西方に黄金夢あり　中国脱出・モスクワ新華僑』

（NHK スペシャル）（1993 年 2 月 17 日放送、NHK 総合）では、社会主義経済の崩壊を逆手に取り、新しいビジネスチャンスを求める新華僑が抱く希望と直面する苦悩、そしてその裏に隠された「スネークヘッド」と呼ばれる仲介と不法渡航の問題も窺える。

同時に華商ネットワークの形成と拡大にも注目すべきである。華商は概説で述べたように華僑の原型であり、多くは中小企業または零細業者である。1991 年の第一回世界華商大会（シンガポールで開催）をきっかけに華商の世界規模のネットワークが成立し、華商の連携や交流はもちろん、非華商のビジネスマンとのネットワークの橋渡し役としての機能も注目されている（陳 2001）。この業縁ネットワークの一部の姿は『**疾走アジア〔5・終〕ネットワークがアジアを動かす**』（NHK スペシャル）（1997 年 7 月 25 日放送、NHK 総合）、『**ようこそ神戸へ熱烈歓迎祭から―第九回　世界華商大会から**』（2007 年 11 月 23 日放送、NHK-BS2）において確認できる。

注

5) 法務省外国人登録者数の推移に関する統計資料を参照。（2012 年 1 月 30 日取得、http://www.moj.go.jp/nyuukokukanri/kouhou/nyuukokukanri04_00005.html）

6) 外務省が 2011 年 8 月 11 日に公表した「国籍（出身地）別在留資格（在留目的）別外国人登録者」統計資料を参照（2012 年 1 月 30 日取得、http://www.e-stat.go.jp/SG1/estat/List.do?lid=000001074828）

【番組】

NHK 総合『西方に黄金夢あり　中国脱出・モスクワ新華僑』（NHK スペシャル）、1993 年 2 月 17 日放送、45 分、◎☑

NHK 総合『中国・12 億人の改革開放〔2〕　上海ドリーム』（NHK スペシャル）、1994 年 11 月 13 日放送、49 分、◎☑

NHK 総合『台頭する中国人エリート企業〜広がる新華僑人脈』（クローズアップ現代）、1997 年 6 月 4 日放送、? 分、△☑

NHK 総合『疾走アジア〔5・終〕ネットワークがアジアを動かす』（NHK スペシャル）、1997 年 7 月 25 日放送、50 分、◎☑

NHK 教育『華人ネットワークの時代 4　華僑ネットワーク〜白手起家』（NHK 人間大学）、1997 年 7 月 29 日放送、? 分、△☑

フジテレビ『小さな留学生』（金曜エンタテイメント）2000 年 5 月 5 日放送、70 分、

　　　　△
フジテレビ『若者たち』(ゴールデン洋画劇場)2000年11月25日放送、?分、△
フジテレビ『私の太陽』(金曜エンタテイメント)2001年4月27日、?分、△
フジテレビ『泣きながら生きて』(金曜プレステーション)2006年11月3日、144分、
　　　△
NHK-BS2『ようこそ神戸へ熱烈歓迎祭から―第九回　世界華商大会から』、2007
　　　年11月23日放送、?分、△▢

【文献】
莫邦富、1995年、『商欲――新華僑パワーのルーツ』日本経済新聞社。
莫邦富、2000年、『新華僑――世界経済を席捲するチャイナ・ドラゴン』中央公論
　　　新社。
譚璐美・劉傑、2008年、『新華僑　老華僑――変容する日本の中国人社会』文藝春秋。

4　参考図書・文献・資料一覧

〔書籍（発行年順）〕
游仲勳、1990年、『華僑――ネットワークする経済民族』講談社。
戴国煇編、1991年、『もっと知りたい華僑』弘文堂。
田中宏、1995年、『在日外国人　新版――法の壁、心の溝』岩波書店。
斯波義信、1995年、『華僑』岩波書店。
莫邦富、1995年、『商欲――新華僑パワーのルーツ』日本経済新聞社。
渡辺利夫、1997年、『NHK人間大学　華人ネットワークの時代』日本放送出版協会。
横山宏章、1997年、『中華民国』中央公論社。
飯島渉編、1999年、『華僑・華人史研究の現在』汲古書院。
天児慧、1999年、『中華人民共和国史』岩波書店。
莫邦富、2000年、『新華僑――世界経済を席捲するチャイナ・ドラゴン』中央公論
　　　新社。
中華会館編、2000年、『落地生根――神戸華僑と神阪中華会館の百年』研文出版。
山下清海、2000年、『チャイナタウン――世界に広がる華人ネットワーク』丸善。
陳天璽、2001年、『華人ディアスポラ――華商のネットワークとアイデンティティ』
　　　明石書店。
可児弘明・斯波義信・游仲勳編、2002年、『華僑・華人事典』弘文堂。
西川武臣・伊藤泉美、2002年、『開国日本と横浜中華街』大修館書店。
中村哲夫、2004年、「神戸華僑華人史論」神戸華僑華人研究会編『神戸と華僑――
　　　この150年の歩み』神戸新聞総合出版センター、221-249頁。
日本華僑華人研究会、2004年、『日本華僑・留学生運動史』日本僑報社。
陳天璽、2005a年、『無国籍』新潮社。

陳天璽、2005b 年、「華人ネットワーク」山下清海編著『華人社会がわかる本――中国から世界へ広がるネットワークの歴史、社会、文化』明石書店、61-67 頁。
浅川晃広、2007 年、『近代日本と帰化制度』渓水社
譚璐美・劉傑、2008 年、『新華僑　老華僑――変容する日本の中国人社会』文藝春秋。
林兼正・小田豊二、2009 年、『聞き書き　横濱中華街物語』集英社。
臼杵陽監修、赤尾光春・早尾貴紀編著、2009 年、『ディアスポラから世界を読む――離散を架橋するために』明石書店。
田中健之、2009 年、『横浜中華街――世界最強のチャイナタウン』中央公論新社。
横浜開港資料館、2009 年、『横浜中華街 150 年――落地生根の歳月』横浜開港資料館。
陳天璽、2010 年、『忘れられた人々――日本の「無国籍」者』明石書店。
高賛侑、2010 年、『ルポ　在日外国人』集英社。
林兼正、2010 年、『なぜ、横浜中華街に人が集まるのか』祥伝社。
中華会館・横浜開港資料館編、2010 年、『横浜華僑の記憶――横浜華僑口述歴史記録集』中華会館。
山下清海、2010 年、『池袋チャイナタウン――都内最大の新華僑街の実像に迫る』洋泉社。
菊地一隆、2011 年、『戦争と華僑――日本・国民政府公館・傀儡政権・華僑間の政治力学』汲古書院。
共同通信取材班、2011 年、『ニッポンに生きる――在日外国人は今』現代人文社。
石川義孝編、2011 年、『地図でみる日本の外国人』ナカニシヤ出版。
廖赤陽、2011 年、「中国　華僑華人の歴史的展開」陳天璽・小林知子編著『東アジアのディアスポラ』明石書店、28-51 頁。

Cohen, Robin, 1997, *Global Diasporas: An Introduction*, Seattle: University of Washington Press.

Vasishth, Andrea, 1997, A Model Minority: the Chinese community in Japan, Michael Weiner ed., *Japan's Minorities; The illusion of homogeneity*, London and New York: Routledge, 108-139.

Karim, Karim H.(ed.), 2003, *The Media of Diaspora*, London, New York: Routledge.

Ma, Laurence J. C. and Carolyn Cartier (eds.), 2003, *The Chinese Diaspora: Space, Place, Mobility, and Identity*, Lanham, Boulder, New York, Oxford: Rowman & Littlefield Publishers.

Sun, Wanning (ed.), 2006, *Media and the Chinese Diaspora: Community, communications and commerce*, London, New York: Routledge.

Siapera, Eugenia, 2010, *Cultural Diversity and Global Media: The Mediation of Difference*, Wiley-Blackwell.

〔紀要・雑誌（発行年順）〕
張長平、2009 年、「華人の世界分布と地域分析」『国際地域学研究』12 号、57-72 頁。

5　公開授業の経験から考えたこと

　多文化共生を目指しつつある日本社会。ここには古くから同じ土地に生活してきた華僑の人々がいる。長い歴史を持つ彼らの生活や文化を、映像を通して理解し日本経済へ少なからずの影響を持つその存在を考えてもらうことは、この教材作成当初からの狙いであった。
　しかし、作成を進めるうちに、華僑関連のドキュメンタリー番組が数少ないうえ、内容も伝統行事、グルメ、異国情緒など、文化的側面に集中していることが分かった。そこで既存の放送番組の映像だけでは偏ったイメージを与えてしまうことになりかねないとの危惧から、多くの参考文献を用いることにした。
　2011 年 11 月 19 日午後、二日目の授業として放送ライブラリーで「華僑の樹」公開授業を行った。授業の始めに、「華僑」に対してどれくらいの認識があるのかを確認すべく参加学生に、「華僑の存在について考えたことがありますか」、「周りに華僑がいますか」の二点を質問した。参加者のなかから社会人一人だけが手を上げた。彼女が接触したのは、アメリカの華僑であった。多くの日本人学生にとって、華僑は教科書で勉強した程度の認識だったようだ。そこで講義では、まず用語の説明から始めた。時代の変遷を交えながら「唐人」、「華僑」、「華人」、「華裔」の説明を行った。次は「自己／他者」の視点から華僑を認定する主体の問題を提起した。華僑・華人にとって他者による認定、とりわけ居住国の行政による身分や権利の認定は法律上の保障に繋がる重要な問題である。日本の華僑の場合は、1945 年日本敗戦、1949 年中華人民共和国建国、1972 年日本と台湾の国交断絶といった歴史的転換期が訪れるたびに国籍帰属の問題に直面してきた。国民国家という枠組みを無意識に受け入れ国籍をもつことが当たり前と思っている学生たちが、国民と国家の狭間に立たされた華僑の苦い経験を知ることにより、国民国家のあり方を再考し、より超越した視点を持つきっかけになることを願う。
　また、もう一つ「自分は何人？」という自己によるエスニック・アイ

デンティティの選択や確立が重要であることも併せて提起した。

　映像は、まず既存ドキュメンタリー作品のなかに約7割も占めた中華街、華僑年中行事についてのものを数本取り上げ、ステレオタイプの確認を行った。放送メディアが我々に提示してきた華僑・華人のイメージは、なによりも中華料理、伝統行事や風習、家族主義など観光や文化的な側面に属するものが主流で、すなわち「無害で面白そうな他者」というイメージだった。そこで戦中スパイ容疑をかけられた神戸の中国人呉服商の冤罪事件を取り上げた映像も用意し、「有害で、取り除かなければならない他者」と見なされた華僑の苦痛を共に感じることを通して、他者＝マイノリティに対する理解、尊重の重要性を改めて提起した。

　今回のデモ授業を通して感じたのは、映像を通して「華僑・華人」を理解することの限界であった。一つは現存の関連放送映像の少なさから来る限界である。それは一般公開された関連番組（とりわけNHKアーカイブス所蔵の映像）と制作されたものの少なさに由来している。あえて注文するならば、戦中戦後の台湾系華僑の歴史、華人のアイデンティティの転換や日本社会との関係変化に更にフォーカスし、当事者に語らせる映像資料が必要であるように思われる。もう一つは、「華僑・華人」という大きなテーマを数回の授業に組み込んだ際に感じた個人の能力の限界であった。表象や内容分析といったメディア研究の手法を用いつつ、歴史と社会理解を促すような授業構成は理想的と思われるが、どこまで実現できるかは今後の課題としたい。

第 4 章　原子力の樹

烏谷 昌幸（からすだに まさゆき）

武蔵野大学政治経済学部・専任講師
慶應義塾大学法学研究科単位取得退学、慶應義塾大学 G-SEC 助教などを経て、2008 年 4 月より現職。専攻は、政治社会学、マス・コミュニケーション論。主要著作：「戦後日本の原子力に関する社会的認識」大石裕編著『戦後日本のメディアと市民意識』（ミネルヴァ書房、2012 年）など。

水素爆発によって建屋上部が吹き飛んだ福島第一原発 3 号機。
© AFP PHOTO/ Issei KATO

1 テーマ「原子力」の概説

本稿では社会問題としての原子力に注目し、テレビが原子力問題とどのように関わってきたかを考えてみたい。原子力は巨大なテーマであり多様な問題の文脈を抱えているから、その全てを議論することは困難である。そこで本章では放送ライブラリーで視聴可能な番組の多い「原子力の平和利用」「原発の重大事故」「原発と地域社会」の三つのテーマに焦点を絞って議論を進めていきたい。

(1) 原子力の平和利用

19世紀後半に放射能が発見されてからほどなくして、1930年代に科学者たちは原子核を分裂させてエネルギーを取り出すことができることを突き止めた。これらの成果はただちに原子爆弾の製造・使用へと繋がり広島、長崎の悲劇を生むこととなった。原子力はまず軍事利用から始まったのであり、然るのちに、工業、農業、医療などのいわゆる「平和利用」分野に応用的に利用することが考えられるようになったのである。

重要な契機は、1953年にアイゼンハワー米大統領が国連で行った「平和のための原子力」演説である。この演説においてアイゼンハワーは、米ソの加熱する核開発競争に歯止めをかけるため、核物質の国際的共同管理を提案し、そこで各国から徴収した核物質を新たに平和目的（発電、船の動力、農業の品種改良、放射線治療など）に利用することを提案し、拍手喝采を浴びた[注1]。そして、この演説をきっかけに、世界的な「原子力平和利用」ブームが生まれることとなったのである。

当時の日本には広島、長崎の被爆経験を踏まえつつ科学者たちの間に根強い慎重論もあった。しかし改進党の若手政治家であった中曽根康弘らを中心とした法案作成の動きが瞬く間に成果をあげ、1954年には原子力関連予算が国会で承認を得ることになった。1955年12月には原子力三法（原子力基本法、原子力委員会設置法、総理府設置法の一部を改

正する法律）が成立し、50年代後半に原子力開発体制は急速に整備されていったのである。また、この時期、政界の動きと呼応するように、財界でも旧財閥系の企業を中心に、原子力産業グループが次々と生まれた。

　原子力発電が世界的に商業ベースで大きく進展したのは1960年代中頃である。GE（ゼネラル・エレクトリック）社を筆頭に、米国の軽水炉メーカーが電力会社にとって魅力的な価格、契約方式を開発した結果、米国の電力会社のみならず、ヨーロッパ、日本の電力会社も競うようにして米国製軽水炉の導入を目指すようになった（吉岡 1999）。こうして60年代後半から70年代にかけて、日本では原発の建設ラッシュを迎えることになった。

　さて、原子力開発の初期段階である50年代、60年代に注目する際に興味深いのは、原子力の「軍事利用＝悪／平和利用＝善」という二元論的認識が当時広く社会的に共有されていた点である[注2]。この時期は、第五福竜丸事件をきっかけとした原水爆禁止運動が全国的に盛り上がりをみせる一方で、原子力の平和利用を通して「安い電気を生産し、速い船、無限に飛ぶ飛行機をつくりだし、食糧問題を解決し、新しい繊維をつくり、不治の癌までも治す」（河合 1961: 3）[注3]などと語られたのである。柴田らは、日本国民の原子力意識の歴史的変遷を包括的にまとめる作業のなかで、科学技術に対する素朴な信仰が存在し、原子力技術がもたらす文明の進歩と繁栄が強く喧伝されていたこの時期を「バラ色の50、60年代」と呼んでいる（柴田・友清 1999）。

　もっともこの時期何の懸念もなかったわけではない。「平和利用」のスローガンが核兵器開発の隠れ蓑になるのではという点は、科学者の中でしばしば問題視されていた。というのも50年代前半は米ソ冷戦がもっとも深刻化していた時期であり、朝鮮戦争を背景とした日本再軍備計画が語られ始めていたことから、日本が米国の核兵器工場とされるのではないかとの懸念が強く抱かれたのである（読売新聞社 1976）。そのため原子力開発を進めようとする人々は、これをあくまでも「平和目的」に限定することを強調しなければならなかったし、学界においてもこれらの懸念を払拭するために「自主・公開・民主」という原子力開発の三原則を定めることとなった。

だが、原子力発電開発を「軍事利用」に対比される「平和利用」という大雑把なカテゴリーの中に位置づけ暗黙のうちに「善」とみなしたことで、原発それ自体のさまざまな問題点が過小評価されることになったという点は見落としてはならない。以上のような原子力平和利用をめぐる社会的認識の形成にテレビはどのように関わったのか、また50年代、60年代の原子力平和利用政策をテレビがどのように検証してきたのかを問う必要がある。

(2) 原発の安全性論争と重大事故

 原発そのもののリスクや問題が広く語られるようになるのは、70年代に入ってからである[注4]。米国では1972年から73年にかけて原子力開発史上初の推進派と反対派の本格的な技術論争と呼ばれるECCS（緊急炉心冷却装置）の公聴会が実施され社会的な注目を集めた。米国の影響を強く受ける形で日本でも安全性論争が生まれ、73年から始まった伊方原発訴訟においては推進派と反対派が初めて正面から対峙し、包括的な技術論争を戦わせた。軽水炉の安全性をめぐる基本的な論点はこの時期までにほぼ出尽くしているといわれている（吉岡1999）。

 ただし専門家や利害関係者の間で原発の安全性について鋭い問題意識が生まれたとはいえ、70年代は二度の石油危機を経験したことで、資源小国日本の生き残りの切り札として原子力発電に大きな注目と期待が集まった時期であった。世論調査をみても、70年代後半の時点では原発推進に賛成意見の人が圧倒的に多いことが分かる。

 この時代の気分を象徴的に表現したものに、朝日新聞・大熊由紀子記者が担当した連載『核燃料』や、評論家・山本七平の執筆した『日本人と原子力』などがある。とりわけ前者は影響力の大きな主要紙の連載記事であったことから大きな反響を呼んだ。

第4章 原子力の樹

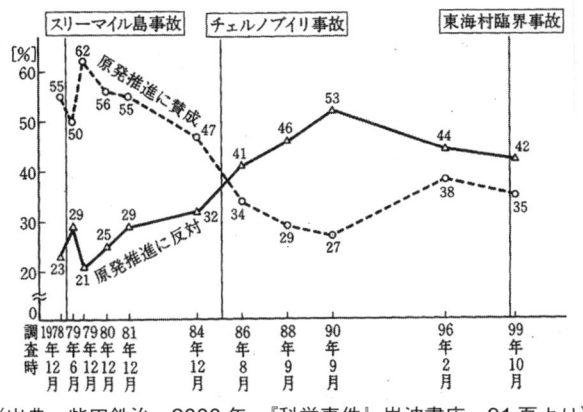

図1 原発推進に対する世論の推移（朝日新聞社調べ）

（出典 柴田鉄治、2000年、『科学事件』岩波書店、91頁より）

　批判的専門家たちの問題提起はまだまだ一部の意見でしかなかった。そのため、この時期 NHK で原子力関連の番組制作を担当していた小出五郎氏は原発を批判的に検証する番組を放映し NHK 内外で強い批判、圧力に晒されることになったと述べている（小出 2007）。
　こうして原発が論争的な社会問題となったところに起きたのが、米国のスリーマイル事故（1979年）、旧ソ連のチェルノブイリ事故（1986年）であった。米国ペンシルバニア州のスリーマイル原発二号炉で起きた事故は、ニューヨークやワシントン DC に近い場所であったことや、事故の3日後近隣住民に退避勧告が出され、周辺道路が一時避難する車で大パニックになったことで、原発のリスクについて一般の人々が広く認知するきっかけとなった。米国ではスリーマイル以前に原発産業の斜陽化は始まってはいたものの、この事故によって新規発注は長らく途絶えることとなった。
　史上最悪の原子炉事故といわれるチェルノブイリ事故は、世界中で脱原発の流れを生み出すきっかけとなった。原発の密集地域であり、チェルノブイリ事故の影響を直接的に受けることになったヨーロッパでは脱原発の動きが特に顕著であった。とりわけ総電力の5割を原発でまかないながらも2010年までの原発全廃の方針を打ち出したスウェーデンや、

97

野党第一党が脱原発へと踏み出して原発が政治的争点として大きな注目を集めるようになった西ドイツの例はもっとも目立ったものであった(七沢 1996)。

そして 2011 年 3 月 11 日、日本でもとうとうレベル 7 の重大事故が発生した。この事故を受けて日本では膨大な量の原発関連番組が制作されることになった。これらの番組の検証は今後のメディア研究の大きな課題となってくることは間違いない。この教材では、フクシマ以前の最悪の事故チェルノブイリに接して当時のテレビ番組がどのような教訓を読み取り、どのような警告を発していたかを改めて振り返っておきたい。

(3) 原発と地域社会

原発の安全性論争が本格化した 70 年代は、全国各地で原発の立地紛争が深刻化した時期でもあった。原発は全国各地で迷惑施設とみなされ、原発の新規立地は困難を極めるようになった。

そのため 1971 年以降に原発建設計画が浮上した地域で計画が実現した地点は大間の一箇所を除いて存在しない。日本は福島原発事故が起きる直前には、50 を超える原発を抱え世界第 3 位の原発大国といわれていたが、これら原発は表 1 で「運転中」と示された 16 地点(ふげんは敦賀にあり)に集中的に建設されたものだったのである。

表 1　原発建設計画の浮上時期と進捗状況(福島原発事故以前)

計画浮上時期	断念ないし未着工	建設中	運転中
1960 年以前			東海
1961〜65 年	芦浜	もんじゅ	敦賀、美浜、福島、川内、能登(志賀)、東通
1966〜70 年	日高、浪江・小高、田万川、巻、古座、那須勝浦		高浜、玄海、浜岡、島根、伊方、大飯、女川、ふげん、泊、柏崎刈羽
1971〜75 年	熊野、浜坂、田老、久美浜、珠洲		
1976〜80 年	阿南、日置川、豊北、窪川	大間	
1981 年以降	上関、萩、青谷、串間		

(出典　原子力資料情報室、2010 年、『原子力市民年鑑 2010』七つ森書館、59 頁より)

原発が迷惑施設とみなされるようになったことから、政府は電源三法（電源開発促進税法、特別会計に関する法律、発電用施設周辺地域整備法）を制定し[注5]、原発受入地域に手厚い交付金を投下するようになった。原発は人口密集地域からある程度離れた場所につくらなければならないため、過疎の進んだ小さな村につくられることになる[注6]。そのため巨額の交付金が過疎の小さな村に流れ込む仕組みができあがり、原発マネーで傾いた自治体財政を建て直すことを考える人々と、迷惑施設の受入を拒絶する人々の間で地域社会を二分する深刻な立地紛争が全国各地に頻発することになった。

　こうして電力の大消費地である大都市にではなく、過疎の村に原発をつくり、巨額の迷惑料で帳尻をあわせるこの仕組みは、時として小さな村の住民たちの人間関係を無残に破壊してきた。原発の問題はここにおいて最も生々しく人間臭い問題として立ち現れることになる。テレビがこうした立地紛争に伴う葛藤をどのように描いてきたかを問う必要がある。3・11後には、全村避難を余儀なくされ、地域社会のつながりを失った福島原発周辺地域の人々を追った番組も数多く登場した。原発と地域社会は今後も一層重要なテーマであり続けるだろう。

注

1) 核物質の国際共同管理提案はアイゼンハワー政権内部でも実現不可能であるがゆえに演説に盛り込むことに反対する意見も多かった。しかし米国が平和を望む勢力であることを世界に印象付け、イメージ・アップを図ることが重要であるとの観点からこの内容は正当化されたという（Osgood 2006）。なお、アイゼンハワーはこの演説の二ヵ月後には、国際共同管理案と矛盾する二国間ベースの協定によって他国に技術供与を行っていく方針を打ち出した。中曽根康弘ら日本の政治家が原子力予算を通過させたのは、この米国の方針転換が打ち出された直後であった（吉岡 1999）。

2) ここでいう原子力の二元論的認識の思想的表現として注目すべきは、物理学者の武谷三男の次のような文章である。「･･･日本人は、原子爆弾を自らの身にうけた世界唯一の被害者であるから、少なくとも原子力に関する限り、最も強力な発言の資格がある。原爆で殺された人々の霊のためにも、日本人の手で原子力の研究を進め、しかも、人を殺す原子力研究は一切日本人の手では絶対に行わない。そして平和的な原子力の研究は日本人は最もこれを行う権利をもっており、そのためには諸外国はあらゆる援助をなすべき義務がある」

（『改造』1952年10月、増刊号より）。なお吉岡斉は武谷のこうした発想を「被爆者ナショナリズム」と形容している。さらに、政治家たちに「札束で頭を殴られた」科学者らが「自主・公開・民主」の三原則を絶対の基準として政治・行政主導の原子力開発を批判していく習慣を確立していったことに対して「三原則蹂躙史観」という極めて印象的な言葉で批判している（吉岡1999）。この辛辣な指摘は原発性悪説を自明視する3・11以後の雰囲気のもとでは好んで注目されるようなものではないが、フクシマを問うのであれば、こうした問題提起も真摯に受け止めていく必要がある。
3) 毎日新聞記者として当時の原子力問題を追いかけた成果をまとめた河合武の同著書は当時の雰囲気を詳細に伝えるものとして秀逸である。
4) ただし原子炉の重大事故はイギリスのウィンズケールで1957年に早くも起きていたし、60年代半ばには既に米国で原子炉の炉心溶融（メルトダウン）の可能性をめぐる議論が、「チャイナ・シンドローム」（冷却水を失って高熱化した核燃料が格納容器の底を溶かして地球の裏側にある中国まで到達するという意味）というショッキングな言葉によって表現され、話題になっていた。この背景には、商業用原発が本格的に普及し、その規模も大型化していったことなどがある。
5) 1974年度に制定された同法は、電力会社から販売電力量に応じて税金を徴収し、このお金を立地施設周辺の市町村に交付金の形で配分するものである。
6) 原子力委員会が定める「原子炉立地審査指針」には、原発の立地にあたっては次の三つの条件が満たされるべきことが示されている。①原子炉からある距離の範囲内は「非居住区域」であること。②「非居住区域」の外側は「低人口地帯」であること。③原子炉敷地は、人口密集地帯からある距離だけ離れていること。

2 「原子力」関連年表

原発とテレビ　関連年表		
	原子力の動向	日本のテレビ
1953	ソ連水爆実験の成功 アイゼンハワー「平和のための原子力」演説	日本でテレビ放送開始
1954	第五福竜丸事件　初の原子力予算が国会で承認	
1955	日米原子力協力協定調印 原子力三法律公布	読売新聞主催「原子力平和利用大講演会」
1957	日本初の原子炉 JRR－1 臨界	

第 4 章　原子力の樹

年	出来事	メディア
1962	キューバ危機	
1963	部分的核実験停止条約	テレビアニメ『鉄腕アトム』放送（～66）
1967	動力炉・核燃料開発事業団設立	
1970	核拡散防止条約発効	
1971		NHK 科学番組『あすへの記録』始まる（～78）
1972	米で緊急炉心冷却系の安全性に関する公聴会	
1973	伊方原発1号炉設置許可取消訴訟 第一次石油危機	
1974	インド核実験 電源三法公布	
1976		『NHK 特集』開始（～89）
1978	日米再処理交渉	
1979	スリーマイル原発事故	
1986	チェルノブイリ原発事故	青森放送『RAB レーダースペシャル』開始（～93） 北海道放送『核と過疎―幌延町の選択』
1987		テレビ朝日『朝まで生テレビ』開始
1989		『NHK スペシャル』開始
1991	IAEA 国際諮問委員会チェルノブイリ事故調査報告	NHK『チェルノブイリ小児病棟』
1992		広島テレビ『プルトニウム元年　広島から』
1993		石川テレビ放送『能登の海、風だより』 広島ホームテレビ『チェルノブイリ小児病棟』
1994	核燃料輸送船「あかつき丸」騒動	NHK『隠された事故報告・チェルノブイリ』 NHK『現代史スクープドキュメント　原発導入のシナリオ』
1995	高速増殖炉「もんじゅ」ナトリウム漏れ火災事故	
1999	JCO ウラン加工工場臨界事故	
2006	日本政府「原子力立国計画」を策定	
2008	北海道洞爺湖サミット	毎日放送『映像08　なぜ警告を続けるのか』
2011	東日本大震災、福島第一原発事故	

3 「原子力」を扱ったテレビ番組の系譜

原子力をテーマに取り扱った番組は膨大な数にのぼる[注7]。ここではテーマ概説で取り上げた3つのテーマに沿いながら、関連番組の系譜を整理しておきたい。なおここで取り上げる番組はいくつかの例外を除いて原則、放送ライブラリーに収蔵しているものに限定している。

(1) 原子力平和利用

冒頭で「バラ色の50、60年代」という指摘を紹介したが、原子力平和利用に関する底抜けの楽観論のようなものを映像で確認することは実際には難しい。50年代、60年代に制作された映像そのものが非常に限られているからだ[注8]。例えば、50年代に関して視聴できるのはニュース映画の映像だけである。1957年の毎日世界ニュースの『「原子の火」ついにともる』では、茨城県東海村の原子力研究所にて日本で初めて原子炉の臨界が達成されたことがニュースとして紹介されているが、時間も短くやや物足りない。

60年代についてはもう少しまとまった映像をみることができる。テレビアニメ『鉄腕アトム』（フジテレビ系列1963年～66年）は「バラ色」時代を象徴するもっともよく知られた番組であろう。

無論、手塚作品を単純な科学技術礼賛という観点から評価することは不適切である。しかし、原子力に対する感覚には、やはり時代を感じさせるところがある。テレビアニメの初回放送において、ロボット・サーカスに登場する原子力ロボットが電流の輪をくぐる危険なショーに挑戦して失敗し、大爆発を起こすシーンが登場する。目をひくのは、人間の見物客が逃げ惑うシーンが描かれているにも関わらず、そこで放射能汚染の問題が全く想定されていないことである。規模の大きなガス爆発といった程度の描かれ方で、アトムたちロボットが人間を救助する見せ場のシーンとなっている。3・11以後の現在の感覚からすると、逃げ惑い泣き叫ぶ子どもたちをみるにつけ「あの女の子はどれくらいの放射線を浴びたのか」と気になって仕方がない。

原子力平和利用の夢語りの時代は、同時に、原子力の抱えるリスクに対して危機感が薄い時代でもあったということだろう。誰もが原爆の恐

第 4 章　原子力の樹

ろしさを知り、死の灰や放射能を恐ろしいと思いながら、なぜか「平和利用」の原子力のリスクについてはそれほど深刻に考えられていなかった。これは今から考えると非常に不思議なことではあるが、リスクを制御する科学の力に対して不信感を抱く人がまだまだ少なく、そもそも「平和目的」で使う以上、それほどの危険はないと思われていたのだろう。こうした 50 年代から 60 年代にかけての空気は、NHK 教育『未来への道　科学技術館をたずねて』（みんなの科学）（1965 年 4 月 16 日）などをみると、出演者同士の何気ない会話によくあらわれている。また原子力委員会の委員長代理を務めた向坊隆氏が原子力開発草創期の思い出を語ったテレビ東京『テレビ・私の履歴書　向坊隆』（1988 年 3 月 30 日）でも、放射性物質の管理が当初は非常に大雑把であったことが語られている。

　こうした原子力平和利用の夢語りの時代は自然発生的に生まれたわけではない。1950 年代中頃から後半にかけて、日本中のマスコミが原子力平和利用の素晴らしさを積極的に語り、ブームを人為的につくりだしていった側面があるのだ。とりわけ正力松太郎率いる読売グループが実施した原子力平和利用キャンペーンはよく知られている。NHK 総合で 1994 年に放映された『原発導入のシナリオ─冷戦下の対日原子力戦略』（現代史スクープドキュメント）（3 月 16 日）では、こうした原子力平和利用キャンペーンを取り巻く政治的背景が詳細に描き出されている。

　また、平和利用と軍事利用の境界線が実は非常に曖昧なものに過ぎないことは、平和利用を隠れ蓑としながら核開発を行ってきた数々の事例によって明らかである。この点を踏まえつつ政策的合理性に大きな疑問符のつく核燃料サイクル政策に固執する日本の姿を「プルトニウム大国」への懸念という切り口で描いたドキュメンタリーに、『調査報告　プルトニウム大国・日本 (1) (2)』（NHK スペシャル）がある。

(2) 原発重大事故

　重大事故はフクシマ以前から、原子力関連番組においてもっとも注目度が高いテーマであった。なかでも史上最悪の原子炉事故といわれるチェルノブイリ事故は、放送ライブラリー収蔵の原発関連番組のなかで

もっとも作品点数が多いテーマである。作品の傾向は主として、事故原因や汚染地帯の被害実態を検証しようとするもの、輸入食品の放射能汚染問題、医療現場で起きている問題、被曝者たちの事故後の暮らしを追ったものに大きく分けることができる。

汚染地帯の被害実態の検証を行った番組としては、『**調査報告チェルノブイリ事故（2）ここまでわかった放射能汚染地図**』（NHK 特集）（1986年9月29日）がよく知られている。これは番組制作者が放射線測定器を用いて独自に汚染地図を作成していくという新しい調査報道のスタイルを切り開いた番組であり、3・11後に話題を呼んだ『**ネットワークでつくる放射能汚染地図**』（ETV 特集）もこのスタイルを受け継いだものといわれている。ただしこれらの番組に限っては2012年1月現在、放送ライブラリーに収蔵されてはいない。今後ライブラリーに是非とも必要な番組である。

このテーマを扱った番組では、スウェーデン、西ドイツなどヨーロッパ近隣国の受けた被害に焦点を当てた『**放射能　食料汚染—チェルノブイリ事故・2年目の秋**』（NHK 特集）、当初公表されていた原発周辺30キロ圏を越えて広範囲に広がっていた汚染地帯の実態[注9]を調査し詳細に報告した『**汚染地帯に何が起きているか　チェルノブイリ事故から4年**』（NHK スペシャル）などが収蔵されている。

輸入食品の放射能汚染問題を取り上げた番組としては、TBS『**怒れグルメ！これでいいか日本の食卓3**』（そこが知りたい）、NHK 教育『**円高・いまあなたの食卓は（2）　どうなっている安全性のチェック**』（くらしの経済セミナー）がある。いずれもヨーロッパから輸入される食品の放射能汚染の実態、日本の検疫体制の問題点などを検証したものである。TBS の番組ではスーパーマーケットで販売されている食品を購入して実際に放射能汚染レベルを測定し、その危険性が告発されている。具体的な数値をもとに問題点が指摘されている点は説得力があるものの、視聴者の不安を徒に煽るような BGM も多用され、当時のセンセーショナルな放射能パニックの様子が伝わってくる。

被曝者たちの事故後の暮らしを追った番組[注10]のほとんどは、子どもを主人公にしたものが多かった。放射性ヨウ素を吸い込んで甲状腺に障害を抱えながら、合唱団の活動に取り組む子どもたちを描いた『**悲しみを越え

る歌声　チェルノブイリ子ども音楽団』（BS 特集　世界の子ども未来を見つめて）、少しでも放射能に汚染されていない環境で子どもが過ごせるように、高濃度汚染地帯ベラルーシ共和国から子どもたちを短期療養のため来日させた際の日本人里親家族と子どもたちの交流を描いた『**汚染大地から　チェルノブイリの子供たち**』（NNN ドキュメント'93）などである。

　またこれら子どもたちの治療に取り組む医療現場からの訴えを詳細にリポートした『**チェルノブイリ小児病棟　5 年目の報告**』（NHK スペシャル）、広島ホームテレビ『**チェルノブイリ小児病棟—求められる医療協力**』などは、原発事故が人間にもたらす被害についてわれわれがいかに何も知らないかを思い知らせるものである。この点については改めて後述したい。

　重大事故を契機としてエネルギー源としての原子力を根本から検証し直そうとする試みも行われてきた。1981 年に放映された『**原子力・秘められた巨大技術**』（NHK 特集）のシリーズ、1989 年に放映された『**いま原子力を問う**』（NHK スペシャル）シリーズは、3・11 以後の原発論を先取りする視点が随所に見られて勉強になる。例えば原発のコスト論が 3・11 以後に頻繁に聞かれるようになったが、『**いま原子力を問う〈2〉原子力は安いエネルギーか**』では、記者が実際に有価証券報告書を用いて発電コストを計算し、原発がコスト高であることを突き止めている。スリーマイル、チェルノブイリという重大事故に触発されて、日本のメディアが原子力について多くを学んだことがよく分かる作品群であり、3・11 以後に数多く制作されている原発関連番組のクオリティーを判定するうえでひとつの指標になるような番組群ともいえるだろう。

　福島原発事故に関しては、2012 年 1 月現在収蔵されている番組はないが、1 点特記すべき作品がある。1977 年放送番組センターと岩波映画の企画・制作によってテレビ東京他で放映された『**地球時代　いま原子力発電は・・・**』である。平穏無事なころの福島第一原発の様子を映像でみるというだけでも一見の価値はある。だが、番組はこちらの期待以上に鋭く原発問題を取り上げていく。番組制作者は、石油危機を背景として原発が大増設され始めたことに疑問を覚え、福島第一原発を取材し、原発の安全性について考えようとするのである。

　見どころのひとつとして、海から原子炉建屋を撮影した映像に、東

放送番組で読み解く社会的記憶

写真1^{注11)} ラストシーン　砂浜の人間の背後に広がる海。『地球時代　いま原子力発電は…』（放送番組センター／岩波映画製作所、1977年1月17日）

京電力の関係者がラスムッセン報告を引用しながら「原発で大きな事故が起きる確率は50億分の一でしかない」と得意げに説明する声が重なるシーンがある。このラスムッセン報告は、原発の大事故が起きる確率を「ヤンキース・スタジアムに隕石が衝突する程度の確率」と計算してみせたことで原発推進派から歓迎され、反対派の「非科学的態度」を攻撃する材料として頻繁に引用されてきた知る人ぞ知る学説である。福島第一原発とラスムッセン、これほどの皮肉めいた組み合わせはそうそう思いつくものでない。この番組は3・11以後のいま、もっとも見るべき価値のある番組のひとつであろう。

(3) ローカル局と原発立地紛争

　立地紛争も注目度の高いテーマである。放送ライブラリーには、チェルノブイリ事故後に起きた原発関連施設の立地紛争を記録した番組が数多く収蔵されている。地域としては北海道の幌延町、青森の六ヶ所村、石川県の珠洲市、新潟県の柏崎刈羽村、巻町などがある。
　チェルノブイリ事故直後の86年6月に放映された青森放送の『**六ヶ所村の二人組合長　核燃基地の波紋**』（RABレーダースペシャル特集）では、再処理工場を建設するための漁業補償問題をめぐって漁協内部が激しく分裂し、二人の組合長が登場するに至った経緯が生々しく描かれている。青森放送はこの作品を皮切りに核燃料サイクル問題をテーマとした番組を継続して制作し、系列の日本テレビのNNNドキュメントの枠で『**核・まいね**』と題した連続シリーズが全国放送されることになった（七沢2008）。このうち第4回『**六ヶ所村来る日去る日　過疎と原子力（1）**』、第6回『**いま核燃凍結の村で**』を放送ライブラリーで視聴することができる。

同じく86年に放映された北海道放送の『核と過疎—幌延町の選択』では依然として未解決の高レベル放射性廃棄物の最終処分問題を人口3600人の小さな町の視点から描いており、現在においても一見の価値がある。過疎に歯止めをかけたい商工業者たち誘致派1500人に対し、酪農家を中心とした反対派たちが町内で900人の反対署名を集め、小さな町が激しく分裂するさまは、立地紛争の典型的な姿といえよう。とりわけ印象的なのは、番組制作者が、原子力開発の草創期から関連施設の誘致にもっとも積極的であった東海村村長のインタビューを行っている場面である。「廃棄物保管施設を受け入れると東海村の既存の研究開発施設が制約を受ける」と説明する村長に、「正直な話、どうなのですか？」と畳み掛けられた村長が「正直な話はカメラの前では話せませんよ」と狼狽する姿をしっかりと放映しているのである。番組はさらに幌延町の反対派住民が東京都内で抗議デモを実施した際の都民の声も拾い上げているが、都民の冷淡な反応を淡々と描き出している場面にはぎくりとさせられる。

　原発誘致を争点とした全国初の住民投票が実施された巻町の様子を描いたNHK総合『原発・住民投票　小さな町の大きな選択』も興味深い作品である。党派性の強い既存の政治運動組織が前面に出るのではなく、小さな町の住民たちが自らの意思を決めるために住民投票を実施し、原発誘致反対の結論を引き出す一連の経緯はそれ自体あまりに劇的なものであった。新潟を舞台にした他の番組でも住民投票は再び登場する。柏崎刈羽で原発交付金施設の不正事件を契機に原発行政に不信を抱いた地元民が、プルサーマル政策を拒絶するための住民投票を実施する経緯を描いた『原発のムラ刈羽の反乱　ラピカ事件とプルサーマル住民投票』、『反旗を翻した原発の村』である。

　最後に石川県の珠洲原発をめぐる立地紛争について取り上げねばならない。意外なことに、放送ライブラリーに収蔵されている立地紛争を取りあげた原発関連番組のなかでは珠洲を舞台にしたものが最も点数が多い。概説の表1で示したように、立地紛争が表面化して原発建設計画が中止ないし中断した（している）ケースは全国に20箇所ほどある。そのなかで珠洲が政策上特別な地位を占めているとは思えないが、地域社会が真っ二つに分裂し、市長選で不正が発覚し、電力会社による怪しげ

な土地の買占めが横行するなど、原発立地紛争の激しさを象徴するエピソードに事欠かない点などが理由として考えられよう。
　NHK総合の『原発立地はこうして進む　奥能登・土地攻防戦』（ドキュメンタリー '90）、石川テレビ放送の『能登の海・風だより』、テレビ金沢の『勝者なき28年　原発で割れた町は』（NNNドキュメント '04）、そして北陸朝日放送の『謎の16票の行方　過疎と選挙と原発と』（テレメンタリー '96）、『国策の顛末―珠洲原発29年目の破綻』（テレメンタリー 2004）、『そして原発は消えた　珠洲　対立と混乱の29年』などがある。

注
7) これまで原子力関連のテレビ番組制作において中心的な役割を担ってきたNHKのアーカイブスを利用して実施された七沢 (2008) の調査研究によると、保存されている原子力関連のコンテンツは全部で2万2036件を数え、うち番組は1290件にものぼることが確認されている。しかし現在までのところNHKアーカイブスの「番組公開ライブラリー」で公開されているのは5つの番組のみに過ぎない (2012年1月現在)。このほかNHKオンデマンドの「特選ライブラリー」という商品ジャンルで7つの番組を有料で視聴することもできる (2012年1月現在)。しかし双方足し合わせても1000数百分の12でしかない。なぜこのように番組を公開することに消極的なのか理由は不明だが、公共放送の役割を全うするという意味において、NHKはより一層の番組公開を進めるべきであろう。
8) 上記の七沢の調査でも60年代までの番組点数が極めて少ないことが確認されている。1200を超える番組点数のうち、1945～49年＝0件、1950～59年＝12件、1960～69年＝49件となっている。
9) ソ連政府は1989年3月20日のプラウダ紙上で放射能汚染被害の実態データを公表した。これによると高濃度汚染地帯が数百キロ離れた地域にまで及んでいることが判明した。事故当時の気象条件、とりわけ放射性物質を大量に含んだ雨が集中的に降った地域では距離に限らず高い汚染がみられたのである。
10) 被曝者たちに焦点を当てた番組には、広島、長崎の経験とチェルノブイリを結び付けて考えようとする番組も多くみられた。『はだしのゲンは忘れない―チェルノブイリの子どもたちとの約束』、『よみがえる被爆データ―ヒロシマとチェルノブイリ』(NHK特集)、『3年後のチェルノブイリ　広島放射線研究者の現場報告』(ETV8) などである。これらの問題については「ヒロシマ・

ナガサキの樹」を参照されたい。
11) この番組のディレクターを務めた岩波映画の羽田澄子監督は、原子力が人間の力で制御し切れないものであることを最後に表現しておきたいとの思いから番組のラストシーンを画面いっぱいの大海原で終わらせたという（2011年10月17日東京大学情報学環のシンポジウム終了後、筆者の質問に対する回答として）。人間の力を超えた大きな自然を象徴するものとして海を選んだのである。福島原発の安全性をテーマとした番組の最後が海を映しながら終わっているという点は、津波による「想定外」の打撃によってレベル7の重大事故を経験することになった現在のわれわれからみて非常に印象深いものである。

4　授業展開案

第1回　原子力平和利用キャンペーン
第2回　チェルノブイリ事故の教訓
第3回　原発と地域社会
第4回　テレビ的論争

　以下においては、これまで取り上げてきた「原子力の平和利用」「原発の重大事故」「原発と地域社会」に関連する内容の授業展開案を素描する。なおここでは四つの授業展開案を取り上げるために、「テレビ的論争」というもうひとつのテーマを追加する。四つ目のテーマについては、放送ライブラリーに収蔵されていないテレビ朝日の**『朝まで生テレビ』**を素材として議論を進めていく。

第1回　原子力平和利用キャンペーン

　冒頭で触れたように、アイゼンハワー米大統領が1953年に国連で実施した「平和のための原子力」演説の直後に世界的な原子力平和利用ブームが生まれた。ブームはアイゼンハワー政権が仕掛けた大規模な宣伝キャンペーンによって炊きつけられたものであるが、ここでは、この米国の動きと連動して展開された日本のキャンペーンに焦点を当てて議論したい。

放送番組で読み解く社会的記憶

　日本で大規模な原子力平和利用キャンペーンを実施したメディアとしてよく知られているのが読売新聞社である。1950年代中盤から後半にかけての読売新聞紙面はさながら原子力推進のための宣伝媒体の如き様相を呈した。1955年には、社主・正力松太郎を中心とした「原子力平和利用懇談会」を発足させ、ノーベル物理学賞を受賞したアーネスト・ローレンス博士らを招いて「原子力平和利用大講演会」を、またUSIS（U.S. Information Service＝広報宣伝政策を担当するUSIAの海外下部組織）と協力して「原子力平和利用博覧会」を開催するなど相次いで関連イベントが実施された。これら一連のイベントを通して人々は「安い電気を生産し、速い船、無限に飛ぶ飛行機をつくりだし、食糧問題を解決し、新しい繊維をつくり、不治の癌までも治す」という原子力の夢物語を目にすることになった。

　興味深いのは、この読売の精力的な動きが、日本を自由主義陣営のもとに留めようとする米国の冷戦戦略と密接に連動していたという点である。元日本テレビ重役の柴田秀利は『戦後マスコミ回遊記』（中央公論社、1985年）のなかで、第五福竜丸事件後に国内で反米・反核感情が高まったことに危機感を覚え、これを沈静化するために原子力平和利用キャンペーンを盛大に実施したと語っている。つまり反米感情を抑える道具として原発が利用されたのである。

　NHK総合で1994年に放映された『原発導入のシナリオ―冷戦下の対日原子力戦略』（現代史スクープドキュメント）は、こうした原発導入のプロセスを冷戦の大きな見取り図の中に置きながら、柴田が残した遺品や資料、米国側の公文書や重要関係者の新証言などを交えながら詳細に描き出したドキュメンタリーである。番組は柴田秀利を相手に米国側を代表して交渉にあたっていた謎の人物ダニエル・ワトソン（柴田はCIA局員ではない

写真2　ダニエル・ワトソンがインタビューに応じるシーン。『原発導入のシナリオ―冷戦下の対日原子力戦略』（現代史スクープドキュメント）（NHK総合、1994年3月16日）

第 4 章　原子力の樹

かと疑っていた)のインタビューに成功している。ワトソンの語り口からは当時米国側が正力や柴田らをどのように見ていたのか、そのニュアンスがはっきりと読み取れて大変興味深い。この番組が放映された後に、有馬哲夫が『原発・正力・CIA』(新潮社、2008 年)で CIA 文書を読み解きながら原発導入期の米国側の動向をより詳細に明らかにしていくことになるが、それら最新の成果を学びながらも改めて見直す価値のある一本である。

　この番組に関連して 3 つの点を議論したい。第一に、この作品の意義としては、50 年代の原子力平和利用キャンペーンを冷戦という大きな議論の枠組みの中に明確に位置づけているということが重要である。とりわけ日米の動向だけでなく、ソ連の原子力開発の動向や対日政策などを視野に入れながら原子力平和利用キャンペーンの歴史的背景を読み解いている点はこのドキュメンタリーの興味深い特徴であり、作品に説得力をもたらしているといえよう。当時世界中が熱狂したアイゼンハワーの国連演説における核物質の国際共同管理提案をよそに、米ソが競うようにして二国間の原子力協定を締結し、それぞれの核兵器ブロックのなかに各国を囲い込んでいく歴史的プロセスを描き出し、この文脈のなかに戦後日本の原子力平和利用キャンペーンが位置づけられることになるのである。

　第二に、以上のような作品の傾向からは、「テレビと冷戦」という非常に興味深いテーマの存在が想起される。ドキュメンタリーでは、1955 年 5 月に実施された「原子力平和利用大講演会」において会場に入りきれなかった人々のために「街頭テレビ」が設置され会場内の様子が中継された様子が紹介されている。テレビ放送はまだ始まって 3 年目のことであり、この時期の宣伝キャンペーンの主軸はあくまでも新聞であったが、普及間もないテレビが早くも動員されていたことは大変興味深い事実である。そもそも戦後の日本にテレビ放送が導入されていった経緯にも、冷戦の文脈が強く関わっていたことを思い出すべきであろう。

　2009 年に NHK で放映された**『歴史とテレビ―時代を映した決定的瞬間』**(その時歴史が動いた)では、占領下の 1949 年に GHQ が兵器開発につながるとして禁止していた無線によるテレビ研究を日本で解禁した背景には、日本に自由主義の素晴らしさを伝え、共産化を防ごうとの

意図があったことが紹介されていた。いうまでもなく冷戦は単なる軍事的な面に限らない基礎的な生活様式そのものの優劣まで争うものであった。米国型の自由主義とソ連型の社会主義のいずれが人間をより幸福にすることができるのかという問いが、政治、経済、科学、教育、芸術など人間生活に関わるあらゆる分野で競われたのである。原子力とテレビの関わりを検証するにあたっては、「テレビと冷戦」という視点の意義について改めて考えてみることが是非とも必要であろう。

　最後に、50年代の原子力平和利用キャンペーンによる政治的影響力がどのような形で社会に及ぼされたかという点についても考える必要がある。もっとも重要な影響は、この時期に徹底して「原爆と原発は違う」という思考パターンが日本社会に浸透したことである。〈ヒロシマ、ナガサキの悲劇を抱える日本人にとって、原子力とは一見恐ろしいものであるかもしれない、しかし両者を切り離して考えることこそが理性的で科学的な態度である〉ということが叩きこまれたのである。

　このことを物語る世論調査の数字をここで見ておきたい。総理府が1968年、69年に行った「原子力平和利用に関する世論調査」である。まず注目したいのは原子力という言葉から連想するイメージについての質問である。そこでは6割を超える人が軍事利用に関連するネガティブな内容を連想するとの結果になっている（1968年調査では67.5%、1969年調査では63.5%）。しかし、同じ調査（69年）の中で「原子力の平和利用を積極的に進めることについて賛成ですか、反対ですか」との質問に対して、賛成65%で反対5%という結果が出ている。すなわち原子力という言葉から連想するイメージは圧倒的にネガティブな軍事利用のイメージでありながら、平和利用の問題をそこから切り離して理解しようとする姿勢が、広く社会に浸透していることが示されている。「軍事利用＝悪／平和利用＝善」という二元論的な認識が日本社会に定着していたと捉えられるのである。

【番組】
　毎日世界ニュース『315「原子の火」ついにともる』、1957年9月3日放送、58秒、◎
　NHK総合『原発導入のシナリオ―冷戦下の対日原子力戦略』（現代史スクープド

キュメント)、1994年3月16日放送、45分、◎☑
NHK総合『歴史とテレビ―時代を映した決定的瞬間』(その時歴史が動いた)、2009年3月11日放送、?分、△☑

【文献】
河合武、1961年、『不思議な国の原子力―日本の現状』角川書店。
読売新聞100年史編集委員会編、1976年、『読売新聞百年史』読売新聞社。
柴田秀利、1985年、『戦後マスコミ回遊記』中央公論社。
佐野眞一、1994年、『巨怪伝―正力松太郎と影武者たちの一世紀』文藝春秋。
吉岡斉、1999年、『原子力の社会史―その日本的展開』朝日新聞社。
井川充雄、2002年、「原子力平和利用博覧会と新聞社」津金澤聰廣編著『戦後日本のメディア・イベント1945年-1960年』世界思想社、247-265頁。
武田徹、2006年、『「核」論―鉄腕アトムと原発事故のあいだ』中央公論新社。
有馬哲夫、2008年、『原発・正力・CIA―機密文書で読む昭和裏面史』新潮社。
七沢潔、2008年、「テレビと原子力―戦後二大システムの五十年第1、2、3回」『世界』7月号228-236頁、8月号219-227頁、9月号280-289頁。
土屋由香、2009年、『親米日本の構築』明石書店。

第2回 チェルノブイリ事故の教訓

2011年3月11日以降、福島原発事故に関するテレビ番組が大量に制作された。これらの番組の詳細な検証は今後大きな課題となるであろう。ここではフクシマに先んじて史上最悪の原子炉事故といわれたチェルノブイリ事故を取り上げた番組を紹介する。

チェルノブイリ事故は、未曾有の事故であったがゆえに、分からないことも多く未決着の問題も少なくない。この事例に接するにつけ思い知らされるのは、重大事故の社会的後遺症がいかに長期的かつ広範囲にわたって残留し続けるかということである。ここでは二つの論点を取り上げ、このことを確認してみたい。

第一に、事故原因については、事故後5年を経て重要な認識の変化がみられた。1994年に放映された『**隠された事故報告・チェルノブイリ**』(NHKスペシャル) は、事故のあった4号炉のなかでいまなお事故の原因調査が続けられていることを知らせる場面から番組が始まる。「石棺」と呼ばれる鉄とコンクリートで固められた4号炉を調査するチームの主任が語る「分からないことが山のようにある」という言葉からは、原発

写真3　ソ連の軍産複合体の頂点に君臨したソ連科学アカデミー・アレクサンドロフ総裁と中規模機械製作省・スラフスキー大臣。『隠された事故報告・チェルノブイリ』（NHKスペシャル）（NHK総合、1994年1月16日）

の重大事故が何をもたらすのかについてわれわれが未だ知らないことばかりであることを思い知らされる。

　事故原因については、早くから「運転員たちの規則違反」という説明が世界中に広まっていた。これは1986年8月のIAEA事故国際検討会議にソ連政府が提出した報告書で行った説明によるものである。このため運転員たちは国賊扱いされ、遺族のなかには息子の墓参りに来て幾度か顔に唾を吐きかけられる経験をしている者までいる。

　しかし1991年に提出されたソ連国家原子力安全監視委員会によって作成された「チェルノブイリ事故再評価委員会報告書」（通称シュテインベルク報告書）によって、この事故原因の説明は覆されることになった。原子炉の設計そのものの構造的欠陥こそが最大の問題であったことが指摘され、運転員たちはその欠陥の存在や、運転規則がその欠陥を補うために設けられていることを知らされていなかったことが指摘されているのである。番組はこの新たな報告書の説に立ちながら、運転員の規則違反へと事故原因がすりかえられていった原因の解明を行っていく。そこで浮かびあがってきたのはソ連国内の他の原発を停止させないためにゴルバチョフ書記長の意向すら跳ね返す軍産複合体の存在、ソ連から機密データを得るために公の場で事故原因の徹底追求の手を控えた米国、西側の反原発世論を沈静化させたいがためにソ連代表団に寛大な姿勢をとったIAEAの姿であった。

　第二に、事故と汚染地帯の住民に発生した健康障害のあいだの因果関係についてはいまなお研究が続けられている。高濃度汚染地帯に住む子どもたちのなかには事故後、甲状腺に障害を抱える子どもが急増した。しかしソ連政府がIAEAに依頼してつくられた1991年の調査報告書では、放射線被曝に直接起因する健康障害はなかったと結論づけられた。

第4章　原子力の樹

NHK が制作した『チェルノブイリ小児病棟　5年目の報告』（NHK スペシャル）、広島ホームテレビが制作した『チェルノブイリ小児病棟——求められる医療協力』では、いずれもこの結論が強く問題視されている。

　ウクライナの首都キエフの病院の様子を紹介しながら、ソ連崩壊後の現地の医療制度がいかに悲惨な状態の中にあるかを徹底して描き出した広島ホームテレビの番組では、因果関係の証明が困難な背景が説得的に語られていた。事故と甲状腺ガンの因果関係を証明するためには膨大なデータが必要となる。被曝の度合い、生活環境、年齢、性別、病歴などさまざまな条件を分類して検討しなければならない。そのうえで被曝していない人々と比較したうえで明らかに発病率が増えたということを示してはじめて結論を出せるわけだが、重要な医療機関がモスクワに残され、不十分な国家予算のもと被害者対策が立ち遅れたウクライナの現状のもとでは、このようなことはおよそ不可能であるというのである[注12]。番組は因果関係を否定する専門家の見解が医療の現場を無視したものであると強く批判し、日本からの医療協力の必要性を強く訴えかけていた。これは極めて貴重な問題提起であったといえるだろう。

　この後事故と甲状腺ガンの間の因果関係は、被曝者らの染色体異常を調査研究する専門家らの手によって証明されることになったが、白血病やその他の病気については依然として因果関係が認められていない[注13]。被害者たちにとって、非常に基本的な問題がいまなお解決されていないのである。このことひとつとってみても、重大事故がもたらす問題が簡単に終わらないことが痛感される。原発の重大事故は一度起きると簡単には消えない深刻な後遺症を人間体内、自然環境、社会制度のうえに刻み付ける。この「終わらない」という事実の重みをどうやって伝えていけばよいか。ジャーナリズムに期待される非常に重要な仕事である。無論同じ仕事が今後のフクシマに関してもジャーナリズムに期待されているのである。

注

12）ただし『チェルノブイリ小児病棟　5年目の報告』（NHK スペシャル）では事故直後にソ連政府が実施した調査によって重要な被曝データが得られていたことが紹介されている。

13) この点については、福島原発事故のケースでも大いに問題となることが予想される。

【番組】
NHK 総合『チェルノブイリ小児病棟　5 年目の報告』(NHK スペシャル)、1991 年 8 月 4 日放送、59 分、◎☑
広島ホームテレビ『チェルノブイリ小児病棟―求められる医療協力』、1993 年 7 月 31 日放送、47 分、◎
NHK 総合『隠された事故報告・チェルノブイリ』(NHK スペシャル)、1994 年 1 月 16 日放送、60 分、◎☑

【文献】
七沢潔、1996 年、『原発事故を問う―チェルノブイリから，もんじゅへ』岩波書店。

第 3 回　原発と地域社会

　テレビはいかにして原発批判を実践してきたのであろうか？福島原発事故が起きた後でさえ、原発を批判することはそれほど簡単ではない。まして事故以前においては原発批判には細心の注意が払われていたといえる。それは原発を取り上げるテレビ番組の姿勢を見れば非常によく分かる。放送ライブラリーに収蔵されているドキュメンタリー番組は比較的中立な立場から制作されているものが多く、旗幟鮮明に反原発の立場を示すものはごく少数である。

　その数少ない例外のひとつである石川テレビ放送が制作した『**能登の海、風だより**』は、原発を押し付けられる過疎の町の住民の視界の中に原発がいかに〈異質な侵入者〉として映るかを描いた番組である[注14]。推進派と反対派が真っ向から衝突する地域社会のなかで反原発番組を放映するための工夫であったのか、番組タイトルは旅番組のような趣であり、番組のオープニングには一切原発の話題が登場しない。能登に生きる漁師や助産師のおじいちゃん、おばあちゃんの日常の暮らしが訥々と語られ、思わず自分が間違った番組を視聴しているのではと思わされるほどである。

　しかし、やがて番組が静かに本題へと入っていく時、能登の自然の恵みのなかで生きている普通の老人たちの日常生活をしつこいほど描写す

第4章　原子力の樹

るのは、原発のグロテスクさを比較対照させるためであることに気づかされるのである。

　ひとつだけ具体例を紹介しておこう。原発の話を取り上げはじめた番組前半部分で、国から珠洲市に分配される原発促進事業費なるものが年間 1 億 8000 万あまりにのぼり、その多くが他地域の原発施設への視察ツアーに使用されていることが紹介される。ただし視察ツアーというのは名目に過ぎず、原発の見学が旅行日程のなかに組み込まれていれば促進事業費を出してもらえるというのが実態で、原発マネーにたかりながら地元民の多くが観光旅行をしているというのである。このエピソードの直後に映像は、漁師のおじいちゃんの日々の漁について話を戻す。しかし今度は単なる牧歌的な日常風景というわけではない。ナレーションは、「毎朝の漁の後に飲む茶碗半分ほどのお酒がおじいちゃんの何よりの楽しみである」と紹介しながら、「自分で稼いだ金で飲む酒のほうが美味い。これが 84 歳のおじいちゃんの気概です」と語る。原発マネーというあぶく銭で観光旅行をすることに何の疑問も抱かない人々への痛烈な批判である。

　番組は、こうした対比をいくつも重ねて見せつけることで、原発のグロテスクさをいやでも思い知らされるつくりになっている。中盤から後半にかけて大きく取り上げられる土地の買占めの話では「原発なるもの」がいかに醜悪かがまざまざと描かれている。珠洲と隣接する輪島市の海辺の土地一帯を地元の県議会議員が買い占めていたこと、またこの県議が関西電力病院で亡くなったことや、土地を所有していた会社の共同経営者のなかに関西電力で立地部長をつとめた人物の名前がみられたことなどが次々と紹介されていく。土地の買占めはユーレイ会社を利用して外部からは分かりにくい形ですすめられていたのだが、番組はこの舞台裏を取材によって明らかにしていくのである。土地の買占めが秘密裏に水面下で進められてきたことを知らせながら、映像は関西電力から現地に送り込まれている数十名の立地部員がカネの力を頼りに地元民の家を回って説得する風景を映し出す。過疎の村にはあまりに不似合いな政治工作が行われている風景が禍々しく映し出されるのである。

　番組はトピックを切り替えるたびに古くから地元に伝わる言葉「能登の風は幸いを運ぶ風」というフレーズを挿入している。途中でしつこい

放送番組で読み解く社会的記憶

ほどこのフレーズは何度も繰り返される（「能登に災いを運ぶ原発」と暗示的に対比させることを狙ったものと思われる）。2010年に視聴した際、筆者は、能登の自然の恵みのなかにこそ人々の幸せの全てがあることを示そうとするこのフレーズに対して、近代の全てを否定するかのような含みを感じ取って小さな反感すら覚えた[注15]。大都市に住む住民なら大なり小なり類似の感想を持ったはずである。しかし、3・11以後のいま改めて考えるとき、近代批判のニュアンスを込めるほどに、この番組が自らの世界観を念入りにつくり込んでいった事実は高く評価されるべきと思われる。

写真4　能登の自然に祈りを捧げる老婆の姿。『能登の海、風だより』（石川テレビ放送、1993年5月31日）

原発は良くも悪くも戦後の日本社会にあまりに深く根を下ろした。そのため、〈脱原発〉を考える作業は、現代の日本社会を根本から考え直す新しい世界観を必要としている。テレビドキュメンタリーはその良き表現手段となり得るはずなのであり、その可能性を探るところに今後の「原子力とジャーナリズム」研究の面白さがあるのかもしれない。

注
14) 番組の舞台となった石川県珠洲市は、能登半島の先端にある。この珠洲市の高屋と寺家地区に原発建設計画が持ち上がったのは1975年のことである。番組の舞台となった高屋地区は75戸250人の人口が原発建設によって全戸移転を余儀なくされるという全国で初めてのケースとなった。なお、この番組が扱う珠洲原発をめぐる立地問題については、NHK総合『**原発立地はこうして進む　奥能登・土地攻防戦**』が1990年にいち早く取り上げている。
15) 番組中には、おじいちゃん、おばあちゃんの視線に沿いながら、漁業の近代化、医療の近代化そのものにまで懐疑の目を向ける場面がある。番組が徹底した世界観のもとに原発を拒絶しようとしていることがよく分かるところである。

第 4 章　原子力の樹

【番組】
石川テレビ放送『能登の海・風だより』、1993 年 5 月 31 日放送、63 分、◎
【文献】
清水修二、1999 年、『NIMB シンドローム考―迷惑施設の政治と経済』東京新聞出版局。
開沼博、2011 年、『「フクシマ」論―原子力ムラはなぜ生まれたのか』青土社。

第 4 回　テレビ的論争

　80 年代は、原発論争が大衆化していった時代である。70 年代の法廷の中から始まった日本の原発論争は、チェルノブイリ事故を経て、80 年代後半にとうとうテレビという大衆メディアにおいても大々的に実施されることとなった。ここでは、その先駆的事例として有名なテレビ朝日『**朝まで生テレビ**』が原発を取り上げた二回の番組映像をもとに、「テレビ的論争」の意義について考えてみたい。

　1987 年 4 月から始まった同番組は、部落差別、暴力団、天皇制など通常のテレビ番組ではタブー視される主題を次々と論争の議題として取り上げながら、独自の激論スタイルを確立していった。番組開始時期はチェルノブイリ事故の直後ということもあって、推進派と反対派の対立が激化していた原発問題が、番組設立の企画段階から強く意識されていたという。

　この番組の名物司会者となった田原総一郎氏は、『**朝まで生テレビ**』がテレビ的な討論の可能性を切り拓いたものであると位置づけ次のような興味深い説明を行っている。曰く、活字メディアでも対談や論争を文字で表現することは可能である。しかし討論に参加する人々の表情や身体の動作、声のトーンに表れる動揺や怒り、軽蔑、嫌悪の感情などをリアルに表現することができるという点において、テレビには大きな可能性がある。しかも、真面目な政策論では視聴率が取れないという業界的先入観とは裏腹に、それぞれの立場を代表する著名人が公開の場で正面から論争を行う場合、どちらかが無残にも論理を破綻させて敗北することもあり得る。そうなるとその人は、自らの人生を賭けて築き上げてきた名声や地位を大きく損なうことにもなりかねない。つまり互いの人生を賭けた緊迫する対決を視聴者は目撃することができるのである（田原

1997)。

　二度の討論で議論された内容を実際に確認してみると、通常対峙することのない面々を一同に会して対決させたことの意義が十分見て取れる。個別の著作だけ見ていたのではわからない専門家、関係者同士の相互評価や各人、各勢力の強み、弱みが炙り出されてくる点は注視するに値する。例えば、第一回目の討論の冒頭で広瀬隆氏のベストセラー『危険な話』の間違いについての議論が行われた。相互の議論の応酬によって間違いが存在することが明らかにされた点は討論の成果といえる。だがより興味深いのは、同じような過ちがかつて推進派の立場から大きな社会的反響を呼んだ朝日新聞大熊由紀子記者の『核燃料』にも少なからずあったこともあわせて指摘されている点である。推進派の議論の文脈では反原発派は感情的になりがちで、技術的に誤ったことをよく言うとされるが、しかしそれは推進派の側とて同じであるということが双方の専門家の議論の応酬によって明らかになっている点は非常に興味深い。

　賛成派と反対派が対等ではないこともよく分る。例えば原子炉内部の細かな設計上の問題について議論する際などには明らかに推進派のほうが議論を有利に進めている。しかしこれは相互の情報量に大きな差が存在するからであろう。政府や電力会社が原発反対派にすべての内部情報を提供することなどおそらくあり得ないだろうから、両者の間には情報、知識の面である程度の差が開いてしまうことはやむを得ないのである。

　しかしそうであればこそ、多くの情報が公開されて双方の条件が限りなく等しくなるようなケースについては議論のやり取りをより慎重にみていく必要がある。この時の討論議題でいえば事故から9年が経過していたスリーマイル事故などは格好の素材であった。この事故は、原子炉内の損傷を正確に把握するのにおよそ10年もの月日を要した。その間原発推進派の説明は何度も書き換えられ、当初小さく見積もられていた損傷規模が大幅に上方修正されることとなった。反対派はこの間の事情について厳しく説明を求め、討論は原子炉内の複雑な仕組みの細かな点にまで及ぶこととなったが、残念なことに、専門性の高い議論が長時間続くことを嫌った司会者によって頃合いをみて打ち切られることとなった。

　この点はテレビ討論の限界でもあるだろう。専門性の高い議論をひた

すら避ける原発討論など何の意味もないが、視聴者を置き去りにしたま	ま難易度の高い議論を長時間続けることはできない。そもそも専門性の高い議論について最後まで納得したければ、それをテレビに求めることは筋違いかもしれない。

　80年代後半の時点において、真剣勝負のテレビ討論を見ることで得られたメリットは、視聴者が先入観として持っていた「スイシンハ」「ハンタイハ」についての安易なステレオタイプが破壊され、原発問題が想像以上に難しいものであることを痛感させられるという点にあったのではなかろうか。あるいは遠くソ連で起きた問題を身近な問題へと引き寄せるうえでテレビ討論が大きな役割を果たしたともいえる。

　3・11後、自分たちが直面する喫緊の課題として原発重大事故に対した後、テレビ討論はかつてのような積極的な役割を果たすことはできたのであろうか？福島原発事故の余韻が薄れていくにつれ、「原発が止まると電力不足に陥る」のではという不安や懸念を各所で目にするようになった。他方で「原発が無くても電気は足りる」という意見も事故以前と比べればはるかに多くの支持を得るようになっている。電力の安定供給をめぐる議論は今後のエネルギーシフトの行方を占う極めて重要な論点であり、テレビ討論がこの問題をいかに扱っていくかを注視していきたい。

【番組】
テレビ朝日『朝まで生テレビ』、1988年7月29日放送、？分、△
テレビ朝日『朝まで生テレビ』、1989年10月28日放送、？分、△

【文献】
田原総一郎、1997年、『田原総一郎の闘うテレビ論』文藝春秋。
テレビ朝日編、1988年、『朝まで生テレビ！　原発是か？否か？』全国朝日放送。
テレビ朝日編、1989年、『朝まで生テレビ！　原発2　繁栄か？破滅か？文明の選択』全国朝日放送。

5　参考図書・文献・資料一覧

〔書籍（発行年順）〕
河合武、1961 年、『不思議な国の原子力—日本の現状』角川書店。
武谷三男編、1976 年、『原子力発電』岩波書店。
大場英樹・小出五郎、1976 年、『原子力は必要か？—アメリカの原子力危険論争』技術と人間。
山本七平、1976 年、『日本人と原子力—核兵器から核の平和利用まで』KK ワールドフォトプレス。
読売新聞 100 年史編集委員会編、1976 年、『読売新聞百年史』読売新聞社。
朝日新聞科学部・大熊由紀子、1977 年、『核燃料—探査から廃棄物処理まで』朝日新聞社。
伊方原発行政訴訟弁護団原子力技術研究会編、1979 年、『原子力と安全性論争—伊方原発訴訟の判決批判』技術と人間。
柴田秀利、1985 年、『戦後マスコミ回遊記』中央公論社。
テレビ朝日編、1988 年、『朝まで生テレビ！　原発是か？否か？』全国朝日放送。
テレビ朝日編、1989 年、『朝まで生テレビ！　原発 2　繁栄か？破滅か？文明の選択』全国朝日放送。
NHK 取材班、1989 年、『いま、原子力を問う—原発・推進か、撤退か』日本放送出版協会。
佐野眞一、1994 年、『巨怪伝—正力松太郎と影武者たちの一世紀』文藝春秋。
七沢潔、1996 年、『原発事故を問う—チェルノブイリから，もんじゅへ』岩波書店。
田原総一朗、1997 年、『田原総一朗の闘うテレビ論』文藝春秋。
辺見庸、1997 年、『反逆する風景』講談社。
船橋晴俊・長谷川公一・飯島伸子編著、1998 年、『巨大地域開発の構想と帰結—むつ小川原開発と核燃料サイクル施設』東京大学出版会。
清水修二、1999 年、『NIMBY シンドローム考—迷惑施設の政治と経済』東京新聞出版局。
吉岡斉、1999 年、『原子力の社会史—その日本的展開』朝日新聞社。
三浦展、1999 年、『「家族」と「幸福」の戦後史—郊外の夢と現実』講談社。
柴田鉄治・友清裕昭、1999 年、『原発国民世論—世論調査にみる原子力意識の変遷』ERC 出版。
柴田鉄治、2000 年、『科学事件』岩波書店。
高木仁三郎、2000 年、『原子力神話からの解放—日本を滅ぼす九つの呪縛』光文社。
高木仁三郎、2000 年、『原発事故はなぜくりかえすのか』岩波書店。
井川充雄、2002 年、「原子力平和利用博覧会と新聞社」津金澤聰廣編著『戦後日本のメディア・イベント 1945 年 – 1960 年』世界思想社、247-265 頁。

本田宏、2005 年、『脱原子力の運動と政治―日本のエネルギー政策の転換は可能か』北海道大学図書刊行会.
武田徹、2006 年、『「核」論―鉄腕アトムと原発事故のあいだ』中央公論新社.
小出五郎、2007 年、『仮説の検証―科学ジャーナリストの仕事』講談社.
有馬哲夫、2008 年、『原発・正力・CIA―機密文書で読む昭和裏面史』新潮社.
七沢潔、2008 年、「原子力 50 年・テレビは何を伝えてきたか―アーカイブスを利用した内容分析」『放送研究と調査　NHK 放送文化研究所　年報 2008』NHK 出版、251-331 頁.
土屋由香、2009 年、『親米日本の構築』明石書店.
原子力資料情報室、2010 年、『原子力市民年鑑』七つ森書館.
開沼博、2011 年、『「フクシマ」論―原子力ムラはなぜ生まれたのか』青土社.
Osgood,K., 2006, *Total Cold War: Eisenhower's Secret Propaganda Battle at Home and Abroad.* Kansas: The University Press of Kansas.

〔紀要・雑誌（発行年順）〕
七沢潔、2008 年、「テレビと原子力―戦後二大システムの五十年第 1、2、3 回」『世界』7 月号 228-236 頁、8 月号 219-227 頁、9 月号 280-289 頁.
烏谷昌幸、2011 年、「夢語りからルネッサンスまでの半世紀　いま改めて見直したい原発関連番組」『GALAC』11 月号、28-33 頁.

〔資料〕
鎌仲ひとみ監督、2004 年、『六ヶ所村通信 no1』グループ現代、51 分.
山川元監督、2004 年、『東京原発』出演・役所広司ほか、110 分.
鎌仲ひとみ監督、2005 年、『六ヶ所村通信 no2』グループ現代、58 分.
鎌仲ひとみ監督、2005 年、『六ヶ所村通信 no3』グループ現代、57 分.
鎌仲ひとみ監督、2008 年、『六ヶ所村通信 no4』グループ現代、75 分.

6　公開授業の経験から考えたこと

　公開授業では、番組本位に内容を考えた。学生に観せたい番組を 3 つ選び出して、その番組の意義が際立つように授業内容を考えた。せっかく色々なテレビ番組を活用する授業である以上は、できるだけ番組を使う意義を大きく見せたかったからである。
　今回の公開授業は私にとっては例外的な経験であった。原因は何であれ、オーディエンスがほぼ全員わたしの話を聞いているというのは、普

放送番組で読み解く社会的記憶

段の授業ではあまりないことである。日頃の大学の授業でわたしがもっとも気にかけているのは、聞き手の関心をいかに持続させることができるかということである。単調な説明が長引けば学生は必ず話を聞かなくなるので、話しかけるような口調を心掛け、映像をみせたり、資料を読み上げたり、感想を書かせたり、モードを適宜切り換えるように工夫している。放送ライブラリーに収蔵されているテレビ番組を教材化しようという本プロジェクトの狙いのひとつも、そもそもはこうした授業改善策の意味合いを含むものである。

学生の注意を引き付けるためには、話を単純明快にしなければならない。授業においては常にこの点を心掛けねばならないが、ここにはリスクもある。例えば日本のマスコミが主導した1950年代の原子力平和利用キャンペーンについては今回の公開授業でも取り上げたが、ともすると、マスコミのキャンペーンが絶大な力を発揮したがゆえに日本は原発導入に踏み切ったのだと取られかねない危うい物言いをわたしはしてしまっている。本来であればいくつもの留保条件を慎重につけながら話すべき内容を、話が複雑化することを嫌ってやや不用意に単純化し過ぎている部分があるのだと思う。今回の公開授業において、「マスコミの責任をどう考えるか？」という質問が出たが、これも結局は自分自身マスコミ犯人説を印象付けるように話しているからに他ならない。

マスコミのキャンペーンが熱狂的な原子力平和利用ブームを生んだのだと説明する。しかし、なぜ50年代当時の人々がまだ見ぬ「原子力」なるものにそこまで心魅かれたのかは実際のところそれほど簡単な問題ではない。娯楽が少ない時代だから比較的簡単に人を集めることができたという指摘もあるが、わたしとしては原子力というテーマだからこそ人々を熱狂させることができた側面も大いにあったし、この点をもっとはっきり説明することができればと感じている。

原子力平和利用ブームに先鞭をつけた読売新聞の連載記事『ついに太陽をとらえた！』は書籍化されてベストセラーになった。だが素人向けに分かりやすく書かれているとはいえ、その内容は原子力研究開発の歴史であり、ある程度の知的関心が無ければ読み通せるものとは思えない。科学研究の発展そのものに人間を興奮させるだけの迫力があったという事実にまずは注目するべきではないか。アインシュタインの特殊相

第4章　原子力の樹

対性理論の解説を聞いて物理学の素人であっても多少なり興奮を覚えるのは、時間と空間、質量とエネルギーなど一般的常識として知っているつもりの概念が根底から問い直され、全く新しい知が劇的に創造された現場を垣間見ることができるからであろう。ノンフィクション作家の佐野眞一は正力松太郎が原子力に執着したことの背景に、彼の「空前絶後」を好む性格があったとみているが、科学の素人にも伝わるだけの「空前絶後」な何かが原子力にあったことを軽視すべきではない。

　最初から最後まで破壊だけしかなければ、誰が原子力などというものに魅力を感じたりするだろうか。ヒロシマ、ナガサキという原子力による巨大な破壊を目の当たりにしたはずの国民が、「平和利用」という掛け声に強く声援を送ったのは、原子力が「巨大な創造」も同時にもたらすことを感じさせるだけの「片鱗」を持っていたからではないか。マスコミはその「片鱗」を強調して人々に知らしめたが、マスコミのキャンペーンそのものが原子力の知を創造したわけではない。

　もっともっと50年代当時の空気の中に自らを置いて想像を研ぎ澄ませていく必要がある。そしてこうした作業を経た上でマスコミのキャンペーンの効果・影響がいかなるものであったのかを考えるべきであり、このような考察を欠いたままの性急なマスコミ批判を気分として学生に振り撒くことの危うさを警戒しなければならないと感じた。

　話をシンプルに保ちつつ、しかし議論を表面的なレベルで終わらせない工夫が必要である。かくの如く、授業には常に工夫の余地が無限にある。そして今回の公開授業はわたしに、条件と環境次第で学生がいつでも（!?）熱心なオーディエンスになり得ることを教えてくれた。学生を熱心なオーディエンスへと条件付ける環境整備にもっともっと真剣に取り組む必要があることを痛感した次第である。

第 5 章 「水俣」の樹

小林 直毅（こばやし なおき）

法政大学社会学部教授
1955 年生まれ。法政大学大学院社会学専攻博士後期課程満期退学。熊本学園大学助教授、県立長崎シーボルト大学教授を経て現職。専門分野は、メディア文化研究、水俣病事件報道研究。『メディアテクストの冒険』世界思想社、『「水俣」の言説と表象』（編著）藤原書店、『ポピュラー TV』（共著）風塵社など。

水俣市茂道の「いま」。1954 年 6 月頃から、この小さな漁村集落の飼猫がつぎつぎに狂騒状態に陥り、8 月には全滅した。やがて、多くの人びとが水俣病に倒れ、茂道は水俣病の「爆心地」とまでいわれた。「いま」の茂道の昼下がりは、漁を終えた船が休み、水面は鏡のように穏やかで、集落はどこまでも静かだ。（2012 年 3 月、筆者撮影）。

1 テーマ「水俣」の概説：テレビ番組が描き、語る「水俣」とは

(1) 国策としての高度経済成長と水俣病事件

「放送番組の森」をかたちづくる一つの樹として、「水俣」の樹は、この森のなかでどのような位置を占めていて、どのような樹形になるのだろうか。

『経済白書』が「もはや戦後ではない」という発話（énoncé）によって、日本経済の戦後復興からの脱却を語ったのは1956年である。この時代の日本経済を語る言説は、戦後復興をつうじての経済発展のひとまずの完了を告げていた。そこでは、「我々はいまや異なった事態に当面しようとしている。回復を通じての成長は終わった」とも述べられている。そして、新たな戦略による一層の経済発展が、国家的目標として提起されたのである。これと同じ年の5月1日に、水俣病が「公式確認」された注1)。この二つの出来事の重なりは、けっして偶然の一致と考えられるべきではない。

同じ『白書』は、その結部で、「世界技術革新の波に乗って、日本の新しい国造りに出発することが当面の喫緊の必要事ではないであろうか」ともいう。ここには、技術革新によって工業生産を拡大し、日本の独立と国際的威信の確立を目指そうとする生産力ナショナリズムのイデオロギーが見て取れる。こうして、国策としての高度経済成長のヴィジョンが、「もはや戦後ではない」という発話によって高らかに語られた1956年に、水俣病が「公式確認」されたのである。

水俣病の原因、加害企業のチッソは、1908年に水俣に創業した。戦前は日本窒素肥料という社名の電気化学工業会社として発展した。日本窒素肥料時代のチッソは、朝鮮に水力発電所を建設し、その電力によって興南工場の生産を拡大させ、「日窒コンツェルン」とよばれた独占企業体を形成するまでになっている。

敗戦によって朝鮮の生産拠点を失ったチッソは、創業の地である水俣

で再出発する。在外資産を失った敗「戦後」も、チッソの技術水準は高かった。なかでも、わが国の化学工業の発展を左右するほどに重要な、塩化ビニルの可塑剤の生産に必要なオクタノールの製造技術を、チッソは保有していた。そして水俣工場は、このオクタノールの生産工場であった。技術革新によって生産を拡大させ、新しい国造りを進めようとする、国策としての高度経済成長への構想が打ち出された1950年代半ばに、チッソ水俣工場はオクタノールの増産態勢に入る。

　高度経済成長を支えた工業部門の一つが、化学工業であったことはいうまでもない。チッソは、その発展にとって不可欠なオクタノールの国内シェアをほぼ独占していた。つまり、チッソ水俣工場こそが、日本の高度経済成長の礎石の一つであった。その水俣工場では、酢酸アセトアルデヒド工程とよばれる生産工程でオクタノールを製造していた。この工程で、水俣病の病因物質である有機水銀が副生していたのである。国策としての高度経済成長の実現へ向けたオクタノールの増産が、高濃度の有機水銀を含む大量の工場排水をもたらし、それが水俣の海へ垂れ流されていたのだ。

　「高度経済成長が水俣病事件を引き起こした」とは、今日では、水俣病事件史にかんする教科書的に定式化された了解である。しかし、国策としての高度経済成長と水俣病事件史との因果は、『経済白書』の「脱戦後宣言」と水俣病「公式確認」との歴史的符合を、「後知恵」で象徴化するような物語によって語り尽くされるものではない。

　当時の水俣をよく知り、みずからも水俣病患者となった漁民たちは、異口同音に「チッソが太り、漁は細った」と語る。国策が推進されるなかでチッソが太っていくことが、かつて「魚（いお）湧く海」とまでいわれた不知火海の漁を細らせる。老漁師たちの生活の記憶の語りこそが、敗「戦後」日本の経済発展と水俣病事件との抜き差しならない因果を象徴的に物語っている。

(2) テレビの歴史と「『水俣』の樹」

　高度経済成長はテレビの普及をもたらした。同時に、テレビの普及となって現れるような消費の拡大が高度経済成長を促進した。これもまた、

敗「戦後」史とわが国のテレビ史にかんする教科書的に定式化された了解である。高度経済成長が実質的な一歩を踏み出す直前の 1959 年 4 月に、当時の皇太子の結婚パレードのテレビ中継が行われた。このビッグイベントが、テレビ放送のネットワークの整備と、テレビ受像機の世帯普及を加速させたというのも、日本のテレビ史にかんする教科書的な知識といえる。

たしかに、テレビの普及率は、1960 年には前年の 20% から 44.7% に急増し（藤竹・山本 1994: 89-92）、61 年の経済企画庁の「消費動向調査」も、人口 5 万人以上の都市世帯でのテレビの普及率が 50% を超えたことを示している。同じ年の総理府「国民生活調査」では、生活のなかで「去年の今ごろと比べてよくなった面がある」と答えた人の割合が 59% に達し、「『家具、電気器具』の面で生活がよくなった」と答えた人は 34% にのぼった。高度経済成長期にあって、人びとに生活の「豊かさ」を実感させる耐久消費財の一つとしてテレビが普及したと常套句のようにいわれる。それは、こうしたデータによっても裏付けることができる。

テレビは、人びとに高度経済成長による生活の「豊かさ」を実感させながら普及を遂げ、テレビで中継された新時代の皇太子の結婚は、敗「戦後」日本社会の希望を描いて見せた。そのテレビが、皇太子結婚パレードが行なわれた年の 11 月には、水俣病患者の身体、患者と家族の生活も描き出して見せたのである。テレビドキュメンタリーの嚆矢をなす NHK の「日本の素顔」のなかの一番組である『奇病のかげに』が、一つのまとまった番組として水俣病事件を初めて取り上げたのだ。

こうして水俣病事件史には、高度経済成長の歴史だけではなく、それとともに急速に普及し、制度的な拡充を遂げた日本のテレビ放送の歴史もまた重なっている（図 1）。

敗「戦後」日本社会の変容と、テレビというマスメディアの変容と、水俣病事件との歴史的で濃密な重なり合い。これこそが、テレビによって表象された「水俣」と、人びとが「テレビを見ること」によって経験してきた「水俣」を特徴づけているのである。

第 5 章 「水俣」の樹

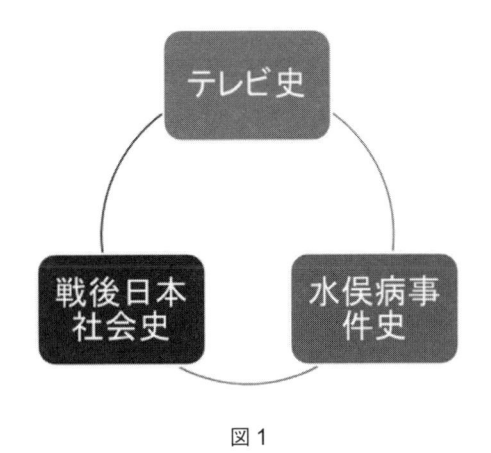

図1

(3)「水俣」が映すテレビの自画像

　テレビを見る「視聴者は、テレビという制度に、彼もしくは彼女の眼差しを委託している」（Ellis 1982: 170）といわれる。水俣病事件を、みずから当事者として経験することのない人びとは、水俣病事件を取り上げたテレビドキュメンタリーに、「水俣」への眼差しを委託しているのである。そして視聴者の眼差しが委託されたテレビは、視聴者の眼差しの「代理以上のものとなるように機能し、視聴者が世界を見ることを可能にするよう機能する」（Abercrombie 1996: 11）ともいわれる。「水俣」への眼差しを委託されたテレビドキュメンタリーは、視聴者の眼差しの代理以上のものとなって、視聴者が水俣病事件を経験できるような「水俣」を描き、語るようになる。

　『奇病のかげに』以来、10 年ほどの空白期をはさみながらも、視聴者の「水俣」への眼差しを委託され、そうした眼差しの代理以上のものとなってきたのが「水俣」のテレビドキュメンタリーである。そこでは、テレビというメディアが、それぞれの時代に特徴的な方法で、それぞれの時代の水俣病事件を描き、語ってきた。つまり、テレビドキュメンタリーが描き、語る水俣病事件は、支配的であれ、対抗的であれ、あるいは折衝的であれ、それぞれの時代の「水俣」をめぐる政治や経済、社会

や文化の特徴とけっして無縁ではいられない。どのような水俣病事件を描いても、テレビドキュメンタリーは「水俣」をめぐる時代を映しだす鏡でありつづけている。原田正純は、水俣病事件も「鏡」であるという。原田は、つぎのように述べている。

> 「水俣病は鏡である。この鏡は、みる人によって深くも、浅くも、平板にも立体的にも見える。そこに、社会のしくみや政治のありよう、そしてみずからの生きざままで、ありとあらゆるものが残酷なまでに映しだされてしまう。」(原田 1989: 3)

　そう考えると、テレビが描いてきた「水俣」は、同時に「水俣」に映し出された「社会のしくみや政治のありよう」と密接に結びついたテレビの姿、すなわちテレビの自画像でもあるといえるだろう。そこには、テレビが固有の方法で描いた「水俣」の姿が見出される。それだけではなく、人びとがテレビを見ることで経験してきた「水俣」の記録と、そのような「水俣」の経験の記憶も見出されるはずである。

(4)「水俣」の記憶と記録としてのテレビドキュメンタリー

　大学の授業で水俣病事件を取り上げると、さまざまなテーマのレポート課題を与えることができる。ジャーナリズム、社会問題、環境問題はもとより、戦後史、地域社会、政治経済学、政策学、科学技術、医学、医療、社会福祉など、あらゆる分野での課題設定が可能だといっても過言ではない。

　学生がレポートの制作に取りかかってみると、必要な文献や資料も、新旧入り混じって、かなりの量で見つけられるはずだ。それまでに学んできた歴史教科書にも、四大公害病の一つとしての水俣病や、加害企業チッソの歴史の一端をなす日窒コンツェルンも記述されている。新聞や雑誌を読んでいくと、水俣病事件には、いつの頃からか「公害事件、環境問題の原点」といった発話が枕詞のように付されて、数多く記述されている。

　しかし、どのような課題のレポートを書くのであれ、想起される「水俣」

の記憶もあるはずだ。その代表的なものの一つが、急性劇症型や胎児性の患者の映像の記憶にほかならない。一度として水俣病患者と出会ったり、「水俣」を訪れたりした経験がなくても、多くの人びとの間では、水俣病患者の衝撃的な映像が「水俣」の記憶になっている。半世紀を越える水俣病事件史のなかで、いくつもの「水俣」のドキュメンタリー番組が制作され、放送されてきた。それらの多くが、患者の映像を反復させてきた。こうしたテレビの映像を見ることとしての「水俣」の経験が、人びとにとっての「水俣」の記憶を形成しているといえるだろう。

　もちろん、このような衝撃的な映像だけではなく、「水俣」を生きる人びとの姿や、遠く天草の島影を望む不知火海の美しい風景によっても、テレビドキュメンタリーは水俣病事件を描いてきた。どのドキュメンタリー番組も、それぞれの時代の水俣病事件を、それぞれの時代に特徴的な出来事として描き出している。それは、水俣病事件史の展開、敗「戦後」日本社会の変容、そしてわが国のテレビの歴史が密接に結びついて現れる、テレビドキュメンタリーにおける「水俣」の変容でもある。つまり、「水俣」のテレビドキュメンタリーの歴史的コンテクストの多層性ゆえに、そこで表象され、記録される水俣病事件の相貌もさまざまにあるのだ。

　そのような意味で、「水俣」をめぐるドキュメンタリー番組の数々は、水俣病事件史、敗「戦後」史、テレビ史のなかで、テレビが固有の方法で描いた「水俣」の記録である。同時にそれらは、同様の歴史の重なり合いのなかで、テレビを見ることとして人びとが重ねてきた「水俣」の経験の記録なのである。そして、そこにはテレビを見ることで人びとが形成してきた、さまざまな「水俣」の記憶も表象されている。水俣病事件だけではなく、敗「戦後」日本社会、マスメディアとしてのテレビを考えていこうとするとき、まさに、「水俣」のテレビドキュメンタリーは、第一級の資料にして素材となるはずである。

(5) テレビ・ジャーナリズムと「水俣」のテレビドキュメンタリー

　水俣病事件は、今日もなお解決にはほど遠く、現在進行中の事件である。例年、水俣病が「公式確認」された５月１日には、さまざまな主催

団体が、それぞれのやり方で犠牲者の慰霊行事を開催してきた。水俣病事件が未解決であるがゆえに、その模様は、しばしばテレビニュースとなって報道されている。また最近では、2009年7月に、「水俣病被害者救済法」の成立に至るまでの国会の動きが、法案の与野党合意の段階からテレビニュースでも報道された[注2]。そこでは、「被害者」の救済にも、問題の「最終解決」にもたどりつけていない、水俣病事件の姿がアクチュアルに描かれ、語られている。

たしかに、このような出来事の報道が、ジャーナリズムの一端を担うテレビというメディアが果たすべき役割であることはいうまでもない。しかし、限られた時間のなかで、特定のイッシューによって今日の水俣病事件を報道するのがテレビニュースである。ニュース番組のなかで描かれ、語られる「水俣」のアクチュアルな姿からは、それに至った「水俣」の歴史など容易に見ることはできない。あたかも、そうした不十分さを乗り越えようとするかのように、今日の「水俣」をめぐるテレビニュースでは、かつてのドキュメンタリー番組の映像がしばしば引用される。その多くが、水俣病事件の初期段階で特徴的に見られた急性劇症型患者の、モノクロの傷みの目立つ映像である。そのような映像が引用されるのは、それらが、多くの人びとにとっての「水俣」の記憶を表象しているからである。

「環境問題の原点」、「公害事件の原点」といった発話を枕詞のように配分しながら水俣病事件を語るナレーションとともに、こうした映像が、スタジオのキャスターやセットの過剰なまでに鮮明な映像と接合される。これこそが、テレビニュースの映像が表象し、テレビニュースの言説が語る「水俣」のアクチュアリティなのだ[注3]。

たしかに、テレビニュースによって、今も混迷の度合いを深めている水俣病事件を描き、語っていくことはテレビ・ジャーナリズムの役割である。それは、「いま、ここ」にある「水俣」の、人びとの間での認知と経験を可能にしようとするテレビ・ジャーナリズムの営みである。しかし、急性劇症型の患者の映像によって、半世紀の彼方にある「環境問題、公害事件の原点」としての「水俣」を表象することはできても、そこから現在の「水俣」に至る歴史までも容易に表象することはできない。

テレビニュースがアクチュアルに描き、語る水俣病事件においては、

「いま、ここ」の「水俣」の映像表象と、「かつて、そこ」の「水俣」の映像表象との間に埋めがたい隔たりがある。その結果、「いま、ここ」の「水俣」も、「かつて、そこ」の「水俣」も、どちらも他方を照射できないまま、混迷した水俣病事件を描き、語ることになってしまう。これが、テレビニュースが描き、語り、それを見聞きすることによって、日常的、かつ広範に経験されるアクチュアルな「水俣」の陥穽なのだ。

今日の「水俣」のテレビニュースにおける「いま、ここ」の「水俣」と、「かつて、そこ」の「水俣」との、このような二重化を克服しようとするとき、テレビ・ジャーナリズムには、それぞれの「水俣」の脱構築が求められるだろう。そのためには、「水俣」の記憶と記録としてのテレビドキュメンタリーの可能性を明らかにしていく試みが不可欠になるはずである[注4]。

注
1) 当時のチッソ附属病院長の細川一が、原因不明の神経疾患患者の相次ぐ入院を水俣保健所に報告したことをもって、水俣病「公式確認」といわれている。のちに水俣病と認定されたなかで第1号とよばれる患者は、これに先立つ1953年12月にすでに発症していた。
2) 「水俣病被害者救済法」は、「水俣病被害者の救済及び水俣病問題の最終解決に関する特別措置法案」（いわゆる「水俣特措法案」）の与野党合意を受けて成立した。法案の名称にも、前文にも記されているように、水俣病問題の「最終解決」を目指すとされている。しかし、水俣病の症状がありながら、認定制度のもとで、「患者」とは認められない人びとを、「水俣病被害者」と規定して「救済」するという重大な矛盾を、この「救済法」は抱えている。そこでは、膨大な数の未認定患者、潜在患者のうち、この法による「救済」を申請した一部の人たちを、患者ではない「被害者」とすることで「水俣病問題の最終解決」が図られようとしている。そして、科学的な誤りが指摘されている水俣病認定基準は、見直されることもなく維持される。このほかにも、チッソの、補償のための補償会社（本社）と、事業会社（子会社）への分社化を認め、事業会社の株式の売却益を補償費用に充て、補償完了後は本社を清算、解体するといった、原因、加害企業の消滅を図るといった大きな問題も含まれている。さらに、この法による「救済」と現行制度下での「認定」、および、2004年の関西訴訟最高裁判決以降の訴訟が終了したのちは、水俣病発生地域の指定を解除することによっても、「水俣病問題の最終解決」が図られようとしている。

3)「水俣特措法案」の与野党合意にかんする 2009 年 7 月のテレビニュースでも、ほとんどのテレビ局のニュース番組で、急性劇症型の患者の激しい痙攣発作を撮影したモノクロの古い映像が引用されていた。ニュースのナレーションでは、「『環境問題の原点』といわれる水俣病」といった発話が配分されたり、「約 50 年前に」といった発話によって水俣病事件の歴史の長さが語られたりしていた。そして、急性劇症型の患者の古い映像が、こうしたナレーションの言説と重ね合わされ、あるいは「いま、ここ」を表象する、スタジオのキャスターやコメンテイターたちの姿の過剰なまでに明るく、鮮明な映像と接合される。テレビニュースでは、こうして歴史化された水俣病事件が表象されているのである。

4)そもそも、テレビニュースで形成される出来事の時事性(アクチュアリティ)には、J. デリダが人為時事性(l' artefactualité)とよんで、つぎのように指摘する問題がつねにつきまとう。すなわち、時事性とは、「所与ではなく、能動的に生産され、選り分けられ、投資されているし、人造の(factice)、つまり人為的な(artificiel)たくさんの装置によって遂行的に解釈されている」(Derrida et Stiegler 1996=2005: 10)水俣病事件についていうなら、それは、今日、この出来事がテレビニュースなどで語られるとき、「環境問題の原点」といった定型的な発話が配分されるところに見て取れる。水俣病事件の人為時事性を脱構築し、この出来事が「最終的に保っている還元不能なもの」を到来させるのが、これもまたデリダに倣うなら、「差延(difference)」にほかならない(Derrida et Stiegler 1996=2005: 21)。そして、この「差延」を可能にするのが、「水俣」のテレビドキュメンタリーのアーカイブなのである。

【引用文献】

原田正純、1989 年、『水俣が映す世界』日本評論社。
藤竹暁・山本明編、1994 年、『図説日本のマス・コミュニケーション 第 3 版』日本放送出版協会。
Ellis, J., 1982, *Visible Fictions*, Routledge.
Abercrombie, N., 1996, *Television and Society*, Polity Press.
Derrida, J. et Stiegler, B., 1996, *Échographies de la télévision*, Galilée-INA.(＝原宏之訳、2005 年、『テレビのエコーグラフィー——デリダ〈哲学〉を語る』NTT出版。)

第5章 「水俣」の樹

2 「水俣」関連年表

＊「『水俣』の樹」で取り上げるドキュメンタリー番組のなかで、事件史上の出来事の発生時期と放送日が密接に結びついている番組を、ゴシックで示した。

1908年8月	水俣で日本窒素肥料株式会社創業（1950年に新日本窒素肥料株式会社、1965年にチッソ株式会社に社名変更。以下、「チッソ」という）。
1926年4月	チッソ、水俣町漁協にたいして、工場排水による漁業被害の「見舞金」1500円を支払う。
1953年12月	水俣市出月で、のちに第1号水俣病患者と確認される患者発症。
1954年6月	水俣市茂道で猫の狂死が始まる。
8月	『熊本日日新聞』が、水俣市茂道で「猫テンカン」で飼猫が全滅と報道する。
1956年5月	チッソ附属病院長細川一が水俣保健所に、「原因不明の奇病患者4名発生」を報告（水俣病「公式確認」）。
7月	熊本県、厚生省に水俣市に原因不明の脳炎様疾患多発を報告。
8月	熊本大学医学部、「水俣奇病医学研究班」を組織（以下、「熊本大学医学部研究班」という）。
1957年1月	厚生省、熊本大学医学部研究班、熊本県、チッソ附属病院の合同研究会で、「奇病はある種の重金属中毒で、その中毒の媒介に魚介類が関係あるものと思われる」と結論。
7月	熊本県、食品衛生法による水俣湾産魚介類販売禁止の方針を決定。
8月	水俣病患者家庭互助会結成。熊本県、厚生省に食品衛生法適用の適否を照会。
9月	厚生省、熊本県からの照会にたいして、食品衛生法の適用はできないと回答。
1958年6月	厚生省環境衛生部長、参議院社会労働委員会で、水俣病の原因物質は、水俣湾に接する化学工場で生産されたものであると答弁。
7月	厚生省公衆衛生局長、チッソ水俣工場の廃棄物が水俣湾の泥土を汚染し、魚介類が廃棄物の化学物質で有毒化し、これを多量に摂取したことによって水俣病が発症したと推定。
12月	チッソ、工場排水の排出先を、それまでの百間港から、八幡プール経由で水俣川河口へ変更。
1959年1月	厚生省食品衛生調査会に水俣食中毒部会を設置。

137

7月	チッソ附属病院長細川一、アセトアルデヒド工程の排水を猫に投与する実験（「猫400号実験」）を始める（10月に、水俣病を発症）。 熊本大学医学部研究班、「有機水銀説」を発表。
11月	衆議院調査団、水俣現地調査。 熊本県漁連主催の不知火海漁民総決起大会が開催され、チッソ水俣工場に操業停止を申し入れるが拒否され、漁民が工場に乱入。警官隊と衝突して多数の負傷者、逮捕者が出る（いわゆる「不知火海漁民騒動」）。 厚生省食品衛生調査会水俣食中毒部会は、「水俣病の原因は、魚介類中のある種の有機水銀化合物である」と答申を出して、翌日解散。 水俣病患者家庭互助会、患者補償を要求して、チッソ水俣工場前で座り込みを始める。
1959年11月29日	NHK『奇病のかげに』を放送。
12月	チッソ水俣工場、サイクレーターを設置。 チッソと水俣病患者家庭互助会、「見舞金契約」を締結。
1960年10月	熊本県衛生研究所、不知火海沿岸住民毛髪水銀調査を開始。
1962年8月	熊本大学入鹿山且朗教授、水俣工場のアセトアルデヒド工程のスラッジから塩化メチル水銀を抽出したと発表。
1963年2月	熊本大学医学部研究班、「水俣病の原因物質はメチル水銀であり、その本態はアルキール水銀基にある」とする統一見解を発表。
1968年9月	「水俣病の原因はチッソ水俣工場排水中のメチル水銀である」とする政府統一見解を発表。
1969年1月21日	RKK『111』を放送。
4月	水俣病患者家庭互助会、「一任派」と「訴訟派」に分裂する。
6月	水俣病患者家庭互助会のうちの29世帯が、チッソを被告にした損害賠償請求訴訟を熊本地裁に提起（第1次訴訟）。
1970年12月4日	NHK『チッソ株主総会』を放送。
12月25日	RKB『ドキュメンタリー　苦海浄土』を放送。
1971年7月1日	NHK『埋もれた受難者たち』を放送。
8月	環境庁は、川本輝夫らの認定申請棄却処分取消しの裁決と認定についての事務次官通知（「46年通知」）を出す。
10月	川本らとチッソとの「自主交渉」が始まる。
1972年3月26日	NHK『特集　ドキュメンタリー　水俣の17年』を放送。
1973年1月	熊本水俣病第2次訴訟提起。

第5章 「水俣」の樹

	3月	熊本地裁、熊本水俣病第1次訴訟判決を言い渡す、原告勝訴。 訴訟派と自主交渉派が合流した水俣病東京交渉団、チッソとの直接交渉を始める。
	7月	水俣病患者とチッソとの間で補償協定成立。
1976年5月		熊本地検、チッソ元社長、元水俣工場長を業務上過失致死傷罪の容疑で起訴。
	12月	熊本地裁、認定業務の遅れは違法な不作為であるとする不作為違法確認訴訟で原告勝訴の判決。
1977年7月		環境庁環境保健部長通知「後天性水俣病の判断条件について」(「52年判断条件」)を出す。
1980年5月		熊本水俣病第3次訴訟(第1陣)提起。初の水俣病国家賠償請求訴訟。
1982年10月		チッソ水俣病関西訴訟提起。
1984年5月		水俣病東京訴訟(第1陣)提起。
1985年11月		水俣病京都訴訟(第1陣)提起。
1988年2月		福岡水俣病訴訟(第1陣～第5陣)提起。 最高裁、水俣病刑事事件で被告の上告棄却。チッソ元社長、元水俣工場長の有罪確定。
1990年9月		東京地裁、水俣病東京訴訟についての和解勧告(同様の和解勧告が、熊本、福岡、京都の各地裁、福岡高裁で出される)。国は和解拒否。
1995年6月		連立与党、「水俣病問題の解決について」合意。
	9月	政府、「水俣病問題の解決について」(最終解決案)決定。
	10月	熊本水俣病関係5団体が、解決案の受け入れを決定。
	10月19日	**NHK『苦渋の決断～水俣病40年目の政治決着～』を放送。**
1996年4月		水俣病患者連合とチッソ、協定書締結。
1997年8月		水俣湾仕切網撤去が始まる(10月に完了)。
1999年6月		チッソにたいする金融支援抜本策を閣議了解。
2001年4月		大阪高裁、水俣病関西訴訟判決で、国と県の責任を認める。
	5月	水俣病関西訴訟で国と県が上告。
2004年10月		水俣病関西訴訟最高裁判決。国と県の責任を認め、原告37名を水俣病と認める。
	12月12日	**NHK『不信の連鎖～水俣病は終わらない～』を放送。**
2007年2月		関西訴訟最高裁判決以降、急増していた水俣病認定申請者が5000人に。
2009年7月		水俣病被害者救済法成立。

3 「水俣」を扱ったテレビ番組の系譜

(1) 初期水俣病事件報道とテレビ

「公式確認」から 1959 年末までの間に、78 名の水俣病患者の発生が確認され、そのうち 31 名が死亡している。強い痙攣発作があったり、狂躁状態に陥ったりする急性劇症型の患者が、この時期には多発していた。さらに、こうした激しい症状の苦痛と衝撃だけではなく、水俣病は一家の働き手を奪い、患者と家族は極貧ともいえる生活を余儀なくされていた。また、有毒化した水俣湾産の魚介類が原因であることが明らかになってからは、この地域の漁業は深刻な打撃を受け、しかも漁民の間で患者が多かったこともあって、漁民の生活もまた困窮を極めていた。

チッソ水俣工場の排水路が、1958 年に、水俣湾につながる百間排水溝から水俣川河口に付け替えられ、入り組んだ水俣湾ではなく不知火海へ排水が垂れ流されるようになる。すると、翌年には、患者の発生地域が、水俣市以北の津奈木町、芦北町、以南の鹿児島県出水市、対岸の天草の御所浦町と、不知火海沿岸一帯へと一挙に拡大した。にもかかわらず、「公式確認」以降、1959 年 11 月まで、水俣病事件の全国紙による報道はない。

たしかに、この間にも、地域紙の『熊本日日新聞』やブロック紙の『西日本新聞』、そして全国紙の地方版で、水俣病事件は報道されていた。しかし、その多くは、行政機関や自治体、医療機関、研究機関などの記者発表による「発表もの」にとどまっている。水俣病の症状、そうした病を背負わされた患者と家族の苦痛、彼ら彼女たちの生活の窮状を具体的に伝えるものはほとんどない。

水俣病の原因究明を進めていた熊本大学医学部の研究班が、1959 年 7 月に、水俣病の病因物質はチッソ水俣工場の排水に含まれる有機水銀であるとする「有機水銀説」を発表した。初期水俣病事件史上、この「有機水銀説」はきわめて重要な意味をもっている。これによって、チッソ水俣工場の排水が魚介類を有毒化させ、水俣病の原因になっていることが、逃れようのない事実として明らかにされたからである。

じつは、水俣病が水俣の海で獲れた魚介類の摂食を原因とする食中毒症であることは、「公式確認」から半年後の 1956 年 11 月には、明らか

第5章 「水俣」の樹

になっていた[注5]。もとより、チッソが1908年に水俣で創業して以来、その工場排水によって海は汚染され、漁獲は減少しつづけていた。そこへ、水俣病の原因が魚であることが明らかになり、水俣の漁業は甚大な打撃を受ける。そうしたなかで、「有機水銀説」は、水俣の魚の有毒化の原因として、すなわち水俣病の原因としてチッソ水俣工場の排水を指摘するものであった。

　水俣の漁民は、「有機水銀説」の発表を契機に、チッソ水俣工場に漁業補償、排水停止を求める抗議行動を繰り広げ、工場側との衝突事件までもが発生した。窮地に追い込まれていた漁民の状況を考えれば、そうなるのも無理からぬ経緯といえるだろう。さらに、熊本県議会の議員団も視察に訪れる。こうして、抗議行動が展開される水俣市街や工場、議員団の訪問先が、水俣病事件報道の「現場」となった。そして、抗議行動の「現場」で経験された出来事、あるいは、県議たちに同行して見聞きされた「現場」が、水俣病事件として語られ、描かれるようになっていく。

　しかし、それでもまだ、新聞による水俣病事件報道は、けっして十分なものにはならなかった。「有機水銀説」は、『朝日新聞』によってスクープされたが、「中央の学者から批判が出た」という理由で──その「批判」は、チッソの意向を受けて発表されたものであったのだが──全国報道にはなっていない。むしろ、マスメディアとしては新聞よりもはるかに後発で、普及の緒についたばかりのテレビによって、水俣病事件が全国報道されていた。NHKアーカイブスには、1959年7月19日に、全国向けのニュース番組『**NHKニュース**』で、「水俣で奇病」のニュースが放送された記録と、ニュース番組の素材映像[注6]が、そのメタデータとともに残されている。また、水俣で発生した漁民と工場側との衝突事件も、59年8月にNHKのニュース番組で報道された記録が残っている。

　壊滅的な打撃を蒙っていた漁民の抗議行動はその後もつづき、水俣だけではなく、不知火海沿岸一帯の漁民が、チッソ水俣工場の排水停止、操業停止を要求するようになる。それは、同年11月初めに、漁民と工場との大規模な衝突事件にまで発展した。これが、いわゆる「不知火海漁民騒動」である。この衝突事件によって、水俣病事件は、ようやく新聞も含めたマスメディアによって全国規模で報道されるようになった。

しかし、そこで語られ、描かれたのは、漁民が工場に乱入して施設を破壊する騒乱事件の「現場」であり、警官隊にも襲いかかる「暴徒」化した漁民の姿であった。ようやく全国報道されるようになった水俣病事件も、その内容は、漁民の抗議行動や、壊滅的な打撃を受けた漁業にたいする補償問題に焦点化していたのである。

(2) 初めての「水俣」のテレビドキュメンタリー

初期段階の水俣病事件は、新聞やテレビニュースでは十分に報道されることはなかった。したがって、それらを読んだり、見たり、聴いたりしていたのでは、とくに全国規模のメディア環境においては、水俣病事件はほとんど経験されることがなかった。そうしたなかで、初めてまとまったかたちで水俣病事件を取り上げたのが、テレビドキュメンタリーであった。その番組が、NHKのドキュメンタリーのシリーズ番組「日本の素顔」の第99集として制作され、1959年11月29日に放送された『奇病のかげに』である。

テレビドキュメンタリーによって描かれ、語られたのは、どのような水俣病事件の姿だったのだろうか。それこそが、水俣病患者の姿であり、極貧ともいえる状態に陥っていた患者と家族の生活であった。『奇病のかげに』を制作した小倉一郎が語ったところを、桜井均はつぎのように紹介している。

「あのころは、公害という言葉はまだなかった。企業城下町というのが全国あちこちにあって、住民は企業のすることに絶対逆らったりしない。ところが、苫小牧の製紙工場の廃水によって漁ができなくなった漁師が大漁旗を掲げて海上デモをした。つづいて東京湾でも漁民が抗議した。新聞記事の扱いは小さかったが、これはなにか異変が起こりつつあるなと直感した。これまでになかったことが起こったのだから。そうしたら今度は水俣で漁師が新日本窒素肥料（のちにチッソと改称）水俣工場に殴りこみをかけた。おとなしい漁師が企業にたてつくほど怒るとは、よほどのことだと思い取材に行った。そこで、体が震え、眼がつりあがる奇妙な病気におかされた大人や子供たち、それから狂い死にする猫を見た。」（桜井 2001: 83）

第5章 「水俣」の樹

　全国報道された「不知火海漁民騒動」が、このドキュメンタリー番組が制作されるきっかけになったようだ。しかし、小倉が取材で見たのは、衝撃的な症状の水俣病患者の身体だった。その経験を忠実に反映するかのように、水俣病事件を初めて描き出したドキュメンタリー番組は、冒頭のシーンが急性劇症型の患者の映像で始められる。しかも、そこには、「これは、だれにその責任があるのか」というナレーションが重ねられる。まさに、このドキュメンタリー番組を見ることによる初めての水俣病事件の経験とは、急性劇症型の患者の映像を見て、この告発の発話を聴く経験であったのだ。

　『**奇病のかげに**』では、患者の衝撃的な症状だけではなく、患者と家族の悲惨なまでに貧しい生活をとらえた映像、漁のできなくなった漁村の映像などがつぎつぎに流れていく。さらに、水俣病事件によって動揺する「水俣」の市民生活、経済的基盤をチッソ水俣工場に大きく依存する地域社会の姿も映像によって描かれていく。そして、番組の終盤では、「病気のあるなしにかかわらず、排水の処理は、公益上必要な事柄です」と語り、当時はまだ流通していなかった「公害」という概念を暗に働かせてさえいる。

　「公式確認」以来、3年以上もの間、水俣病事件は、マスメディアによる全国報道のようなかたちでの、広範なメディア環境における出来事としては発生すらしていなかった。ようやく始まった全国向けの報道でも、それは漁民騒動や漁業補償問題のような出来事でしかなかった。あたかも、そのような日々の報道の流れに抗するかのように、水俣病事件の初期段階における基本的構図をほぼ余すところなく、30分のドキュメンタリー番組で描き出して見せたのが『**奇病のかげに**』である。

　おそらく、このドキュメンタリー番組が見られたとき、患者の症状や極貧ともいえる患者と家族の生活をとらえた映像によって、メディア環境における衝撃的な出来事として、水俣病事件が経験されたに違いない。だからこそ、この番組を構成する患者と家族の生活、さらには工場のプラントや排水溝、熊大の「有機水銀説」に「反論」する当時のチッソ社長の映像が、テレビを見ることで経験された水俣病事件の記憶の参照点になるのだろう。

　しかし、水俣病事件史の展開から見れば、『**奇病のかげに**』の制作、

放送はあまりも遅すぎた。この番組が放送されたときには、すでに、厚生省食品衛生調査会水俣食中毒部会は、「水俣病の原因は魚介類に含まれるある種の有機水銀化合物」とするだけの答申をまとめて解散させられていた。そして、わずかな漁業補償だけで、水俣病事件を幕引きする準備が整えられていたのである。他方で、わが国のテレビの歴史から見れば、『奇病のかげに』の制作、放送はあまりも早すぎた。このドキュメンタリー番組を映し出したテレビ受像機は、たしかに急速な普及期にさしかかってはいたものの、それでも世帯普及率はまだ50％に達していなかった。テレビドキュメンタリーを見ることを通して水俣病事件を経験できた人びとは、まだまだ少なかったのである。

(3) テレビドキュメンタリーが再び描いた「水俣」

　水俣病事件の、とりわけその全国報道には、いくつもの空白期がある。なかでも、1960年代の報道空白期は重大な問題を含んでいる。チッソと患者、家族との間で、1959年の暮れも押し詰まった12月30日に、「患者補償」として、「見舞金契約」が締結された[注7]。これによって、水俣病事件は「解決」したとする広範な認識が形成され、水俣病事件にかんする全国規模の報道も約10年間の空白期に入った。

　もちろん、この間も、胎児性水俣病の確認といった、水俣病事件史上の重要な出来事がテレビニュースで報道されている。あるいは、「水俣病事件のその後」といったテーマで「水俣」を描き出すような、断片的なテレビニュースもいくつか放送されている。しかし、この報道空白期に、「水俣」をテーマにしたドキュメンタリー番組は制作されていない。

　水俣病「公式確認」から12年以上が過ぎた1968年9月、ようやく政府が水俣病を公害病と認定し、「水俣病の原因はチッソ水俣工場の排水中のメチル水銀化合物である」とする統一見解を発表した。これを転機として、患者と家族、そして支援者たちによる「水俣」の闘いが始まる。60年代の水俣病事件報道の空白期もここで終わる。新たな局面を迎えた水俣病事件を、マスメディアとしてのテレビも再び報道するようになったのである。

　同じ時期には、ベトナム反戦運動が世界的規模で繰り広げられていた。

第5章 「水俣」の樹

このほかにも第二次世界大戦後の世界システムのさまざまな矛盾が表面化した欧米諸国と日本では、1960年代末期には、広範な「異議申し立て」の時代を迎えていた。そうしたなかで、日本各地で公害事件が発生し、とりわけ、イタイイタイ病、四日市ぜんそく、新潟水俣病、そして熊本の水俣病が「四大公害病」とよばれるようになった。これらは、人びとの身体、生命、生活を直撃するかたちでの、高度経済成長の歪みの顕在化にほかならない。まさに、このような時代の文脈のもとで「戦後」日本社会も変貌を遂げようとしていた。そのさなかに、テレビはカラー化という技術革新を進めながら、人びとの日常に定着したマスメディアとして「水俣」を描き出したのである。

『奇病のかげに』以来、約10年の沈黙の後に水俣病事件を再び取り上げたのは、地元熊本放送（RKK）が制作したドキュメンタリー番組の『111』（1969年1月21日放送）であった。まとまったテレビ番組が再び描いた「水俣」は、これまで無策をつづけてきた政治の姿勢を詫びる政治家——熊本選出で、当時厚生大臣の職にあった園田直——の映像で始まる（写真1）。

『奇病のかげに』に次ぐNHKの「水俣」のドキュメンタリー番組は、シリーズ番組「現代の映像」の一つとして制作された

写真1　冒頭のシーン　詫びる政治家。『111～奇病15年のいま』（熊本放送、1969年1月22日）

『チッソ株主総会』（1970年12月4日放送）であった。加害企業チッソの責任ある者が、患者、家族と直接向き合い、人間として謝罪することを求めた「水俣」の闘いの一つが「チッソ一株運動」である。法人チッソの株主となった患者、家族、支援者たちは、黒地に白で「怨」の文字を染め抜いた幟を立てて、巡礼の姿となって、チッソ水俣工場の正門を出発した。巡礼の旅が向かうのは、万国博に沸いた1970年も暮れようとする11月の大阪であった。この番組は、チッソ株主総会会場となった大阪厚生年金会館前に林立する、「怨」の幟の映像で始まる。

国策として高度経済成長が推進されるなかで、「棄民」と化していた水俣病患者と家族の、人間の尊厳を問う闘いの始まりを、『奇病のかげに』から10年を経たこれらのドキュメンタリー番組は描いている。また、どちらも、この国が高度経済成長を突き進むなかで顧みられることのなかった「水俣」の歴史を、患者の映像によって表象している。

(4) 人間の問いと闘いとしての「水俣」

　RKKの『111』を皮切りにして、1970年代には民放もNHKも、水俣病事件をテーマにしたドキュメンタリー番組を制作するようになる。放送年月日順に見ていくと、おもなものは、つぎのような番組である。

　　RKB『ドキュメンタリー　苦海浄土』、1970年12月25日放送。
　　NHK総合『埋もれた受難者たち』、1971年7月1日放送。
　　NHK総合『特集　ドキュメンタリー　水俣の17年』、1972年3月26日放送。
　　NHK総合『特別番組　村野タマノの証言〜水俣の17年〜』、1972年10月21日放送。
　　NHK総合『テレビの旅　いま水俣は…　公害1』、1975年1月27日放送。
　　NHK総合『埋もれた報告』、1976年12月18日放送。

　この間には、水俣病事件史上の重要な出来事がいくつもある。とくに注目すべき出来事と番組を概説しながら、1970年代の「水俣」のテレビドキュメンタリーの系譜を考えてみよう。
　川本輝夫ら11人が申請していた水俣病認定申請にたいして、1970年6月、熊本県公害被害者認定審査会は認定申請棄却処分とする。そもそも、水俣病認定制度とは、「見舞金契約」の定める「補償金」を受給する患者を認定するために、1959年12月25日に熊本県が設置した「水俣病審査協議委員会」を出発点としている（「見舞金契約」の締結は、この後の12月30日である）。認定制度のこうした出自からも分かるように、水俣病患者を認定するという仕組は、医学的に患者を診断するものとして機能しているわけではない。それは、いわば「補償金」の受給

第 5 章 「水俣」の樹

資格者を決めていくという政治性の上に成立していることを十分に確認しておく必要がある。

認定申請を棄却された川本ら 9 人は、行政不服審査請求を行う。そして、川本は、患者として認定されることもなく放置されている潜在患者の発掘を進める。そこで彼は、声もあげられず、何の支援の手も差し伸べられないままの数多くの患者に出会う[注8]。潜在患者の発掘は、認定基準の妥当性、認定制度の正統性をただし、患者とはだれか、患者の救済とは何か、水俣病とは何か、さらには人間とは何かという問いになっていった。不知火海の美しい風景を背景にした水俣で、潜在患者の暮らす家々を訪ね歩く川本を描き出したドキュメンタリー番組が、1971 年 7 月 1 日放送の NHK 総合『埋もれた受難者たち』である。

環境庁は、川本らの不服審査請求にたいして、翌 71 年 8 月、「熊本県知事の行なった水俣病認定申請棄却処分は、これを取り消す」裁決を行った。この裁決と同時に、熊本県衛生部長宛に「公害に係る健康被害の救済に関する特別措置法の認定について」という、つぎのような事務次官通知を出している。

> 「当該症状の発現または経過に関し魚介類に蓄積された有機水銀の経口摂取の影響が認められる場合には他の原因がある場合であっても、これを水俣病の範囲に含むものであること。」
> 「当該症状が経口摂取した有機水銀の影響を否定し得ない場合においては、法の趣旨に照らし、これを当該影響が認められる場合に含むものであること。」
> 「生活史、その他当該疾病についての疫学的資料から判断して当該地域に係わる水質汚濁の影響によるものであることを否定し得ない場合においては、その者の水俣病は当該影響によるものであると認め、すみやかに認定を行なうこと。」

これが、いわゆる「(昭和) 46 年次官通知」で、『熊本日日新聞』をはじめとするマスメディアは、これを「疑わしきは認定」と報道している。以後、認定患者は増加していくが、彼ら、彼女たちは、「新認定」患者とよばれた。そして、「新認定」患者となった川本らは、1971 年 10 月、水俣で加害企業チッソにたいして、裁判や斡旋、調停によらずに補償を

求める直接交渉を始める。これが、「自主交渉」とよばれる「水俣」の闘いの一つである。そして同年12月からは、舞台を東京丸の内のチッソ本社に移し、本社前にテントを張って長期間の座り込みをつづけながらの「自主交渉」が行われた。

水俣病認定基準と認定制度にたいする川本らの人間としての問いは、ここに至って、人間としての闘いに展開していったといえるだろう。それは、患者を潜在化させる地域社会と、そのような力学を生み出してきたこの国の在り方の総体ともいえる、患者にたいする抑圧と排除の構造に立ち向かおうとする「水俣」の闘いであった。列車が途絶えることなく行き交う東京駅前の、勤め人が立ち止まることなく行き交うオフィス街の只中にテントが出現する。そこで多くの支援者とともにつづけられた川本らの闘いの光景が、人間としての「水俣」の闘いを象徴している。その映像を冒頭のシーンに配したドキュメンタリー番組が、1972年3月26日放送のNHK総合『特集 ドキュメンタリー 水俣の17年』である。

1970年代初頭には、『埋もれた受難者たち』のほかにも、人間の問いとしての「水俣」をテーマにしたドキュメンタリー番組が制作された。それらは、患者の生活を水俣病事件史と重ね合わせた物語を作り出している。患者のライフストーリーが、インタビュー映像や「水俣」の風景の映像、資料映像、あるいは、他の番組から引用された映像によって表象されることで、一つのドキュメンタリー番組が形成されていく。

その典型的なものが、1972年10月21日に放送されたNHK総合『特別番組 村野タマノの証言〜水俣の17年〜』だろう。タイトルが示すとおり、水俣病患者の村野タマノが、この番組のメインパーソンである。じつは、彼女こそが、『奇病のかげに』の冒頭で現れた患者にほかならない。それから13年後の番組では、発症以来の彼女の患者としての生活が、水俣病を背負わされた者の人間としての問いとなって語られていく。

村野タマノはまた、石牟礼道子の代表作、『苦海浄土』の登場人物「ゆき女」のモデルであるともいわれる。この小説を原作にして木村栄文が制作し、1970年12月25日に放送されたRKB『ドキュメンタリー 苦海浄土』は、異色のドキュメンタリー番組である。俳優の今福正雄と北

林谷栄が語り手となり、さらに北林は琵琶御前に扮して番組に登場し、水俣の各所をさまよい歩き、それに接した市民たちが金品を恵む場面さえ、この番組には含まれている（写真2）。

小説『苦海浄土』の登場人物のモデルといわれる患者たちが、つぎつぎに現れ、語り、彼ら、彼女たちの生活が映像となって描き出される。患者と家族のさまざまな語りと映像は、とりもなおさず水俣病患者の人間としての問いであり、それが、木村の作者性を際立たせた映像になって表象されている。

写真2　チッソ従業員から金を恵んでもらう琵琶御前に扮した北林谷栄。『ドキュメンタリー　苦海浄土』（RKB毎日放送、1970年12月25日）

(5) 水俣病事件20年の「いま」を描くテレビドキュメンタリー

　水俣病患者29世帯が原告となって、加害企業チッソを被告とする損害賠償請求訴訟（熊本水俣病第1次訴訟）は、1969年6月に熊本地裁に提起され、73年3月に原告勝訴の判決が言い渡された。その直後、原告患者と「自主交渉」を進めてきた患者によって水俣病東京交渉団が形成され、補償をめぐるチッソとの直接交渉が始まった。そして7月には、水俣病患者とチッソとの間で補償協定が結ばれる。これによって、訴訟に加わった患者も、加わらなかった患者も、新たに認定されて直接交渉に臨んだ患者も、そして、将来認定される患者も補償金、医療費、生活年金が支払われることになった。

　補償協定の成立によって、ともかくも、患者救済への途が拓かれ、水俣病事件も解決に向かうと思われた時代が、1970年代半ばであったといえるようだ。そうしたなかで、患者の証言や、事件に重要なかかわりをもった当事者たちの証言によって、水俣病事件史を記録し、さらには検証しようとするドキュメンタリー番組が制作された。

　浜元二徳は、『111』以来、数々のドキュメンタリー番組で取り上げら

れてきた患者の一人である。彼をメインパーソンにして、その水俣病患者としてのライフストーリーを軸に、「水俣」の「いま」を描いたのが1975年1月27日放送のNHK総合『**テレビの旅　いま水俣は…　公害1**』である。そこでは、さまざまな不安に直面しつづける患者の生活が、穏やかな不知火の海の風景と交錯しながら描かれていく。みずからの半生を振り返る浜元の語りは、たとえ補償協定が締結されたところで、患者の救済には容易にはたどりつけない「水俣」をめぐる人間の問いである。

　こうして、1970年代半ばのテレビドキュメンタリーが描き、語る「水俣」の「いま」は、水俣病事件20年の歴史に拡大されていく。それを際立たせたのが、1976年12月18日放送のNHK総合『**埋もれた報告～熊本県公文書の語る水俣病～**』である。「公式確認」から「見舞金契約」に至るまでの初期段階の水俣病事件には、加害企業チッソはもとより、国、熊本県、化学工業界、研究機関などが重要なアクターとしての責任を負っている。それを、公文書に基づいて検証し、1976年当時の「いま」を生きている関係者への取材をとおして明らかにしようとしたのが、このドキュメンタリー番組である。

　初期水俣病事件の基本的構図とそれにかかわった者の責任が、肉薄する取材によって撮影された、関係者の「いま」の表情や振る舞いの映像となって描かれていく。テレビドキュメンタリーにおけるこのような「水俣」の表象は、1970年代に一般化した同時録音システムによって可能になった。「詰めよる取材者と、責任を回避してうろたえ逃げまどう責任者との攻防」が、「登場人物たちの息遣いや動揺」として「きわめてリアルに記録され、生々しいショック」（桜井 2001: 89）を与えた。テレビドキュメンタリーのこうした取材と制作の方法は、人びとの「テレビを見ること」としての「水俣」の経験を、制度的、技術的に代行していたともいえるだろう。記者に問い詰められる関係者の映像は、「水俣」をめぐる人間の問いの眼差しが見たものであった。

(6) 1970年代の「水俣」のテレビドキュメンタリー

　ここで紹介してきた1970年代の「水俣」のドキュメンタリー番組は、それぞれの番組のテーマとなっている中心的な出来事の特徴と、おもな

第5章 「水俣」の樹

舞台となっている地域によって分類できる。人間の問いとしての「水俣」が描かれているのか、それとも、人間の闘いとして「水俣」が描かれているのかという一つの分類軸が見出される。そして、そうした出来事が、東京や大阪といった大都市を主要な舞台として描かれているのか、それとも、現地「水俣」を主要な舞台として描かれているのかという、もう一つの分類軸が形成される。この二つの軸にしたがって、1970年代の「水俣」のテレビドキュメンタリーを分類すると図2のようになる。

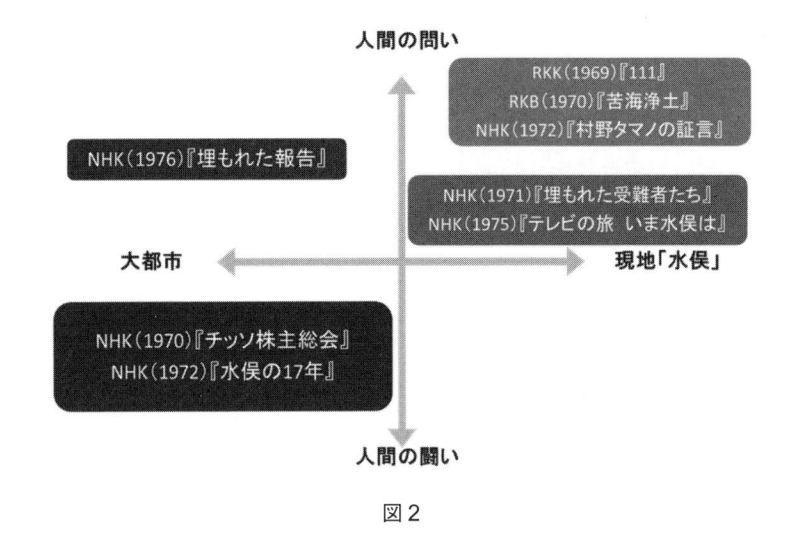

人間の問い

RKK（1969）『111』
RKB（1970）『苦海浄土』
NHK（1972）『村野タマノの証言』

NHK（1976）『埋もれた報告』

NHK（1971）『埋もれた受難者たち』
NHK（1975）『テレビの旅 いま水俣は』

大都市 ←→ **現地「水俣」**

NHK（1970）『チッソ株主総会』
NHK（1972）『水俣の17年』

人間の闘い

図2

　RKKやRKBのような地域局が、地域社会「水俣」を主要な舞台とするドキュメンタリー番組を制作するのは当然といえるかもしれない。しかし、NHKもまた、「水俣」で撮影された多くの映像によって構成される、『埋もれた受難者たち』（1971年）、『村野タマノの証言』（1972年）、『テレビの旅　いま水俣は』（1975年）といった番組を制作していたことは、注目されてよい。

　また、東京や大阪を舞台とした「水俣」の闘いを描いたドキュメンタリー番組は、1970年代の「水俣」のテレビドキュメンタリーの一つの特徴といえるだろう。そこでは、「一株運動」や「自主交渉」といった出来事を重要なテーマとして、この時期の水俣病事件が語られ、顕在化

されていただけではない。「異議申し立て」の時代のテレビドキュメンタリーが、「水俣」の闘いを、物質的な豊かさを象徴する大都市の只中に出現した白装束の巡礼姿の集団や、長期間の座り込みといった光景によって顕在化させていたのである。

さらに、「水俣」という地域を舞台にした、人間の闘いとしての水俣病事件を描いたテレビドキュメンタリーの不在は、1970年代におけるそのような「水俣」の闘いの困難さを示唆しているといえるだろう。同時にそれは、現地「水俣」における厳しい闘いをテーマにしたテレビドキュメンタリーを制作することの難しさも物語っている。

(7)「水俣」の風景の変貌と狭められた患者救済

水俣病の認定要件を、特徴的な症状が一つあれば、それで認定できるとし、さらに疫学的判断も加えた「46年次官通知」(「46年判断条件」ともいわれる) 以後、認定患者は増加する。その後も、熊本水俣病第1次訴訟判決、補償協定の締結によって、患者救済の途が拓かれたように見えたなかで、認定申請も増加の一途をたどった。しかし、認定業務を担う認定審査会が政治的混乱をきたし[注9]、1970年代半ばには、認定業務が大きく遅滞するようになる。また、チッソの経営も補償金負担の増加によって悪化し、その存続すら危ぶまれる状態になった。

認定業務の遅れは、熊本県の怠慢による違法状態であるという確認を求める行政訴訟、すなわち「不作為違法確認訴訟」が、認定申請者によって1974年12月に提起された。これにたいして熊本地裁は、「認定業務の遅れは違法な不作為である」ことを確認する原告勝訴判決を、76年12月に言い渡している。

こうして、認定制度が混乱する状況にあって、環境庁は水俣病の判断条件そのものを、広い範囲の救済を導く「46年判断条件」から大きく後退させる通知を行う。これが、いわゆる「(昭和) 52年判断条件」である。そこでは、水俣病に特徴的な症状の複数の組み合わせが、水俣病患者の認定要件とされた。これによって患者認定の件数が激減し、逆に申請棄却の件数は激増する[注10]。

判断条件を狭めた認定制度のもとで申請を棄却された数多くの患者た

第5章 「水俣」の樹

ちは、チッソだけではなく、国と熊本県も被告にして、みずからが水俣病であることの確認と賠償を求める訴訟をつぎつぎに提起する。一旦は遠ざかった法廷での「水俣」の闘いが、1980年代になって再び始まる。それは、多いもので1000人規模の原告による訴訟となって、熊本だけではなく、関西、東京、京都、福岡と、広範囲で繰り広げられることになった。

こうして混迷を深める「水俣」を直接的に描くのではなく、微妙な距離感で、「水俣」の「いま」と歴史を多義的に描こうとするテレビドキュメンタリーが、1980年代には登場する。その多くが、NHK制作の番組であることは、この時代のテレビドキュメンタリーの系譜の一つの特徴といえるだろう。1987年10月19日放送のNHK総合『**ぐるっと海道3万キロ　そして俺は漁師になった〜熊本・不知火海〜**』は、その代表的なものである。この番組は、横浜から天草の御所浦に移り住み、不知火の漁師になろうとする小林洋一郎をメインパーソンに、その一家の生活と密接にかかわる「水俣」の「いま」を描いている。

相次ぐ訴訟によって、この時期の水俣病事件報道は、とりわけ全国規模のそれにあっては、司法ニュースとしてのアクチュアリティが構成されるようになっていた。しかし、現地「水俣」では、水俣湾の海底に分厚く堆積した高濃度の有機水銀を含んだヘドロを浚渫し、湾の奥部を埋め立てる工事が400億円を越える巨費を投じて進められ、「水俣」の風景さえも変貌を始めていた。また、水俣湾が二重の網で不知火海と仕切られ、湾内での漁獲も禁止されていた。不知火の漁師であろうとする小林は、「水俣」の海の変貌とも向き合わざるをえないし、その生活には、番組に登場する江郷下実、フキコ夫妻のような水俣病認定患者の漁民との関係も欠くことができない。日々のテレビニュースによっては、けっして十分に描かれない、こうした「水俣」の「いま」が、『**そして俺は漁師になった**』では描かれていく。

「多様」で「個性的」なライフスタイルが無批判に称揚されたのが、1980年代であった。そのような時代の文脈のもとで制作されたこの番組では、都会にはない生活を求めて不知火に移り住んだ一家の物語が、不可避的に必要とするリアリティとしての「水俣」の「いま」が、水俣病事件史も照射しながら描き出されている。

対照的に、「水俣病事件30年」を、認定制度の問題として直接的に描いたドキュメンタリー番組が、KKT（熊本県民テレビ）が制作し、「NNNドキュメント'86」の枠で1986年7月20日に放送された『苦海からの叫び』である。未認定患者による訴訟を、「水俣」の「いま」を描き、語る物語の軸にしながら、30歳を迎えた胎児性患者の坂本しのぶのライフストーリーや映像などによって、30年に及ぶ水俣病事件の歴史を表象する。生活と健康の不安を訴え、救済を求める未認定患者の映像とともに、水俣湾の水銀ヘドロの浚渫、埋め立て工事の映像もまた、「水俣」の「いま」を表象する。
　番組に登場する未認定患者の御手洗鯛右、渕上千代子らを原告とする訴訟にたいする熊本地裁の勝訴判決の言い渡しは、このドキュメンタリー番組を構成する重要な出来事の一つである。そこでは、原告が水俣病患者として認められ、認定基準の不当性が指摘されたことも語られる。原告と支援者たちは、当時の細川護熙熊本県知事に面会し、判決にしたがうように陳情する。しかし、熊本県はそれらをまったく無視するかのように控訴する。こうした経緯を、患者や支援者たちに密着して描いたこのテレビドキュメンタリーは、「52年判断条件」による認定制度のもとで狭められた患者救済を、具体的、かつ克明に記録した、数少ない番組の一つである。

(8) 第二の「見舞金契約」としての「政治解決」

　救済を求めても、水俣病患者であることすら認められない患者たちによる、チッソ、国、熊本県を被告とする裁判では、原告勝訴の判決がつづいた。これは、司法によって、認定基準の誤りが指摘されつづけたことを意味している。しかし、国と県は、誤りを正すどころか上訴を重ね、裁判は長期化する。原告患者の高齢化も進み、上級審では和解も勧告されるが、国も、県もそれを拒否する。
　そうしたなかで、「水俣病事件40年」を目前にした1995年9月、政府は水俣病問題の「最終解決案」を決定し、患者団体に提示した。この「最終解決案」とは、未認定患者による訴訟や認定申請の取り下げを条件に、一時金と医療費、医療手当を支給するというものだった。金銭的支払い

の条件からも明らかなように、この解決策は、認定制度も判断条件も何一つ是正するものではなく、救済を求める患者たちを水俣病患者として認めるものでもなかった。「最終解決」といいながら、依然として国は、被害の全貌を解明しようともせず、被害を拡大させてきた政治の責任を認めようともしていないのだ。むしろ、患者の間から「生きているうちに救済を」といった声が漏れる状況に乗じて、わずかな金銭で患者たちを黙らせ、問題の「解決」を図ろうとしている。この点で、「最終解決案」は、1959年の「見舞金契約」と同質のものだった。

　こうした重大な問題を糊塗するかのように、1995年12月に、当時の村山富市首相が、つぎのような談話を発表している。「多年にわたり筆舌に尽くしがたい苦悩を強いられてこられた多くの方々の癒しがたい心情を思うと、誠に申し訳ない気持ちでいっぱいであります。」患者たちは苦渋の決断を迫られ、翌96年5月までには、水俣病関西訴訟原告団を除くすべての患者団体がこの「解決案」の受け入れを決定した。これが、1995〜96年に進行した、いわゆる水俣病問題の「政治解決」の経過である。

　「水俣」をめぐるテレビドキュメンタリーも、1990年代以降の主要な番組は、この「政治解決」と、その後の「水俣」をテーマにしている。政府の「最終解決案」を受け入れるに至った患者たちの心情と意志を、そのまま番組のタイトルにしたNHK教育『**苦渋の決断〜水俣病40年目の政治決着〜**』（ETV特集）が放送されたのは、1995年10月19日である。このドキュメンタリー番組に登場する患者たちは、だれもが、日常生活を苛む辛い症状がありながら、認定申請を棄却されつづけてきた。患者と認められず、何の救済の手も差し伸べられないまま、第二の「見舞金契約」ともいえる「最終解決案」を呑まざるをえないところにまで追い詰められた患者たちの、まさしく苦渋の決断を、この番組は描いて余りある。

　首相談話は、患者たちが「多年にわたり筆舌に尽くしがたい苦悩を強いられてこられた」という。政治家のこうした発話によって意味される患者たちの苦悩——談話では、未認定患者を、「患者」とよばないために、このように発話しているだけなのだ——と、番組の映像によって表象される患者たちの苦悩との間には、埋めがたい隔たりがある。

(9) 終わらない「水俣」の問いと闘いを描くテレビドキュメンタリー

　患者救済に立ちはだかる認定制度と判断条件の政治性と、それにたいする人間としての「水俣」の闘いからは微妙な距離をとっていたのが、1980年代のNHKのテレビドキュメンタリーであった。しかし、「政治解決」をめぐる1990年代のNHKのドキュメンタリー番組は、根深く横たわる認定制度の問題と、それと闘いつづけて「いま」に至った「水俣」の歴史を直接的なテーマにしている。むしろ、1980年代とは逆に、地元RKKのドキュメンタリー番組は、認定制度下の患者救済のポリティクスからは微妙に距離のある視点で、「政治解決」後の「水俣」の「いま」を繊細に描き出していた。

　かつて、「自主交渉」が進められた1970年代、水俣の「市民」を名乗る圧倒的多数派の住民によって、患者たちは、チッソの経営危機を招き、「水俣」のイメージを貶め、「水俣」の発展を阻む存在として攻撃され、抑圧され、排除された。水俣病事件は、地域社会「水俣」にも深い亀裂を生んでいたのである。しかし、「水俣病事件40年」を迎えて、この事件は国策に翻弄されつづけた帰結であって、そうしたなかで地域社会も分断されてきたことが、住民たちの間でもようやく了解されるようになり始めていた。容易には氷解しないわだかまりや、癒えない心の傷を残しながらも、少しずつ地域社会の再生へ向かおうとする「水俣」の「いま」を描いたドキュメンタリー番組が、1997年5月31日放送のRKK『**市民たちの水俣病**』である。

　NHKでは、1990年代以降、水俣病事件が国政レベルの重要なイッシューになることで、「水俣」をめぐる主要なドキュメンタリー番組が制作されてきたようだ。そこでは、終わることのない人間の問いと闘いをつづけてきた「水俣」の歴史を到来させる「水俣」の「いま」が描かれていく。その代表的なものが、2004年12月12日放送の『**不信の連鎖〜水俣病は終わらない〜**』である。

　政府が提示した「最終解決案」の受け入れを拒否して裁判をつづけた水俣病関西訴訟は、2004年10月15日に最高裁判決を迎える。ここでも、原告勝訴の判決が言い渡され、原告37名が水俣病患者と認められると同時に、国と熊本県の責任も認められた。これは、認定制度と認定基準

にたいする、司法による事実上の破綻宣告に等しい。しかし、それでも国は、これらを改めようとはしない。『不信の連鎖』は、それまでの「水俣」をめぐるドキュメンタリー番組の映像をアーカイブ的に引用しながら、半世紀の歴史を経過しても終わることのない「水俣」の問いと闘いを描き出している。

RKKでは、『市民たちの水俣病』以降、国政レベルの動向とはかかわりなく、「水俣」を生きる人びとの、容易には終わることのできない人間の問いとして、「水俣」を描くドキュメンタリー番組が継続的に制作されてきた。もちろん、2009年9月23日放送の『水俣病2度目の幕引きへ～加害者救済法案成立へ～』のような、「水俣病被害者救済法」を直接的に取り上げたドキュメンタリー番組も制作されている。しかし、RKKが制作してきたのは、そうした番組だけではない。

補償と結びついた認定基準をめぐって、「何をもって水俣病とするのか」という論争が延々とつづくなかで見逃されてきた健康被害を、「水俣」の問いとして描いた『水俣病　空白の病像』が、2002年11月30日に放送されている。また、半世紀以上を患者として生き、これからも水俣病を生きていく患者と、それを支援しつづける人びととの生活を描いた『水俣　ほたるの家』が、2010年5月31日に放送されている。このドキュメンタリー番組も、「水俣」の「いま」を、「水俣」を生きてきた人間の問いの歴史として描いた、優れたテレビドキュメンタリーといってよいだろう。

注

5) 津田敏秀によれば、「これ以降、水俣病事件が水俣湾産の魚介類が原因の食中毒事件であるということに疑いが差し挟まれたことは一度もない」（津田 2004: 56）。
6) 現在NHKアーカイブスに保存されているのは、放送されたニュース番組ではなく、取材で撮影された映像である。たしかに、これだけでは、当時の水俣病事件のどのような様相がテレビニュースとなって描かれ、放送されたのかは分からない。しかし、こうした素材映像は、テレビニュースが、水俣病事件の何を、どのように描こうとしていたのか、その可能性の記録としては重要な意味をもつ。保存されている映像には、後で述べる「猫400号実験」が行なわれていた、チッソ水俣工場内の動物実験室の内部を撮影したものなど

が含まれていて興味深い。映像として記録されているのは「猫304号」の檻であるが、この猫に「湾内魚身のみ」を餌として与える実験が、「昭和34（1959）年3月16日」から開始されたことを示す札が映し出されている。また、この動物実験室に熊本県議会の視察団を案内している人物は、県議会水俣病対策特別委員会副委員長で、新日窒労組出身の長野春利である。チッソ水俣工場の排水を停止させるために同特別委員会で公害防止条例の制定が提起されたのにたいして、長野は「それでは操業停止と同じで、新たな社会不安が広がる」と工場擁護の発言を行い、条例の制定を阻んだ。

7)「見舞金契約」の内容はつぎのようなものであった。これは、チッソがみずからの加害責任をまったく認めないままに金銭を支払うという点で、文字どおりの「見舞金」の支払契約である。その金額は、死亡者への弔慰金32万円、成人患者への年金10万円、未成人患者の年金3万円、成人に達した後も5万円にすぎない。問題は、この驚くべき低額の「見舞金」だけではなく、第5条として、次のような事項が付け加えられていたことにある。「乙（患者とその家族）は将来水俣病が工場排水に起因することが決定した場合においても新たな補償金の要求は一切行わないものとする」。チッソは、この年の7月に工場排水を混ぜた餌を猫に与える実験を始め、10月7日にその猫に水俣病を発症させた「猫400号実験」によって、工場排水が水俣病の原因であることを確認していた。つまり、チッソは「水俣病が工場排水に起因すること」をみずから知りながら、第5条を加えた契約を患者、家族に結ばせたのである。まさに「見舞金契約」とは、患者補償とはまったく逆に、チッソが、みずからが加害者であると認識しながら加害責任を認めず、わずかな「見舞金」の支払いで患者、家族の要求を封じ込め、患者補償問題としての水俣病事件の終息を図るための詐欺的契約だった。のちに、熊本水俣病第一次訴訟判決では、この「見舞金契約」が公序良俗に反するとして無効を宣告されている。

8)「チッソ一株運動」を主導した弁護士の後藤孝典は、川本の潜在患者、未認定患者との出会いを、つぎのように述べている。「ぞっとするほどの重症患者に出くわすこともあった。津奈木の築地原司は全く身動きができない。同じ津奈木で、生まれて一〇年間放置されてきた諫山孝子を見たときは衝撃で身がふるえた。胎児性患者の悲惨さは言語を超える。これほど重症であっても認定されていないのだ」（後藤 1995: 126）。

9) 原田正純は、熊本県が1973年8月に、熊本大学第二次水俣病研究班の主力メンバーであった武内忠男、立津政順らを認定審査から排除して、集中検診や新たな認定審査会の設置を強行したことを重大な問題として指摘する。その結果、患者の反対で認定審査会は開催されず、1年以上も患者認定はなかった（原田 2004: 176-177）。

10) このような判断条件の変更によって露わになる認定制度のポリティクスにか

んする原田正純のつぎのような指摘は、まさに問題の核心を衝いたものとして十分に確認されなければならない。「行政が出す『通知』とか『判断基準』というものはその文言の比較では大した差がないように見えても文言の中に行政の意向（意志）が含まれているのであって、それは驚くほど忠実に具現化する。この事実が危険な政治的側面を生む。しかも、患者の数が少なく補償額が膨大でないと比較的簡素に容易に広く認定が行われる一方、患者数、金額ともに膨大なものになると認定は厳密かつ慎重になっていく。認定制度は結果的に行政の意志を代弁して政治的調整機能を果たしていることになる。また、チッソの支払い能力に応じて患者の数が設定されていた疑いもある」（原田 2004: 178）。

【引用文献】
後藤孝典、1995 年、『ドキュメント「水俣病事件」 沈黙と爆発』集英社。
桜井均、2001 年、『テレビの自画像—ドキュメンタリーの現場から—』筑摩書房。
原田正純、2004 年、「水俣病における認定制度の政治学」原田正純・花田昌宣編著『水俣学研究序説』藤原書店、161-197 頁。
津田敏秀、2004 年、『医学者は公害事件で何をしてきたのか』岩波書店。

4　授業展開案

「水俣」のテレビドキュメンタリーを利用した授業の特徴

　水俣病事件史上のさまざまな重要な出来事が、テレビドキュメンタリーによって描かれ、記録されてきた。それは、すでに述べたように、人びとがテレビを見ることで経験してきた水俣病事件の記録でもある。そしてさらに、「水俣」のテレビドキュメンタリーは、人びとがテレビを見るという経験によって形成してきた水俣病事件の記憶も表象している。テレビドキュメンタリーを利用した授業では、テレビというマスメディアによる記録と記憶としての水俣病事件がどのようなものなのかを把握していくことになる。

　もう少し具体的にいうなら、テレビドキュメンタリーが描く「水俣」では、水俣病事件の何が、どのように描かれ、どのような「水俣」の姿が記録されているのかを考えていくことが授業の中心的な内容になる。したがって、授業を進めていくと、個々のドキュメンタリー番組の枠を越えて、映像が表象する水俣病事件史上のさまざまな出来事を再構成し

て、「水俣」の姿を描きなおしていくことになるかもしれない。むしろ、これが、「水俣」のテレビドキュメンタリーを利用した授業の到達目標である。なぜなら、文献や文書資料だけでは、十分に描かれもしなければ記録もされない水俣病事件の様相が、テレビドキュメンタリーでは描かれ、記録され、そして人びとの間で記憶されてきたからである。

　とはいえ、実際に授業を進めていく上では、いくつか留意しなければならない点もある。利用するドキュメンタリー番組は、それを見るだけで、短いもので30分程度、長いものなら60分近くの時間が必要になる。90分の授業のなかで、番組を見るためにこれだけの時間を費やすことは難しい。また、一度見ただけで、上に述べたような「水俣」の記録や記憶としてのドキュメンタリー番組の特徴を把握することも容易ではない。まず、何よりも必要なのは、1回の授業の事前、もしくは事後の学習として、取り上げるドキュメンタリー番組を学生自身が見ることである。そうした前提で、とくに長い番組を利用する場合は、授業のなかでは、いくつかのシーンに限ってそれを重点的に見ていくといった方法が効果的だろう。

　また、ドキュメンタリー番組が取り上げているのが、水俣病事件史上のどのような出来事なのかを、これも事前、もしくは事後の学習として、文献や資料によって検討しておくことも必要である。ドキュメンタリー番組を見ることで、水俣病事件が分かり易くなるなどという考えは誤りで、事態は逆である。水俣病事件史を取り上げた1冊の本に書かれたいくつもの出来事のなかの、ごく一部だけが、一つのドキュメンタリー番組で描かれている。また、本を読んだだけでは了解できない出来事が、テレビドキュメンタリーではつぎつぎに現れる。文献や文書資料では描かれない水俣病事件の様相をとらえていくためにも、こうした文献研究が不可欠であることはいうまでもない。

　そのためには、前節の「『水俣』を扱ったテレビ番組の系譜」が参考になるだろう。また、とくに「水俣」のテレビドキュメンタリーの特徴も把握しながら、描かれている出来事を考えていくためには、「水俣」をテーマにした文学作品も大いに参考になるはずだ。いずれにしても、「映像によって出来事が分かり易くなる」といった類の「神話」から脱却しておくことは必要である。

第5章 「水俣」の樹

　以下の5回分の授業展開案では、一つの番組を利用する場合は、それを【利用番組】として、複数の番組の利用を想定している場合は、それらを【利用候補番組】として各回の冒頭で掲げる。
　　第1回　テレビが初めて描いた告発する「水俣」
　　第2回　人間の問いと闘いとしての「水俣」
　　第3回　テレビドキュメンタリーが描く水俣病事件の構図と責任
　　第4回　消費社会のなかの「水俣」
　　第5回　「水俣」の「解決」、「救済」とは何か

第1回　テレビが初めて描いた告発する「水俣」

【利用番組】
NHK総合『奇病のかげに』（日本の素顔）、1959年11月29日放送、◎○

　テレビの映像と音声によって、水俣病事件を初めて描き出したドキュメンタリー番組こそが、**『奇病のかげに』**にほかならない。1959年末に締結された「見舞金契約」以前の水俣病事件の基本的構図は、このドキュメンタリー番組に描かれているといってよい。人びとは、この番組を見ることで、メディア環境において、映像や音声を見聴きする経験として、初めて水俣病事件を経験したのである。
　『奇病のかげに』は、その冒頭のシーンで、急性劇症型の患者の映像によって水俣病事件を描き出した。テレビを見ることで人びとが初めて経験した水俣病事件は、急性劇症型の患者の身体の映像を見るという経験であった。しかも、この番組のなかの患者の映像のいくつかは、熊本大学医学部の水俣病研究班が、症例研究と学会報告のために16ミリフィルムで撮影した映像を引用したものであった。医学研究の眼差しがとらえた映像が、テレビドキュメンタリーに引用されるとき、それは水俣病事件という惨禍を、この企業犯罪にして国家犯罪を告発するメディア表象となった。
　冒頭の映像となっていた急性劇症型患者は、村野タマノ（当時は、「川上タマノ」の名であった）という。この後の「水俣」のドキュメンタリー番組では、彼女が激しい痙攣発作を起こす場面がしばしば見出される。

それらも、熊大研究班によって撮影された映像が引用されたものである。数多くの「水俣」のドキュメンタリー番組のなかで、村野タマノの映像は、水俣病の悲惨な症状を衝撃的に描くことで「水俣」の記憶の一つを形成してきた。さらに、その映像が「水俣」の記憶を表象するだけではなく、「水俣」をめぐって広範に共有された集合的記憶を想起させつづけることになる。

『奇病のかげに』は、水俣病患者と家族の悲惨なまでに貧窮した生活を描き出していく。さらに、漁村の風景とそれを睥睨するかのように屹立するチッソ水俣工場のプラント、大量の工場排水が流れ出る百間排水溝が映し出される。自転車に乗って出勤する数多くのチッソ従業員の映像によって、地域社会「水俣」の姿も描かれる。その「水俣」の動揺を描いて見せるのは、鮮魚店や寿司屋の店先の映像であり、生業を失った漁民の姿と荒んでいく漁村の風景をとらえた映像である。熊大とチッソの双方が進める水俣病の原因究明作業は、「それにしても、この謎の奇病の正体はいったい何でしょうか」という問いとともに語られ、描かれていく。そこでは、当時のチッソ社長吉岡喜一がカメラに向かって、「有機水銀説」への「反論」と、「完備した設備」で対策を講じたことを語っている。

吉岡が「完備した設備」といったのは、サイクレーターとよばれる排水浄化設備であった。しかし、これには有機水銀を除去する能力はまったくなかった。サイクレーターの竣工式で、この装置から出る水をコップで飲んでみせるというパフォーマンスを吉岡はやってのけたが、有機水銀を副生していた酢酸アセトアルデヒド工程の排水は、ここを通らずに海へ流されつづけていた。サイクレーターが設置されたことで、有機水銀を含んだ工場排水が停止されることもなく、チッソ水俣工場の操業は継続されたのだ。結局、サイクレーターの設置は、チッソの操業継続のための偽装工作でしかなかった。

原田正純は、1959年には東京でインターンをしながら、小さな診療所の当直医に雇われていた。そこで彼は、この『奇病のかげに』を見ている。「水俣病患者のフィルムを見て、たいへんなショックを受けた」（原田 1972: i）という原田は、同時に、「失明して、よだれを流した少年がラジオにしがみついて栃光の勝負を聞いている姿が印象的であった」（原

田 1995: 68）とも述べている。

　原田に鮮烈な印象を与え、彼にとっての「水俣」の記憶の出発点になったともいえるこの少年の患者は松田富次という。おそらく、このドキュメンタリー番組を見ることで形成された人びとの「水俣」の記憶のなかで、彼の姿が大きな位置を占めていると考えられたのだろう。その後の「水俣」のテレビドキュメンタリーでは、『奇病のかげに』のなかの松田富次とその一家をめぐるシーンがしばしば引用されたり、松田富次のその後の姿が描かれたりすることになる。

　番組は、「これは、だれにその責任があるのか」というナレーションで始まる。これにつづくどのシーンも、新聞報道やテレビニュースとは異なる、テレビドキュメンタリーに固有の方法によって水俣病事件を描き、語っている。いずれも、高度経済成長を目前にした1950年代の終わりに、加害─被害の関係が明らかになろうとしていた水俣病事件の記録なのだ。そして、この番組は、つぎのようなナレーションで結ばれる。

　　「これは南九州の一つの町で起きた、悲惨な出来事です。そしてそれはまた、住民の幸福を守るべき地方政治の在り方、大企業の生産の在り方など、われわれに多くのことを教えているようです。罪のない、そして力のない人たちの上に降りかかった大きな災難。早く本当の原因が究明され、一日も早く医学の力がこの病気の治療方法を見つけ出してくれるように。そしてさらに強い政治の手を。これが、すべての患者や家族たちの心のなかの願いなのです。」

　『奇病のかげに』は、このような語りとともに、普及の緒についたばかりのテレビのドキュメンタリー番組として、みずからに固有の方法で描き、語った水俣病事件の記録なのである。それはまた同時に、このような語りとともに、人びとが普及の緒についたばかりのテレビを見ることで初めて経験した水俣病事件の記録でもあるのだ。こうして、「水俣」のテレビドキュメンタリーに学ぶ試みは、人びとがテレビを見ることで経験し、記憶してきた「水俣」に肉薄していくことになる。

第 2 回　人間の問いと闘いとしての「水俣」

【利用候補番組】
RKK『111』、1969 年 1 月 21 日放送、◎〇
NHK 総合『チッソ株主総会』(「現代の映像」)、1970 年 12 月 4 日放送、△〇
RKB『ドキュメンタリー　苦海浄土』、1970 年 12 月 25 日放送、◎
NHK 総合『埋もれた受難者たち』(「人間列島」)、1971 年 7 月 1 日放送、△☒
NHK 総合『特集　ドキュメンタリー　水俣の 17 年』、1972 年 3 月 26 日放送、△〇
NHK 総合『特別番組　村野タマノの証言〜水俣の 17 年〜』、1972 年 10 月 21 日放送、△〇

どのドキュメンタリー番組が、おもに、どのようなテーマで水俣病事件を描いているのかについては、前節の図 2 が参考になるだろう。
　RKK『111』の冒頭の映像こそが、「見舞金契約」後の水俣病事件報道の空白期を経て、テレビドキュメンタリーが再び描き始めた「水俣」の、その最初の姿にほかならない。それは、無策を詫びる政治家、当時の厚生大臣園田直の姿であった。

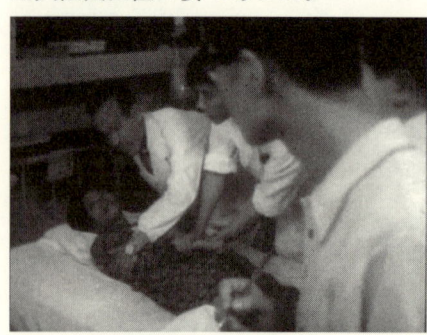

写真 3　痙攣発作に陥った村野タマノ。『111 〜奇病 15 年のいま』(熊本放送、1969 年 1 月 22 日)

　これにつづく映像は、衝撃的である。入院中の胎児性患者の映像がつぎつぎに現れる。そして、大臣の随行者や記者たちに取り囲まれた特異な雰囲気による緊張のために、痙攣発作に陥った村野タマノが映し出される (写真 3)。
　じつは、村野タマノは、石牟礼道子の代表作、『苦海浄土』に登場する「ゆき女」こと、西方ゆき女のモデルである。『苦海浄土』では、見舞いに訪れた大臣一行

第5章 「水俣」の樹

の目の前で、ゆき女が痙攣発作に陥った場面についての彼女自身による語りが、つぎのように聞き書きされている。

> 「『三十人ばかりでとりかこまれて、見られたばい。なれてはおるとたいね、どうせうちは見せ物じゃけん。(中略) 杉原ゆりちゃんにライトをあてて写しにかかったろ、それで、ああ、また、と思うたら、やってしもうた…。』
> 『やってしもうた…』とは水俣病症状の強度の痙攣発作である。のちに彼女は仕方がないというふうに、うっすらと涙をにじませて笑う。
> 予期していた医師たちに三人がかりでとりおさえられ、鎮静剤の注射を打たれた。肩のあたりや両足首を、いたわり押えられ、注射液を注入されつつ、突如彼女の口から、『て、ん、のう、へい、か、ばんざい』という絶叫がでた。
> 病室じゅうが静まり返る。大臣は一瞬不安げな表情をし、杉原ゆりのベッドの方にむきなおった。つづいて彼女のうすくふるふるとふるえている口唇から、めちゃくちゃに調子はずれの『君が代』がうたい出されたのである。心細くききとりがたい語音であった。
> そくそくとひろがる鬼気感に押し出されて、一行は気をのまれて病室をはなれ去った。」(石牟礼 1969 = 2004: 341-342)

ゆき女のこの語りを、『111』のなかの、村野タマノが痙攣発作に陥った場面の映像が可視化しているととらえることができるだろう。

『111』は、数多くの患者、支援者、チッソの経営者と従業員、市民、政治家、研究者たちの、水俣病事件をめぐる証言によって構成されている。この当時、「水俣」の当事者たちが、水俣病事件の何を、どのようにとらえ、どのように考え、どのように語り、どのように行動したのかの記録として、このドキュメンタリー番組を見ることができるだろう。

RKB『ドキュメンタリー　苦海浄土』でも、その標題から十分にうかがえるように、石牟礼の『苦海浄土』の登場人物のモデルといわれる数多くの患者たちと、その生活が描かれている。語り手が俳優の今福正雄と北林谷栄で、今福が谷中村の滅亡を語ることから番組が始まる。北林が琵琶御前に扮して番組に登場し、「水俣」をさまよいながら、谷中

村にたどりついたところで結末を迎えるのが、このドキュメンタリー番組の物語である。こうした作者性の顕著な、異色のドキュメンタリー番組であるために、この番組によって、テレビドキュメンタリーとは何かを考えることもできるだろう。ただそれ以上に、当時の患者たちとその生活の映像による記録として、この番組を見ていくことは重要である。『111』とともに、この番組は、人間の問いとしての「水俣」を考える授業に利用できる。

　NHK 総合『チッソ株主総会』と NHK 総合『特集　ドキュメンタリー　水俣の 17 年』は、水俣病事件史を特徴づける、「チッソ一株運動」と「自主交渉」という二つの闘いをテーマにしている。高度経済成長下の繁栄を象徴する大阪や東京という大都市に出現した、巡礼姿の患者たちや、テントを張って長期間の座り込みをつづける患者たちの映像こそが、人間の闘いとしての「水俣」を表象している。そうした闘いの当事者としての患者や支援者たちが、水俣病事件のなかで、何と向き合い、それをどう打ち破って行こうとしたのかを、彼ら、彼女たちの映像によって記録しているのがこれらの番組である。

　どちらの番組にも、患者と家族の闘いの支援を始めた「水俣病市民会議」や「水俣病を告発する会」メンバーの映像が見出される。同時に、どちらの番組でも、患者たちを「水俣の繁栄を阻害する者」として攻撃する、「水俣」の姿の見えない「市民」たちの声が流れる。

　『奇病のかげに』に登場した松田富次のその後の姿が、これらの二つの番組で描き出されていることに注目してもよいだろう。どちらの番組でも、彼は、一人で黙々と野球のプレーを真似して遊んでいる。そうした映像は、ラジオにしがみつくようにして栃光の取り組みに聴き入っていた幼かったころの彼の姿が表象する、「水俣」の集合的記憶を想起させるだけではない。年齢を重ねた松田富次の映像は、人びとからも、マスメディア・ジャーナリズムからも忘れ去られていた、水俣病事件の 10 年を越える時間も表象しているのだ。

　NHK 総合『埋もれた受難者たち』は、川本輝夫の水俣での潜在患者掘り起こしの活動を記録している。その活動は、のちに加害企業チッソとの「自主交渉」へと展開していく。それを考えると、この番組を、『特集　ドキュメンタリー　水俣の 17 年』の前編とみなすことができる。

第5章 「水俣」の樹

　二つの番組をとおして、川本の「水俣」での人間としての問いが、人間としての「水俣」の闘いへと展開していく過程が見られるかもしれない。
　川本の問いは、直接的には水俣病の判断条件、認定制度の正統性への問いであった。しかし、さらに問われることになったのは、だれが患者なのか、患者の救済とは何か、そもそも水俣病とは何で、そして人間とは何かであった。川本が訪ね歩いて出会った諫山孝子、半永一喜、佐藤ヤエといった潜在患者の映像は、水俣病の判断条件と認定制度の妥当性を問うて余りある。このような埋もれた受難者となっていた患者たちの映像こそが、水俣病事件を「環境問題の原点」などと語る今日のテレビニュースのアクチュアリティには見出せない、「水俣」の記憶を表象しているのだ。
　佐藤ヤエの夫は、武春という。じつは、**『特集　ドキュメンタリー水俣の17年』**のなかには、妻のヤエにかわって、川本とともにチッソ本社前のテントで座り込みをつづけ、「自主交渉」を進めた佐藤武春の姿がある。このような点でも、これらの二つの番組を前編と後編として見ていくことには意味があるだろう。
　『埋もれた受難者たち』では、従来頻繁に使われていた急性劇症型患者の資料映像の引用がまったくないことも大きな特徴である。かわって、水俣湾、不知火海、天草の島々の美しい風景を撮影したカラーのテレビ映像が多用されている。顧みられることなく放置されてきた潜在患者、未認定患者の映像が、美しい「水俣」の風景の映像と接合されることで、人間の問いとしての「水俣」が、番組のテーマとなって描き出されていく。
　そのタイトルからも明らかなように、NHK総合**『特別番組　村野タマノの証言〜水俣の17年〜』**のメインパーソンは、水俣病患者村野タマノにほかならない。すでに述べたように、**『奇病のかげに』**の冒頭の彼女の映像が、テレビドキュメンタリーの歴史のなかで初めて水俣病事件を描き出し、人びとはそれを見ることで水俣病事件を経験した。**『奇病のかげに』**以降も村野タマノの映像は、テレビが固有の方法で描き出した「水俣」の記録でありつづけ、テレビを見ることによって形成された「水俣」の集合的記憶を想起させてきた。
　熊大研究班が撮影した、痙攣発作で煙草を吸おうとしても思うにまかせない彼女の映像は、いくつものドキュメンタリー番組で頻繁に引用さ

れてきた。それが、人びとがテレビを見ることで経験してきた「水俣」の記憶そのものになったといってもよい。そのような映像の記憶に依拠して、彼女の17年間の生活が語られることで、人間の問いとしての「水俣」が描き出されていく。だからこそ、この番組の村野タマノへのインタビューの始まりは、彼女が煙草を吸う映像で始まらなければならなかったのだ。

『111』の冒頭で、村野タマノは痙攣発作に陥ったなかで、「君が代」を歌った。そして、『村野タマノの証言』のなかでも、彼女がカメラの前で「君が代」を歌うシーンが組み込まれている。この衝撃的なシーンもまた、人びとがテレビを見ることで経験してきた「水俣」の記憶の一つになっているに違いない。あるいは、石牟礼の『苦海浄土』のなかのゆき女の聞き書きも、人びとの「水俣」の記憶の一つなのかもしれない。だからこそ、『村野タマノの証言』のなかでも、タマノは「君が代」を歌わなければならなかったのだ。広大な八幡プールの底で干上がり、ひび割れたヘドロの映像がつづくシーンに、タマノの歌う「君が代」が流れる。目を閉じて、姿勢を正して彼女が「君が代」を歌い上げた直後に、うつむいて、むせび泣いているような横顔の映像がインサートされる。

第3回　テレビドキュメンタリーが描く水俣病事件の構図と責任

【利用番組】
NHK総合『埋もれた報告〜熊本県公文書の語る水俣病〜』、1976年12月18日放送、◎○

すぐれた調査報道の成果として評価の高いドキュメンタリー番組である。公文書によって記録された水俣病事件が、テレビの映像、言語、音声によって表象されていく。

水俣病事件の初期段階で、熊本県などから提起されていた一定の効果的な対策は、中央の行政機構や当時の経済政策のもとで骨抜きにされてしまった。また、水俣病の原因がチッソ水俣工場の排水であることが広く了解されながら、排水停止の措置は講じられなかった。水俣病事件におけるこのような重要な政治の責任を、公文書を基にして、関係者への

第5章 「水俣」の樹

取材とその映像によって明らかにしたのがこのドキュメンタリー番組である。

番組の物語は、水俣病「公式確認」当時の水俣保健所長の報告書や、熊本県と当時の厚生省、通産省との間でのさまざまな折衝や協議にかかわる公文書、そしてナレーションの言語によって構成されている。そこから明らかになる水俣病事件の基本的構図と政治の責任が、肉薄した取材をつうじて映像となった関係者のさまざまな表情や振る舞いによって描かれていく。

水俣病の病因物質として有機水銀が明らかになるには、1959年7月の熊本大学研究班の「有機水銀説」の発表をまたなければならなかった。しかし、水俣病の原因はきわめて早い段階で明らかになっていた。とりわけ、水俣湾の有毒化した魚介類の摂食による食中毒症が水俣病であることは、56年11月には確定していたのである。

熊本県は、食品衛生法を適用して水俣湾の漁獲を禁止するという、きわめて妥当、かつ有効な対策を、57年8月に一旦は決断した。ところが、食衛法適用の適否について熊本県の照会を受けた厚生省は、「水俣湾内特定地域の魚介類すべてが有毒化しているという明らかな根拠が認められない」という理由にもならない理由で、この対策を葬り去ってしまった。食衛法適用は水俣湾での全面禁漁を意味し、そうなると多額の漁業補償が求められる。その補償責任は、当然、魚介類を有毒化させた者、すなわちチッソこそが負わなければならない。こうしたポリティクスこそが、食衛法適用という有効な水俣病対策を国に退けさせた、最大にして唯一の理由にほかならない。

『埋もれた報告』のなかで、水俣病事件の初期段階におけるこの重大な出来事を、57年当時、熊本県衛生課長を務め、番組放送当時は東京で耳鼻科医院を開業していた守住憲明が証言している。彼は、穏やかな表情で「役

写真4　元熊本県衛生課長の守住憲明の証言するシーン。『ドキュメンタリー　埋もれた報告』(NHK総合、1976年12月18日)

169

放送番組で読み解く社会的記憶

人には、ほとほと愛想が尽きた」と語りながら、水俣病対策としての食衛法適用の死活的な重要性と、それが退けられた経緯と政策的な痛手を証言する（写真4）。

　水俣病のもう一つの原因が、チッソ水俣工場の排水であることはいうまでもない。これも、水俣病事件の初期段階から、疑いの余地のない原因とされ、水俣病対策として、工場排水の停止が幾度となく言及されていた。しかし、排水中の何が水俣病を引き起こすのかが明らかではない——すなわち、病因物質が解明されていない——というチッソと国、とりわけ通産省の主張によって、排水停止措置も実施されなかった。それは、排水停止が、事実上、チッソ水俣工場の操業停止を意味していたからである。

　番組では、排水停止が論議されていた当時、通産省軽工業局長の職にあった秋山武夫に取材を試みている。しかし、秋山は、取材陣の録音機材に気づくや否や、怒りも露に取材拒否に転じ、一切の証言を拒んだ。その一部始終が、このドキュメンタリー番組の映像と音声によって克明に記録されている（写真5）[注11]。

写真5　取材を受ける元通産省軽工業局長の秋山武夫（右）。『ドキュメンタリー　埋もれた報告』（NHK総合、1976年12月18日）

　このドキュメンタリー番組では、『奇病のかげに』のなかで、1959年当時のチッソ社長吉岡喜一が、熊大の「有機水銀説」への「反論」と、「完備した設備」による対策を、カメラに向かって語ったシーンが引用されている。番組では、この吉岡の自宅にも訪問して、取材が試みられている。しかし、彼は取材に応じていない。それが、記者が何度も自宅を訪ね、帰宅時間まで問うても、家人から不在を告げられるだけのインターホン越しのやり取りの映像によって描かれる。

　『埋もれた報告』で、『奇病のかげに』の映像が引用されているのは吉岡だけではない。胎児性患者の坂本しのぶも、『奇病のかげに』のなか

170

の3歳当時の映像が引用されている。そこでは、彼女は覚束ない足取りで歩き、転んでしまう。その坂本しのぶも年齢を重ね、『埋もれた報告』では、若い患者たちの集まりの「若衆宿」の一員となっている。「水俣病事件20年」の年に、彼女は20歳になったのだ。そうした姿が、このドキュメンタリー番組では描かれている。坂本しのぶは、「自分たちにできる仕事があればいいなと思う」と、若者らしい願いを語る。しかし同時に、「自分がどんなになっていくだろうか、それがいちばん恐ろしい」とも語って、水俣病患者の不安を吐露している。

『埋もれた報告』では、このほかにも、水俣病事件の初期段階で重要なアクターであった官僚、政治家、研究者、労働組合幹部などにたいする取材をとおしての証言と、その映像がつぎつぎに現れる。こうして、この番組は、水俣病事件の加害企業チッソと、この国の政治の責任の重大さを、一つの番組として、ほぼ余すところなく描き出している。そこでは、関係者の悔恨や当惑、あるいは逃避や開き直った怒りの表情となった「水俣」の記録が形成されている。それは、水俣病事件に向き合い、責任を負うべき者が、高度経済成長が始まろうとする時代にどのような主体として産出され、「水俣病事件20年」の「いま」をどのように生きているのかを、映像として描き出しているのだ。

このような「水俣」の記録を可能にした『埋もれた報告』は、テレビドキュメンタリーは出来事をどのように描き、記録することができるのかといったテーマの授業にも利用できる。さらには、テレビ・ジャーナリズムは、何を、どのように描き、伝えることができるのかを考える授業にも利用できるだろう。

第4回　消費社会のなかの「水俣」

【利用番組候補】
NHK総合『むらの記録　水俣・祈りの"甘夏"〜熊本県水俣市〜』（明るい農村）、1985年1月23日放送、△☑
NHK教育『水俣病はいま〜熊本県不知火海〜』（リポートにっぽん）、1985年12月3日放送、△☑
KKT『苦海からの叫び〜水俣病30年〜』、1986年7月20日放送、

◎ NHK総合『そして俺は漁師になった～熊本・不知火海～』(ぐるっと海道3万キロ)、1987年10月19日放送、△○

KKT『苦海からの叫び～水俣病30年～』は、認定制度のもとで認定申請を棄却された患者たちによる訴訟の経過を記録したドキュメンタリー番組である。

「水俣病事件30年」を迎える1980年代には、水俣病の症状がありながら認定申請を棄却され、救済を受けられない数多くの患者たちが生み出された。彼ら、彼女たちは、司法による救済を求める訴訟を全国各地で提起し、「水俣」の混迷は深まっていく。しかし、消費社会化が進行するなかで、「公式確認」から30年の時間が経過した水俣病事件の歴史化や、「環境問題の原点」といった発話を配分した言説への「水俣」の回収が進んだのもこの時代である。そうしたなかで、ともすると潜在化されようとしていた、水俣病ではないとされる水俣病患者を政治的に生み出す「水俣」の矛盾を歴史的に検証しようとするとき、この番組を利用できるだろう。

『苦海からの叫び』のなかの、もう一つの「水俣」の「いま」の表象は、巨費を投じて進められていた、水俣湾の水銀ヘドロの浚渫と、埋め立て工事の映像である。現在の「エコパーク水俣」となる以前の「水俣」の風景の変貌の記録を、この番組で見ることができる。

それはまた、NHK教育『水俣病はいま～熊本県不知火海～』(リポートにっぽん)が描く「水俣」の「いま」でもある。この番組は、教育番組として、「水俣病事件30年」の歴史を定型的に描き、語っていく。たしかに、そこでは、巨額の工事によって風景を変貌させても、工場排水によって汚染された海を容易に回復できない「水俣」の「いま」が語られ、描かれる。しかし、多くの水俣病患者が、水俣病ではないと認定申請を棄却され、患者としての救済も受けられない「水俣」の「いま」が描かれることはない。

この番組では、「水俣」の「いま」に至る歴史が、認定患者の浜元二徳のインタビューによっても語られ、描かれていく。浜元が語るのは、水俣病患者の苦難の歴史、「いま」もなお水俣病の症状に苦しむ生活、

そして「水俣」の海への愛着である。それに、資料映像や「水俣」の「いま」の風景の映像が交錯する。

そして、番組の後半では、浜元とその一家の「いま」の生業となった、無農薬で化学肥料を使わない甘夏栽培が紹介される。これこそが、水俣病事件の負の歴史を克服しようとする、「環境問題の原点」としての「水俣」を顕在化させる物語の言説にふさわしいテーマにほかならない。「水俣病事件30年」の歴史を重ねても、患者救済をめぐる混迷の度合いを深める「水俣」の「いま」を潜在化させる、消費社会に特徴的な「水俣」の言説と表象を、ここに見出すことができるだろう。

そのタイトルが示すとおり、NHK総合『むらの記録　水俣・祈りの"甘夏"～熊本県水俣市～』でも、海を追われた患者たちの、無農薬で化学肥料を使わない甘夏栽培が紹介されている。そこには、当時、認定申請中の緒方正人の姿がある[注12]。父福松を劇症型の水俣病で亡くした彼の回想と福松の遺影、葬儀の集合写真が、水俣病事件の歴史を語り、描き出す。しかし、この番組でも、番組放送当時、緒方自身もその当事者であった認定制度の問題が語られることはない。

「水俣病患者果樹同志会」を組織して甘夏栽培に勤しむ水俣病患者たちのなかに、かつて川本輝夫とともに東京丸の内のチッソ本社前で、「自主交渉」を闘った佐藤武春の姿もあった。このとき、佐藤は「同志会」のリーダーであった。佐藤家の暮らしを描いたシーンには、妻のヤエの姿もある。「59歳になった佐藤さんも、年ごとに水俣病の残した痛みの大きさをあらためて感じるようになってきました」とナレーションが語る。しかし、かつて佐藤や川本による人間としての「水俣」の闘いが立ち向かった認定制度が、その政治性を強めて患者救済の途を閉ざしている「水俣」の「いま」は語られない。

NHK総合『そして俺は漁師になった～熊本・不知火海～』（ぐるっと海道3万キロ）では、漁師を志して、自然とともに暮らす生活を目指して横浜から移り住んだ一家の生活をとおして、「水俣」の「いま」を描いている。たしかにこれも、消費社会に特徴的な物語の言説で「水俣」を語るドキュメンタリー番組だということができるかもしれない。しかし、そうした物語が称揚する生活を営もうとしても、漁師であるかぎりは向き合わざるをえないのが、変貌を余儀なくされ、仕切り網で閉ざさ

れて漁獲が禁じられた「水俣」の海であることをこの番組は描いている。
　これらの番組を組み合わせることで、いわゆる「バブル経済」の狂騒に踊った消費社会のなかで、「見失われた『水俣』の10年」を検証する授業が展開できるだろう。

第5回　「水俣」の「解決」、「救済」とは何か

【利用候補番組】
NHK教育『苦渋の決断〜水俣病40年目の政治決着〜』（ETV特集）、1995年10月19日放送、△〇
RKK『市民たちの水俣病』、1997年5月31日放送、◎
RKK『水俣病　空白の映像』、2002年11月30日放送、△
NHK総合『不信の連鎖〜水俣病は終わらない〜』（NHKスペシャル）、2004年12月12日放送、△☒

　水俣病の症状がありながら、認定申請を棄却され、水俣病ではないとされ、救済を受けられない患者は、司法による認定と救済を求めて訴訟を提起してきた。そのような裁判が行われ、多くの原告勝訴判決が言い渡され、それによって水俣病と認められた患者も増えつづけた。いつしか、水俣病患者が、認定制度によって水俣病と認められた「行政認定」の患者と、裁判をつうじて水俣病と認められた「司法認定」の患者へと二重化されるようになる。名づけの適切性は措くとして、いずれの患者も、水俣病と認められるまでには、何の救済も受けられないまま、長い時間を費やさなければならないのは同じであった。
　患者の高齢化が進み、1990年代には、救済を受けられないまま亡くなっていく患者が多く現れるようになる。こうして追い詰められていった患者に、政府は、「水俣病事件40年」にあたる1995年、認定申請や訴訟の取り下げを条件にした、「最終解決案」を提示し、ほとんどの患者団体がこれを受け入れる決断を強いられた。NHK教育『**苦渋の決断〜水俣病40年目の政治決着〜**』（ETV特集）は、それを描いたドキュメンタリー番組である。
　この番組のなかの、何十年もの間、日常生活を執拗に苛む苦痛と不安

第5章 「水俣」の樹

に耐えるしかない患者たちの映像は、認定制度と判断条件の不条理の記録である。親子二代はおろか、祖父母から孫までの三代にわたって水俣病と認定されず、病に耐えるだけの生活を強いられてきた患者世帯が、この番組には登場する。それは、「水俣病事件40年」と報道されるような「水俣」のアクチュアリティには描かれない、水俣病惨禍の歴史を表象している。

しかし、水俣病関西訴訟最高裁判決によって、判断条件の誤りと、水俣病事件史をつうじて排水規制を怠り、被害を拡大させた国の政治的責任は決定づけられた。それを、明瞭に描き出したドキュメンタリー番組が、NHK総合『**不信の連鎖〜水俣病は終わらない〜**』である。この番組では、親子二代にわたる水俣病患者の苦難の歴史が、アーカイブ的映像によって表象されている。悲惨な症状の衝撃的な映像によって、「水俣」の記憶の一つを形成し、広範に共有された「水俣」の集合的記憶を想起させつづけてきた患者が村野タマノであった。彼女を義母とするのが、水俣病関西訴訟原告団長の川上敏行であることがこの番組で明らかにされる。番組のなかでは、川上が義母を語るシーンに、これまでのテレビドキュメンタリーのなかの村野タマノの映像が引用され、患者家族の世代を跨いだ映像によって、「水俣」の記憶の参照系が形成されている。こうした親から子へとつづく水俣病患者の苦しみを描いた映像を接合することで、『不信の連鎖』は、半世紀以上の水俣病事件史を表象するのだ。

このほかにも、『埋もれた報告』のなかで、かつての熊本県衛生課長守住憲明が、初期段階の有効な水俣病対策の一つであったはずの、食品衛生法の適用が阻まれた経緯を語るシーンも引用される。そこでも、テレビ史とともに水俣病事件を描き、記録してきたテレビドキュメンタリーのアーカイブ的映像によって、「水俣」の記憶の参照系が形成される。そうした映像は、国が政治的責任を認めようとせず、解決から遠ざかりつづけてきた水俣病事件史を表象しているのである。

第二の「見舞金契約」に等しい水俣病の政治解決に揺れる「水俣」にあって、地域社会「水俣」の再生に向かおうとする人びともいる。かつて熾烈な患者差別を経験した杉本栄子は、忘れられない記憶を抱えながらも、差別した者とも互いの苦難を思い合おうとする。患者を「水俣の発展を阻むもの」として攻撃した「市民」の一人、田崎美孝は、容易には拭い

去れないわだかまりを抱えながらも、国策に翻弄されてきたみずからに向き合おうとする。このようにして、水俣病事件の傷痕を乗り越えなければならない「政治解決」後の「水俣」の姿を描いた番組が、RKK『**市民たちの水俣病**』である。

　水俣病患者を縮減させようとする判断条件の政治性ゆえに、延々とつづけられてきた病像論争によって、見失われた病像があることを指摘するドキュメンタリー番組が、RKK『**水俣病　空白の病像**』である。この番組は、終わらない水俣病事件が、医学における水銀中毒研究の大きな立ち遅れを招き、そうした医学では、水俣病として認知すらされない症状が存在し、新たなかたちで潜在化される患者が生み出されようとしていることを警告する。

　解決も、患者の救済も見出せないほどに複雑化され、終わることのできない水俣病事件を、こうしたドキュメンタリー番組によって考える授業も必要なのだろう。

注
11) ちなみに秋山は、水俣病関西訴訟で、パルプ廃水によって東京湾の漁業被害を発生させた本州製紙江戸川工場と同様に、チッソ水俣工場にたいしてもなぜ操業停止処分が行われなかったのかを問われて、つぎのように証言している。「チッソが占める重要度の比率が違う。経済価値なり、周囲に与える影響なりを考えると、紙もアセトアルデヒドも同じだという結論にはならないはずだ」(宮澤 1997: 224)。
12) 緒方は、こののち、みずから認定申請を取り下げている。

【引用文献】
石牟礼道子、1969 = 2004 年、『苦海浄土』講談社。
原田正純、1972 年、『水俣病』岩波書店。
原田正純、1995 年、『この道は』熊本日日新聞社。
宮澤信雄、1997 年、『水俣病事件四十年』葦書房。

5　参考図書・文献・資料一覧

〔書籍（発行年順）〕
水上勉、1960 = 1995 年、『海の牙』双葉社。

第 5 章 「水俣」の樹

石牟礼道子、1969 = 2004 年、『苦海浄土』講談社。
原田正純、1972 年、『水俣病』岩波書店。
原田正純、1989 年、『水俣が映す世界』日本評論社。
後藤孝典、1995 年、『ドキュメント「水俣病事件」 沈黙と爆発』集英社。
原田正純、1995 年、『この道は』熊本日日新聞社。
緒方正人語り、辻信一構成、1996 年、『常世の舟を漕ぎて：水俣病私史』世織書房。
宮澤信雄、1997 年、『水俣病事件四十年』葦書房。
渡辺京二、2000 年、『新編 小さきものの死』葦書房。
松本勉・上村好男・中原孝矩編、2001 年、『水俣病患者とともに――日吉フミコ闘いの記録――』草風館。
原田正純、2002 年、『金と水銀――私の水俣学ノート――』講談社。
原田正純編著、2004 年、『水俣学講義』日本評論社。
原田正純・花田昌宣編著、2004 年、『水俣学研究序説』藤原書店。
津田敏秀、2004 年、『医学者は公害事件で何をしてきたのか』岩波書店。
原田正純編著、2005 年、『水俣学講義 第 2 集』日本評論社。
石牟礼道子、2005 年、『水俣病闘争 わが死民』創土社。
川本輝夫、2006 年、『水俣病誌』世織書房。
西村肇・岡本達明、2006 年、『水俣病の科学―増補版』日本評論社。
石牟礼道子、2006 年、『苦海浄土 第 2 部 神々の村』藤原書店。
原田正純編著、2007 年、『水俣学講義 第 3 集』日本評論社。
宮澤信雄、2007 年、『水俣病事件と認定制度』熊本日日新聞社。
原田正純編著、2007 年、『豊かさと棄民たち――水俣学事始め――』岩波書店。
小林直毅編著、2007 年、『「水俣」の言説と表象』藤原書店。
原田正純、2007 年、『水俣への回帰』日本評論社。
最首悟・丹波博紀編、2007 年、『水俣五〇年――ひろがる「水俣」の思い』作品社。
原田正純・花田昌宣編著、2008 年、『水俣学講義 第 4 集』日本評論社。

〔資料〕
水俣病研究会編、1996 年、『水俣病事件資料集』葦書房。
「私にとっての水俣病」編集委員会編、2000 年、『水俣市民は水俣病にどう向き合ったか』葦書房。
西日本新聞社、2006 年、『水俣病 50 年：「過去」に「未来」を学ぶ』西日本新聞社。
熊本日日新聞社、2008 年、『水俣から、未来へ』岩波書店。

6　公開授業の経験から考えたこと

　放送番組を大学の授業の教材にするための、何よりも必要な条件は、教室で番組を見ることだ。残念ながら、公開授業は、放送番組の森研究会のメンバーが所属するどの大学でも実施されたわけではない。3日間通った学生もいるが、自分の大学ではなく、放送ライブラリーまで足を運んで聴講している。彼ら、彼女たちは、あたかも映画館へいくようにして、教材になったテレビ番組を見ていた。もし、これが公開授業などというイベントめいたものではなく、試験やレポートで成績を評価され、単位を認定されるレギュラーの授業だったら、事前、事後の学習のために、また、放送ライブラリーまで足を運ばなくてはならなくなる。つまり、公開授業はやったものの、現状では、放送番組が教材になるための最低限の条件を充たせていないことが確認された。

　制度的な制約を克服するためにも、放送番組を教材にした質の高い授業をしなければならないのだとすると、あるテーマなり、イッシューなりを考えていくために、授業のなかで放送番組をどう位置づけるかが重要である。映像は、複雑な社会問題を分かり易くなどしてくれない、むしろ、その逆の方が多い。水俣病事件についていえば、認定制度と判断条件をめぐる問題を、映像で分かり易くして理解することなど簡単にはできない。そこで、公開授業では、1回だけの授業でもあるので、教科書や文献で学んだ「水俣」と、テレビドキュメンタリーで見る「水俣」がどう違っていて、そこから水俣病事件をどのように考えることができるのかをねらいにしてみた。結果は、うまくいったところと、まったくダメだったところが、半々といった感じだろうか。

　やはり、学生は、「水俣」をめぐるある種のメディア知とでもよべるようなものを形成していて、「水俣」についての映像的記憶もそれなりにあるようだ。具体的にいうと、「水俣」が劇症型患者や、胎児性患者の映像で描かれてきたこと、あるいは「水俣」が激しい闘争の場面として描かれてきたことを、どこかで記憶し、了解している。したがって、苦難に満ちた事件史の時間も、テレビドキュメンタリーでは年齢を重ねた患者の映像で描かれるといった論点は理解しやすいようだ。しかし、水俣病事件が、戦後だけではなく、戦前からの国策の帰結としてあると

第5章 「水俣」の樹

いった論点は、十分に了解できなかったようだ。
　これは、一つには、そもそもこうしたテーマで「水俣」を描いたドキュメンタリー番組が少なく、教材になるような映像も十分ではないということも理由の一つだろう。しかし、それがまったくないわけでない。放送ライブラリーには好適なドキュメンタリー番組が一編所蔵されている。公開授業でも、その番組のシーンも使っている。それは、1970年にRKBが放送した、『**ドキュメンタリー　苦海浄土**』である。
　この番組は、49分の長編で、しかも、かなりしっかりと見ないと、なかなかこうしたテーマが見えてこない。ここで、公開授業の経験で考えたことは、最初の問題に立ち帰る。
　授業の事前でも、事後でも、学生はこの番組をしっかりと見る必要があるのだ。しかし、現状では、公共財であるはずの『**ドキュメンタリー　苦海浄土**』という放送番組を、こうしたかたちで「水俣」を学ぶ教材にするための条件は充たされていない。

第6章　失業の樹

伊藤 守（いとう まもる）

　早稲田大学教育・総合科学学術院教授、同大学メディア・シティズンシップ研究所所長

　著書に『記憶・暴力・システム』法政大学出版局、編著に『テレビニュースの社会学』世界思想社、『テレビ文化の権力作用』せりか書房、共著に『デモクラシー・リフレクション：巻町住民投票の社会学』リベルタ出版など多数。また2012年3月に『ドキュメント　テレビは原発事故をどう伝えたか』平凡社新書を出版した。

2008年12月31日、東京日比谷公園に開設された「年越し派遣村」に集まった失業者や派遣労働者。
© AFP PHOTO/ Toru YAMANAKA

1 テーマ「失業」の概説

1-1 失業とテレビ

　本章の試みは、テレビ番組を通じて失業という深刻な社会問題がどう捉えられてきたかを検証するとともに、アーカイブ映像を用いて大学教育の新しいモデルを提示することにある。

　「失業」とは、統計学上、「生産年齢人口のうちの労働力人口－就業者＝失業者」を指すとされ、一般には「働く意志と能力があるが、職が無い人」を意味する。この働きたいという意志と意欲をもっているにもかかわらず働き口がない、働きつづけたいという自己の意志に反して職を失った（職を奪われた）等々、「失業」という深刻な社会問題に対して、テレビ番組（テレビドキュメンタリー）がどう向き合い、何を問題化してきたか。この点を歴史的に考えてみることにしたい。

　失業は、資本主義経済にとって、いつ、いかなる時でも、解決できない問題である。また、多くの論者が指摘するように、資本主義経済による経済活動になくてはならない構造的要因ともいえる。好景気、不景気という経済の循環過程において、雇用の調整弁としての機能を果たし、好景気には労働力を確保するためのプールとして、そして恐慌や景気の後退期においては過剰労働力として人員削減の対象・当事者として、つねに潜在的に抱えながら、また時には意図的にかつ政策的に産出しなければならない要因であるからである。したがって、失業は、どの時期にも存在し、どの時期にも見られる社会現象の一つといえる。

　しかし、失業がどの時点でも存在する社会的事象であるからといって、それがいつでも社会の構成員の中で広く認識され、可視化されるというわけではない。新聞やテレビあるいは雑誌や学術書が、その問題を伝えない限り、広く社会に認知されることはないからである。とりわけ、数百万人という単位で視聴者に情報を伝えることができるテレビの影響力は、失業という事象を伝える上で看過できない大きなファクターといえる。

第6章　失業の樹

　また、失業が、いかなる時にも存在するとはいえ、それがある歴史的な事象として生起する場合、それがいかなる問題として、どのような性格の問題として把握されるか、いかなる背景から生まれた問題であると認識されるか、という点にかかわっても、メディアがつくるフレームワークや議題設定の機能の影響は大きいと言わねばならない。理念的に見れば、個人の怠惰が招いたのか、政策上の誤りが招いたのか、あるいは大企業とその下請けの小規模・零細企業という日本経済の構造的特徴と指摘された「二重構造」が反映されているのか、国際的に共通した問題なのか等々、さまざまな失業をめぐる原因や背景が考えられるからである。その時代ごとに変化する社会問題としての失業の特徴を、メディアは、学術的な知見や、あるいは現場に密着した取材を通じて、社会問題として、いかに描き、語ってきたのだろうか。

　実際、テレビドキュメンタリー番組の初期から、失業や雇用に関するテーマは制作され続け、一つの大きな系譜、重要な領域・ジャンルを形成している。

1-2　戦後の日本の経済と雇用・失業

(1) 戦後の復興期

　ここで、簡潔に、日本経済の歩みを振り返っておく必要があろう。

　戦後の日本経済は、その再出発の時点で、ほとんどの工業生産設備が空襲などによって被害をうけ、しかも多くの設備が戦時中に軍用に転用され、残ったものもそのほとんどが修理も更新もなされていなかった。また設備を稼働させる原材料やエネルギーの輸入も途絶えていた。まさに「ゼロ」からの再出発であった。

　1946年末からはじまる傾斜生産方式の採用で、生産規模はようやく上向きとなり、生活物資の生産が増加したものの、インフレが拡大、人々は食糧難に苦しんだ。その後、1949年にドッジ・ラインが採用され、インフレは収束に向かった。だが、生産規模は縮小し、失業の増加が見られた。この事態を打開したのは、朝鮮戦争による特需である。アメリカからの直接的な経済援助やアメリカ軍の後方基地として機能した日本へのさまざまな資金投資によって日本経済は活況を取り戻す契機を得た

のである。朝鮮戦争の休戦で、一時的な景気後退局面を迎えたが、敗戦後の10年間で日本経済は平均で8.5%という極めて高い経済成長を記録した。

55年をもって「もはや「戦後」ではない」と『経済白書』が宣言したのは1956年のことである。

この時期の、産業別就業者構成比は、第一次産業が41.0%、第二次産業が23.5%、第三次産業が35.5%を占めている。工業生産が拡大したとはいえ、農業を中心とした第一次産業が占める割合がまだまだ高い時期であった。また、傾斜生産方式の採用に見られるように、工業生産の基盤となる石炭産業、炭鉱労働者が重要な位置づけを与えられ、「石炭増産」が大きな課題として認識されていた。

上記の1955年時点での産業別就業者構成比が大幅に変わり、第一次産業が19.3%へと半減し、第二次産業が34.0%へと11.5%の増加、第三次産業が46.6%へとこれも11.1%の増加を示した1970年まで、日本経済はよく知られるように「高度経済成長」を迎えた。

(2) 経済成長期

高度成長は、池田内閣の経済政策、特に企業の設備投資を高い水準で維持する低金利政策や所得倍増計画によって進められ、その後の佐藤内閣でも基本的にその政策が引き継がれるなかで達成された。1964年には、OECDに加盟し、国際的な発言力を増して、「先進国への仲間入り」を果たしたとも言われた。たしかに、経済成長は、物的な貧しさから多くの人々を解放し、国際的な競争力を強化したのである。

しかし一方で、高度経済成長は、農村から都市への大量の人口移動、それに伴う生活環境や生活スタイルの変化、農業・林業・漁業から製造業やサービス業への労働形態の変化、石炭から石油へのエネルギー資源の転換など、人々の生活全体にかかわる経済的・社会的変化をもたらすだけでなく、水俣病に象徴されるような、生産主義による行政・企業犯罪、公害の多発など、さまざまな社会問題を生み出した。

後述するが、この時期、戦後の日本の近代化を進める上でもっとも重要な産業とみなされていた石炭産業が、石炭から石油へ、というエネル

ギー政策の転換の下で、斜陽産業とみなされ、「合理化」の矢面に立たされたことは、日本の経済と失業問題を語る上で看過できない。

　1960年代の経済成長は、すでに述べた石炭と鉄鋼の生産に重点を置いた傾斜生産方式の延長線に構築された、鉄鋼、機械、金属、化学などの重工業の発展に基づいている。とはいえ、1950年代においては、繊維、食糧、木製品といった軽工業の生産額が全体の約55%、輸出額の66〜67%を占めており、1960年代でも生産額の44%、輸出額の53%を占めている。まだ日本の工業の中心は軽工業であった。それが重工業へとシフトしていくのが1960年代といえる。その過程はまた、労働集約型の繊維や軽工業を中心とした産業が、他の発展途上国の経済成長、日本国内の平均賃金の上昇等の要因から、輸出力の低下、国際競争力の弱体化という事態に直面する過程でもあった。1970年代にこれらの産業は「構造不況産業」と呼ばれ、全国の零細・小規模の軽金属や繊維工場が次々に倒産・閉鎖に追い込まれた。

(3) オイルショックの克服と技術革新

　1973年の第一次オイルショックまで、日本経済は平均で10%前後の経済成長を続けた。しかし、OPEC（石油輸出国機構）がこれまでの不利な交易条件の改善を求めて、石油原価の大幅な値上げに踏み切ったことで、第一次オイルショックが起こった。1978年にはイラン革命を契機に第二次オイルショックが起きる。原油価格の値上げは、60年代を通じて石炭から石油への転換を図り、石油への依存度を高めていた日本にとって厳しい試練を課した。しかも、この時期には、日本経済に、オイルショックとは別の懸念材料もあった。

　オイルショックに先立つ1971年に、先進10カ国の蔵相がアメリカのスミソニアンに集まり、通貨調整のための協議を行って、これまで1ドル＝360円とされた固定平価制度が変更され、1ドル＝308円に変更された。だが、これでも事態は安定せず、1973年には変動相場制に移行した。この円高傾向が進むならば、輸出産業は大きな打撃を受ける。それに加えて、オイルショックによる原油価格上昇である。日本経済は二重のパンチに見舞われたのである。

原油価格の上昇による影響は先進国の中でもっとも大きかったと言われているが、日本の企業は石油や輸入原材料の節約等の省エネルギー対策、それに対応した新たな技術革新や高付加価値製品の開発、情報化に対応したIT産業の育成、経営の合理化・効率化によって、他の先進国と比較しても、いち早く二重の困難を打開することができた。そのことは、さまざまな意味をもつことになる。

　第一は、こうした日本企業の高い効率性と技術革新による業績向上によって、「ジャパニーズナンバーワン」と言われるような高い国際的評価を得たことである。トヨタの「ジャストインタイム」方式やIQサークルなどの生産管理方式など、「日本的」経営システムが世界的評価を浴びた。

　第二は、オイルショックを契機にして、「重厚長大」な鉄鋼や金属産業に変わり、経済成長を牽引する産業としてコンピュータ、OA機器、そして半導体など、一般に「軽薄短小」と言われる製品の生産の拡大が進展したことである。

　第三は、高い効率性を達成した日本企業の業績に対する国際的評価を背景に、「身を切るような努力」をした「民間企業」の視点から、公的部門の非効率性や政府の肥大化が問題視され、「スリム化」「公務員削減」といったスローガンのもと「行政改革」が強く叫ばれるようになったことである。

　ヨーロッパの先進国の間では、日本と比べて、産業の転換と高度化が立ち遅れ、「先進国病」といわれるような事態に直面していた。企業の業績は悪化し、税収も減少、失業率も悪化していた。この事態を前にして、日本も「先進国病」に至ることのないように対応すべきとの観点から、「行政改革」が強く叫ばれたのである。

(4) 80年代のバブル経済とその破たん

　1980年代の日本経済はIT産業を中心に堅調な拡大を続けた。貿易収支も黒字が続き、80年代は先進国の中でももっとも外貨を保有する国となり、この黒字幅の大きさが国際経済で問題化される。いわばこの「金余り」状況で、預金取扱機関が土地関連融資を増大させたことから、バ

ブル経済が発生した。
　しかしその後、地価下落によって膨大な貸出債権が不良化し、91 年にはバブル崩壊となる。地価の上昇が続くことを期待して土地関連融資を増大させた金融機関の思惑は裏切られ、証券会社や銀行など多くの企業が破綻に追い込まれた。1995 年、96 年に経済対策の効果もあって一時的に短期的な回復はあったものの、この金融不安は長期にわたり、政府が金融「正常化」宣言を発表したのは 05 年の 5 月である。バブル崩壊から実に 15 年にわたって金融不安が続き、実体経済に影響を与えた。
　不況がこれほど長期にわたった原因は、宮崎勇・本条真著『日本経済図説第 3 版』によれば、過剰設備、金融機関の貸し渋り、企業自体の収益の低下で、企業の設備投資が 30 カ月にわたり低下したことや、さらに海外投資の増加によるという。
　この期間に、政府が金融の「正常化」と不況からの脱出をおこなうためにすすめたのが「超低金利」政策である。不良債権問題に苦しむ金融機関には 70 兆円規模の公的資金枠が準備され、また他方で企業の資金運用を円滑におこなうために金利をゼロに近い水準にまで引き下げる政策がとられた。それは「資金調達コストを引き下げて設備投資を後押しして、円安を維持して輸出拡大を促進することが狙いだったとも言われている」(齊藤 2009)。しかも 2002 年以降、景気回復がみられるなかでも「未だデフレ脱却せず」という判断がおこなわれ、この超低金利政策が継続される。アメリカも 2002 年から 2004 年にかけて IT バブル崩壊から金融市場を立ち直らせるために低金利政策を展開した。低金利は円安を誘導して、輸出を主力とする一部の企業の業績回復には有効な政策であった。だが、競争力強化の名目で賃金が抑制された中でのこうした政策は、一般のサラリーマン層や年金生活者にとっては大きなダメージとなる。大手の企業の景気が回復したとはいえ、消費の拡大には至らなかった。

(5) 1980 年代から 2000 年代における雇用環境と失業問題
　バブル経済に向かった 1980 年代の時期から 1991 年のバブル崩壊後の長期にわたる不況を経験した 1990 年代、さらに現在に至るまでの期

間は、労働者の雇用環境が大きく変化した時期である。また第三次産業部門に占める就業者数が増加した期間でもある。

1985年の産業別就業者構成比をみると、57.3%であった第三次産業部門は1995年には61.8%へと上昇している。この間、男女雇用機会均等法（正式名称「雇用の分野における男女の均等な機会及び待遇の確保等に関する法律」）が1985年に、さらに労働者派遣法が同年に制定され、労働分野の「規制緩和」も進められた。労働環境は劇的に変化したのである。

図1　失業率の長期的推移（資料出所　OECD "Labour Force Statistics"）

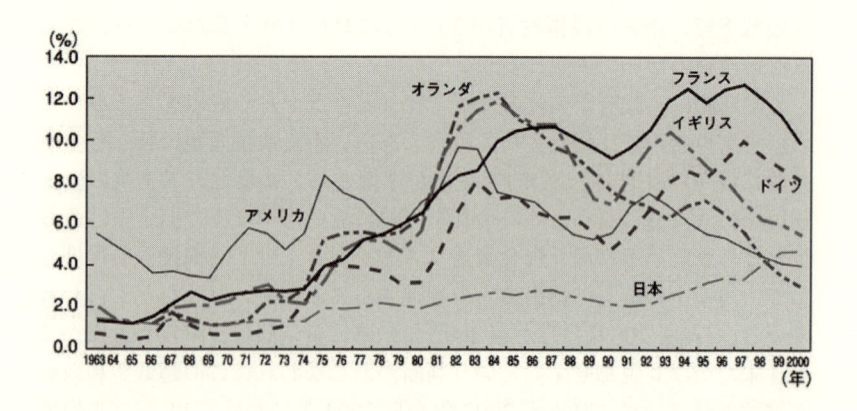

（出典　厚生労働省、2002年、『労働経済白書（平成14年版）』日本労働研究機構、68頁より）

失業に関して言えば、戦後一貫して低い失業率を維持し、1960年代はドイツと並んで1%台、70年代も2%台の前半で推移してきた。しかし、図1に示したように、1980年代後半に入ると、85年に2.6%、86年は2.8%、87年も2.8%と次第に上昇する。とりわけ、15〜24歳の若年層でその傾向がはっきりと現れ、この年代では5%前後の高い失業率を見せるようになる。表1から読み取れるように、1990年代に入ると失業率はやや低下するものの、94〜95年に急激な上昇傾向に転じて、2000年代には年齢計完全失業率は5%台で上下する水準にまで達する。失業率の上昇はすべての年代で見られるものの、90年代から2000年代

第6章　失業の樹

を通じてもっとも高い比率は15～24歳の若年層であり、2003年には10.1%というきわめて高い値を示すまでになる。日本経済は、1994年前後を境にして失業率が上昇し、この15年の期間で、約300万人の完全失業者を抱える社会に変貌したのである。

表1　完全失業者数、及び年齢別完全失業率の推移（資料：総務省統計局「労働力調査」）

(万人、%)

年	完全失業者数	年齢計完全失業率	15～24歳	25～34歳	35～44歳	45～54歳	55～64歳	65歳以上
1975	100	1.9	3.1	1.9	1.4	1.3	2.3	1.2
76	108	2.0	3.1	2.0	1.4	1.4	2.6	1.6
77	110	2.0	3.5	2.1	1.4	1.3	2.8	1.6
78	124	2.2	3.8	2.4	1.6	1.6	3.0	1.5
79	117	2.1	3.7	2.2	1.4	1.4	3.1	1.5
80	114	2.0	3.6	2.2	1.4	1.4	2.8	1.4
81	126	2.2	3.9	2.3	1.6	1.5	3.2	1.7
82	136	2.4	4.4	2.5	1.6	1.6	3.4	1.7
83	156	2.6	4.5	2.8	2.0	2.0	3.7	1.7
84	161	2.7	4.9	2.7	2.0	1.9	3.9	1.7
85	156	2.6	4.8	2.8	1.9	1.8	3.7	1.7
86	167	2.8	5.2	2.9	2.0	1.8	4.1	1.3
87	173	2.8	5.2	2.9	2.0	1.9	4.2	1.3
88	155	2.5	4.9	2.7	1.8	1.6	3.6	1.2
89	142	2.3	4.6	2.4	1.6	1.4	3.1	0.9
90	134	2.1	4.3	2.4	1.5	1.2	2.7	0.8
91	136	2.1	4.5	2.3	1.5	1.2	2.5	1.0
92	142	2.2	4.4	2.5	1.5	1.2	2.5	1.0
93	166	2.5	5.0	2.9	1.8	1.5	3.0	1.0
94	192	2.9	5.6	3.4	2.0	1.8	3.6	1.4
95	210	3.2	6.1	3.8	2.2	1.9	3.7	1.3
96	225	3.4	6.6	4.0	2.2	2.0	4.2	1.5
97	230	3.4	6.7	4.2	2.3	2.1	4.0	1.5
98	279	4.1	7.7	4.9	3.0	2.5	5.0	2.1
99	317	4.7	9.1	5.5	3.3	3.1	5.4	2.2
2000	320	4.7	9.1	5.6	3.2	3.3	5.5	2.2
01	340	5.0	9.6	6.0	3.6	3.4	5.7	2.4
02	359	5.4	9.9	6.4	4.1	4.0	5.9	2.3
03	350	5.3	10.1	6.3	4.1	3.7	5.6	2.5
04	313	4.7	9.5	5.7	3.9	3.4	4.5	2.0
05	294	4.4	8.7	5.6	3.8	3.0	4.1	2.0
06	275	4.1	8.0	5.2	3.4	2.9	3.9	2.1
07	257	3.9	7.7	4.9	3.4	2.8	3.4	1.8
08	265	4.0	7.2	5.2	3.4	2.9	3.6	2.1
09	336	5.1	9.1	6.4	4.6	3.9	4.7	2.6
10	334	5.1	9.4	6.2	4.6	3.9	5.0	2.4

（出典　厚生労働省ホームページ「平成23年版厚生労働白書」より）

この失業率の上昇は、バブル崩壊によって生じた長期不況によるものといえるが、それと同時に、上記したように、この間に進められてきた雇用制度の変化も看過できない。雇用環境の変化をより詳しく見ておこう。

　1985年に労働者派遣法が成立した（86年7月施行）。その法律の対象は、13業種に限定されていた。1987年には労働基準法が改正（88年4月施行）され、変形労働時間制の拡大、フレックスタイム制・専門業務型裁量労働制が導入される。さらに1993年6月には労働基準法がふたたび改正され、週40時間制実施、1年単位の変形労働時間制が導入された。これらはいずれも生産量の増減に合わせた労働時間の柔軟な変更によって効率性を高めたいとする企業側の論理にそったものだった。

　こうした流れを受けて、1995年5月に出されたのが日経連の「新時代の「日本的経営」」と題された報告書である。その後の市場原理主義的な規制緩和をはっきり指摘した有名な報告書である。そこでは、今後の企業の経営をより効率化し、柔軟に対応する組織とすべく、長期蓄積能力活用型、高度専門能力活用型、雇用柔軟型という三つの雇用類型が提示された。第1の「長期蓄積能力活用型」とは、企業の経営を担うエリートサラリーマン層のことであり、正規雇用労働者と考えてよい。第2の「高度専門能力活用型」は、3～5年といった期間で成果を達成することを目的としたプロジェクトを遂行するために必要とされる専門職のことである。彼らは、したがって、第1のグループのように、長期間の雇用を前提とした労働者ではなく、企業に直接雇用されるか、あるいは派遣会社から派遣されるか、どちらにしても非正規労働者として働くことを期待されている層といえる。第3の「雇用柔軟型」は、パートタイマー、短期の派遣社員、アルバイト等、その時々の仕事量に応じて柔軟に雇用できる人材を指している。このような3つに類型化された雇用形態を導入する目的はなにか。激しいグローバルな競争にさらされている企業は、投資収益率を確保するために、労働コストを極力切り詰めることを当然のことながら考えている。報告書に書かれた3つの雇用類型は、このような企業側の利害にそって、労働者の雇用関係にかかわる長期的な見通しを示したのである。

　企業側のこうした発言を背景に、1999年に労働者派遣法が改正され、

これまで基本的には事務職・ホワイトカラー職である 13 業務に限定されていた対象が、製造業と建設業、港湾運輸、警備保障、医療を除くあらゆる分野で可能となる。さらに、2004 年 4 月から、製造業という巨大な産業分野での派遣が解禁になった。この原則自由化、とりわけ製造業や物流産業を中心にしたブルーカラー職への派遣解禁は、間接雇用の歴史の中でも重要な変化であった。

こうした対象業務の原則自由化のなかで、派遣労働者は急増し、現在、その数は約 321 万人に上るとも言われている。労働分野の規制緩和策が講じられるなかで、多くの正規雇用を置き換える形で、こうした派遣や請負、契約などのフルタイム型の非正規雇用が爆発的に拡大し、大量の不安定労働者が形成されたのである。それぞれの条件に応じた多様な就業形態を提供するというスローガンのもとに、不安的雇用で、しかも正規労働者と同じ業務を行っても低賃金を強いられる賃金差別、雇用保険にも加入できない（させない）、劣悪な労働環境が生み出されたのである。

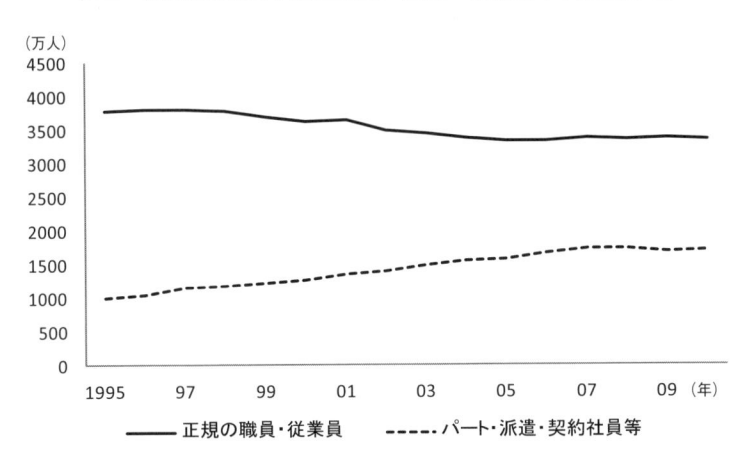

図2　雇用形態別雇用者数の推移（出所：総務省「労働力調査」）

（総務省統計局ホームページ「長期時系列データ（詳細集計）」より著者作成）

2 「失業」関連年表

年	経済状況	産業・雇用に関連する出来事
1945～	敗戦後の経済混乱	
1950～	朝鮮戦争特需	戦後経済の復興
1953～54	朝鮮戦争後の不況	
1955～57	神武景気	生産水準が戦前の平均水準までに回復 1955
1957～58	なべ底不況	
1958～61	岩戸景気	高度経済成長　池田内閣「所得倍増計画」1960
1963～64	オリンピック景気	OECDに加盟 1964
1964～65	証券不況	石炭から石油へ
1966～70	いざなぎ景気	貿易収支黒字基調 60年代後半から
1973	オイルショック	変動相場制に移行 1973
1974～	構造不況	繊維工業の衰退（日米繊維協定 1972）
1978	第2次オイルショック	第2次臨調発足 1981、中曽根内閣発足 1982
1983～87	円高不況	男女雇用機会均等法施行 1986
1985	プラザ合意	労働者派遣法施行 1986、労働基準法 1987 改正、1993 改正
1986～90	バブル経済	IT関連産業増加
1991～2001	複合不況	行政改革委員会規制緩和小委員会設置 1995、労働者派遣法 1999 改正、2004 改正

3 「失業」を扱ったテレビ番組の系譜

　前節では、後の日本社会における経済過程とそれに強く規定された雇用環境の変化と失業問題について、その概略を述べてきた。戦後の復興期から1970年代まで、日本経済は成長し、拡大し、「経済大国」と言われるまでになった。とはいえ、失業は、その時々の社会的な文脈の中で、「首切り」「解雇」「リストラ」「雇用調整」といったさまざまな言葉を使いながら、実行されてきたのである。

　テレビは、この失業という社会問題を、いかに捉え、描いてきたのだろうか。すでに述べたように、テレビドキュメンタリーは、各年代で制作本数の増減が見られるとはいえ、一貫してこの問題に肉薄してきたと

いえる。以下では、これまで指摘した経済・雇用動向と対照させながら、テレビドキュメンタリーの流れを概観し、解説を加えておこう。

1960年代　「石炭から石油へ」の産業構造の変化

　日本のテレビの放送開始は 1953 年である。放送開始とともにテレビドキュメンタリー番組が制作され、テレビ番組の中に占める社会派ドキュメンタリーの比重はきわめて大きかったといえよう。雇用や失業に関するドキュメンタリー番組がもっとも早く制作された時期やそのタイトルは定かではないが、放送ライブラリーに所蔵されている作品の検索結果によれば、RKB毎日（1959）『**黒い羽根運動によせて**』がもっとも古い。すでに 1950 年代にはこの分野の番組が制作されていたことがわかる。

　1960 年代に入り、雇用・失業問題に関するドキュメンタリーの多くは、炭鉱労働者を対象にした。「石炭産業の合理化」が叫ばれ、数多くの労働争議が発生し、失業問題が集中的に現れたのが、石炭産業、炭鉱労働者であったからである。NHK や九州の民放は精力的に制作した。またここで特筆すべきは、炭鉱労働者に照準したドキュメンタリー番組は、この時期に限られるものではなく、長いテレビ史のなかで繰り返し制作され、いわばテレビドキュメンタリーの重要な系譜をなす一つのジャンルとして今日に至っているということである。

1970～80年代　オイルショックの克服とバブル経済

　二度のオイルショックを経験しながらも、日本経済は、原油価格の上昇という試練を、さらなる技術革新や省エネ対策、さらに徹底した効率化などを通じて克服していく。こうした経済環境によるものなのか、この 70 年代の時期のドキュメンタリー番組の数は検索結果から見るとかなり少ない。

　それに対して、80 年代に入ると雇用や失業にかかわる番組が数多く制作されるようになる。上記のように、日本経済は、IT 産業や家電製品を中心に輸出が大幅に伸び、高い水準の設備投資が続くとともに、外貨保有量もきわめて高水準を維持していた。こうした時期に、「新失業

時代」「大量失業時代」というタイトルを冠した多くの番組が制作された背景には関連し合う二つのことがらがあったことが当時の番組内容からうかがい知ることができる。その一つは、ヨーロッパ各国が10％代の失業率に苦しむ中、日本も今後同じような事態を招くことが懸念される、という視角から番組が制作されたことによる。NHKが大型番組として制作した『世界の中の日本』はその代表的な事例といえる。

当時の西ドイツやフランスは日本の技術革新から遅れを取ってしまい、日本からの輸出増によって多くの分野の企業が厳しい状況に置かれ、EC全体で1700万人の失業者を抱えるまでになっていた。この「先進国病」と言われる事態を記録したのである。

第二の理由は、海外に移転する企業が増加することで、国内の産業の「空洞化」が進み、日本も大量失業時代を迎えるのではないかという問題関心から番組が制作されたからである。日本からアメリカやヨーロッパに対する輸出攻勢は、「日本が失業問題を世界に輸出している」として強い非難を浴びることになる。この非難を回避しながら成長を図るために、大企業はアメリカそしてヨーロッパに進出して、現地の海外工場による生産拡大を進めた。こうした大企業の海外移転は、大企業の下請け企業、中小企業の海外移転も余儀なくさせる。働き口がなくなるのではないか、日本も大失業時代を迎えるのではないか。番組はこうした視点から制作された。実際、上記したように、1980年代後半から、日本の失業率は次第に上昇し、完全失業率はそれ以前の2％前半から3％に近づきつつあり、若年層では5％前後という高い水準になっていたのである。

このように、「世界の中の日本」という視点から多くの番組が制作されたといえるが、ここで注目すべきは、これらの番組が工場の海外移転などによる雇用環境の変化を捉えながらも、実際に若年層で失業問題が発生している現実を伝えるものはほとんどなく、失業はいまだ「懸念される材料」「今後予測される事態」として語られる傾向があったということだろう。NHKが特集番組として1987年に放送した『**世界の中の日本　経済大国の苦悩（3・終）　大量失業社会はくるか**』というタイトルは、「くるか」という疑問形が象徴的に示しているように、その当時の制作者側の問題関心の所在をよく表している。

90年代から2000年代へ、完全失業率5%台の社会へ

バブル崩壊後、1994年前後から失業率は急激に上昇に転じ、2000年には5%前後の水準で推移する。とりわけ厳しい状況に直面したのは若年層である。

「フリーター」という用語は、1986～87年ごろから使われた。当初は、「希望する就職口が決まらなければ就職しなくてもよい」「他にやりたいことがあるから今は定職にはつかない」「自分に合った仕事を見つけるための準備期間」といった多様な意味を内包させながら、マスコミでも広く流布した。それは、「自分が好きな時に働く」という若者の自由、あるいは若者の自由な労働選択の幅の広がり、として「肯定的な」意味合いを帯びて使われていたのである。言い換えれば、フリーターは雇用問題としては考えられていなかったのである。

総務省統計局によれば、フリーターとは、年齢15～34歳で、在学者を除いて、男性は卒業者、女性は卒業者で未婚のうち、①雇用者のうち勤め先における呼称が「アルバイト」または「パート」である者、②完全失業者のうち探している仕事の形態が「パート・アルバイト」の者、③非労働力人口のうち、希望する仕事の形態が「パート・アルバイト」で家事も通学も就業内定もしていない「その他」の者と定義している。

図3　フリーターの数の推移（資料：総務省統計局「労働力調査（詳細集計）」）

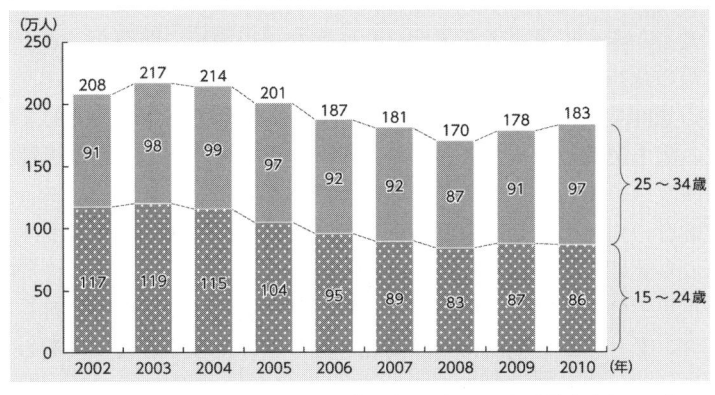

年	合計	25～34歳	15～24歳
2002	208	91	117
2003	217	98	119
2004	214	99	115
2005	201	97	104
2006	187	92	95
2007	181	92	89
2008	170	87	83
2009	178	91	87
2010	183	97	86

（出典　厚生労働省ホームページ「平成23年版厚生労働白書」より）

フリーターの数が急速に増加し、不安定な、低賃金の就業形態であるとして、大きく社会問題化されはじめたのはようやく 2000 年代に入ってからである。2007 年には 217 万人にも膨れ上がり、現在に至ってもその数は約 180 万人程度と言われている。つまり、若年層の自由な選択による自己責任の結果として「フリーター」を捉えることから、むしろ雇用環境の制度的な改変によって構造的に産出された不安定な就業形態につくことを若年層が強いられているという視点で捉えられるようになるには 10 年以上の期間がかかったということになる。

こうした認識のズレ、認識の遅れは、テレビドキュメンタリーにも反映されていると見ることができる。1990 年代の制作本数自体、検索結果から見れば、きわめて少なく、労働者派遣法成立以降の雇用制度の変化によって、労働現場で何が起きているかを取り上げたドキュメンタリー番組は皆無とも言える。たとえ幾つかの番組が制作されていたにしてもその数は少なく、世論を喚起するようなものとはなりえなかった。その中でも、唯一、労働環境の変化と失業問題を継続的に取り上げているのは NHK の『クローズアップ現代』である。

こうした状況を変えたのが、2006 年に放送された NHK 制作の連続シリーズ『ワーキングプア』であり、2007 年に放送された日本テレビの連続シリーズ『ネットカフェ難民』であった。これらの番組を通じて、これまで「不可視化」されてきた失業問題、フリーターなどを含め急速に拡大した非正規雇用者が置かれた劣悪な雇用環境の問題が、ようやく社会的に認知されていくことになったのである。

その意味で、2006 年前後に制作された番組群が一つの社会的な転換を生み出す契機となったといえる。だが、一方で、その主題は男性労働者に限定され、これまでも長期間にわたり不安定な就業形態にあった女性労働者の問題やすでに 200 万人を超える外国人労働者の失業問題が十分に取り上げられ議論されたとは言い難い。

非正規労働の問題は、現在でも、解決されたわけではない。テレビドキュメンタリーが継続的にこの問題を掘り下げ、多くの人に失業の実相を知らせていく必要がある。

4　授業展開案

　講義は以下の3回から構成される。これまで述べたように、日本社会のその時々の歴史的文脈のなかで、失業は繰り返しドキュメンタリー作品の主題として取り上げられてきている。ここでは、その系譜を、第一に「エネルギー転換～石炭産業の衰退と炭鉱労働者」、第二に「グローバル化の中の雇用・失業不安～世界と日本」、第三に「2002～2006年の空白～雇用環境の激変」という3領域に分けて授業案を構成した。

　　第1回　エネルギー転換～石炭産業の衰退と炭鉱労働者
　　第2回　グローバル化の中の雇用・失業不安～世界と日本
　　第3回　2002～2006年の空白～雇用環境の激変

第1回　エネルギー転換～石炭産業の衰退と炭鉱労働者

　1960年代のテレビドキュメンタリーにおいて、炭鉱労働者、石炭産業はきわめて重要な対象であった。戦後日本の高度経済成長を支えるもっとも重要な産業であったことがその理由のひとつであろうが、他方でこの基幹産業で働く労働者の厳しい労働形態や生産性向上を目的とした経営効率化による安全性の軽視、そしてそれによる事故の多発が、ジャーナリストにとって無視できない社会問題として認識されていたことを示している。

　第1回の講義では、前述のように、60年代に数多く制作されただけでなく、テレビドキュメンタリーのなかで継続的に制作されてきたという意味でも、特異な位置を占めていると思われる「炭鉱労働者」の問題を取り上げる。

　対象として取り上げるのは、テレビ西日本が1965年に制作した**『組夫』**、九州朝日放送が1964年に制作した**『ある死者の日記』**、そして2007年に制作された北海道文化放送の**『石炭奇想曲』**の3本である。

　①テレビ西日本『**組夫**』（1965年8月7日）

　九州の山野炭鉱につとめる「組夫」に取材したドキュメンタリー。組夫とは、炭鉱の正規労働者の「本工」ではなく、請負の労働者である。山野炭鉱では本工が2028名、組夫が550名であった。その組夫は、石

炭産業界の合理化とエネルギー革命によって、真っ先に「クビにされる」。炭鉱労働者の内部の格差と差別が描かれる。

②九州朝日放送『ある死者の日記』（1964年2月20日）

1959年8月から始まった三池争議の後の炭鉱労働者の姿を捉えた作品。1963年11月三井三池鉱業所三川炭抗炭塵爆発で458人が死亡したが、会社は安全より出炭量の増加を優先する。第2組合は「御用組合化」し、労働環境の拙悪化が主題とされる。

③北海道文化放送『石炭奇想曲』（2007年5月31日）

1990年、日本ですべての炭鉱が閉山。しかし、その一方で現在でも電気の1/3は石炭がまかない、海外との価格差はなくなり、国内の炭田開発は可能である。にもかかわらず、その政策は皆無で、外国からの石炭輸入を最優先する政策がとられている。その輸入先を確保すべく、北海道の会社から派遣された日本人の炭鉱労働者がベトナムで労働する姿を描く。ベトナム人に技術を教え、ベトナムとの有利な関係を築くために、日本を離れ単身赴任して暮らす彼らの生活からみえてくる日本の石炭産業の矛盾と逆説が描かれる。

写真1　休憩時間に談笑する「組夫」。『組夫』（テレビ西日本、1965年8月7日）

写真2　炭鉱労働者の仲間との記念写真。『ある死者の日記　三池の人災から』（九州朝日放送、1964年2月20日）

第2回　グローバル化の中の雇用・失業不安〜世界と日本

70年代のオイルショックによって高度経済成長は終焉して80年代に日本社会は低成長期に入る。その時期は、自動車や家電製品を主力とす

る輸出産業を強化して成長を維持することが基本的政策であった。それは「日米摩擦」「日本とヨーロッパ諸国との貿易不均衡」を生み出した。円高傾向が強まり、日本企業が海外に工場を移転する動きが顕在化した。また日本市場の「開放」を求められる時期でもあった。世界の中の日本、国際化の中の日本が盛んに論じられ、グローバル化の波が日本の産業の「構造改革」を迫る時期である。この時期、テレビドキュメンタリーの世界に特徴的なのは、こうした国内の雇用・労働問題を直接に対象化することよりも、グローバル化のなかで進む欧州の産業構造の変化や雇用問題を「先行事例」として把握し、その「鏡」を通して日本社会の「これから」を問うという問題関心である。

第2回の講義は、NHK の特集番組を中心に、国際化の中の日本を描いた2本の番組を取り上げる。

①NHK 総合『世界の中の日本　経済大国の試練　なぜ企業は日本を出ていくのか』（NHK 特集）（1986 年 10 月 24 日）

この番組で語られるのは「国際化によって揺さぶられる日本の産業」の姿である。この時期、日本の企業はこれまで海外生産の拠点であったアジアから次第にアメリカに工場を建設し、そこで現地生産を行うかたちにシフトしていく。北米に進出した企業はほぼ全分野に上ることが番組では紹介される。その内訳は、電機 32%、自動車 22%、機械 11%、化学 11% である。

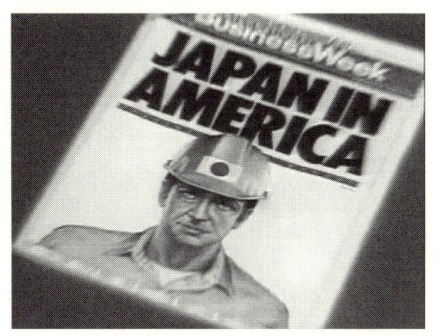

写真3　米国の雑誌を飾る日本企業に勤めるアメリカ人のイラスト。『世界の中の日本・経済大国の試練〔1〕なぜ企業は日本を出ていくのか』（NHK 特集）（NHK 総合、1986 年 10 月 24 日）

これら大企業の海外進出は、その下請け企業や関連分野の中小企業の工場移転も招いていく。番組では太田市の自動車部品メーカー M 製作所を取り上げながら、「残るも地獄」「進むのも地獄」という経営者の言葉が象徴する中小企業の苦悩と「思いもよらず海外勤務することになった労働者」の姿を描いている。

②NHK 総合『世界の中の日本　経済大国の苦悩（3・終）大量失業

社会はくるか』(NHK 特集)(1987年5月17日)

「円高」「経済摩擦」と世界から揺さぶられる「経済大国」日本が直面する課題は、対外的なものではなく、日本全体のシステムにかかわることが強調される。

冒頭、ドイツのノルトライン・ヴェストファーレン州に進出した日本企業を歓迎するドイツ人が描写される。この州はドイツの中でももっとも失業率が高く、全体の三分の一を占める。そのため、日本企業の進出は地元の雇用を増やすという点で歓迎される。

写真4　「赤錆び」の街となったドイツの工業地帯の取材シーン。『世界の中の日本・経済大国の苦悩〔3・終〕大量失業社会はくるか』(NHK 特集)(NHK 総合、1987年5月17日)

一方で、日本の家電メーカーのヨーロッパ市場への進出はヨーロッパ社会の脅威となり、EC は日本の複写機や電子レンジなど様々な製品に対して反ダンピング課税をかけて攻勢をかける動きに出る。EC 全体で 1700 万人の失業者、ドイツとフランスともに 10% 以上の失業率が 5 年以上続くなか、日本企業を受け入れつつ、同時に拒否する、ヨーロッパ諸国の複雑な動向に光が当てられる。

第3回　2002～2006年の空白～雇用環境の激変

2006年に「ワーキングプア」という言葉がつかわれ、90年代の「空白」を埋めるように労働と雇用に関する優れたテレビドキュメンタリーが相次いで制作され、広範な関心を呼び起した。それらの作品の特徴を検証する。さらにこの回では、こうした問題が未だ解決されることなく問題が深刻化しているにもかかわらず、この問題に関するテレビドキュメンタリー番組が一過性のものにとどまり、継続的に放送されていない現状をどう考えるのかという点にも視野を広げて、議論を展開する。

①NHK 総合『ワーキングプア　働いても働いても豊かになれない』(2006年7月23日)

第6章 失業の樹

働いても、働いても豊かになれない、働いているのに生活保護水準以下の生活しかできない「ワーキングプア」という、今までまったく可視化されてこなかった「働く貧困層＝ワーキングプア」の実態をはじめて知らしめたドキュメンタリーである。生活保護水準以下で暮らす家庭は日本の全世帯のおよそ10分の1、400万世帯とも、それ以上とも言われている。

景気が回復したと言われるなか、都市では「住所不定無職」の若者が急増し、大学や高校を卒業しても定職に就けず、日雇いの仕事で命をつないでいる。正社員は狭き門で、今や3人に1人が非正規雇用で働いている。子供を抱える低所得世帯では、食べていくのが精一杯で、子供の教育や将来に暗い影を落としている。

また地域経済が落ち込んでいる地方でも、収入が少なく、税金を払えない人たちが急増している。基幹産業の農業は価格競争にさらされ、離農する人が絶えない。こうしたなか、高齢者世帯では医療費や介護保険料の負担増でぎりぎりの生活に追い込まれている。番組は、都市、若者、教育、地方、高齢者など、多角的にワーキングプアの問題を提示している。

②日本テレビ『ネットカフェ難民〜漂流する貧困者たち』(NNN ドキュメント)（2007年1月28日）

この番組は、上記の「ワーキングプア」と同様に、「ネットカフェ問題」に光を当てることで、現代の貧困と失業の拡大を広く社会に提示した番組である。

番組の冒頭、生活困窮者を支援するNPOや生活保護ケースワーカーの間で話題になっているのが「現住所＝ネットカフェ」である、との紹介がある。「完全個室・宿泊可」と書かれたネットカフェが、東京、大阪、仙台、札幌、北九州など全国各地に存在する。バイトを転々として食いつなぎ、ネットカフェの狭い空間に寝泊まりする若者の実態を番組は追う。

日雇い現場の仕事で食いつなぎ、1年以上ネットカフェで生活する若者。両親からの虐待を受けて育ち、家を出て日雇いで生活する20歳代の女性。お金がないときはファーストフード店という若者。違法の二重請負で賃金をピンはねされ困窮するなか、日雇いの仕事がキャンセルになれば公園で寝るという若者。

ネットカフェ難民とは現代の最低限の生活すらできないホームレスである。番組は、はい上がれないのは本人の責任とする社会の不条理、格差を生み出す社会の仕組みを照らし出していく。

5　参考図書・文献・資料一覧

〔書籍（発行年順）〕
向壽一、1992 年、『世界経済の新しい構図』岩波書店。
宮崎義一、1992 年、『複合不況』中央公論社。
橘木俊詔、1998 年、『日本の経済格差』岩波書店。
宮崎勇・本庄真、2001 年、『日本経済図説第 3 版』岩波書店。
橘木俊詔、2006 年、『格差社会』岩波書店。
堤未果、2008 年、『ルポ　貧困大国アメリカ』岩波書店。
本山美彦、2008 年、『金融権力』岩波書店。
湯浅誠、2008 年、『反貧困』岩波書店。
後藤道夫・木下武男、2008 年、『なぜ富と貧困は広がるのか』旬報社。
金子勝、2008 年、『閉塞経済――金融資本主義のゆくえ』筑摩書房。
竹信三恵子、2009 年、『ルポ雇用劣化不況』岩波書店。
伊藤守、2010 年、「グローバリゼーションの中の日本社会」田中義久編『触発する社会学――現代日本の社会関係』法政大学出版局、1-28 頁。

〔紀要・雑誌（発行年順）〕
木下武男、2008 年、「派遣労働の変容と若者の過酷」『POSSE』創刊号、23-38 頁。
本山美彦、2009 年、「米国がデリバティブ規制に踏み込む可能性について」『現代思想』2009 年 1 月号、80-89 頁。
芳賀健一、2009 年、「日本の金融危機とネオリベラリズム」『現代思想』2009 年 1 月号、158-175 頁。
齊藤誠、2009 年、「金融危機が浮かび上がらせた日本経済の危機と機会」『世界』2009 年 2 月号、111-120 頁。

6　公開授業の経験から考えたこと

　公開授業の経験を語る前に、このプロジェクトに参加して番組アーカイブを活用した経験を語りたいと思う。
　なにをテーマ＝樹にするか、いろいろ悩んだ末に、「失業」あるいはもう少し広く「雇用」の問題にしようと考えた。元々この分野に関心が

あったからである。作業を開始して、いろいろなことに気づかされた。放送ライブラリーに収録されている番組はこれまで放送された膨大な数の番組の一部にすぎないが、それでもかなりの数の「失業」「雇用」に関連する番組が存在したことである。また、テレビ放送の初期の頃から、炭鉱労働者の劣悪な労働環境や失業問題を取り上げるドキュメンタリーが制作され、その流れがずっと続いていることにも驚かされた。ドキュメンタリー番組を制作する人たちの「魂」の「伝統」、先輩から後輩に受け継がれた問題関心の「継承」をはっきりと垣間見ることができたということだ。そのことは、私にとってアーカイブという装置、アーカイブという機能の重要性を肌で感じさせてくれる貴重な経験でもあった。

また一方で、1980年代後半は日本社会がバブル経済に突き進んでいった時期であるが、その裏では労働法制が改正・変更され、2000年代に顕在化したワーキングプア、非正規雇用労働者の増大を招くような、政策的土壌が創り出されていった時期でもあった。その重要な転換となる時期に、この問題を主題化するドキュメンタリー番組が少なかった（あるいは存在しなかった）ことは残念な経験でもあった。

公開授業では、大学生やテレビ関係者が多数参加し、大学の講義と同じように1時間30分の講義を行った。内容は第1回の授業案に沿ったものである。

若い大学生は初期のテレビドキュメンタリーの放つ独特の映像描写、映像のリアリティに新鮮な感覚を持った。顔の極端なアップ、映像が映し出す取材対象者の生の声がまったくない、その代わりに局の取材者の声が映像を説明する独自のスタイルにも関心を持ったようだ。

講義の主題であった1960年代の炭鉱労働者の労働実態と失業という内容にも学生は大いに関心を示した。「組夫」と言われる非正規の日雇い労働者の実態を捉えた映像を見た学生は、現代のワーキングプアや非正規労働者と同じような状況が過去にも存在し、それが解決されることなく現在まで続いていることに驚いたようだ。『**石炭奇想曲**』（2007年）を講義内容に入れることで、石炭産業の歴史、つまり現在では石油よりも石炭が安価になり、電気の3分の1を石炭がまかなっていること、国内に石炭はまだまだあるのに、海外からの輸入に頼っている現実をはじめて知った学生が多数だった。

講義を通じての感想を整理すれば、以下のようになろうか。
　第一は、アーカイブ映像を用いることで、歴史教育に活かせることを確認できたことである。
　第二は、様々な年代の映像を見ることで、日常的に慣れ親しんだ映像のスタイルや文法を対象化し、映像表現の可能性や奥行き、表現の想像力を学生に考えさせることができる可能性を感じとれたことである。本来の意味でのメディア・リテラシー教育に活かせるということだろう。
　第三は、アーカイブを活用することで、その当時の、その時、その場でしか記録できない映像の価値をはっきり認識できるということだ。テレビ番組は若い世代を問わず多くの人々にとって消費の対象である場合がほとんどだ。しかし、アーカイブに残された映像に触れることで、番組が貴重な文化、貴重な文化財、公共的な文化の一部、であることが理解できる。
　最後に、二つの点を述べておきたい。
　第一は、講義の後の討論でも述べたが、テレビ番組を家庭という空間から解き放ち、さまざまな場所で見ること、見る機会を創造することの重要性である。家庭の中では、一人一人の生活時間に組み込まれ、優れた番組であろうと、日々の生活で忙しく疲れた視聴者がじっくり見る機会はそれほど多くない。しかし、場が違えば、番組の視聴態度も変わり、番組の見方も変わる。「テレビを家庭という空間から解き放つ」、これもまた今回の模擬授業から得られた、私にとっては重要な知見であった。
　いま一つは、アーカイブの充実が不可欠であるという点だ。この「失業」の樹は、当初、4回で講義プランを設定した。しかし、放送ライブラリーにも、NHKのアーカイブにも、公開されている番組がなく、やむなく3回の講義プランとなった。
　番組が貴重な文化、貴重な文化財、公共的な文化の一部、であることの認識が、すべてのテレビ局、政府、公共団体に広がり、アーカイブの充実と公開がますます拡大することを期待したいし、そのために研究者も力を注ぐべきだろう。

第 7 章　ベトナム戦争の樹

別府 三奈子（べっぷ みなこ）

日本大学大学院新聞学研究科／法学部教授（博士・新聞学）
専門は米国ジャーナリズム規範史（ジャーナリズム・プロフェッション論）。サイバーアーカイブス・アジア戦跡情報館館主（www.j-news.org）。2002 年より戦跡調査、2006 年からジャーナリズムの映像表現研究、2010 年からジャーナリズムと人権研究に取組み中。主著『ジャーナリズムの起源』（世界思想社、2006 年）、『アジアでどんな戦争があったのか─戦跡をたどる旅』（めこん、2006 年）ほか。

1975 年 4 月 30 日、北ベトナムの兵士たちを迎えるサイゴン市民。米軍の退却は混乱を極めた。
©AFP PHOTO

1 テーマ「ベトナム戦争」の概説

　本稿は、ベトナム戦争の通史を学ぶ教材ではない。テレビという装置によって、戦争の何が伝えられ、何が伝えられないのか。現実の戦争と'お茶の間で見る戦争'とは、何がどう違ってくるのか。それは何故なのか。そのことについて、気づき、考える力を養うことを目的としている。
　そのため本稿は、ベトナム戦争におけるテレビ番組を事例として、テレビという装置において意図的に「消去されたもの」に焦点をあてる構成となっている。
　2011年3月11日に、東日本大震災があった。およそ半年後の報道検証の場で、震災時に現場を取材したカメラマンたちが、とても印象に残る以下のような発言をしていた。
　今回の地震で一番大きな損害は、建物や市町村の崩壊ではなく、2万人に迫る膨大な人間の生命が失われた、ということである。しかし、人間への傷跡を、自分たちは記録しそこなったのではないか。遺体や損傷した身体が実際の現場の至る所にありながら、日ごろの慣習でとっさに撮らなかった。あるいは、紙面や番組で伝えなかった。それでいいのだろうか。こういった慣習は、いったいいつごろから、何のためにあるのだろうか。自分としては、取材し伝えたいと思う…。こういった趣旨の発言だった。
　確かに、生と死の極限に巻き込まれた人びとの様子は、欧米のニュースやネットの中で散見するだけで、日本のニュースではほとんど伝えられなかった。押しよせる津波と、海水の引いた後の物損を見て、そこにいた人びとを想像するしかない。
　日本の映像ジャーナリズムにおける「消毒映像」や「証拠写真（形式的客観報道）」等といわれる慣習は、ジャーナリズムの映像表現史を見る限り、ベトナム戦争報道の初期に形成されたようにみえる。過去のテレビ番組を利用して、ベトナム戦争からジャーナリズムの何を学ぶべきかを考えるならば、戦争報道が偏向する構造的なしくみをテーマとすべ

きであろう。本稿の問題意識はここにある。

(1) '茶の間で見る'初めての戦争

　日本の人びとにとってベトナム戦争は、お茶の間に置いてあるテレビを通して現在進行形の戦争を見る初めての体験だった。戦前・戦中の政府や軍部による情報統制も、占領下での米軍による情報統制もない。憲法で保障された'言論の自由'のもとで過ごす初めての身近な戦争である。

　1953年に商業化が始まった日本のテレビは、67年にNHKの受信契約数が2000万を超え、69年末には普及率が9割を超えた。60年代は、新聞が主な媒体だったジャーナリズムの新たな担い手としてテレビが台頭し、その映像表現が新たなリアリティーをともなって人びとの生活に急速に浸透していった。

　一方、ベトナム戦争の前線は、各国の取材者に対してオープンだった。故ケネディー大統領は、ベトナム戦争の始まりとともに米軍に対して、取材者を優遇するように指示していた。米軍に取材を申し込んだ人びとは、米軍による輸送の際に優先順位の3番目として扱われ、食事なども将校待遇だった。

　ベトナム戦争勃発当時、日本はオリンピックにわいていた。それが一段落したことから、ようやくベトナム戦争に対する関心が高まってきた。当時、国内にはさまざまな問題があった。炭鉱事故や公害問題、労働争議など。経営者や権力者が、被雇用者や一般市民と対峙し、暴力の様相に発展する出来事も続いていた。

　安保反対闘争や原子力空母エンタープライズの佐世保寄港反対、成田空港建設反対といった、国策に異議を唱える人びとのデモ行動において、機動隊や警察といった公権力が、本来は守るべき人びとに向かって警棒を打ちおろし、人びとが傷ついてカメラの前で血を流していた。放映されるVTRの生々しさによって、テレビを見た人びとが反戦や反米や反政府の気持ちを持ったことから、政府は強力な情報政策を展開した。

　常に、戦争を進める為政者は、人びとが厭戦気分になるのを避けるために、戦争の被害者の姿を伝えたがらない。誤爆によって傷ついた市民、

捕虜になった兵士、死傷した兵士、等々。同時に、戦争に反対する高らかな声も、戦争遂行のさまたげになることから、戦時下において弾圧の対象となってきた。こういった傾向はいつの世も万国共通である。

ベトナム戦争の初期報道において、日本のテレビ・ジャーナリズムのインパクトを懸念した米国政府や日本政府は、テレビ局の経営陣にさまざまな方法で遺憾の意を伝えた。ある時は、米国大使が直接に記者会見で、あるいは日米の役所間で、あるいは政治家からメディア企業幹部へ、報道の自由に対する圧力をかけた。財界人でもあるメディア企業経営者たちはそれなりの配慮をみせ、その後は政治介入を避けるという名目で、局側の自主規制を慣習化させていった。

ジャーナリズムの使命は、記録であり、問題解決のための意見交換である。しかし、経営者の方針と、ジャーナリズムの現場の拮抗が顕著となり、人事異動によって現場の人材が排斥される構図となっていった。

ベトナム戦争における、現地でのオープンな取材体制。言論の自由を保障された国内。すなわち、ベトナム戦争では20世紀においてもっとも戦場の真実が伝えられた、と語られることすらある。しかし、実際には活発な初期報道があり、1968年あたりを境として今日に通じる自主規制へと変節するジャーナリズムの断層がある。

(2) 映像のインパクト

1951年に占領軍が去った後、日本のテレビ各社は映画の手法を援用しつつ、ストレートニュースにおける速報もの、ドキュメンタリーにおける現地ルポなど、報道のジャンルでもさまざまな試みを重ねた。前者の代表格には、TBSの『ニュースコープ』、後者の代表格としては、NHK『日本の素顔』、日本テレビ『ノンフィクション劇場』、TBS『カメラルポルタージュ』などがある。報道局が担当する放送時間や番組数は今日の番組編成よりも多く、人びとの関心も高かった。

1964年8月、トンキン湾事件の直後にベトナム取材をはじめたカメラマンの石川文洋は、1965年から75年までの10年間に、ベトナムを取材したジャーナリストの総数は3000名を超えるのではないか、との感触を持っている。

第 7 章　ベトナム戦争の樹

　例えば、「テト攻勢」直前の 1968 年 1 月 19 日だけでも、米軍広報が発行したプレスカードは 464 名だったという。ベトナム戦争と、その後に周辺に広がったラオス・カンボジア取材も含めると、取材中に亡くなったジャーナリストは、およそ 170 人、日本人も 15 名を数える、という（澤田教一・酒井淑夫撮影、2002 年、『戦場　二人のピュリツァー賞カメラマン』共同通信社、12-13 頁）。

　日本人で初めてベトナム戦争の前線取材を敢行し、現地の人びとの様子を日本に伝えたのは、写真家の岡村昭彦である。1965 年 1 月に岩波書店から刊行された『南ベトナム戦争従軍記』や 3 月に毎日新聞社から刊行された『これがベトナム戦争だ　岡村昭彦写真集』は、表現のストレートさから、センセーショナリズム批判も一部に起こった。石川文洋の映像も、大きなインパクトがあった[注1]。

　同じ月に朝日新聞社から刊行された開高健の『ベトナム戦記』も、戦場の緊迫感が全面にでたものだ。新聞紙上では、1 月から毎日新聞が「泥と炎のインドシナ」の連載を 38 回にわたって掲載し、人びとにベトナムの戦況を伝え始めている（表 1 参照）。

　しかし、テレビ・ジャーナリズムの通史からみれば、果敢な前線取材が国内で放送されない、という現象が次々と起きていった。

　表1　1965 年　主な出来事＋ベトナム関係の主な放送番組リスト

　以下は、1965 年の主だったベトナム情勢と、関連する日本国内のメディア動向である。以下のような資料を用いてまとめてある。
『現代の眼』1965 年 6 月号「記録・ベトナム問題と日本の論調」（明日のジャーナリズムを考える会編）155-159 頁、「「ベトナム」に積極的な TV」『朝日ジャーナル』1965 年 5 月 16 日　52 頁など。他にも、新聞各社のデータベースを活用している。
　表記　＊印はライブラリー収蔵番組、▼印　新刊本、▶印　放送された番組名、★印　放送が中止になった番組名（この他の放送中止や改変番組については、次節を参照のこと）。

209

日付	主な出来事／新聞などに掲載された各種の主張	放送された番組名＆新刊書籍名
1月4日	『毎日新聞』「泥と炎のインドシナ」ルポ開始（38回）	
1月8日	『週刊朝日』開高健ルポ「狙われるアメリカ人」	
1月27日		▼岡村昭彦『南ヴェトナム戦争従軍記』岩波書店
2月3日		▶大毎「混乱のベトナム」＊（79秒）サイゴンでの僧侶たちのデモ
2月7日	プレーク基地襲撃。報復爆撃として北爆開始	
2月10日	防衛庁の三矢研究を社会党が国会で追及	
2月18日		NTV「大蔵大臣・ふところ放談」▶TBS「ベトコンとともに」＊（26分）W.バーチェットによるベトコンの暮らしの記録
2月19日	笠信太郎が朝日新聞「声」欄に投書。「首相は米国に飛べ—ベトナム政策転換の説得を」	
2月20日		民放連「茶の間と放送シリーズ」（テレビとこども）発刊
2月23日	W.リップマンがCBSで新孤立主義を主張	NHK「北炭夕張ガス爆発事故」特別番組
2月24日	韓国軍部隊第一陣500名サイゴン上陸	▶大毎「ベトコンとの戦い」＊（66秒）ジャングルの中で、ベトコンに振り回される政府軍
2月27日	米国が「ベトナム白書」発表	
2月28日		▼ウィリアム・P.バンディ（米大使館文化交換局出版部訳）『米国の南ベトナム・東南アジア政策』米大使館文化交換局出版部
3月5日	アメリカ軍海兵隊先遣隊ダナン上陸	▼岡村昭彦『これがベトナム戦争だ　岡村昭彦写真集』毎日新聞社
3月10日		▶大毎「「ベトナム白書」から」＊（117秒）南ベトナム海岸で沈没した中国船から大量の武器と米国の白書。コスイギンは黒書と呼ぶ
		▼大森実監修『泥と炎のインドシナ』毎日新聞社

第7章　ベトナム戦争の樹

3月12日	『週刊朝日』に開高健が「ベトナムは日本に期待する」を執筆	▶NET「東西南北　微妙なソ連の立場―米ソ共存か中ソ団結か」など4回
3月14日	『サンデー毎日』に大森実が執筆	NTV「残された夕張炭鉱事故の記録」ノンフィクション劇場
3月16日		▶NHK「特派員報告　ベトナム危機を現地に見る」
3月17日	黒人の公民権運動の激化（3月21日にセルマーの行進）	▶大毎「ベトナム特派員報告　嵐の前のサイゴン」＊（5分）ダナンに海兵隊上陸。サイゴンの朝とハイバーチュン
3月25日		▶NHK「特派員報告　ベトナム中部戦線の表情―前線基地デュコー」(30分)
3月26日	ソ連、中国、北朝鮮が義勇軍派遣の用意を表明	▼開高健『ベトナム戦記』朝日新聞社
3月27日		▶東京12「報道特集　ベトナム戦線より帰って」(30分)
3月30日	**サイゴンの米国大使館爆破される**	▶NET「世界をこの眼で　戦乱の南ベトナム」(30分)、毎日放送テレビ報道、視聴率7.7%
3月31日		▶大毎「ベトナム特派員報告　ベトナム戦線を行く」＊（7分半）港町クイニョンの難民たち。サイゴンの寺院の動向など
4月1日	米軍上陸用舟艇に日本人船員820人と報じられる。非同盟17カ国が和平交渉の呼び掛け	▶TBS「インドシナ戦争・ベトナムの教訓」
4月2日	サイゴン近郊に駐留していた韓国軍が急襲される	
4月4日	**丸山真男らが日本政府へ提案**（朝日新聞・声欄）	
4月5日		▶NET「東西南北　ベトナム紛争と日本の役割」ほか4回
4月6日	**平和7人委員会が首相に平和調停の要請**	
4月7日	ジョンソン大統領が交渉をアピール（8日） **米、ボール国務次官が、朝日・毎日の偏向を批判**	▶大毎「**ベトナム特派員報告　米大使館爆破事件**」＊（4分半）死者20人、負傷者150人を出した大使館爆破直後の惨状
4月8日	『人民日報』がベトナムのナパーム弾の92%が日本製と報じる	▶NHK「インドシナの底流(1)サイゴンの学生たち」(30分)
4月10日	北ベトナム首相が徹底抗戦と交渉4原則を提示	▶NHK「時の動き　ベトコン地帯をゆく」

211

4月12日		▶東京12「この奇妙な戦い」＊（60分）政府軍ベトナム兵たちと米国軍事顧問団に同行取材。ベトナム人遺族たちの葬式など
4月13日		▶TBS「北爆下の北ベトナム」＊（25分）北側の農民や漁民の被害者たち、ホーチミンとコスイギンの会談など
4月14日		▶NHK「時の動き　戦火の中の日本人・注目されるLST乗務員」
		▶大毎「ベトナム特派員報告　南ベトナムの農民たち」＊（3分）ベンハイ河での宣伝合戦、ユエでの学生、クアンガイでの花嫁
4月15日	ロッジ米特使、アジア歴訪へ	▶NHK「時の動き　特派員現地座談会・ベトナム情勢を語る」
		▶NHK「インドシナの底流(2)山地民族」(30分)
4月20日	大佛次郎ら5人が佐藤首相へ要望書を提出	▶東京12「ベトナム戦争取材報告　メコンデルタの現実」(30分)
4月22日	岡村昭彦が米海外プレスクラブ報道賞受賞	▶NHK「インドシナの底流(3)陸の孤島ラオス」
		▶東京12「ベトナム戦争取材報告　サイゴンの表情」(30分)
4月23日		▶東京12「ベトナム戦争取材報告　17度線をみる」(30分)
4月24日	ベ平連（「ベトナムに平和を！」市民・文化団体連合会）、**初デモ行進**	
4月25日	**笠信太郎**が『朝日ジャーナル』で平和行動を提言	
4月28日	『世界』臨時特集号「ヴェトナム戦争と日本の主張」発刊。米上院外交委、日本の反応で議論に	
4月29日	前日より、**私鉄労組24時間スト**	▶フジ「ロストウ博士に聞く」（民放労連が抗議書を局に提出）
		▶NHK「インドシナの底流(4)祖国のゆくえ～ラオス～」(30分) 関東視聴率　12.2％

第７章　ベトナム戦争の樹

4月30日	インドネシアで図書統制委員会が設置される	▼小山内宏『ヴェトナム戦争このおそるべき真実』講談社
4月		▼岡倉古志郎・陸井三郎編『キューバからベトナムまで　アメリカの侵略工作』新日本出版社
		▼ボー・グエン・ザップ（真保潤一郎訳）『人民の戦争・人民の軍隊　ベトナム解放戦争の戦略戦術』弘文堂
		▼岡本隆三『ベトナム解放への道　祖国独立をめざすたたかいの歴史』弘文堂
5月1日	米国務省、先の偏向批判は政府見解ではないと声明	
5月6日		▶NHK「インドシナの底流（5）国境地帯」（30分）、関西視聴率12.3％
5月9日	米ピュリツア賞にホルスト・ファースのベトナム写真	★NTV「南ベトナム海兵大隊戦記―1965年乾季の中部戦線」ノンフィクション劇場放送（以下、再放送と第2部、第3部が放送中止）
5月18日	自民党が統一見解を発表	
5月23日	東京労組、無期限ストで荒れる（19-28日）	▶NHK「インドシナの底流　総集編　戦火と民衆」
5月	31日に、郵政省がNHKと民放全局に免許再発行	▼デニス・ウォーナー（南井慶二訳）『アジアの黒い影　ベトナム戦争の背景』朝日新聞社
		▼森川金寿『ヴェトナム戦争と国際法』法曹公論社
		▶TBS「国際事件記者　ベトナム3部作」
		▶NTV「婦人ニュース」5回にわたってベトナムを扱う
1月～5月		▶フジ「週間海外ニュース（1回6分だが、1月からほぼ毎週ベトナム関係も扱う）」
6月12日	家永教科書検定訴訟	
6月14日	東京都議会議長汚職で解散	
6月17日		▶TBS「南ベトナム戦記　ある兵士の記録」（30分）
6月22日	日韓基本条約調印	

213

放送番組で読み解く社会的記憶

6月24日		▶TBS「南ベトナム戦記 戦略工作部隊」(30分)
7月7日	米、海兵隊8000名ダナン上陸	
7月12日		▶フジ「ベトナムレポート サイゴンの不安」(15分)
7月13日		▶NHK「特派員報告 南ベトナムの韓国軍」(30分)
7月20日		▼NHK特別報道班『インドシナの底流―ベトナム戦線を行く』日本放送出版協会
7月〜8月	都議会荒れる。沖縄からB29がベトナムへ	
8月14日		★東京12「戦争と平和を考える」徹夜討論会。中継途中打ち切り
9月19日	開高健が『朝日ジャーナル』でベ平連アピール	
10月5日	ライシャワー駐日大使による朝日・毎日両記者名指しの偏向批判	
10月25日		▼大森実『北ベトナム報告』毎日新聞社
11月16日	ベ平連、NYタイムズに1頁反戦広告を出す	
12月2日	米エンタープライズ、ベトナムへ	
12月21日		▶NHK「英国人記者によるホー・チ・ミン大統領インタビュー」

■備考
・北爆以降5月初旬までに、日本の新聞記事でベトナム関係が400本を超える（林田広実、1965年、「ベトナム問題をめぐる新聞論調」『新聞研究』167号（6月号）68頁）。
・5月7日以降、放送中止事件をめぐるさまざまな意見や主張が見られる。言論の自由・表現の自由と、公共性の高いメディアとしての責任や義務に関する議論については、65年後半になると、言論法の学者による解釈なども展開されるようになる。その代表的なものは、『月刊日本テレビ』(10月号)における、石村善治、山本明、野崎茂、清水英夫各氏の論稿などがある。
・主な出来事の欄は、紙幅に入る範囲で、関連する主だった出来事のみをリスト化してある。

・1965年1月のテレビ受信者数1988万世帯＝普及率96.3％、ラジオ295局、テレビ496局、FM実用化試験局50局（『月刊日本テレビ』1月号の冒頭からの引用）

(3) 政治介入から自主規制へ

　米国のジャーナリズムは、ベトナム戦争報道によって、人びとの信頼を得るようなさまざまな役割を果たした。例えば、テレビキャスターのウォルター・クロンカイトは、68年のテト攻勢で攻撃されたサイゴンの米国大使館の映像を見ながら、自分のニュース番組で「政策の転換の必要性」をコメントし、大統領に再考を促すことになった。

　69年にはニューヨーカー誌がソンミ村での米軍による大量虐殺事件を伝えた。71年にはニューヨーク・タイムズなどがペンタゴン・ペーパーズ事件訴訟で政府に勝って人びとのために政府機密情報の公開に踏み切った。73年にはウォーターゲート事件でワシントン・ポストが調査報道によって大統領の陰謀を告発していった。

　一方の日本では、例えば、1965年に米国の駐日大使ライシャワーが、新聞社名や記者個人の名前を挙げて、北ベトナムのルポに対して偏向報道批判をした。日本の政府高官もさまざまな場で、日本のメディア幹部に苦言を呈した。その結果、1968年前半までに、新聞社、通信社、放送局で報道に携わる現場トップの人事異動があいついだ。

　成田空港問題の報道が偏向しているとして、TBSの島津国臣報道局長以下8名が処分を受け、ハノイをルポした同社報道局解説室長の田英夫も、過労を理由としてニュースコープのキャスターを解任された。共同通信では、「雑談的雰囲気での記者会見」のときに軍備を持たない日本を「他国の情けにすがって生きる姿」に例えた倉石忠雄農林大臣の発言を伝えた橋本正邦編集局長が降格となり、朝日新聞の伊藤牧夫社会部長は転任となった。すでに毎日新聞の外信部長だった大森実は退社し、日本テレビやラジオ関東でも人事異動が始まっている。こういった現場のトップ排斥に抗議する各労働組合の春闘への警察の介入も行われた[注2]。

　現場の第一人者が次々と職を離れざるを得なくなる過程で、社内的言論の自由度を決めるのは憲法やジャーナリズムの規範や視聴者ではなく、社の経営陣であることが顕示されていった。メディア企業の経営幹

部は、経営権、人事権のほかに、編集権をも掌握する存在であることが社内で再認識された。

日本が敗戦という大きな痛手とともに手に入れたかに見えた言論の自由は、テレビ界においてはこの時期にある部分が変質した、との分析が妥当な様相である。欧米のジャーナリズムは、公権力の情報機密指向と、メディア企業経営者の拝金主義の両者に対して、言論の自由を守るために一線を画することを主張する。そうしなければ、公権力の番犬として人びとに奉仕する、という存在意義を誰も信用しないからである。

しかし、日本のテレビ・ジャーナリズムはこの背景の中で、「自主規制」によって映像が「消毒」されて表現の幅が狭められ、内容は形式的な「客観報道」の立ち位置へと変質していくことになった。

しかも、1960年代に作られた慣例が、今日のテレビ・ジャーナリズムの現場をも規定している。そのことを、テレビ・ジャーナリズムを学ぶ人びとは知っておく必要がある。この点で、ベトナム戦争報道は、日本におけるテレビ・ジャーナリズムのひとつの大きな挫折点ともいえる。

表2　関連番組の系譜―1965年に放送中止や放送一部カットになったテレビ番組例

日付	局名	番組名	主な内容
1月19日	東京12	子ども裁判	解説者が学校の道徳教育批判をした回の翌週、打ち切り。文部省の政治介入とみられている。
2月	東京12	水道料金値上げPR（PR番組）	労組、水道組合、社会・共産両党都議団などが中止をアピール。
2月22日	札幌テレビ	北炭夕張鉱ガス爆発事故（ニュース）	テレビ取材許可が初めのうちは下りずに、ニュース速報が出せなかった。北炭社長が札幌テレビ会長だったため。
3月	長崎放送	婦人ニュース	ネット配信せず。長崎放送が韓国でも見られることから、日韓問題ニュースへの配慮とみられている。
4月	TBS	話題をつく	出演者が『アカハタ』寄稿者ブラックリストに入っていたため、社長判断で中止。

第7章 ベトナム戦争の樹

4月13日	NHK	風雪（ドラマ）		「敵艦みゆ」の回の再放送中止。明治維新から敗戦までの100回ドラマシリーズだったが歴史の見方に異論がでた。
5月5日	日本テレビ	糞尿譚（映画）		表向きは食事どきへの配慮から中止だが、扱っているテーマが地方行政批判のせいとみられている。
5月9日	日本テレビ	南ベトナム海兵大隊戦記		★ノンフィクション劇場解放戦線兵士の処刑が残酷との理由で13日の再放送以降が中止。日米両政府の介入あり。
5月19日	NETテレビ	判決〜左紀子の庭（ドラマ）		教科書問題をテーマにしたディスカッションドラマ。内容が強烈で暗い、との理由で中止。
5月27日	NHK	風説〜東京往来（ドラマ）		日本の戦前を扱った歴史ドラマだったが、明治最終列車、という作品に大幅手直し。
6月5日	フジテレビ	馬賊芸者（中継）		新橋演舞場の演目が炭鉱成金の話で中継中止。福岡県山野炭鉱ガス爆発事故の大惨事直後だったため。
6月17日	TBS	南ベトナム戦記		ベトコンが政府軍に狙撃される残虐シーンなどがカットになって編集された。
7月23日	東京12	聞け1000万人の声（都議選特番）		自民党からの圧力で、市民に聞く主旨のものから5党に政策を聞く番組に変更。街頭中継に社会党系動員があったため。
8月14日	東京12	戦争と平和を考える（中継）		★徹夜討論会「戦争と平和を考える」ティーチ・インの「第2部 戦中、戦後を考える」冒頭で、司会者の発言が偏向しているとの理由から、生中継の途中で番組が打ち切りとなった。
9月30日	NHK	風雪（ドラマ）		前回の関東大震災での朝鮮人虐殺事件などが、日韓条約前の微妙な時期から問題視され、結局放送中止。

217

10月6日	日本テレビ	北ベトナムのライ病院爆撃	放送後に米国大使館から局に電話があり、その後のニュースでは使用せず。前日にはライシャワー発言あり。
10月9日	NETテレビ	公開討論会	日韓条約批准を考えるティーチ・インだったが、自民党幹事長秘書から出演者にクレームがあり中止。
10月13日	TBS	総理を囲んで	立ち会っていた橋本官房長官からの指示で、出演した政治家が政治家業を軽く述べた部分をカット。
11月21日	テレビ西日本	世界の焦点	最近の大衆運動などについての対談だが、共産党批判の内容もあり、労組や市民団体から抗議を受けて放送せず。

出典：松田浩・メディア総合研究所著（1994）『戦後史にみる　テレビ放送中止事件』（岩波ブックレット No.357）、日本放送出版協会編（1990）『「放送文化」誌にみる昭和放送史』（日本放送出版協会）、日本放送協会編（1977）『放送五十年史』（日本放送出版協会）、日本放送協会放送史編修室編（1965）『日本放送史』（日本放送出版協会）ほか、各種放送史の文献資料をもとに筆者が作成。なるべく、1965年に近い文献を優先・重視してリスト化している。

■備考　放送史を通して見ると、放送中止、放送取り止め、放送内容の再編集などが、この時期に集中している。5月9日の表現が「残虐すぎる」、8月14日の思想的に「内容が偏っている」という二つの理由が、その後の放送局における自主規制の2大指針となる。その後も、ベトナム関係では、1967年にハノイから田英夫がレポートして偏向の非難を受けるなどしたが、やがて自主規制が浸透し、目立って放送中止に追いこまれる事例が減っていった。しかし、65年の出来事を個別にみていくと、いずれの場合も背景に、自民党系保守対社会党系革新、資本家層対労働者層、という軸で前者が後者の意見を抑える方向に、消去の力が働いていることが見えてくる。番組放送中止後は、いずれもあたりさわりのない娯楽ものによって穴埋めされていくことになった。

（4）戦争における「記録の6類型」とジャーナリズム

　戦争の記録は、どの国でも、どの時代でも、似たようなパターンで保存されて歴史となり、あるものは消滅していく。記録の中のあるものは、

その後に人びとの記憶となり、あるものはすっかり忘れ去られ、やがてなかったことになっていく。

　生き残る記録と、生き残らない記録の違いは、その場で起きた出来事の違いによるのではなく、その場を保存しようとした主体の意志と立場からあらかた分類できる。そのパターンをあえて言語化すれば、「継承される記録」と「消去される記録」があり、その各々はさらに3つずつに分類できる。すなわち、「国家の主張」「小集団の信条」「個人の追慕」は継承されやすく、「権力による抹殺」「物理的消滅」「自主的沈黙」は消去される傾向にある。

　こういったさまざまな記録を、ジャーナリズムが伝えれば、記憶の固定や是正が起こり、ジャーナリズムが伝えなければ、記憶の風化や消滅が起こる、という関係だ（図1参照）。

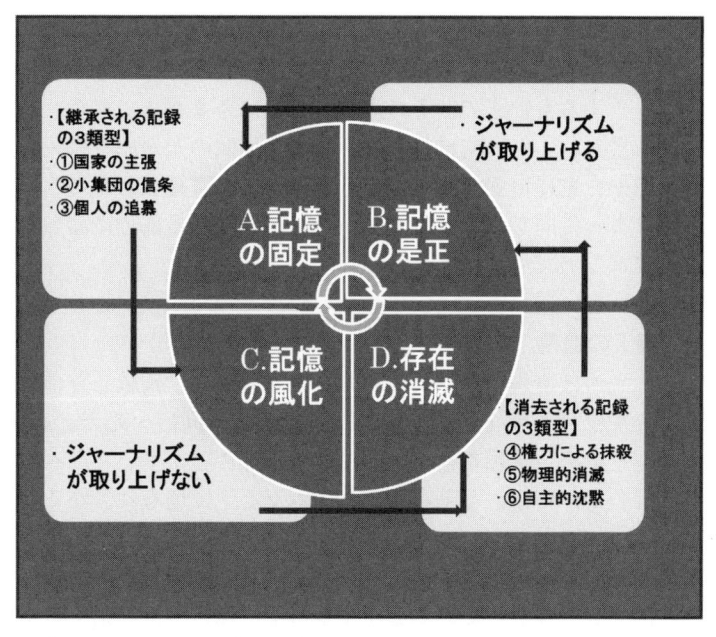

図1 「ジャーナリズム・記録・記憶の相関モデル」（2012年1月　別府三奈子作成）

　これはいわば「戦争の記録の6類型」と呼ぶべき私論で、筆者が戦争遺跡の調査で世界各地の200以上の戦争記録の場を歩く中で作った

フレームである[注3]。しかし、戦争に限らず、メディア横断に通底する「ジャーナリズム・記録・記憶の相関モデル」だと考えている[注4]。この6つの記録の分類内容は、およそ以下のようになる。

類型1　国家の主張（定着）
　現政権が、主に対外政策をにらみつつ、自国の歴史をどう国民や世界に向けて語りたいか、という国史教育の方針が記憶の場を支配する。軍事力を重要視する国には、必ず軍事博物館の類があり、武器の進化（？）の歴史や輝かしい戦勝の歩みが語り継がれる立派な展示の場と、功績をあげつつ殉職した将兵のための広大で美しい墓苑がある。公文書の保存・公開や、記録の固定展示空間としての空間なども、記憶の語り部となる。

類型2　小集団の信条（定着）
　民間の「戦争の記録」の場の目的は、武勲を誉め称えるものから、平和をアピールするものまで、その規模や方法はさまざまである。遺族会や記憶する会といった、主に有志の手による民間の記念館や個人が運営する資料館や、主に自費で刊行されるさまざまな書籍などがこれにあたる。目的によって同じ戦争でもクローズアップされる部分や語られる文脈が180度異なってくる。

類型3　個人の追慕（定着）
　主だったものは遺族や戦友個人の手によるもので、殉職した地に墓石や個人的な記念碑をすえて定期的に訪れ、花を手向け、死者と対話し、死者の存在を留め、冥福を祈る場が形成されることが多い。弔う縁者が亡くなれば、やがて小さな墓石が割れ、木々と土に埋もれ、なくなっていく。

　どこの国でも、残されている上述3つの中では、個人の追慕の場や記録が最初に消滅する。最後まで残るのは、国家予算で継続的・組織的に維持されている国家の主張の場である。職業軍人を抱える国の兵士のための墓苑は、どこもすがすがしいほどに美しく、遺族がいつ訪れてもい

いように手入れがなされている。軍備を持ち続ける国家は、遺族の扱いには細心の注意を払い、武勲を示す遺品や勲章なども、記録の証明物として大切に扱われる。

　大自然は生きており、誰かが出来事の痕跡を保存しておきたいと思って実際に行動しなければ、南の島の戦跡はすぐにジャングルに埋もれ跡形もなくなる。それが、あえて残され、戦争の記憶を留める記録の場として保存され、あるいは、あらたな空間となって創出されている、ということは、その「歴史」を語りたい主体が必ずいる。その主体が、国家なのか、志を同じくする小集団なのか、あるいは、遺族なのかによって、「記録の場」における語りは、どこの国のどの戦争でも、同じパターンで、同じ出来事が全く異なる「史実」になってくるのである。

　一方、記録が残っていないために、歴史的記憶から消え去る傾向にあるものも、今のところ次の3つに分類できる。いわば「消去される記録の類型」である。

類型4　権力による抹殺（消去）

　その時々の権力にとって都合が悪いので、抹殺されてしまい、記録に残っていない人たちがいる。地下にもぐった抵抗運動家や政治犯、集団虐殺や戦時性暴力の被害者などもその一例となりやすい。戦時中であれば検閲の対象となり、戦後であれば責任逃れする側の意志で消されていく。長崎の浦上天主堂の取り壊しなども、広義でみればこれに入る。

類型5　物理的消滅（消去）

　玉砕や爆撃などで一家・親族が根こそぎ亡くなってしまい、追慕する人すらもいない。あるいは、爆撃や船の沈没などで、遺体が木端微塵となってしまった。こういった理由で、物理的にも、文書的にも、その痕跡が残っていない人たちがいる。

　あるいは、追慕する人はいても、貧困などの理由でその意志を他者に訴える力のないままに終わっていく。そういった人たちは、よほど意識して探さなければ、存在自体に気づくことすら難しい。ジャーナリストなどが出向いていって話を聞きとらねば、後世にそれらの人びとの声や

気持ちの記録が残ることはない。

類型6　自主的沈黙（消去）

　本人が、あえて残したくない、語りたくない、という場合がある。戦場では、本人の意に反して非人間的にならざるを得ないことがある。あるいは、平時にはとても人に語りたくない出来事に巻き込まれてしまうこともある。そういった出来事や想いを「墓場まで持っていく」と決め、自ら抱えて他言しない、ということもある。

　こうして戦争にまつわる記憶の表層は、「国家」「小集団」「個人」など幾重にも分裂を起こして増幅・脚色され、一方では「権力による抹殺」「物理的消滅」「自主的沈黙」による消去が進む。

　記録は、その時々の権力者にとって都合の悪いものほどなくなり、都合の良いものほどたくさん残る。戦争の記録は、野放しにしておけば、弱肉強食の世界と同様のしかけで、選別されていく仕組みになっているのである。勝者の歴史、ともいわれるゆえんである。

（5）ナショナル・ナラティブからの脱却とパブリック・メモリーの創出

　前述の「継承される記録の3類型」と「消去される記録の3類型」に、ジャーナリズムがかかわることで、時間の経過とともにそれらの記録が、固定、是正、風化、消滅の4つの異なる方向で定着したり消滅していく（図1参照）。

　例えば、もともと記録として残りやすい記録を、ジャーナリズムが積極的に伝え続けると、それは史実となって固定される。国家の語り、あるいは、ナショナル・ナラティブとメディア文化論で呼ばれているものなども、これに当てはまる。

　原爆の記録と記憶について、広範囲にわたって研究を進めている安藤裕子は、原爆の語りについて、ヒロシマの原爆記念碑の語りに代表される被害者として、また、唯一の被爆国としての語りを「ナショナル・ナラティブ」と捉える（本書第1章参照）。この国家の語りに、原爆実験や原発事故などによって被曝する人びとや、日本で被爆した外国人は含

第7章　ベトナム戦争の樹

まれない。このナショナル・ナラティブは、原爆の被爆者が日本人にとどまらないこと、被曝者は世界中におり苦痛は今も続いていることなどを、過去形の出来事に押し込めて、当事者の語りを封印する力を持つという。

これに対して安藤は、「グローバルヒバクシャ」という名称を提唱している。ナショナル・ナラティブによって圧力を受けているさまざまな存在を顕在化させ、認識させ、問題の所在を明確にし、新たな救済の行為を導き出すためには、脇に押しやられてきた人びとの語りを、ナショナル・ナラティブと同列の、いわゆる公共圏に押し上げる必要がある、という。

しかし、個々の被爆者たちにはその力はない。これらの声なき声を紡ぎ、顕在化させることがジャーナリズムという装置には出来ると、筆者は考えている[注5]。

「グローバルヒバクシャ」の創出は、ジャーナリズムの文脈からいえば、「パブリック・メモリー」の創出ということになる。ジャーナリズムがなければ、存在しないことになってしまうが、問題の解決や後世への教訓として残すべき記録は多い。ジャーナリズムは、唯一、残すべきだが自力では残らない記録を、公的に記録できる装置なのである。同時に、使い方によっては風化や消滅を加速度化する装置でもある点が重要である。

後述するように、ベトナム戦争の語りも、同様である。

ナショナル・ナラティブの中では、日本もアメリカも、ベトナム戦争はジャーナリズムの勝利だった、ジャーナリズムによって政策転換が促され戦争は終わった、というふうに認識されやすい。戦場の最前線まで取材が開かれており、戦禍にまきこまれる人びとを世界中の人びとが目の当たりにした、と。しかし、これまで述べてきたように、そうである部分と、そうでない部分がある。とくにベトナム戦争の初期に、日本においてさまざまな圧力によって日の目を見ずに封印された語りがたくさんある。

一方、米国におけるベトナム戦争にはソンミ村虐殺事件があり、イラク戦争にはアブグレイブ捕虜収容所での虐待といったイコンが存在する。ナショナル・ナラティブとは明らかに層の異なる語りの脈があるこ

放送番組で読み解く社会的記憶

とから、ジャーナリズムがより機能していると捉えることができる。

この機能が、自由で公正な社会を標榜する民主社会の根底にあるのか、ないのかによって、その社会の自由度は大きく変わってくる。ジャーナリズムは、ナショナル・ナラティブ一辺倒にならないために、すなわち、自由な民主社会のために不可欠の装置である。以下では、ベトナム戦争報道からとり除かれたジャーナリズムを、残された手がかりから辿る。

注
1）石川文洋は朝日新聞社においてベトナム戦争の写真報道に従事したことで著名だが、実際には映像カメラマンとしてすでにベトナム取材を始めており、日本テレビで放送中止となった「ノンフィクション劇場　南ベトナム海兵大隊戦記」の映像カメラマンとして現地でスタッフ参加している。
2）日本新聞労働組合・日本民間放送労働組合連合会、1968年、『マスコミ反動化に反対する討論資料——日米首脳会談から田英夫の解任まで』、1-2頁。
3）別府三奈子、2006年、『アジアでどんな戦争があったのか——戦跡をたどる旅』めこん、参照。
4）この類型は、2009年に提示したものに修正を加えたものである。別府三奈子、2010年、「ジャーナリズムと映像表現——昭和／消去（デリート）の類型」『マス・コミュニケーション研究』日本マス・コミュニケーション学会、76号、43-67頁参照。
5）本書第1章を参照のこと

2　「ベトナム戦争」関連年表

1954年5月	ジュネーブ会議。北緯17度線を境界とした南北の分裂
1960年	南ベトナム解放民族戦線の結成。第2次インドシナ戦争勃発
1963年	ゴ・ジン・ジェム政権、クーデターにより崩壊
1964年	トンキン湾事件。アメリカによる北部地区ゲリラ拠点への砲撃。南ベトナムで反米デモ
1965年	米国軍事顧問宿舎の爆撃への報復からベトナム戦争勃発。グエン・ヴァン・チュー、グエン・カオ・キ政権による「血の弾圧」。駐留米兵、47万8000人まで拡大

1967 年	統合参謀本部がウエストモーランド将軍の提案（兵力 54 万 2588 人案）をマクナマラ長官に伝達
1968 年	ベトナム軍・解放戦線による反撃開始。ベトナム軍によるテト攻勢。北ベトナムによるベトナム和平パリ会議。米軍によるサイゴンやユエの占領、米軍によるソンミ村虐殺事件（1968 年 3 月）
1969 年	サイゴン政府と解放戦線が南ベトナム臨時革命政府樹立。ホー・チ・ミン北ベトナム大統領死去
1970 年〜	中国との関係が悪化
1972 年 2 月	ニクソン大統領の指示により、ハノイ空爆開始
1973 年	ベトナム和平協定調印、アメリカの撤退が決定。北ベトナム軍によるベトナム攻略が始まる
1975 年 4 月	サイゴン陥落。ベトナム戦争終結 （米国側）戦死者　5 万 8000 人、行方不明者　2200 人、（ベトナム側）軍・民の犠牲者　300 万人、枯葉剤の後遺症に悩む人多数

3　授業展開案

第 1 回　1965 年のストレートニュース
第 2 回　戦場の日常と映像の衝撃
第 3 回　討論番組の '偏向' について考える
第 4 回　'敵側' を伝えた「田英夫のハノイ・ルポ」

第 1 回　1965 年のストレートニュース
　　　　テーマ概説（2）参照

a. 授業の目的：
　自主規制のモードが今日とは異なる、1965 年当時のニュース映像に触れる。映像表現、ナレーション原稿、記者の立ち位置、ニュースのメッセージ性などについて、考える。

b. 授業の構成：

Ⅰ　北ベトナムの様子を伝えるニュースを見る

　日本の原爆をいち早く世界に伝えたオーストラリア人記者バーチェットによる北側のルポである。ほとんど日本に伝わってこない北側の情報は、プロパガンダなのか、取材記録なのか、にわかには判断がつきにくい。しかし、それも含めて、見ることの意義について、考える。

　TBS『ベトコンとともに』（W. バーチェットによるベトコンの暮らしの記録）、1965年2月18日放送、26分、◎

Ⅱ．沖縄との関連を考える

　ベトナムでそれまで軍事顧問だった米国が、自ら派兵して参戦していく時期をとらえたストレートニュースを見る。ダナンに到着したのは、沖縄に駐留していた米国海兵隊であること。その後、傷ついた将兵が日本に空輸されていることなどを踏まえながら、ニュースの意味を考える。

　『大毎ニュース　ベトナム特派員報告　嵐の前のサイゴン』（ダナンに海兵隊上陸。サイゴンの朝とハイバーチュン）、1965年3月17日放送、5分、◎

Ⅲ．映像表現を考える

　米国大使館が爆破されたとき、日本人記者たちは近くのホテルを拠点にしていたこともあり、いち早く現場で映像記録を撮影した。破壊された建物とともに、傷ついたばかりの人たちの様子も映っている。小さな子供たちは映像を見たら怖がるかもしれない。

　公共の電波、お茶の間に届くテレビ、というメディアについて、考えながら視聴する。

　『大毎ニュース　ベトナム特派員報告　米大使館爆破事件』（死者20人、負傷者150人を出した大使館爆破直後の惨状）、1965年4月7日放送、4分半、◎

第7章　ベトナム戦争の樹

c. その他の映像：

参考資料：1965年　日本のニュースにおけるベトナム戦争関係のテレビニュース例

（出典：放送ライブラリーなどのデータは、網掛け部分。その他は、筆者が文献資料などをもとに作成。主な資料は、「「ベトナム」に積極的なTV」『朝日ジャーナル』1965年5月16日、52頁など）

日付	局名	番組名
2月3日	大毎ニュース	混乱のベトナム　＊（79秒）サイゴンでの僧侶たちのデモ
2月18日	TBS	ベトコンとともに　＊（26分）W.バーチェットによるベトコンの暮らしの記録
2月24日	大毎ニュース	ベトコンとの戦い　＊（66秒）ジャングルの中で、ベトコンに振り回される政府軍
3月10日	大毎ニュース	「ベトナム白書」から　＊（117秒）南ベトナム海岸で沈没した中国船から大量の武器と米国の白書。コスイギンは黒書と呼ぶ
3月12日	NET	東西南北　微妙なソ連の立場—米ソ共存か中ソ団結か　など4回
3月16日	NHK	NHK特派員報告　ベトナム危機を現地に見る
3月17日	大毎ニュース	ベトナム特派員報告　嵐の前のサイゴン　＊（5分）ダナンに海兵隊上陸。サイゴンの朝とハイバーチュン
3月25日	NHK	NHK特派員報告　ベトナム中部戦線の表情
3月31日	大毎ニュース	ベトナム特派員報告　ベトナム戦線を行く　＊（7分半）港町クイニョンの難民たち。サイゴンの寺院の動向など。
4月1日	TBS	インドシナ戦争・ベトナムの教訓
4月5日	NET	東西南北　ベトナム紛争と日本の役割ほか4回
4月7日	大毎ニュース	ベトナム特派員報告　米大使館爆破事件　＊（4分半）死者20人、負傷者150人を出した大使館爆破直後の惨状
4月10日	NHK	時の動き　ベトコン地帯をゆく

227

放送番組で読み解く社会的記憶

4月12日	東京12チャンネル	この奇妙な戦い ＊（60分）政府軍ベトナム兵たちと米国軍事顧問団に同行取材。ベトナム人遺族たちの葬式など
4月13日	TBS	北爆下の北ベトナム ＊（25分）北側の農民や漁民の被害者たち、ホーチミンとコスイギンの会談など
4月14日	NHK	時の動き 戦火の中の日本人・注目されるLST乗務員
4月14日	大毎ニュース	ベトナム特派員報告 南ベトナムの農民たち ＊（3分）ベンハイ河での宣伝合戦、ユエでの学生、クアンガイでの花嫁
4月15日	NHK	時の動き 特派員現地座談会・ベトナム情勢を語る
4月19日	東京12チャンネル	特集番組 19日〜5夜連続
4月29日	フジテレビ	ロストウ博士に聞く（民放労連が抗議書を局に提出）
1月〜5月	フジテレビ	週間海外ニュース（1回6分だが、1月からほぼ毎週ベトナム関係も扱う）
4月〜5月	NHK	インドシナの底流 6回シリーズ 放送（4月16日 ベトコン指導者との会見ほか）
5月	TBS	国際事件記者 ベトナム3部作
5月	NTV	婦人ニュース 5回にわたってベトナムを扱う
6月2日	大毎ニュース	サイゴンの学校
6月9日	大毎ニュース	空爆下の北ベトナム
7月21日	大毎ニュース	泥沼のベトナム
8月11日	大毎ニュース	北増強部隊ベトナムに上陸
9月1日	大毎ニュース	米軍機ベトコンを猛攻
9月15日	大毎ニュース	しごかれる自衛隊
10月13日	大毎ニュース	米飛行士中共に捕われる
12月22日	大毎ニュース	アジア試練の年
12月29日	NHK	海外ハイライト ベトナム戦争、インドパキスタン情勢、インドネシア紛争、米国人種問題、宇宙進出など

第2回　戦場の日常と映像の衝撃
　　　　テーマ概説（3）参照

a. 授業の目的：
　日本テレビ『**南ベトナム海兵大隊戦記**』（ノンフィクション劇場）は1965年に3回シリーズの1回目が放映されたのち、2回目・3回目の放送と、1回目の再放送が見送られた番組である。理由は、'戦場の日常が残虐すぎてお茶の間にそぐわない'ということだった。現在のところ、放映された作品は見つかっていない。のちに、総集編として再編集されたものが、NHK-BSより放送されている。そのVTRは、川崎市市民ミュージアムなどに収蔵されている。

Ⅰ．作品の企画の背景：
　日本テレビのドキュメンタリー番組『**ノンフィクション劇場**』のチーフプロデューサーである牛山純一が立案、取材は3班に分かれて進められた。牛山35歳、撮影を担当した石川文洋は27歳だった。
　3班の構成は、牛山・石川が、第二中隊の中隊長グエン・ヴァン・ハイ大尉に同行取材。佐々木久雄・木村明班は、米将校軍事顧問を中心に撮影。森正博・フリーカメラマン班は兵士の妻子たちが暮らす政府軍陣地の様子を取材。これで3つの連作を作る予定だった。日本テレビの社員で、牛山とともにドキュメンタリーに力を入れていた佐々木は、フルブライト留学していた経験もあることから、英語が達者なアメリカ通として米軍側を取材する班構成になったと思われる。
　後に再編集された『**南ベトナム海兵大隊戦記**』は、牛山・石川班のフィルムを主に再編集したもので、1965年当時にオンエアされたものから、もっとも物議をかもした17歳の少年が首を切られるシーンなどがカットされたものになっている。
　同行したのは、南ベトナムの政府軍の最強部隊のひとつである。牛山自身が同行取材したのは最初の5日間で、2時間分ぐらいを撮影したが実戦はなかった。その後、牛山はサイゴンに戻り、石川文洋が単独で同行取材を続けた。主に音声のない映像録画撮影で、編集時に音声を創作

して作品化している。問題となった生首シーンも、石川の単独取材中の出来事だったと思われる。

当時の『ノンフィクション劇場』は、NHKの『日本の素顔』と双璧をなす民放系ドキュメンタリー番組の草分けだった。牛山は、北爆が始まったベトナム戦線で何が起きているのかを知り、伝えるために、50日間にわたって現地取材を敢行した。

牛山は、1963年に日本テレビ『ノンフィクション劇場』で『老人と鷹』を制作し、カンヌユーロビジョンでグランプリを受賞するなど、日本のテレビドキュメンタリーの草創期を牽引した。『すばらしき世界旅行』なども手掛け、局内の第一線で制作を続けていたが、71年いっぱいで日本テレビを退社し独立した。

II．作品の構成：

今日、本作品が公開されていないので、以下にその再編集版から、ストーリーを時系列で拾う。

（出典は、1995年6月5日にNHK衛星第2で放映された『南ベトナム海兵大隊戦記』のVTRから、映像をもとに、主だった展開と決め手となるナレーションのみを筆者が抜粋して作成した。本編は牛山純一氏への短いインタビューも含み52分番組となっている）。

構成表

00:00 取材のいきさつと取材先となったビンディン省について、地図を使ってナレーション解説。同行取材することになった南ベトナム海兵大隊第二大隊第二中隊と、主人公となるベトナム人のグエン大尉（40歳）の紹介。昼間は南ベトナム政府、夜は解放戦線の支配下となる地域の、政府軍側の掃討作戦に同行していく。行く先々の村にいるのは、おびえる女子供と老人たち。

11:19 農夫発見。「隠れている奴はベトコンだ」と大尉。尋問されるが要領を得ない農夫。屋内に連れて行かれ、出てきたときには人差し指が切断されていた。「戻ってきた農民たちへのみせしめ」との説明。

15:27 家屋に火を放ち、次の村へ。ナレーションでベトナムの歴史

第7章 ベトナム戦争の樹

概説。

17:00 おいしげったヤシの木々の中から狙撃兵に狙われる部隊。痛がる兵士、応急処置をする兵士。さらに、次々と撃たれて兵が倒れていく。息絶えていく兵士のつぶやき。脇でそれを看取る若い兵士のさだまらない視線。ナレーション「ひとりの兵士が生きようとすれば、どちらかの側につかざるを得なかった。個人の意志とは関係なく、どこに生まれ、どこで育ったかという単純な事実が、個人の人生を決定する。国の運命の前に、個人の運命はいつも翻弄された」

21:00 掃討作戦で3つ目の村へ到着。日が暮れかかるころ、数人のゲリラ容疑者を発見。17歳と14歳の少年、中年と子供の父と息子。14歳の少年へのグエン大尉の、仲間の動向を問いただす尋問が始まる。

24:30 「何人の兵士が殺されたか！」。怒りが爆発し、長い鞭で頭も体も滅多打ちにされる少年。尋問が終わると、血だらけの少年の頭の傷を手当てする別の兵士。そこだけ見ると、まるで親子のような、敵と味方。ナレーション「殺しあう必要のない平和な日本に住む私に、あなた方を責める権利はない。しかし、（中略）土地を取り上げ、農民の信仰、仏教を取り上げたのは政府ではなかったか。独立と政治に夢を描いた民衆を裏切ったのは、誠に政府自身であったように思う。この民衆の信頼を回復するのは、気短かな鞭ではないように思う」

29:00 17歳への尋問。道に連れられて行き、（映像カット）、赤土の大地に崩れて倒れている少年の体。帽子をかぶった少年兵士が、銃で小突き、戻ってくる。夕闇に、黙してしゃがんでいる容疑者の男性たち。

30:00 翌朝、昨夜、尋問していた少年兵が、餌をやりながら一羽の小鳥と戯れている。カメラが向けられていることに気づいていないような、白い歯の無邪気な笑顔。昨夜のできごとから連想できない朝の風景。ナレーション「巨大な歴史に翻弄される小さな生き物をみた」

31:00 中部戦線のビンディン省に「ベトコンの3大隊がいる」との情報から、2個大隊2000人による大々的な掃討作戦へ出撃。米軍のヘリ80台に分乗して、1号国道を北へ。ナレーションでは、北爆のエスカレーションと、北ベトナム正規軍の南下という状況の説明後、「それは、圧倒的なアメリカ軍に対する人海戦術。屍に屍を重ねる戦いとなって、あらわれた」との解説。夜営の準備風景。

35:00 小銃を持っていた農民が連れてこられた。ベトコンの居場所などを尋問されたのち、殺害される。映像の流れを止め、顔などにぼかしを入れた静止画でつないである。尋問風景を撮影するためにパンしたカメラの中に、軍事顧問らしき米兵ひとりの姿がちらっと入る。作品を通して、白人はこの一カットのみ。

38:30 明け方、中隊が解放戦線のすさまじい砲撃を受ける。パスーン、ドドーン、と砲撃の応酬の音。走って移動する足音と左右に振れるカメラワーク。緊迫した至近距離の銃撃戦をイメージさせる効果音。

42:00 午前8時、戦いが終わる。累々と横たわる解放戦線の兵士の遺体。ロイターの発表内容「4月8日、ビンディン省。(中略)。ベトコンは200名を超える死者。政府軍は死傷者32名。ベトコンの武器多数を押収」

44:00 泣き崩れる農民たち。ナレーション「グエン大尉、あなたはこうして勝った。しかし私は、この戦場の跡に、さらに大きな悲劇を見た。そこには、流れ弾と砲撃に傷つき、泣き叫ぶ民衆たちがいた。誰がこの民衆を傷つけたのだろう。部落を攻めたあなた方か。民衆を弾よけに使って戦った解放戦線か」

45:00 クワで土を掘る農民たち。ナレーション「民衆は、きのう解放戦線のために壕を掘り、民衆は今日、政府軍のために壕を埋めた」

46:30 国道一号線を歩く兵士たち。米軍機がナパーム弾を次々に落とし、煙と炎が噴き上がる向こうに目をやるグエン大尉。ナレーション「あくる日、第二大隊は再び、幹線国道を南下した。かつて、平和の日、南と北の人々が行きかった、サイゴンからハノイへの道も、今は硝煙の臭いが立ち込める死の道であった。こうして一カ月目、私はあなたとこの乾いた国道で別れた。私はそこから、平和な国へ戻ったが、あなたはきっと今日も戦場の道を歩き続けているだろうと思う」「この国の歴史を負った民衆が、かつて歩いたのと同じ、どこまでも続く果てしない戦いの道を。それは、20世紀という現代の道でもある。20世紀の道には、不幸にもまだ、血なまぐさい硝煙の臭いが絶えていない。グエン大尉。あなたはこの道を、どこへ歩いて行こうとするのか」

第7章　ベトナム戦争の樹

Ⅲ．制作スタッフ：
　ディレクター・構成：牛山純一、ナレーター：鈴木瑞穂、取材：牛山純一、佐々木久雄、森正博、撮影：木村明、石川文洋、編集：池田竜三、効果：岩味潔、作曲：山本直純、ノンフィクション劇場・プロデューサー：牛山純一、製作：日本テレビ

Ⅳ．放送中止のいきさつについての資料抜粋
　　（出典：『月刊日本テレビ』No.79　1965年10月号「特集・報道の社会的責任資料」44-45頁（原文のママ））

「5月9日　日本テレビ『ノンフィクション劇場　ベトナム海兵大隊戦記第一部』放送。大きな反響をよぶ。
　5月10日　東京税関は関税定率法21条（輸入禁制品）3号をたてに「内容が残酷すぎる。"公安、良俗に反するものは税関の試写を求める"という誓約書に違反している」として口頭で担当者に抗議。
　同日夜、橋本官房長官は清水日本テレビ社長に「残酷すぎないか」と電話。
　5月12日　日本テレビは13日放送予定の「ベトナム海兵大隊戦記第一部」の再放送中止を決定。理由は放送時間が婦人と子供の視聴者が多い朝であるため。また、二、三部を一本に再編集して16日に放送することを決める。
　5月13日　衆院逓信委員会で森本靖委員（社）が「南ベトナム戦争の実態をよくとらえたすぐれた放送だったと思うが、各方面からのいろいろな圧力で変えられたとなると遺憾だ」と質問したのに対し、徳安郵政相は「至急内容を見て善処したい。ただ、放送法の精神により放送者の自主性に介入しないようにしたい」と答えた。
　5月14日　『ベトナム海兵大隊戦記』第二、第三を再編集したものを16日に放送する予定だった日本テレビは同局幹部で検討した結果「第一部が"茶の間"に送る番組としてはいささか残酷すぎたことを反省し、また、第二部、第三部の再編集で残酷シーンをカットしてしまうと不完全な作品になってしまう」ところから全面的に放送中止を決定する。」

V．同時期のNHKのドキュメンタリー：

　ノンフィクション劇場は放送が見送られたが、同時期に現地取材をしたNHKのルポは放送されている。NHKの取材班は書籍もまとめている。アプローチの仕方は国際的な広がりがあるが、戦時下の前線の末端で、地元の人びとに何が起きているかは描いていない。また、映像表現として、死体などが入らないように取材時に四苦八苦しているエピソードなどもあり、放送される作品と放送されない作品の違いを考える上で、比較考察の具体的な事例となる。

　作品名：NHK総合　1965年　海外取材番組『インドシナの底流　ベトナム戦線を行く』
　　海外取材番組　インドシナの底流（1）サイゴンの学生たち　1965年4月8日
　　海外取材番組　インドシナの底流（2）山地民族　1965年4月15日
　　海外取材番組　インドシナの底流（3）陸の孤島ラオス　1965年4月22日
　　海外取材番組　インドシナの底流（4）祖国のゆくえ〜ラオス〜　1965年4月29日
　　海外取材番組　インドシナの底流（5）国境地帯　1965年5月6日
　　海外取材番組　インドシナの底流　総集編　戦火と民衆　1965年5月23日

　書籍：NHK特別報道班、1965年、『インドシナの底流　ベトナム戦線を行く』日本放送出版協会

VI．のちの評価：

　この出来事の概要は、例えば以下のように語られている。『シリーズ日本のドキュメンタリー　全5巻』（岩波書店、2009－2010）を編著した佐藤忠男は、この作品が65年に放送中止になった影響を次のように指摘している。「・・・海兵隊員が農村で捕えた男をゲリラとしてその場で殺して首を下げていくという場面があって衝撃的だった。これを見た政府高官から日本テレビに圧力がかかり、日本テレビは次週に放

第7章　ベトナム戦争の樹

送を予定していた第2部の放送を取り止め、すでに放送された第1部も以後公開しないことにした。この事件がテレビにおける報道の自由、表現の自由に与えた影響は非常に大きく、政治性の強い問題に取り組む放送人は陰に陽に自己規制を強く意識しないわけにいかなくなったと思う」(同書5巻、52頁)。

　佐藤は、『思想の科学』編集長等を経て、1962年に映画評論家として独立した。日本映画大学学長なども務め、20世紀後半の日本における記録映像メディアの動向に詳しく、日本の後進育成にも力を入れてきている。佐藤のこの認識は、関係者共通の認識と捉えることができよう。

Ⅶ. 参考文献/言論系専門雑誌　1965年

　『**南ベトナム海兵大隊戦記**』に関連した、主だった当時の論評や、言論界の状況に関する解説などは、主に以下のメディア系専門雑誌に相当量が掲載されている。詳細については、拙稿を参照のこと[注6]。(『総合ジャーナリズム研究』東京社、『新聞研究』日本新聞協会、『週刊読書人』読書人、『図書新聞』図書新聞社、『月刊日本テレビ』日本テレビ、『現代の眼』現代評論社、『文藝』河出書房新社、『世界週報』時事通信社、『週刊読売』読売新聞社、『テレビドラマ』ソノラレコード、他多数を参照した。)

注
6) 別府三奈子、2011年、「ジャーナリズムと映像　消去の事例:「南ベトナム海兵大隊戦記」放送中止事件・再考」『ジャーナリズム&メディア』日本大学新聞学研究所、4号、197-219頁。

第3回　討論番組の'偏向'について考える

写真1　徹夜討論集会会場全景　（『文藝　9月臨時増刊号』　43頁より）

a. 授業の目的：

　1965年8月14～15日、東京12チャンネルは『戦争と平和を考える　8・15記念徹夜討論集会〈ティーチ・イン〉』の中継を行っており、途中で放送が打ち切られた。番組の録画は、今のところ確認できていない。
　イベントの全記録は『文藝　9月臨時増刊号　ヴェトナム問題緊急特集』（河出書房新社、1965年9月3日発行）に収録されている。ここでは、その記録をもとに、番組内容と放送禁止となったポイントと、その是非について、資料をもとに考える。

Ⅰ．イベントの内容

　イベントの主な内容は、以下の3部構成となっており、会場からの中継が夜通し行われる予定だった。しかし、第2部冒頭での司会者の発言を契機として中継中止の動きが起こり、第2部の途中で突然の中継打ち切りとなった。

　　　第一部　　　開始時間　8月14日22時30分から2時57分
　　　　　　　　　赤坂プリンスホテルより生中継
　　　　　　　　　〈討論〉ヴェトナム問題1　日本の進むべき道

第 7 章　ベトナム戦争の樹

　　　司会者　桑原武夫・鶴見俊輔・久野収
　　　出席者　全ての政党からの政治家、評論家、学者、作家、記者など、壇上での討論者は、合計 21 人。

　第一部では、司会者が米国でティーチ・イン活動を推進している元海兵隊員のオグルズビー氏にフロアからの発言を促したことで、壇上にいた中曽根、宮沢両自民党議員から激しい抗議があり、途中でその発言は中止となった。その後、フロアの日本人からの発言に対する壇上の討論者たちの返答などが続いた。

　　　第二部　　開始時間　8 月 15 日　～ 5 時 30 分
　　　　　　　〈体験談〉戦中戦後をふりかえる
　　　　　　　司会者　無着成恭・鶴見俊輔

　第 2 部冒頭で、司会者の無着氏の発言内容が、東京 12 チャンネル上層部にとって「公共放送として公正を欠く」と判断され放送見合わせが決定される。
　司会者の発言は以下を参照のこと。

　　　第三部　　開始時間　8 月 15 日　～ 6 時 10 分終了
　　　　　　　〈まとめ〉未来への展望
　　　　　　　司会　小田実　出席　家永三郎／山下肇

　当時のいきさつについて、局側、主催者側、この番組の担当ディレクターだったばばこういち、それぞれの記録は主に、前述の資料によると以下の通り。

Ⅱ.「戦争と平和を考える」徹夜討論会（ティーチ・イン）、放送打ち切りのいきさつ（資料より抜粋）
　1965 年 8 月 14 日から 15 日にかけて、ベ平連（「ベトナムに平和を！」市民文化団体連合）は、赤坂プリンスホテルで、「8・15 記念徹夜討論集会（ティーチ・イン）」を企画した。徹夜討論会の模様は、『東京 12 チャ

ンネル』が生中継をする予定になっていた。東京12チャンネル側の番組担当ディレクターは、ばばこういち（当時、正社員。この一件で退職し、後はフリー）。主催者は、八・一五記念二十四時間討論集会実行委員会だった。

　当日の討論会「戦争と平和を考える」は、3部構成だった。第1部は、ベトナム戦争について、政治家や学者が意見を述べ、それに対するフロアの質問に答える形式のもので、司会は鶴見俊輔、桑原武夫、久野収の3者だった。第2部は、日本の戦争について、一般市民が3つのグループに分かれ、それぞれが壇上にあがり、次々に発言する形式で、司会者は無着成恭と鶴見俊輔。3つのグループは、「戦争・敗戦体験談」「占領政策や朝鮮戦争体験談」「安保闘争経験談」。最後の第3部は、それまでの討論を総括するもので、司会が小田実だった。
　第一部の登壇者は、坂本義和（京大）、いいだ・もも（作家）、佐藤賢了（元陸軍中将）、宍戸寛（共同通信外信部長）、開高健（作家）、星野安三郎（東京学芸大）、服部学（立教大）、小田実（作家）、長洲一二（横浜国立大）、日高六郎（東大）、江崎真澄（自民党・元防衛庁長官）、中曽根康弘（自民党・元科学技術庁長官）、佐伯喜一（元防衛庁防衛研修所所長）、宮沢喜一（元経済企画庁長官）、麻生良方（民社党）、上田耕一郎（共産党）、勝間田清一（社会党）、羽生三七（社会党）、渡辺城克（公明党）、宇都宮徳馬（自民党）、飛鳥田一雄（社会党・横浜市長）。
　夜半から始まった討論会は、第一部が時間をオーバーした。後半、米国から当日に駆け付けたティーチ・インの米国人運動家のオグルズビーに司会者が発言を求めたところ、一人3分ルールを超えていることを理由に、中曽根・宮沢両議員から大きなものいいがあり、その発言は中断された。2時57分に第1部がおわり、続いて第2部が始まった。司会者が主旨を説明し、何人かの市民からの発言が続いていた午前4時8分、テレビでの生中継放送がいきなり打ち切られた。主催者側、および、ディレクターは、局の上層部に抗議したものの、その後の放映はすべて打ち切りとなった。

　以下は、中止となった当時のいきさつに関する、当事者からの声明で

第 7 章　ベトナム戦争の樹

ある。各種の資料はいずれも、『文藝　9月増刊号　ヴェトナム問題緊急特集』（河出書房新社、1965）より抜粋引用した。本書はティーチ・インの放送中止を受けて、河出書房が緊急に出版した特集号である。14日夜 10 時半から翌朝 6 時 10 分まで続いた討論会の全記録が収録されている。当夜に登壇した集会の講師が、主に同じ登壇者だった政治家たちの発言に対して寄せた「もう一度質問する」の論稿（坂本義和、いいだ・もも、佐藤賢了、宍戸寛、開高健、星野安三郎、服部学、小田実、長洲一二、日高六郎）の他、2 月に朝日新聞に反戦の社説を出した笠信太郎の「世界・アメリカ・日本」、法律家である蝋山政道の「世界平和への日本の進路」、京都大学教授である井上清の「ヴェトナム戦争反対の意味するもの」等々、数多くの論文も合わせて収録されている。巻末には、昨今のベトナム戦争をめぐる現地での出来事と、米中ソ仏ほか諸国の国内における反戦の動きや政府声明などを集めた詳細年表が付記されている。

当日の番組提供は、河出書房だった。打ち切りについて、河出書房は「午前六時まで終夜、放送される予定でしたが、午前四時八分、東京 12 チャンネルの自主的な判断によって中止されました。この放送中止については、小社は一切関知しておりません。番組を提供した小社は、この放送が中止されたことについて遺憾の意を表します」と記している（原文 237 頁）。この臨時増刊号は全体を通して、放送中止に強く抗議する明確な意志で緊急に編集されたものとなっている。

Ⅲ．放送局側の事情：「放送中止についての声明」（東京 12 チャンネル編成部長　森一久）（原文 236-237 頁）

　　我々がこのテレビ中継を思いたった企画の意図は、次の三点にしぼられる。まず、その形式がアメリカで発明されたという"ティーチ・イン"という方式の討論会であり、従来ともすれば我が国で見失われがちであった"話し合い"の精神を育もうとする点で、有意義な試みと受取ったことである。第二は、なんといってもいまでは国民の大きな関心事であるヴェトナム問題を中心に、終戦二十年記

念日の前夜に開かれるものだったことである。そして最後に、これは第一の理由と重なるが、徹夜という試みが風変りである上に、これが成否は、熱しやすくさめやすいといわれる我が国民性が、戦後二十年でどう変ったかを示すいわば一つの試みとしても、有意義かつ興味深いと考えたからである。

　しかし何分にも、はじめての点が多く、本テレビ局側でも随分と慎重な態度でのぞんだ。この討論会の内容が漸次固まる段階に応じて、厳密にいえば、単なる"中継をするテレビ局"の立場にしてはむしろ差出がましいと思われるような希望をいくつか申し出た。それは人選に関するものから、テーマについてまであったが、その大部分は、放送の実現を希望されていた主催者側の快く受入れるところとなった。

　それでも我々としては、リハーサルなしのいわゆるなま放送であるだけに、万一のときのことも考えておかないわけにはいかなかった。問題によっては国会でさえ乱闘がおきかねない現状の中で、公共の電波をあずかるテレビ局が臨機の措置をとりうるよう、予め主催者側の了解を念のためえておきたいと判断し、全部中継できないことがあるかも知れないと非公式に主催者に連絡したのは、数日前のことであった。今にして思えば、この細心な連絡が、かえって主催者の方々の一部に、思わぬ疑惑を植えつけてしまったようである。

　当夜十時、とつぜん主催者側から、打って変った強硬な申入れがあった。曰く"12チャンネルは最初から一部で放送を中止することを決定したという確実な情報を得た。もしそうなら放送を全面的にお断りしたい"と。我々は、以前から考えていたとおり、"不測の事態や放送として著しく公正を欠く状況にならない限り"早朝まで放送するという意志を正式に答えた。主催者側ではこれを聞いて、"アイ・アグリー"という一人の方の発言を受けて、なごやかな雰囲気で、我々は放送準備に、彼らは会場へといそいでわかれていったのである。

　討論会の第一部は討論講師を壇上に、ライトの交錯する絢爛たる会場でものしずかに開かれた。その中憩のあと、議事予定にない順序で、司会者が突然来日米人オグルズビー氏に発言を求め、出席者の抗議を受ける場面があり、混乱や退席がおきなければ……と心配

させたが、司会者が詫びて平静に戻り、第一部の"ヴェトナム問題"はどうやら無事終了した。少なくともその時点では、我々がいだいていた不安は、主催者側の運びがなぜかぎこちなく感じられたことだけである。

　第二部のはじめ、司会者席に第一部の討論者だった人が加わるよう準備されているのを知って、当方から注意を申し出た。これは主催者の快く受入れるところとなって、三時半頃第二部「戦中戦後の経験」がはじまった。
　すでに周知のように、我々が放送を中止せざるを得ないと判断したのは、この第二部の司会者の次のような発言内容である。
　第二部の司会者は、"（第一部の討論は）政治家の方から一方的に押しまくられたような感じなので……腹がたった……。"と前置きされたのち、"……どういうところにポイントを合わせるかといいますと、たとえば戦争が負けた時には天皇の力でおさまったが、いま天皇の命令でまた戦争をやるといえば、あれと同じようにやるかどうかとか、……占領政策では戦犯という形で取上げられながら牢屋から出てきた人はどんどん総理大臣になったりしているのはどういうわけか……というふうなことをワサビのようにきかせてほしいわけです"と司会の言葉をしめくくった。
　この言葉の中には昭和二十二年五月三日以降には通用しないはずの、問題の措定さえ含まれているが、それはさておき、ここで述べるべきことは、放送中止との関連であろう。我々は"放送内容"として著しく公正を欠くと判断したのであって、司会者個人の意見として公正でないかどうかとは自ら別の問題である。我々は瞬時に各家庭の茶の間に這入りこむ電波を放送するという重大な責任を負っている。"徹夜討論会"と銘打った中継の内容が、視聴者を一方的に誘導するものであったり、"討論会"でない内容となったりするのでは、我々は責任を果したとはいえないのである。
　主催者側の了解を得てのち放送を中止すべく約二十分にわたって協議を重ねたが、両者の立場の相違を短時間に理解してもらうことの不可能なことをさとり、当方の編成権の主体性をもって中止することになったのは、我々としても残念なことと思っている。

Ⅳ. 主催者側の声明 「放送中止についての声明」(八・一五記念二十四時間討論集会「戦争と平和を考える」実行委員会) (原文 234-236頁)

　私たちは東京12チャンネルが私たちの集会を中継するために払った努力に感謝しています。放送が中止されたことはきわめて残念なことですが、しかしそのことは集会そのものの進行とは別種の事柄に属します。放送中止とは関係なく私たちの集会は参加者の熱心な支持により成功裡に終了しました。
　ただ、そのこととは別に、私たちとしては放送打ち切りの理由がどうしても納得できないので、この旨を正式に12チャンネルに申し入れました。
　無用な誤解と臆測を避けるために、その間の事情を、双方で確認された事実によって明らかにするのは主催者の義務であると考えます。
　同時に、放送打ち切りの理由については絶対に了承できないことを明かにすることもまた私たちの責務でしょう。
　実行委に対して「12チャンネルはこの集会を一部で打ち切るかもしれぬ」という風説が伝わったのは当夜、開会直前の(八月十四日)午後十時でした。
　私たちは、噂の真偽を確かめずに、開会、中継を許可することは主催者として万全の措置を欠くと考え、直ちに、12チャンネルに申し入れ会見をもちました。
　12チャンネル側は制作局長、編成部長以下二名、主催者側は実行委員会責任者久保圭之介以下実行委員・桑原武夫、久野収、鶴見俊輔、開高健、小田実でした。
　その結果12チャンネル側は放送打切りの意図の全くないことを明らかにしました。その時の確認内容は以下の通りです。
〈われわれとしては、この放送を一部で中止するということを決定したことは絶対にありません。この放送については、かねてのお約束の通り、早朝まで放送いたします。ただし、不測の事態(たとえば、天災、会場の大混乱、参加者が皆無となった等々)が生じた場合、あるいは、放送法の規定により、著しく公正を欠くと判断される場合には、放送を中止することがあります。不測の事態が生じた

第7章　ベトナム戦争の樹

場合、著しく公正を欠くと判断される場合には、事前に主催者側に通告し、協議します。放送中止の事態が生じた時にも、録画は全部とります。録画その他の取扱いについては、主催者側と協議した上で決定します。〉
（これは局側の口頭による申し入れを主催者側でメモにとり、そのメモの全文を局側で確認したものです）

しかるに、八月十五日・午前三時五十分、ヴェトナムに関する討論を終わり、無着成恭氏の司会による戦中戦後の体験を語り合う部分に移行した時、12チャンネルより、「無着成恭氏の発言が公正を欠き、集会を一方的に方向づけるものだから放送を打切る」との通告が主催者側になされました。

私たちは無着氏の発言は事実に即したもので、毫も公正を欠くとは考えられなかったので、この通告を了承することはできませんでした。

放送は四時八分打切られました。

集会終了後、八月十五日・午前八時三十分、主催者側は司会者桑原武夫氏を含めて、私たちの態度を協議しました。

更に八月十七日、実行委全員による協議を経て、午後五時、全員で12チャンネルに赴き、佐々木制作局長に久保圭之介より抗議文を手渡しました。

私たちの態度はこの文に尽されています。

抗議文

私たちは貴局が私たちの主催した討論集会を放送するために払われた努力を心から多とします。当夜は何分にも初めての試みでもありましたので、私たちと貴局の双方の側に、さまざまな行き違いと不手際が生じた、と考えます。私たちの側の手落ちについては、主催者として反省しております。

しかしながら貴局が私たち主催者との当初の申し合せに反して、中途において（午前四時八分）一方的に中継放送を打ち切られたことは、はなはだ遺憾なことでした。私たちはこの放送中止に対して、ここに貴局に抗議します。

貴局のこの一方的措置は双方の善意をも裏切る結果ともなりました。貴局が私たちに通告された打ち切りの理由を、私たちは絶対に納得することができません。それは決して、技術的な行き違いや

不手際に帰することはできない、と私たちは考えます。
一、貴局通告が「著しく公正を欠く」と一方的に判定され、放送中止の根拠とされた問題の司会者発言については、私たち主催者としては、公正を欠くものと認めることはできません。多くの視聴者も、司会者発言を支持する意見を主催者側に多数、寄せてきております。
二、問題の司会者発言の最中に、貴局より「注意」の紙切れが届けられ、司会者はそれ以後、その注意に従い、純実務的に司会を運んだにもかかわらず、会場一般参加者の自由な発言の中途において、貴局が一方的に中継放送を打ち切られたことは著しく公正を欠く措置であったと私たちは考えます。
　以上の件について、貴局に抗議するとともに、当夜、未放送の分もふくめ、録画放送の可及的速やかな実現を希望します。
　　一九六五年八月十七日
　　　　　　　　　　　八・一五記念　二十四時間討論集会
　　　　　　　　　　　「戦争と平和を考える」実行委員会
東京12チャンネル御中

　私たちは当夜の録画を放送するように要求するとともに、この八・一五集会の経験をもとに、更に広範囲な、更に力強い運動をさまざまな形で幅広く展開するために、努力することをここにお約束したい。

第4回　'敵側'を伝えた「田英夫のハノイ・ルポ」

a. 授業の目的：

　1967年10月30日に放送されたTBS『報道特別番組　ドキュメント　ハノイ　田英夫の証言』は、キャスターの田英夫自身が北ベトナムを1ヶ月にわたって取材し、アメリカ政府、日本政府から伝えられる内容とは異なる現地の様子をルポしたものである。田英夫は、ハノイの日常生活や空襲、物価や人びとの暮らしぶり、北ベトナム正規軍の女性兵士たち、米軍の捕虜、空爆によって傷ついた子供たちや病院、米軍の爆弾の

第7章　ベトナム戦争の樹

構造、北ベトナムの人びとの思いなど、現地で取材してきた記録映像をスタジオで解説した。ベトナム戦争の見通しについては、必ずしも米国政府の言うようにならないと感じた根拠について、率直に語っている。

この時期、大統領や米国議会での議員たちの、日本の報道に対する批判の発言などが、米国大使ライシャワーの発言や雑誌での記事掲載などによって、日本のメディアに、有形無形の圧力をかけた。しかし、米国政府が取材の現場にかける圧力ではない。いずれも、政治家や財界人を通して、テレビ局上層部に伝えられるクレームである。そのクレームにそって社の経営陣が現場に指示を出し、その意に沿わない記者たちが退社に追い込まれ、その後にはグレーゾーンが残り、残留組は同じ轍を踏まないように自主規制を進めていくことになる。田英夫の場合は退社し、その後代議士へと活動の場を移していった。

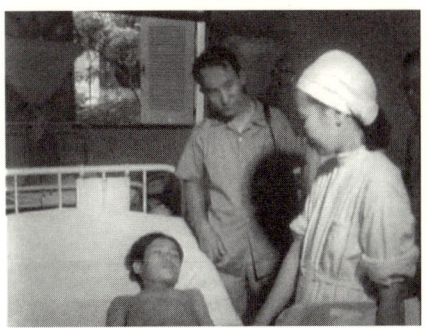

写真2 「田英夫」がサイゴンの病院で治療をうけている子供を取材中の画像。『報道特別番組　ドキュメント　ハノイ　田英夫の証言』(東京放送、1967年10月30日)

写真3 「田英夫」がスタジオでボール爆弾の説明をしている画像。『報道特別番組　ドキュメント　ハノイ　田英夫の証言』(東京放送、1967年10月30日)

ジャーナリストは、社会をより良くするために、記録すべきものの所へ自ら足を運び、閉ざされやすい被取材者と信頼の絆を結び、言論の自由を盾として消去しようとする力に抗い、優れた技術で記録・表現する。

この仕事は難しい。到底ビジネス（利潤追求）ではできない。そこからこの仕事はジャーナリストに、社会が信託した専門職能である、との考え方（ジャーナリズム・プロフェッション論）に行きつく。プロフェッションは利潤追求をしないパブリックサービス（公共奉仕）だから、社

写真4「田英夫」 北側のVTR：米軍の捕虜の画像。『報道特別番組　ドキュメント　ハノイ　田英夫の証言』（東京放送、1967年10月30日）

会全体で自覚的に支えなければ成立しない。こういった欧米型の理念構造は、デモクラシーを標榜する社会に不可欠なものだが、日本にはまだ定着していない。

根づいていないのならば、教育によって理解を促すところから始めることになろう。

ジャーナリズムはデモクラシーにとって不可欠のものである。ライブラリーに収録された本編などを利用し、ジャーナリズムの様々な歩みに気づく。ジャーナリズムとは何か、ジャーナリストとは誰かを、考える。どのような情報を、何のために、誰のために共有するのか。そのためには、ジャーナリズムとはどうあるべきなのか。現状はどうなっているのか。それは何故か。こういったことを考え続ける姿勢が、ジャーナリズム・リテラシーの第一歩となろう。

【番組】
TBS『報道特別番組　ドキュメント　ハノイ　田英夫の証言』、1967年10月30日放送、◎

【文献】
大森実、1965年、『北ベトナム報告』毎日新聞社。
田英夫、1972年、『真実とは何か』社会思想社。
放送批評懇談会、1972年、『放送の自由は死滅したか』社会思想社。

4　参考図書・文献・資料一覧

〔書籍（発行年順）〕
松岡洋子、1964年、『北ベトナム』筑摩書房。
岡村昭彦、1965年、『南ヴェトナム戦争従軍記』岩波書店。
ウィリアム・P.バンディ、米大使館文化交換局出版部訳、1965年、『米国の南ベトナム・東南アジア政策』米大使館文化交換局出版部。

第7章　ベトナム戦争の樹

岡村昭彦、1965 年、『これがベトナム戦争だ　岡村昭彦写真集』毎日新聞社。
大森実監修、1965 年、『泥と炎のインドシナ』毎日新聞社。
開高健、1965 年、『ベトナム戦記』朝日新聞社。
岡倉古志郎・陸井三郎編、1965 年、『キューバからベトナムまで　アメリカの侵略工作』新日本出版社。
小山内宏、1965 年、『ヴェトナム戦争　このおそるべき真実』講談社。
ボー・グエン・ザップ、真保潤一郎訳、1965 年、『人民の戦争・人民の軍隊　ベトナム解放戦争の戦略技術』弘文堂。
岡本隆三、1965 年、『ベトナム解放への道　祖国独立をめざすたたかいの歴史』弘文堂。
デニス・ウォーナー、南井慶二訳、1965 年、『アジアの黒い影　ベトナム戦争の背景』朝日新聞社。
森川金寿、1965 年、『ヴェトナム戦争と国際法』法曹公論社。
NHK「インドシナの底流」特別報道班、1965 年、『インドシナの底流』日本放送出版協会。
大森実、1965 年、『北ベトナム報告』毎日新聞社。
ウィルフレッド・G.バーチェット、読売新聞社外報部訳、1966 年、『北ベトナムからのルポ』読売新聞社外報部。
日野啓三、1966 年、『ベトナム報道：特派員の証言』現代ジャーナリズム出版会。
D. ハルバスタム、林雄一郎他訳、1968 年、『ベトナム戦争』みすず書房。
田英夫、1972 年、『真実とは何か』社会思想社。
放送批評懇談会、1972 年、『放送の自由は死滅したか』社会思想社。
岡本博、1977 年、『映像ジャーナリズム　Ⅰ・Ⅱ』現代書館。
玉木明、1999 年、『「将軍」と呼ばれた男　戦争報道写真家・岡村昭彦の生涯』洋泉社。
ばばこういち、2001 年、『されどテレビ半世紀』リベルタ出版。
メディア総合研究所、2005 年、『放送中止事件 50 年――テレビは何を伝えることを拒んだか』
別府三奈子、2006 年、『アジアでどんな戦争があったのか　戦跡をたどる旅』めこん。
別府三奈子、2007 年、「8 章　日本の新聞写真における初期水俣事件報道」小林直毅編著『「水俣」の言説と表象』、藤原書店。

〔紀要・雑誌（発行年順）〕
編集部、1965 年、「「南ベトナム海兵大隊」放送中止の波紋―直視してほしい問題の本質」『新聞研究』（168）1965 年 7 月号、6-7 頁。
岩立一郎他、1965 年、「座談会　ベトナム戦争と日本の新聞」『新聞研究』（168）1965 年 7 月号、10-19 頁。

牛山純一、1965 年、「「ベトナム海兵大隊戦記」始末記」『中央公論』80（7）1965 年 7 月号、247-255 頁。

T. J. ドッド、1965 年、「ベトナムの真実を直視せよ（下）憂うべき報道の偏向」『世界週報』46（30）、1965 年 7 月 27 日号、70-85 頁。

河出書房新社、1965 年、『文藝 9 月臨時増刊号　ヴェトナム問題緊急特集』

いいだ・もも、1965 年、「"ティーチ・イン" 顛末記―「戦争と平和を考える」徹夜集会」『図書新聞』、1965 年 8 月 28 日、6 頁。

石村善治、1965 年、「現代国家における　言論の自由と「社会的責任」」『月刊日本テレビ』、1965 年 10 月号、11-17 頁。

山本明、1965 年、「日本における放送の社会的責任」『月刊日本テレビ』、1965 年 10 月号、18-22 頁。

E. ライシャワー、1965 年、「掛け声だけでは平和は来ない」『世界週報』1965 年 10 月 19 日号、332-39 頁。

別府三奈子、2010 年、「ジャーナリズムと映像表現――昭和／消去（デリート）の類型」『マス・コミュニケーション研究』日本マス・コミュニケーション学会、76 号、43-67 頁。

別府三奈子、2011 年、「ジャーナリズムと映像　消去の事例：「南ベトナム海兵大隊戦記」放送中止事件・再考」『ジャーナリズム＆メディア』日本大学新聞学研究所、4 号、197-219 頁。

〔資料〕

劇場映画『ハーツ・アンド・マインド』、1975 年

NHK ＆ ABC 共同制作／市販 DVD『映像の世紀　第 9 集　ベトナムの衝撃』、1996 年

『映像が語る　20 世紀　13 巻　1963-1969 年〜ベトナム戦争の泥沼〜』、1997 年
　　（監修：新川健三郎、著作権：セレブロ、発売元：ファーストトレーディング）

『映像でつづる　20 世紀　世界の記録　8 巻　苦悩するアメリカ／ベトナム戦争と反戦運動／デタントへの道（1965 － 1970 年）』、2005 年
　　（監修：武者小路公秀、企画・制作・著作：セレブロ、エムスリイエンタテイメント、編集：文藝春秋・弘旬館）

5 公開授業の経験から考えたこと

　授業準備から公開授業までの経験から、二つのことを考えている。

　ひとつは、ジャーナリズムに対する世代間ギャップである。今回扱った1960年代中期のテレビに確かにジャーナリズムがあった、ということを、ライブラリーに収蔵されているたくさんの番組を視聴することで、自分自身は再認識した。映像ジャーナリズムの可能性と言い換えてもいい。画像がきれいといった類のことではない。誰のために、何のために、何を伝えようとしているのか。それをしっかり考えている送り手に、ライブラリーの作品を通して、たくさん出会った。日本型のジャーナリズムに対する可能性も感じた。

　ところが、今日のテレビしか知らない20代の学生たちの多くは、テレビにおけるジャーナリズムの存在に、ほとんど期待していない。これは心配な発見だった。テレビには無理、ジャーナリズムは機能しない。こう突き放してしまったら、そこでなくなってしまうのがジャーナリズムである。ジャーナリズムとは、理念からスタートするものだからである。いかにジャーナリズムの重要性を学生に自覚してもらうのか、そこに教授法開拓のポイントがあるように思った。

　もうひとつの発見は、ライブラリーに所蔵されているテレビ番組をもとにジャーナリズムの授業を構成することの有意性である。それだけに、本書の制作過程でも痛感したことだが、映像を放送ライブラリーでしか見られない、ということが、とても大きな社会問題である、と考える。地方に住んでいたら、なかなか利用できないのである。放送法で規定された組織であるならば、そのサービスは公平でなければならない。

　たまたま足を運べるならば見られるが、そうでなければ利用できないライブラリーでは、機能激減である。

　一度放映されたテレビ番組は、誰のものなのだろうか。

　放送ライブラリーもNHKアーカイブスも、公開されている番組は、誰かの何かしらの意図で公開の場にある。同じように、誰かの何かしらの意図で、アーカイブスで公開されない番組も多い。今回とりあげた「放送中止になってしまった番組」などは、ライブラリーでも視聴できない。公共財でありながら、検証の機会が一般に開かれていないのである。当

時の週刊誌から紹介映像を転載しようとしたが、それさえもままならない現状はフェアではない。

　フランスのINAのように、テレビ番組を公共財として認識し、予算をとり、全番組を収録し、その全てを何人にも公開するという原則の確立とシステムの構築が、何よりも今、重要であるように思う。

第 8 章　沖縄返還密約の樹

花田 達朗（はなだ たつろう）

早稲田大学教育・総合科学学術院教授

早稲田大学ジャーナリズム教育研究所所長。東京大学大学院情報学環教授、学環長を経て、2006 年より現職。著書に、『公共圏という名の社会空間－公共圏・メディア・市民社会』（木鐸社）、『メディアと公共圏のポリティクス』（東京大学出版会）など。編書に、『「個」としてのジャーナリスト』『「可視化」のジャーナリスト』『「境界」に立つジャーナリスト』『「対話」のジャーナリスト』（以上、早稲田大学出版部）など。

毎日新聞、1972 年 4 月 5 日、朝刊、1 面（毎日新聞社提供）

放送番組で読み解く社会的記憶

1 テーマ「沖縄返還密約」の概説
(1)「沖縄返還密約」の2つの局面

　日本の戦後史における「沖縄返還密約」というテーマは大きく2つの局面からなっており、それらが絡み合い混在しているように見える。敢えて区別してみれば、第1は安全保障政策ないし外交政策における密約問題である。なぜ密約は発生したのか、発生するのか、密約の理由と内容、密約を結んだ主体同士とその双方の利害などの解明が関心対象となる。第2は公権力の政策実践過程で発生する密約とそれを暴き公衆に伝えようとするジャーナリズムとの関係の問題であり、「知る権利」や「情報公開」という概念が関わりをもってくる。

　言い換えれば、第1の局面とは「沖縄返還密約」における日米政府相互の「権力同士の攻防」の物語であり、第2の局面とはジャーナリズムと公権力との間の、あるいはジャーナリストと政治アクターとの間の「事実をめぐる攻防」の物語だと言える。

　この教材では、日本外交史や国際政治分析そのものが主題ではなく、ジャーナリズム・リテラシーが主題であるから、当然「沖縄返還密約」における第2の局面に焦点がおかれる。とはいえ、ジャーナリズムにとって暴こうとする対象の密約自体がどういう性格のものであるのか、密約を生み出す権力構造と時代環境がどういうものであるかという文脈の中でその時のジャーナリズム活動は行われるわけだから、取材対象である密約形成側の事情が取材主体であるジャーナリズム側に跳ね返ってくること、跳ね返ってこざるを得ないこともまた当然であろう。また、政治学者のみならずジャーナリストも第1の「権力同士の攻防」の局面の解明を試み、その成果を発表していくので（太田 2004; 豊田 2009）、ジャーナリズムの産物だからと言って、それが直ちに第2の局面を扱っているとは言えない。実際にはそのような産物はむしろ少ないと言えよう。

252

(2)「沖縄返還密約」とは何を指すか

　以上を前置きとして、では、2011年年末の現時点から見て（事案はいまだ現在進行形なので、制約はあるが）、「沖縄返還密約」とは何か、また何であったか、それはジャーナリズムによってどのように取り扱われ、表現され、表象されてきたかというテーマに入っていこう。

　「沖縄返還密約」とは、現時点でわかっていることを総合すれば、1969年11月21日に佐藤栄作首相とリチャード・ニクソン米国大統領の間で「1972年沖縄施政権返還」に合意した日米共同声明の裏に密約があった、したがって1971年6月17日に愛知揆一外相とロジャーズ米国務長官の間で調印された沖縄返還協定の裏に密約があったということである。この場合の密約とは、双方の国民や議会に公開した事実以外に秘密の約束があったということである。そして、その密約があったがゆえに政府間の合意が達成されたのであり、しかしその存在と内容は国民や議会に知らせるには「不都合な事実」なので秘密にされたということである。つまり表と裏があって、政府同士の間では表裏一体であるが、国民と議会には表しか知らせないで交渉結果に承認と支持を取り付けようとしたということである。政府は相手政府と交渉していると同時に、自国の議会や世論とも交渉をしている。相手政府の要求と「国益」の維持との間の溝や落差を埋めるために、またその溝や落差を埋めるための手段・方法と「世論」の反応との間の溝や落差を埋めるために、すなわちこの二重のギャップを埋めるために交渉過程で密約というオプションが発生する。簡単に言えば、「見せかけ」を作る偽装工作が行われるわけである。

写真1　1969年11月に会談する佐藤首相とニクソン米国大統領。『報道特別番組　沖縄苦闘の27年　沖縄戦から復帰まで』（東京放送、1972年5月12日）

　具体的にどのような密約があったか。研究者やジャーナリストによってかなり解明が進んできていたけれども、ここでは2009年9月の政権

交代後に岡田克也外務大臣の委嘱で設置された「いわゆる『密約』問題に関する有識者委員会」(座長：北岡伸一東京大学教授) が提出した報告書から引用しよう (この報告書には批判もあるが)。委嘱の内容は、「以下 4 つの『密約』の存否・内容に関する検証を行い、かつ外交文書の公開のあり方について提言を行うというものであった」(外務省 2010: 2)。

1. 1960 年 1 月の安保条約改定時の、核持ち込みに関する「密約」
2. 1960 年 1 月の安保条約改定時の、朝鮮半島有事の際の戦闘作戦行動に関する「密約」
3. 1972 年の沖縄返還時の、有事の際の核持ち込みに関する「密約」
4. 1972 年の沖縄返還時の、原状回復補償費の肩代わりに関する「密約」

1 は、安保改定で導入された「事前協議制」において何を事前協議の対象とするかについての密約である。それが秘密にされていたがために、「核持ち込み」に核兵器を搭載した艦船や航空機の寄港や通過も事前協議に含まれるのか否か、つまりそれが事前協議の対象になるのかどうかがずっと不明の争点になってきた。

2 について。在日米軍が日本から戦闘作戦行動に出るときは事前協議の対象とするというのが公式合意であったが、しかし朝鮮半島有事の際には在日米軍が日本の基地から直ちに (事前協議なしに) 出撃できるという秘密の合意を交わしていた。

3 について。佐藤政権は「非核三原則」(核兵器を持たず、作らず、持ち込ませず) を掲げていたが、沖縄返還交渉でも「核抜き、本土並み」の方針を明らかにしていた。しかし米国政府の返還に当たっての基本的な狙いはそこにはなく、「基地の自由使用」であり、返還時に核兵器を撤去するにしても「極めて重大な緊急事態が生じた際には、米国政府は、日本国政府と事前協議を行った上で、核兵器を沖縄に再び持ち込むこと、および沖縄を通過する権利が認められること」(若泉 2009=1994: 418) を佐藤・ニクソン日米共同声明の際の「秘密合意議事録」の中で約束していた。

1 と 3 が「核密約」と呼ばれるのに対して、4 は「財政密約」と呼ばれる。

沖縄返還時に本来は米国側が支払うべきものとして合意があった米軍施設の移転費や改良費、あるいは収容した土地の原状回復補償費などを実際には日本側が肩代わりするという密約で、1969年11月10日の柏木雄介大蔵省財務官・ジューリック財務省特別補佐官の間で合意していた。

　密約としてはそのほかに、岡田外相の委嘱内容には挙げられていないのだが、日米地位協定に関わる密約がある。これは在日米軍将兵が日本で犯罪を起こした際には公務中であればその捜査権は日本側にはないとする密約である。米軍側が公務中であると主張すれば米兵の犯罪に日本側の裁判権が及ばないという事態が続いてきたのであるが、その裏にはこの密約がある（吉田 2010）。

　日米安保体制、日米軍事同盟の背後には少なくとも以上5つの種類の密約があると言える。しかし、これらの密約はこれまで日本政府によって、外務省によって、歴代の自民党政権によって、「存在しない」として否定され続けてきたのである。「沖縄返還密約」に関して言えば、「核密約」によって返還後の沖縄米軍基地には核兵器が貯蔵され、あるいは基地を通過した恐れがあり、そのことは沖縄県民には知らされないできた。「財政密約」によって国民と議会の知らないところで本来米国側の負担すべき費用が日本国民の税金によって支払われ、その仕組みの延長線上に今日の「思いやり予算」（在日米軍駐留経費の日本側負担）が存在する。

(3)「沖縄返還密約」が生み出される状況

　「沖縄返還密約」をめぐる日米両政府の事情について一言しておこう。米国側は日米安保体制の維持のためには沖縄を米国施政権のもとに置いておくことはもはや得策ではなく、返還すべきだという認識に固まりつつあった。他方、米国側は1965年の北ベトナム爆撃開始以来ベトナム戦争に深く介入していた状況下でアジア戦略の「要石」としての沖縄の基地を手放すことはあり得なかった。つまり、政治的には施政権を日本側に返還しても、軍事的には基地を自由に使用し続けたい、いや基地自由使用が達成されるなら、施政権返還を実現したほうが得策であるという考えにあった。これは今日、1969年5月28日の米国家安全保障会議

決定メモランダム（NSDM）第 13 号で確認することができる。この翻訳は若泉敬『他策ナカリシヲ信ゼムト欲ス　新装版－核密約の真実』に掲載されている（若泉 2009=1994: 254-255）。

　と同時に、経済的には、この返還に伴って米国は日本に 1 ドルたりとも支払わない、むしろ高度経済成長を遂げて貿易黒字を積み上げていく日本の全面的財政負担で行うことも、とりわけ米国議会から要請されていた。さらに、就任早々のニクソン大統領個人にとっては「繊維問題」が大きく、つまり日本から怒涛のごとく輸出される繊維関連製品によって米国内産業が危機に瀕している中で日本に輸出の自主規制を実現させる必要があった。ここに「糸」と「縄」の取引と言われた事態が生まれる。日米繊維交渉と沖縄返還交渉はパラレルに走っていたのであり、これを象徴するように 1969 年の日米共同声明に付随して佐藤・ニクソン両首脳がホワイトハウスの密室で署名した「秘密合意議事録」はこの 2 本のテーマから成っていた。

　では、日本側の事情はどうであったか。高度経済成長下、1964 年 11 月に池田勇人から政権を引き継いだ佐藤栄作首相は、政治課題として沖縄返還を意識し、1965 年 8 月 19 日に戦後日本の首相として初めて沖縄を訪問し、到着した那覇空港で「沖縄の祖国復帰が実現しない限り、わが国にとって戦後が終わっていない」と表明した。それに政権の政治生命を賭けることになる。自民党総裁としての佐藤にとって、しかし時間は限られており、最長でも総裁 4 期 8 年の時間という制約があった。つまり「沖縄返還は 1972 年中になんとしてでも実現しなければならない」「こうみてくると、1969 年中に、日米間の重要懸案はすべて解決しておく必要がある。ただし、その合意内容は"沖縄花道"に彩りを添えるようなものでなければならない。自らの政権欲のために、完全にアメリカの軍門に下ったというようにみられると、『四選』の大前提となる総選挙にも少なからず影響を及ぼしかねない」（西山 2010: 25-26）という微妙な状況である。したがって、彼は「世論」を強く考慮しなければならない状況にあった。

　では、その「世論」とは何か。「ヒロシマ・ナガサキ」による「唯一の被爆国」という戦後日本の自己認識と自己規定のもとで、「核アレルギー」という生理学的比喩を使って表現される「国民感情」。その「国

民感情」が「世論」と同一視されてきたと言える。憲法第9条と「平和国家」、高度経済成長と軽武装、戦争責任の忘却と戦争被害者としての意識に生きる「日本国民」にとって、佐藤首相の唱えた「非核三原則」や「核抜き、本土並み」というキャッチフレーズはこの「国民感情」にとって必要なものとされる、自己肯定的な標語であり、敗戦国として戦勝国への意地でもあったであろう。たとえその標語が世界政治上の善であったとしても、政治心理的に見ればきわめて国内的な感情操作だったという側面に対して目を閉じるわけにはいかないであろう。佐藤政権はこの「世論」＝「国民感情」と米国の基本方針との間の隔たりを埋めるために核密約を必要としたのであり、また「沖縄返還を金で買った」（買うだけの十分な経済力を当時の日本は持っていたが）と見られないために「財政密約」を必要としたのである。

(4) 密約体制とジャーナリズム

　以上が沖縄返還密約の非常におおまかな概要である。では次に、この密約体制にジャーナリズムはどのように迫ったのであろうか。ジャーナリズムの重要な役割に「公権力の監視機能」があることは自他ともに認めるところである。権力というものはその本質上、腐敗し暴走し自己保存に走るものだという認識のもとに、ジャーナリズムは権力に対して疑い深い眼をもち、その活動を常に監視し、できるだけ情報を公開し透明化していこうと考えている。また、統治する側にある公権力の活動が公開されることにより、統治される側にある一般市民はその活動の是非を討論することが可能であり、それを主権者として次の選挙に生かすことができる。

　そのような関係の中で、この密約体制に最初の風穴を開けたのは毎日新聞記者西山太吉であった。西山記者は返還交渉の中の財政面を追っていた。1971年6月17日沖縄返還協定調印式典が両国の会場を宇宙中継してテレビ放送された翌日の18日の『毎日新聞』には、「米、基地と収入で実を取る　請求処理に疑問　交渉の内幕」という見出しで、西山記者の署名記事が掲載された。その後、西山記者は外務省事務官から入手した沖縄返還交渉をめぐる外務省の秘密電報原稿を社会党衆議院議員

横路孝弘に渡し、横路議員は1972年3月27日に衆議院予算委員会でこれを暴露し、軍用地地主への復元補償費400万ドルを日本が肩代わりする密約があると政府を追及した。4月5日警視庁は外務省公電漏洩で、蓮見喜久子外務省事務官と西山太吉毎日新聞記者を国家公務員法違反容疑で逮捕した。その時新聞は「国民の知る権利」を論拠に政府批判を展開したが、4月15日東京地検の起訴状で「情を通じ」という表現が登場するや、事件は男女のスキャンダルへと一転し、「国民の知る権利」の主張は断ち切れとなった。その1ヵ月後、5月15日沖縄返還協定は発効し、沖縄施政権は米国より日本に返還、沖縄は再び沖縄県となった。しかし、広大な基地は残り、米軍はそこからベトナムへ自由に出撃した。

　西山記者が入手し、記事で示唆した密約は、現時点でわかっていることからすれば、財政密約の一部であり、「沖縄返還密約」の全体のさらに一部であった。しかし、氷山の一角だったとしても、それは密約の存在を突き止めた最初の一撃であった。しかし、その一撃は国家・検察の巧妙なレトリックと戦術によって男女間の色事へと転化され、密約追及の二撃、三撃は生まれることなく、見事に封じられた。

(5) 密使による核密約の暴露

　その次に密約体制が揺さぶられることになるのは、ジャーナリストによる取材と暴露によってではなかった。それは何と密約形成側の当事者からの暴露だった。佐藤首相の特使あるいは「密使」として米側との返還交渉に当たってきた若泉敬（当時、京都産業大学教授）が1994年5月に『他策ナカリシヲ信ゼムト欲ス』を文藝春秋より刊行し、その中で交渉過程の詳細と核密約（佐藤・ニクソン「秘密合意議事録」）の詳細を明らかにしたのである。密約形成当事者がなぜこの本を書くことにしたのだろうか。後藤乾一はその理由を4点挙げて推理している。要約すれば、沖縄の人々への贖罪感、「ナショナリストであり国際主義者である若泉が、日本の国家、社会に対し、国際社会の中での『真の独立』国家として再生してほしいとのメッセージ」の発信、研究者としての記録の意義づけ、そして国家機密の守秘義務違反で告訴され、国会での参考人招致を想定し、その国会発言を通じて「自らの志が"愚者の楽園"と

堕した日本の『魂に点火し得る』可能性」に賭けたということである（後藤 2010: 335-336）。筆者が同書を読んで感じたところでは、執筆の理由として、自らの陰の努力に対して公から正当な評価を得たかったこと、そして後述するように米国立公文書館の関連文書公開の期日が近づいており、秘密文書が自動的に公開される前に自らの手で秘密を公開しておきたかったことの2点があったのではないかと推察する。

若泉の本の内容は沖縄では大いに注目され、『沖縄タイムス』も『琉球新報』も鋭い反応を示した（後藤 2010: 337-341）。しかし、本土のメディアの関心と反応は鈍く、政界からも外務省からもほとんど無視された。本人の望んだ国会招致は煙さえ立たなかった。若泉は失意のうちに1996年7月27日に死去した。服毒自殺だったと言われる。なぜジャーナリズムがこの密約暴露をすぐに活用しなかったのか、筆者には疑問であり、不明である。

(6) 米国国立公文書館からの文書公開、そして日本の政権交代

この密約暴露は多少の時間を経てからメディアでの報道に影響を現してくる。さらにもう一つの外部要因があった。それは密約相手国、米国の国立公文書館の存在であった。ちょうどこの時期、沖縄返還協定発効から25年が経過する時期、交渉当時の外交文書の公開時期を迎えたのである。密約の証拠となる外交文書の「発見」には我部政明琉球大学教授の功績が大きい。我部教授による「発見」を報じる形で、あるいは独自の「発見」報道によって、ジャーナリズムは密約の存在を知らせていった。しかし、調査報道としては幾分奇妙な調査報道だと言わなければならない。取材対象は当事者や証人ではなく、文書だからである。しかも米国において合法的に公開され、誰でもアクセスできる文書である。ただその存在を「発見」しなければならなかった。

とは言え、証拠を突きつけられた交渉当事者にとっては外堀が埋められていく。たとえ日本政府が、相手国に存在する証拠にも関わらず、「密約はなかった」と国会で答弁しても、である。こうして密約問題は動き出す。2006年2月8日『北海道新聞』の紙面で、吉野文六元外務省アメリカ局長は取材に対して日本側当事者として初めて軍用地復元補償費

400万ドルの日本政府肩代わりの密約の存在を認めた。これは記者による取材の成果である。

その後、決定的な転機が訪れる。2009年の政権交代である。連立与党の組み換えによる政権交代ではなく、政権交代を掲げて戦った総選挙で民主党が勝利して実現した政権交代である。密約を支えてきた自民党政権が終わったことにより、新しい政権は密約解明に直ちに乗り出した。岡田外相の命令で外務省内の調査が始まり、「有識者委員会」が報告書を出し、外交文書公開の新しい規則も施行された。その新規則適用の第1号として公開された文書ファイルの中に財政密約に合意していることを示す極秘扱いの文書も入っていた。

(7) 自ら闘わなかった日本のジャーナリズム

政権交代後の政治環境の中で、ジャーナリズムは沖縄返還密約を語りやすくなったと言える。一応過去の政権の時代に起こったことだから、現政権にあまり遠慮しなくてすむという政治心理が働いているだろう。客観的に見れば、「遅ればせながら」の密約テーマ化が進んでいる。しかし、振り返ってみれば、沖縄返還密約を日本のジャーナリズムが取り上げる要因は常に外からやってきたと言えるのではないか。密約形成当事者の暴露であったり（それにさえ、ジャーナリズムの反応は鈍く、傍観者的であった）、米国立公文書館の解禁・公開であったり、政権交代による政治環境そのものの変化であったり、である。こうして眺めてみると、ジャーナリストの活動による、ただ唯一のディスクロージャーは西山太吉によるものだけであった。しかし、その唯一性は取材結果でなく取材手法の故に批判されて台無しにされ、と同時に彼の新聞記者生命を代償として差し出さなければならないほどのものであった。そのことを考えるとき、西山の最初の一撃に比べて、その後の密約をめぐるジャーナリズム活動は「公権力を監視するジャーナリズムの役割」としていかに生ぬるいものであったか、ジャーナリズムとしていかに闘わないジャーナリズムであったかということを思わざるを得ない。

2 「沖縄返還密約」関連年表

ゴシック体はテレビ番組関係を表す。
『近代日本総合年表　第四版』岩波書店、2001年も参照した。

1931年9月18日	柳条湖事件。満州事変はじまる
1937年7月7日	盧溝橋事件。日中戦争はじまる
1937年12月13日	日本軍、南京を占領、大虐殺事件を起こす。中国軍民の死者約20万人
1941年12月8日	ハワイ真珠湾攻撃。米英に宣戦布告。太平洋戦争はじまる
1945年4月1日	米軍、沖縄本島に上陸し地上戦開始（戦死9万人、一般国民死者10万人）
1945年8月6日	米軍B29爆撃機、広島に原爆投下（死者2万5375人、被爆当日）
1945年8月9日	長崎に原爆投下（死者1万3298人）（1990年5月15日厚生省、両市の被爆者の死没計29万5956人と発表）
1945年8月15日	日本、連合国に無条件降伏。天皇、戦争終結の詔勅を放送（太平洋戦争の戦没者、1947年の政府発表では陸海軍人155万5308人、一般国民29万9485人（のち、合計310万人に達すると算定（厚生省））
1947年5月3日	日本国憲法施行
1950年6月25日	朝鮮戦争はじまる
1951年9月8日	サンフランシスコ講和条約調印、日米安保条約調印
1952年2月28日	日米行政協定調印
1952年4月28日	サンフランシスコ講和条約発効、日米安保条約発効
1960年1月19日	新日米安保条約調印、日米地位協定調印。岸信介首相・ハーター米国務長官の交換公文で「装備における重要な変更」について「事前協議」を導入。同公文の秘密関連文書「討議の記録」で「事前協議」の対象についての解釈を記録
1960年5月19日	衆議院で与党自民党、新日米安保条約と日米地位協定を強行採決
1960年6月19日	安保阻止統一行動で33万人が国会デモ。深夜、新日米安保条約の自然承認
1960年6月23日	新日米安保条約発効、日米地位協定発効、岸信介首相退陣表明
1965年2月7日	米軍の北ベトナム爆撃開始、ベトナム戦争激化
1965年8月19日	佐藤栄作首相沖縄訪問。到着した那覇空港で「沖縄の祖国復帰が実現しない限り、わが国にとって戦後が終わっていない」と表明

261

1967年11月11日	若泉敬京都産業大学教授、佐藤首相の密使としてロストウ米大統領補佐官に「両3年内」に沖縄返還の時期に目処をつけることを提案
1967年11月12日〜20日	佐藤首相訪米。ジョンソン大統領との日米首脳会談で「両3年内」の沖縄返還目処に合意
1967年12月11日	佐藤首相、衆議院予算委員会で「非核三原則」を表明
1969年5月28日	米国家安全保障会議決定メモランダム（NSDM）第13号の策定（署名はキッシンジャー大統領補佐官）（沖縄返還交渉の基本政策と外交戦略）
1969年11月10日	柏木雄介大蔵省財務官・ジューリック財務省特別補佐官の間で沖縄返還の財政密約に合意。大蔵大臣は福田赳夫
1969年11月21日	佐藤・ニクソン会談で「1972年沖縄施政権返還」を合意。佐藤首相、「核抜き、本土並み」の返還と表明。若泉・キッシンジャーの準備により両首脳が「秘密合意議事録」2通（有事の核兵器再持ち込みと繊維製品の輸出自主規制）に署名
1969年11月26日	佐藤首相、帰国記者会見で「非核三原則」は堅持、有事の核持ち込み拒否を言明
1970年6月23日	日米安保条約自動延長
1971年6月13日	ニューヨークタイムズ紙が米国国防総省秘密文書「ペンタゴン・ペーパーズ」の記事掲載を開始（ニール・シーハン記者）
1971年6月17日	愛知揆一外相・ロジャーズ米国務長官、沖縄返還協定に調印。琉球政府屋良朝苗主席は調印式に出席辞退。**テレビ、両国の会場を宇宙中継、NHK総合『特別番組　沖縄返還協定調印』を放送**
1971年6月18日	『毎日新聞』に西山太吉記者の署名記事。「米、基地と収入で実を取る　請求処理に疑問　交渉の内幕」。ワシントンポスト紙も米国国防総省秘密文書「ペンタゴン・ペーパーズ」の記事掲載を開始
1971年6月30日	米国最高裁判所は政府の「ペンタゴン・ペーパーズ」記事差し止め命令請求の上告を棄却。プレスの勝利が決定
1972年1月3日	日米繊維協定、ワシントンで調印
1972年3月27日	社会党衆議院議員横路孝弘および楢崎弥之助、衆議院予算委員会で沖縄返還交渉をめぐる外務省の極秘電報を暴露。軍用地地主への復元補償費400万ドルを日本が肩代わりする密約があると政府を追及
1972年4月5日	警視庁、外務省公電漏洩で、蓮見喜久子外務省事務官と西山太吉毎日新聞記者を国家公務員法違反容疑で逮捕。新聞は「国民の知る権利」を論拠に批判

第 8 章　沖縄返還密約の樹

1972 年 4 月 15 日	東京地検の起訴状で「情を通じ」と言及。以後、男女のスキャンダルへと転換
1972 年 5 月 15 日	沖縄返還協定発効により沖縄施政権返還。沖縄の本土復帰
1972 年 6 月 17 日	**佐藤栄作首相退陣記者会見。「新聞は偏向しているから大嫌いだ」「ぼくは直接国民に話したいんです。新聞の会見はやめましょう。テレビはどこだ」と発言。新聞記者は退場し、NHK テレビは中継を継続**
1974 年 1 月 30 日	「外務省機密漏洩事件」一審判決。元事務官に懲役 6 ヵ月、執行猶予 1 年。西山記者は無罪。西山記者、毎日新聞社を退社
1974 年 7 月	澤地久枝『密約 – 外務省機密漏洩事件』（中央公論社）の刊行
1974 年 10 月 8 日	佐藤栄作前首相、1974 年度ノーベル平和賞受賞決定
1976 年 7 月 30 日	「外務省機密漏洩事件」二審判決。西山被告に懲役 4 ヵ月、執行猶予 1 年
1978 年 5 月 30 日	「外務省機密漏洩事件」で最高裁、上告棄却。有罪確定
1978 年 6 月 29 日	金丸信防衛長官、「思いやり予算」（在日米軍駐留経費の日本側負担）を表明
1978 年 8 月	澤地久枝『密約 – 外務省機密漏洩事件』（増補版）（中央公論社）の刊行
1978 年 10 月 12 日	**テレビ朝日『密約・外務省機密漏洩事件』（ザ・スペシャル）を放送**
1994 年 5 月	若泉敬『他策ナカリシヲ信ゼムト欲ス』（文藝春秋）の刊行
1995 年 9 月 4 日	沖縄本島北部地区で、米海兵隊員 3 人組による女子小学生の拉致・暴行事件発生
1995 年 10 月 7 日	**NHK 総合『沖縄返還　日米の密約』（NHK スペシャル「戦後 50 年　その時日本は　第 7 回」）を放送**
1995 年 10 月 21 日	米兵暴行事件に抗議し、基地の整理・縮小、日米地位協定の見直しを求める沖縄県民総決起大会開催（宜野湾市）。参加 8 万 5000 人。政治信条・党派をこえた過去最大規模の抗議集会
1997 年 5 月 17 日	**琉球朝日放送『日米関係　キーワードは「オキナワ」　秘密文書が明かす沖縄返還』を放送**
1998 年 7 月 11 日	『朝日新聞』、我部政明琉球大学教授による米国立公文書館での柏木・ジェーリック秘密合意文書の発見を報道
2000 年 5 月 29 日	『朝日新聞』、米公文書による密約裏付けを報道
2001 年 4 月 1 日	情報公開法（「行政機関の保有する情報の公開に関する法律」）施行

263

2002年5月15日	琉球朝日放送『告発－外務省機密漏洩事件から30年・今語られる真実』（沖縄復帰30周年記念特別番組）を放送。西山太吉が初めてテレビに出演し、吉野文六元外務省アメリカ局長が秘密文書のイニシャルを自分の署名と認める
2003年10月4日	琉球朝日放送『メディアの敗北－沖縄返還をめぐる密約と12日間の闘い』（開局記念特番）を放送
2005年4月25日	西山太吉、謝罪と損害賠償を求めて国を提訴
2006年2月8日	『北海道新聞』の取材に対して、吉野文六元外務省アメリカ局長が日本側当事者として軍用地復元補償費400万ドルの日本政府肩代わりの密約の存在を初めて認める
2006年12月10日	テレビ朝日『沖縄返還35年目の真実－政府が今もひた隠す"密約"の正体』（ザ・スクープスペシャル）を放送
2007年	西山太吉『沖縄密約－「情報犯罪」と日米同盟』岩波書店の刊行
2008年9月2日	最高裁、西山太吉の国家賠償請求訴訟の上告を棄却
2009年3月18日	西山太吉ほか25人、外務省の文書不開示処分の取消と文書開示、慰謝料を請求する「沖縄密約情報公開訴訟」を提起
2009年8月30日	総選挙で民主党勝利により政権交代へ
2009年9月16日	岡田克也外相が外務省に日米密約の調査を命令
2009年11月27日	岡田外相が外務省調査結果を検証する有識者委員会を設置
2009年12月7日	NHK総合『核密約－岡田外相に問う』（クローズアップ現代）
2010年3月9日	岡田外相委嘱による「いわゆる『密約』問題に関する有識者委員会」が報告書提出
2010年4月9日	東京地裁で「沖縄密約情報公開訴訟」（文書不開示決定処分取消等請求事件）の判決。原告側勝訴
2010年4月10日	NHK総合『密約問題の真相を追う－問われる情報公開』（追跡！A to Z）を放送
2010年4月22日	外務省、密約訴訟の開示命令東京地裁判決に対して控訴
2010年5月15日	NHK-BS1『沖縄返還と密約－アメリカの対日外交戦略』（BS世界のドキュメンタリー）を放送
2010年5月25日	岡田外相、「外交記録公開に関する規則」を施行。作成後30年を経過した外交文書を原則自動的に公開する
2010年6月19日	NHK総合『密使　若泉敬－沖縄返還の代償』（NHKスペシャル）を放送

第8章　沖縄返還密約の樹

2010年7月7日	外交資料館、外務省の新規則の適用第1号として、1960年の日米安保条約改定と1972年の沖縄返還に関連する文書ファイル計37冊を公開。(中に、沖縄返還協定で決められた日本の財政負担分3億2000万ドルのほかに本来は米国が負担することになっていた米軍施設の移転費や改良費など6500万ドルについても日本側が肩代わりし、それを公にしないことに両国財務当局が合意していることを示す極秘扱いの文書が含まれていた)
2011年9月29日	東京高裁で「沖縄密約情報公開訴訟」(文書不開示決定処分取消等請求事件) の判決。原告側逆転敗訴。一審に続いて密約文書が存在したことは明確に認めたが、密約を隠すために国 (外務省) が文書を意図的に廃棄した可能性を指摘したものの、文書はないとする国の主張を認めた。原告は10月に控訴した

3 「沖縄返還密約」を扱ったテレビ番組の系譜

　最初にお断りしなければならないことは、「沖縄返還密約」を扱ったテレビ番組としてそのすべてにアクセスし、すべてを知りうることはできないということである。手段としては、放送ライブラリーの検索データと所蔵番組、NHKアーカイブス保存番組検索のデータ (番組を一般人が視聴することはできない)、さまざまの文献、プライベートコレクションなどに限られる。こうした手段で捕捉・確認できるものはドキュメンタリー番組など単体で取り扱われるものであり、こうした手段で確実に漏れるものはフローのニュース枠で放送されるものである。
　そのような制約の中で実際に捕捉してみると、「沖縄返還密約」を扱ったテレビ番組は驚くほど少ないということである。そうした母集団の少なさの中で、系譜を描くには材料不足と言えよう。とは言え、簡単に系譜らしきものを以下に描いてみよう。

　「沖縄返還密約」が最初にテレビ番組で登場するのは、「外務省機密漏洩事件」から6年後のことであり、しかもドラマとして、である。1978年10月12日、テレビ朝日は**『密約・外務省機密漏洩事件』**(ザ・スペシャル)を放送した。これは1974年7月初版刊行、1978年8月増補版刊行の、澤地久枝『密約－外務省機密漏洩事件』を原作としたドラマである。原

放送番組で読み解く社会的記憶

写真2 法廷に立たされる被告。『密約・外務省機密漏洩事件』(ザ・スペシャル)(テレビ朝日／オフィス・ヘンミ、1978年10月12日)

作自体は「外務省機密漏洩事件」裁判傍聴の観察記録を中心としたものである。

次に登場するのは、若泉敬『他策ナカリシヲ信ゼムト欲ス』(文藝春秋、1994年刊)の刊行から1年数ヵ月後の、1995年10月7日にNHK総合テレビでNHKスペシャル「戦後50年　その時日本は　第7回」として放送された『沖縄返還　日米の密約』である。これは若泉の密約暴露をきっかけにして作られたもので、テレビ番組として初めて「沖縄返還核密約」をテーマとしたものだった。若泉の本に書かれている、佐藤・ニクソンの「秘密合意議事録草案」、証人としてのモートン・ハルペリン(当時、国防次官補代理)、1969年米国家安全保障会議決定メモランダム(NSDM)第13号が映像で登場する。しかし、若泉の本がそうであったように、この番組でも「外務省機密漏洩事件」＝財政密約事件には触れるところはなく、「核密約」だけが問題となっている。

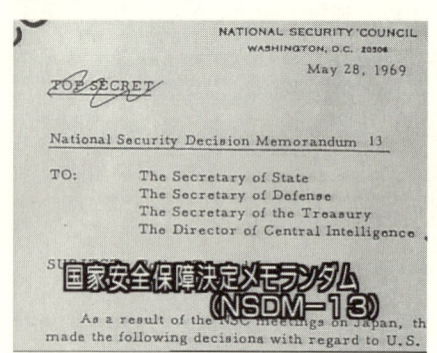

写真3　NSDM第13号の映像。『日米関係　キーワードは「オキナワ」秘密文書が明かす沖縄返還』(琉球朝日放送、1997年5月17日)

次に、1997年5月17日琉球朝日放送は『日米関係　キーワードは「オキナワ」　秘密文書が明かす沖縄返還』を放送した。米国立公文書館公開の秘密文書、1969年米国家安全保障会議決定メモランダム(NSDM)第13号、それを作成したモートン・ハルペリン元国防次官補代理のインタビューなどが映像で組み込まれる。これは日付からも分かるように、沖縄復帰記念日に沖縄の地元県域局が放送したものであり、ディレクターは土江真

樹子と喜久里逸子である。

　土江真樹子はその5年後、琉球朝日放送の沖縄復帰30周年記念特別番組として『告発－外務省機密漏洩事件から30年・今語られる真実』を制作し、その番組は2002年5月15日に放送される。西山太吉が初めてテレビに出演し、辺野古の浜辺に立って語り、さらに元外務省アメリカ局長の吉野文六がテレビ映像で秘密文書のイニシャルを自分の署名だと認める。そのほかにインタビュー相手として、衆議院議員横路孝弘、作家澤地久枝、琉球大学教授我部政明、モートン・ハルペリンなどが登場し、役者はすべて出揃っている。この番組では「西山事件」の財政密約も核密約も並列して対象にしている。

　土江真樹子の第3弾は前年同様、沖縄復帰記念日に放送された。2003年5月13日琉球朝日放送『メディアの敗北－沖縄返還をめぐる密約と12日間の闘い』である。これは沖縄返還密約の原点に返って、「西山事件」とジャーナリズムの問題を正面から扱った作品である。「西山事件」が31年経ってやっと初めてテレビジャーナリズムによって検証されたと言える。その視点はタイトルにあるように「メディアの敗北」である。ジャーナリズム上の事件についての貴重な記録であるとともに、今日でも多くの教訓を与えてくれる。

　その後は、2006年12月10日のテレビ朝日『沖縄返還35年目の真実－政府が今もひた隠す"密約"の正体』（ザ・スクープスペシャル）を除けば、2009年の政権交代まで沖縄返還密約についてテレビの長い沈黙が続く。ただ、その間に西山太吉は国を相手取って国家賠償訴訟を起こし、最高裁で上告が棄却されると、今度は請求文書の不開示処分取消と文書開示を求めて「沖縄密約情報公開訴訟」を起こす。2009年3月18日のことである。その年の夏、政権交代を賭けた総選挙が行われた。選挙前から民主党は政権を取れば沖縄密約の解明に乗り出すと表明していた。民主党が自民党に勝利し、選挙による政権交代が戦後政治で初めて実現した。その新しい政治環境のもとで、沖縄返還密約問題にも新しいステージが訪れた。それがどれだけ全うな解明と改善につながるかは早計に判断はできない。外務官僚の抵抗は根強いようであるし、政権も脆弱性を呈しているからである。

　そうした中で、2本のドキュメンタリーが放送された。まず、2010

年5月15日NHK-BS1『沖縄返還と密約－アメリカの対日外交戦略』(BS世界のドキュメンタリー)である。これもまた土江真樹子がディレクターを務めた作品である。第3作からこの第4作の間に、土江は琉球朝日放送を辞めてフリーになっていた。フリーのディレクターとして、仕事の場所をNHK-BSに得て、新たな米国取材での証言を集めて、返還交渉の背後にあった米国のしたたかな外交戦略を描いている。日本側にとって重大な関心事であった核問題は米国にとってはたいした問題ではなく、米国にとっては基地の自由使用こそが最大の目標だったということがよくわかる。

　もう1本は2010年6月19日NHK総合『密使　若泉敬　沖縄返還の代償』(NHKスペシャル)である。若泉の本『他策ナカリシヲ信ゼムト欲ス』(1994年刊)が出てから16年目にして、返還交渉における密使と密約の問題が正面から取り上げられた。番組自体としてはよく構成された優れた番組だと言える。若泉に対していまだ誰も答えてはいないし、誰も密約に対して責任を取ってはいない。そのことを改めて提起した点は評価すべきだろう。しかし、番組の環境としては、1995年10月7日NHK総合『沖縄返還　日米の密約』(NHKスペシャル「戦後50年その時日本は　第7回」)からの時の隔たりは大きい。また、どうして今なのかという感想は視聴者として禁じえない。自民党政権時代にはこの番組はできなかったということなのであろうか。民主党政権に移ったから解禁されたのだろうか。視聴者の立場からはそのような疑いをしたくなる。とは言え、おそらく番組の制作とは、NHKの組織の意志という面を必ずしも否定できないとしても、そこからだけ見ることはできないであろう。むしろその時にそのテーマで番組を作ろうと発想する制作者個人が組織のなかのポストにいるか、いないかということに依存していると言えるのかもしれない。作ろうと思う人間がいなければ、番組は決して生まれないだろう。番組制作の組織と個人の簡単ではない関係のなかで、だからこそ制作者の名前が重要なのだ。

4　授業展開案

　ここでは、テレビ番組はどのように「沖縄返還密約」を取り上げ、取

第8章　沖縄返還密約の樹

り扱い、表現し、受け手に提示してきたかを、5回に分けて見ていく。ジャーナリズム・リテラシー教育を意図した授業の展開案として考えられている。

第1回　「外務省機密漏洩事件」という定義からの出発
第2回　25年後のディスクロージャー：「核密約」として
第3回　「メディアの敗北」という定義からの再テーマ化
第4回　政権交代、そして歴史の検証
第5回　今ある問題としての「政府と情報公開」

第1回　「外務省機密漏洩事件」という定義からの出発

出来事なり事件なりには最初から名前というものはない。誰かが、何らかの視点から命名するのである。その命名には当然ながら、その出来事なり事件なりというものがどういうものだという定義が入り込む。その名称は一般に流布されて、また後の時代にも引き継がれていく。そして、人々はその名称を通じて、その出来事なり事件なりを眺め、理解し、そして記憶していくのである。したがって、出来事なり事件なりの名称は重要であり、注意を払う必要があり、自明なものだと考えるべきではない。

沖縄返還密約というテーマが最初に発覚した出来事、いまからすればその氷山の一角が姿を見せた出来事とは、西山太吉毎日新聞記者が1971年に外務省事務官より外務省秘密電信文コピーを入手し、本来米国が負担すべき復元補償費用400万ドルを日本側が肩代わりする証拠を掴むが、それを社会党衆議院議員横路孝弘に渡し、横路議員が翌年1972年衆議院予算委員会でこの電文内容を暴露し、密約があると政府を追及し、その結果その電文の出所が割れて、事務官と西山記者が国家公務員法違反容疑で逮捕されたというものである。

この出来事を何と呼ぶのか。それは出来事の定義次第である。沖縄返還に密約があることが発覚した事件と見るのか、外務省から機密電文が漏洩した事件と見るのか。それは見るもののポジションによる。「外務省機密漏洩事件」とは政府・外務省、つまり公権力側の定義による名称であり、それをジャーナリズムの側も採用し踏襲したということになる。

「西山事件」という呼び方もあったが、これは密約の存在を突き止めた人物の名前をとった名称である。当時、その二つの呼び方以外にはなく、「沖縄返還密約事件」という名称は後になって、ジャーナリズム側からのある種の反省とともに、また財政密約以外に核密約も発覚した以降に、新しい認識を反映して使われ始めた名称だと言える。

このように「外務省機密漏洩事件」という名称そのものの中にすでに公権力とジャーナリズムの関係性が埋め込まれているのである。そして、事態はそこから出発したのであった。

この事件を扱ったテレビ番組で今日も残っているのは、最初にドキュメンタリーではなくテレビドラマである。テレビ朝日が1978年に放送した『密約・外務省機密漏洩事件』（ザ・スペシャル）。この原作は作家澤地久枝の『密約－外務省機密漏洩事件』（中央公論社、1974年に初版、1978年に増補版）であり、裁判の傍聴記という体裁をとっている。このテレビドラマは1988年に劇場公開され、政権交代後の2009年に再び上映された。

そのテレビドラマから24年、事件発生から30年してから、事件の捉え方を修正した番組が放送される。2002年に琉球朝日放送から沖縄復帰30周年記念特別番組として放送された『告発－外務省機密漏洩事件から30年・今語られる真実』である。「外務省機密漏洩事件」の名称は副題に残っているものの、主題の主語は「告発」する側へと移っている。この制作時点ではすでに若泉敬『他策ナカリシヲ信ゼムト欲ス』（文藝春秋、初版1994年）は刊行されているので、沖縄返還密約のからくりや米側の政策担当者も明らかになっている。番組では事件の経緯を当時のニュース映像を挿入しつつ、日本側および米側の証言を集めて構成している。中でも、長く沈黙を守ってきた西山太吉が初めてテレビ取材に応じ、普天間基地移設予定地の辺野古の浜辺に立って語るシーンは30年間という大きな時の隔たりを一挙につなぐ劇的な効果を生み出している。この60分番組は琉球朝日放送で放送されたのち、30分の短縮版がテレビ朝日系列の「テレメンタリー」枠で放送された（岩崎 2003: 53）。なお、この作品は2002年度「放送ウーマン賞」（主催：日本女性放送者懇談会）を受賞した。

この番組について、岩崎貞明が指摘するように、ジャーナリズム研究

第8章　沖縄返還密約の樹

の視点からすれば、「この番組が指摘しきれなかった点」として2点を挙げることができる（岩崎 2003: 57-60）。第1は、なぜ西山記者は密約の証拠文書を事実として報道しなかったのかという点である。取材のために入手した情報と証拠を国会議員に渡したことは目的外使用に当たるのではないかという問題もあるが、ただこの場合情報の出所が取材相手でもなく内部告発者でもなかったということが事を複雑にしている。第2は、なぜ弁護士でもある横路孝弘衆議院議員は情報源の秘匿が守られないようなやり方でその証拠を国会で公開したのかという点である。西山からも横路からもそれぞれに弁解があるかもしれないが、そこにこの事件が公権力対ジャーナリズムの緊張関係の中での公権力監視機能のクリーンヒットにもならず、日本の「ペンタゴン・ペーパーズ事件」（1971年6月、後述）にもならなかった理由があるように思われる。ジャーナリズムの原則の弱さと野党政治家の未熟さを指摘せざるを得ないだろう。ただし、この点への言及がなかったからと言って、この番組の優れた価値が損なわれるわけではない。

　この問題は、翌年に同じ局で同じディレクターによる番組『**メディアの敗北－沖縄返還をめぐる密約と12日間の闘い**』（琉球朝日放送、開局記念特番、2003年10月4日放送）で言及されることになる。その番組は第3回授業で取り上げる。

【番組】

テレビ朝日『密約・外務省機密漏洩事件』（ザ・スペシャル）、1978年10月12日放送、101分、◎（原作は澤地久枝『密約－外務省機密漏洩事件』中央公論社、1978年）

琉球朝日放送『告発－外務省機密漏洩事件から30年・今語られる真実』（沖縄復帰30周年記念特別番組）、2002年5月15日放送、52分、△（ディレクター：土江真樹子、プロデューサー：池原あかね、総合プロデューサー：中里雅之）

【文献】

澤地久枝、2006=1974年、『密約－外務省機密漏洩事件』岩波書店（底本は1978年8月に中央公論社から刊行。これは増補版で、初版は1974年7月に中央公論社から刊行）。

岩崎貞明、2003年、「ドキュメンタリー『告発』をめぐって」『沖縄大学地域研究

所所報』28号、53-64頁。

鈴木典之、2008年、「沖縄返還"密約"30年目の真相－琉球朝日放送の労作『告発』」田原茂行・鈴木典之編集『全国テレビドキュメンタリー　資料編('01年〜'06年)全3巻、('03年〜'04年)巻』大空社、51-53頁。

【資料】

台本で読むドキュメンタリー『告発－外務省機密漏洩事件から30年・今語られる真実』田原茂行・鈴木典之編集『全国テレビドキュメンタリー　資料編('01年〜'06年)全3巻、('03年〜'04年)巻』大空社、2008年、185-199頁。

第2回　25年後のディスクロージャー：「核密約」として

　佐藤首相の密使として沖縄返還交渉に関わり、密約形成の当事者となった京都産業大学教授若泉敬が長い沈黙を破って、1994年に『他策ナカリシヲ信ゼムト欲ス』を文藝春秋から刊行して、事実をめぐる状況は一変した。ここでの密約は返還後の沖縄への核兵器再持ち込みの密約であり、西山事件＝財政密約は含まれていない。同書には財政密約は一切登場しない。若泉による暴露にもかかわらず核密約に対するジャーナリズムの反応は鈍かった。というよりも黙殺された。若泉がメディアの取材に一切応じなかったので、ジャーナリズムの習性からすると取り上げにくかったのかもしれない。とは言え、密約当事者が自ら核密約を暴露するまで、ジャーナリズム側がその片鱗さえ掴むことができなかったということはジャーナリズムにとっては名誉なことだとは言えないし、それに対する反省が見られなかったことも不思議なことである。

　テレビ番組として初めて若泉の証言に対応し、核兵器持ち込みと貯蔵および通過の核密約を取り上げたのは、NHK総合『沖縄返還　日米の密約』（NHKスペシャル「戦後50年　その時日本は　第7回」）だった。この番組で初めて日本の視聴者は若泉の「秘密合意議事録草案」や「国家安全保障会議決定メモランダム13号」やモートン・ハルペリン元国防次官補代理の証言などを映像で目にしたのである。キッシンジャー元大統領補佐官はインタビューの中で若泉との秘密交渉について繊維問題については語るも、核問題になると「それは日本の外務大臣に聞いてくれ」と証言を拒む。そして、「これ以上、話したくない」と席を立つ、その表情は権力の生々しさを映像で切り取っている。

第8章 沖縄返還密約の樹

その番組から作られた書籍の中の取材後記において、チーフ・プロデューサーの船越雄一は次のように述べている。

「『他策ナカリシヲ信ゼムト欲ス』は、われわれが想像した以上に衝撃的なものだった。番組も、若泉氏の著書に負うところが大であるのは言うまでもない。われわれの作業は、この本の内容をどこまで客観的に実証できるか、アメリカ側の判断はどのようにして生まれてきたのか、アメリカで秘密交渉にかかわった人々はどのように動き、今何を語るかを探ることにあった。さらに今回、初公開の屋良朝苗氏の日記を中心として、返還交渉が沖縄の側からどのように見られていたか描くことも重要であった。幸い、アメリカの要人はきわめてフランクにこの秘密交渉について語ってくれた。アメリカ側の関係者によって、いっそう若泉氏の秘密交渉の真実性が明らかになった。」(NHK取材班 1996: 201-202)

この番組によって炙り出されたのは戦後の日本の大きな矛盾であった。番組で構成を担当した塩田純は次のように書いている。

「(・・・)日本では、国民感情に基づいた『非核三原則』と、安全保障政策としての『アメリカの核の傘』は、深い議論を経ることなく、両立させられてきた。しかし、現実の国際政治のなかでは、『非核三原則』と『アメリカの核の傘』が矛盾をきたす場面があった。その端的な例が、核兵器を載せた艦船の日本への寄港である。アメリカ側が、ライシャワー発言に見られるように核兵器の日本への通過の事実を認めても、日本政府は、あくまで核の持ち込みはないという見解を表明しつづけた。沖縄返還の密約も、こうした矛盾のなかで生まれている。」(NHK取材班 1996: 198)

まさにこのような根本的な矛盾を突き詰めて考えない、公に議論しないという日本政府および日本国民の「あいまいさ」「逃避」の中で、密約というものは生かされてきたのである。そのような矛盾のしわ寄せを本土は沖縄に一方的に押し付けてきたと言える。そうした中で、この番組が放送される約1ヵ月前に沖縄では米軍海兵隊兵士による少女暴行事件が起こるのである。

民放では、再び琉球朝日放送がこの核密約問題を取り上げる。1997年の『**日米関係　キーワードは「オキナワ」　秘密文書が明かす沖縄返還**』である。これは若泉の本が明らかにしたこと以外に、公開されたアメリカの公文書も材料に使っている。沖縄返還交渉から25年が経って、原則的には米国立公文書館で文書が公開される時期に入ったのである。この番組は、日米両政府と沖縄という3者それぞれの視点から沖縄返還とは何だったのかを検証している。番組の終わりのナレーションは「果たして沖縄は復帰をなしえたのだろうか」と問いかけている。施政権返還があっても米軍基地はそのまま残った沖縄の現実。この問題を扱う本土の民放局はなかった。また、この番組を再放送する本土の民放局もなかった。

【番組】
　NHK総合『沖縄返還　日米の密約』(NHKスペシャル「戦後50年　その時日本は　第7回」)、1995年10月7日放送、58分、△□（構成：塩田純、佐藤克利、制作統括：船越雄一、大濱聡（NHK沖縄））
　琉球朝日放送『日米関係　キーワードは「オキナワ」　秘密文書が明かす沖縄返還』、1997年5月17日放送、49分、◎（ディレクター：土江真樹子、喜久里逸子、プロデューサー：阿波根朝信）

【文献】
　若泉敬、2009=1994年、『他策ナカリシヲ信ゼムト欲ス　新装版－核密約の真実』文藝春秋（初版は1994年刊行）。
　NHK取材班、1996年、『NHKスペシャル　戦後50年　その時日本は　第4巻　沖縄返還・日米の密約／列島改造・田中角栄の挑戦と挫折』日本放送出版協会。

第3回　「メディアの敗北」という定義からの再テーマ化

　21世紀に入り、「西山事件」の本質は歴史の中に埋もれようとしていた。密約形成当事者である若泉敬が長い沈黙を破って核密約の存在と中身を公表した後に、今度は財政密約の存在を暴いた側の西山太吉とそのときのメディアの対応を発掘する番組が制作された。制作は再び琉球朝日放送の土江真樹子である。番組タイトルは『**メディアの敗北－沖縄返還をめぐる密約と12日間の闘い**』で、2003年10月4日に開局記念特番として放送された。ここでおそらくテレビ番組としては初めてあの出

来事がメディアないしジャーナリズム対公権力の闘いという構図から取り上げられたと言えよう。

　番組は1972年6月17日佐藤首相退陣記者会見の映像を映し出す。そこにはメディア史上忘れられない異常な光景が展開する。佐藤首相は冒頭「偏向的な新聞、嫌いなんだ、大嫌いなんだ。だから直接国民に話したいんだ」「新聞の会見はやめましょう。テレビはどこだ」と発言し、新聞記者は売り言葉に買い言葉のように「それじゃ、出ましょうか」「出よう、出よう」と一斉に退場。NHKテレビは空席が広がる記者席の向こう側から一人テレビカメラに向かって語る佐藤首相を映し出し、中継を継続する[注1]。このシーンは多くのことを語っている。4月5日西山記者逮捕以降2ヵ月半の経緯があった中で、この記者会見の映像には首相側の新聞に対する認識と嫌悪、他方テレビ放送に対しては「直接国民に話す」ための透明な手段という認識、すなわちテレビ放送の道具視が表れている。と同時に、それを許している日本のジャーナリズムの脆弱性が現れていると言える。

写真4　記者が退席した会見場で一人テレビカメラに向って語る佐藤首相。『TVニュース物語　イメージは何を伝えたか』（東京放送、1972年6月17日）

　番組は西山事件の経緯とメディアの反応を後付けながら、その対比として、前年71年6月に米国で起こった「ペンタゴン・ペーパーズ事件」[注2]を取り上げ、ニュース映像と新たな米国現地取材のインタビューを材料として、「国民の知る権利」をめぐる、ニューヨークタイムズ、ワシントンポスト両紙のニクソン政権に対する闘いと勝利を描いていく。まさにジャーナリズムが公権力の監視機能を十分に果たした輝かしい事例であった。

　番組は西山記者逮捕、新聞の「国民の知る権利」キャンペーンと政府批判、4月15日東京地検の「情を通じ」の起訴状と男女スキャンダルへの転化、毎日新聞の「本社見解とおわび」掲載と「国民の知る権利」キャンペーンからの撤退という経緯を、当時の関係者のインタビューを挟みながら描いていく。そこには3つの問題があったと言えるだろう。第1

に、入手した密約電報をなぜ紙面に掲載して暴かなかったのか（暴露は紙面ではなく、議員の国会質問によって行われた）。第 2 に、女性事務官と性的関係に入ってから電文入手をはかったという方法の問題。第 3 は、記者が逮捕された後に同業メディアが記者を守らなかったこと、つまり公権力に対する「メディアの敗北」である。ここに「ペンタゴン・ペーパーズ事件」との違いがあり、日本に輝かしい事例を残すことができなかった理由がある。番組の中で、「ペンタゴン・ペーパーズ事件」の関係者は西山事件における第 2 番目の問題、手段の問題は重要ではないと述べている。もしそうなら、むしろジャーナリズムにとって問題だったのは第 1 番目ではなかったのではないだろうか。ここにはいろいろな議論があり得るだろう。

　西山事件を事例としてジャーナリズムと公権力の関係について多くの論点、考えるべき点を提供しているという点で、この番組はジャーナリズムの優れた教科書になっていると言うことができる。この番組を制作した土江真樹子は 2009 年に事件名について次のように語っている。

> 「西山さんが裁判を起こした時に、沖縄の『琉球新報』と『沖縄タイムス』が、『この事件を「外務省機密漏洩事件」というすり替えられた単語のまま使うのはやめる——以降、これを「沖縄密約事件」と呼ぶ』と紙面で発表しました。私はとてもうれしかった。それが全国的に広がってきて、やっと事件の本質を明らかにする事件名になりました。」（土江 2009: 20）

　ところで、西山事件が「メディアの敗北」であったという定義は、その後政府側の密約当事者からさえも別の仕方で指摘されている。ジャーナリズムから密約追求を受けていた、当の吉野文六は事件から 40 年後に行われた西山との対談において次のように述べていて、興味深い。

> 「日本が非常に発達した新聞や雑誌、テレビといったインフォメーションビークルを持ち、市民が啓蒙されている限りは、そう無茶な外交はできるはずがないと思います。」（西山・吉野 2010: 202）

> 「もちろんジャーナリズムを扱う人は、一日も早く真相を伝えるよ

うに努力しないとだめですよ。それをしないで、自然に時間がたって官から出てくるのを待っていたら、新聞雑誌を読んでも面白くない。しかし一方、秘密をある程度の間キープしようと思う側としては、これをすぐに漏らすと、他のいろいろなことに波及するから、そこを固めてから公表しろということになるでしょうね。」(西山・吉野 2010: 204-205)

　公権力とジャーナリズムの攻防の中で秘密を守ろうとする公権力の側にある人間が、外交が無茶なことをしないためにはジャーナリズムがそれを監視し、市民が啓蒙された状態に置かれることが必要であり、したがってジャーナリズムは一日も早く真相を伝えるように努力しないとだめだと言っているのである。この言葉を公権力側に返上できない限り、日本のメディアおよびジャーナリズムは敗北のしっぱなしということになるだろう。
　ほかに民放では、3年後の2006年になるが、テレビ朝日の『**沖縄返還35年目の真実－政府が今もひた隠す"密約"の正体**』も「西山事件」を取り上げ、「メディアの敗北」として扱っている。そこで不思議なのは、民放で西山事件を取り上げてきたのはなぜ琉球朝日放送やテレビ朝日というテレビ朝日系列局だけなのかということである。

注
1) 今から思えば、新聞記者はあっさりと退場せずにむしろそこに留まって、テレビカメラの前で逆に首相に厳しい質問を浴びせ、論争するべきではなかったのか、あるいはなぜNHKは独演会と化した記者会見を中継し続けたのか、という疑問がわく。それは問題だったと捉えるべきではないか。
2) 1971年、米政府系シンクタンクのランド研究所に勤務していたダニエル・エルズバーグは、自らも執筆者の一人だった米国防総省(ペンタゴン)の「米国・ベトナム関係 1945年-1968年」という米国のベトナム戦争介入の歴史を分析した秘密報告書を持ち出し、コピーして、ニューヨークタイムズ紙のニール・シーハン記者に全文を手渡した。エルズバーグは、政府は報告書が分析しているような正確な情報を国民に隠したまま、泥沼化したベトナム戦争に介入を続けており、報告書の内容は国民が知るべきものだと考えた。1971年6月13日に同紙、さらにそれを追ってワシントンポスト紙の2紙は報告書を記事化した連載を開始。それに対して司法省は報告書の新聞への掲載を国家

機密文書の漏洩であるとして、記事差し止め命令を求めて連邦地方裁判所に提訴した。この提訴は最終的には連邦最高裁判所で上訴が却下され、掲載は認められ、政府側は敗北した。

【番組】
琉球朝日放送『メディアの敗北－沖縄返還をめぐる密約と12日間の闘い』（開局記念特番）、2003年10月4日放送、53分、△（ディレクター：土江真樹子）
テレビ朝日『沖縄返還35年目の真実－政府が今もひた隠す"密約"の正体』（ザ・スクープスペシャル）、2006年12月10日放送、37分、△（ネットで番組を視聴可能、2011年11月1日取得、http://www.tv-asahi.co.jp/scoop/update/toppage/061210_010.html）

【文献】
西山太吉、2007年、『沖縄密約－「情報犯罪」と日米同盟』岩波書店。
鈴木典之、2008年、「沖縄返還密約をめぐる攻防の茶番－琉球朝日放送の"続編"『メディアの敗北』」田原茂行・鈴木典之編集『全国テレビドキュメンタリー資料編』（'01年～'06年）全3巻、('03年～'04年）巻 大空社、57-59頁。
土江真樹子、2009年、「沖縄返還密約事件を追って－その取材課程」『「可視化」のジャーナリスト』早稲田大学出版部、10-23頁。
西山太吉・吉野文六、2010年、「沖縄「密約」とは何だったのか－40年後の邂逅」『世界』、2010年5月号、194-205頁。

第4回　政権交代、そして歴史の検証

　2009年の民主党への政権交代は、過去の自民党政権時代の沖縄返還密約問題について幾分語りやすい状況を作り出したと言える。民主党は選挙戦期間中から政権につけば密約問題の解明に乗り出すと公言していたし、政権交代後、就任早々の岡田外相は外務省に内部調査を命じた。37年間動かなかったものが動き始めた。議会多数派によって政権＝政府が作られるのであり、多数派が変われば、過去の政権が闇に葬った事柄が明るみに出されるのだということを選挙民に実感させるに十分なシーンとなった。

　これを受けて、ジャーナリズムは密約問題で大いに賑わった。民主党政権が普天間基地移設問題で迷走を始め、支持率を落としていく状況の中であったが、テレビ番組ではNHKが2本のドキュメンタリーを放送する。この授業展開案の第2回、「25年後のディスクロージャー：『核密約』

第 8 章　沖縄返還密約の樹

として」で 2 本の作品を取り上げたが、今回の次の 2 本の作品は政権交代後のリベンジだと見ることもできる。

第 1 は、2010 年 5 月 15 日の NHK-BS1『**沖縄返還と密約－アメリカの対日外交戦略**』（BS 世界のドキュメンタリー）である。日付からすれば、沖縄復帰記念日の放送ということになる。このディレクターはフリーとなった土江真樹子であり、NHK-BS に時間枠を得て、今回は沖縄ローカルではなく全国放送となった。この番組は、沖縄返還交渉の中で核持ち込みの密約が交わされた事情と背景を日米両国政府の利害関心の違いという視点から解明している。日本側が沖縄の核問題に関心を集中する中で、米国側はそこに日本側の関心を引き付けておいて、佐藤政権が国民への建前として望む「核抜き、本土並み」を理解し、核持ち込みの部分を密約にした。その密約のお陰で「核抜き、本土並み」という国民への説明は可能となったのである。しかし、実は米国政府の関心と狙いは核兵器温存にあったのではなく（地上固定基地にではなく、原子力潜水艦に核兵器を搭載する戦略に移っていたから）、「基地の自由な使用」にあったのであり、そのような交渉戦略を最初から立てていた。番組はそのことをモートン・ハルペリンなど当時の米国外交責任者への取材による証言と、「国家安全保障会議決定メモランダム 13 号」などの証拠となる米国の機密文書によって示している。そのように国家権力というものが何のためにどのような取引をお互いの国民に隠れてするのかを証言と証拠によって実証的に明らかにしている。

第 2 はその 1 ヵ月後の 2010 年 6 月 19 日に放送された NHK 総合『**密使　若泉敬　沖縄返還の代償**』（NHK スペシャル）である。1995 年の NHK 総合『**沖縄返還－日米の密約**』（NHK スペシャル）で取り上げた若泉敬を今回は中心に据えている。それはおそらく後藤乾一『「沖縄核密約」を背負って－若泉敬の生涯』（2010 年）が刊行されたことと関係があるかもしれない。若泉敬再評価の流れができつつあるように見える。

番組では若泉の友人たちが登場して、沖縄返還に努力したけれどもそれが米軍基地の固定化に繋がったということに「結果責任」を強く感じて悩む、亡くなる前の若泉の心境や言葉を証言する。また『読売新聞』が 2009 年 12 月 22 日夕刊で「核密約文書　佐藤元首相邸に　日米首脳『合意議事録』存在、初の確認」を報じたが、番組では佐藤栄作元首相の次

279

男信二とともにその密約文書の映像を映し出した。長らく政府・外務省が「ない」と繰り返し言明してきた文書そのものの映像である。モートン・ハルペリンと「国家安全保障会議決定メモランダム13号」も登場する。

番組の中では、若泉の遺品にあった写真が繰り返し映し出される。それは返還前には禁じられていた「日の丸」を掲げようとしている女性の写真で、「『小指の痛みを全身の痛みとして感じてほしい』と訴える」という活字が欄外に貼られている。そして若泉がこの写真のコピーを知人に送ったときに書き添えた「この写真が30年間私の書斎に掲げてありました"心の支え"です」という言葉が映し出される。

番組の終わりのナレーションは、「沖縄返還から38年、基地は残り、沖縄は今も負担を負い続けています。」「沖縄返還とは何だったのか。その代償を誰が払うのか。若泉の問いは私たちに突きつけられています」となっている。

こう見てくると、何も変わっていないということに気づく。そのことは両作品について言える。1995年と1997年のそれぞれの前作を観た目からは、それらと2010年のそれぞれの作品は構図も材料も基本的にはほとんど変わりがないと言えるのではないか。材料は確かにアクチュアライズされており、その点では新しくなっているけれども、基本ストーリーはほぼ同じだと言えよう。沖縄の現実が動いていないので、同じであっても繰り返し言わなければならないということであろうか。ただ、このストーリーがすでに米国政府側から許容された範囲のものであり、日本政府側からも織り込み済み、あるいはもう終わった話という態度で扱われていることに対して、ジャーナリズムはどう切り込めばよいのか。別の切り口が求められると言わなければならない。

【番組】

NHK-BS1『沖縄返還と密約 – アメリカの対日外交戦略』(BS世界のドキュメンタリー)、2010年5月15日放送、49分、△☒(ディレクター：土江真樹子、制作統括：山崎秋一郎、前原信也)

NHK総合『密使 若泉敬 – 沖縄返還の代償』(NHKスペシャル)、2010年6月19日放送、54分、△☒(ディレクター：宮川徹志、岩田真治、内山拓、制作統括：小貫武、増田秀樹、高山仁)

第 8 章　沖縄返還密約の樹

【文献】
後藤乾一、2010 年、『「沖縄核密約」を背負って－若泉敬の生涯』岩波書店。
【資料】
外務省「いわゆる「密約」問題に関する有識者委員会報告書」、2010 年 3 月 9 日。

第 5 回　今ある問題としての「政府と情報公開」

　21 世紀に入ってから西山事件をテーマとしたテレビ番組は民放で 2003 年と 2006 年に 2 本確認できたわけだが、それだけである。NHK は核密約のテーマについては番組を作ってきたが、不思議なことに西山事件＝財政密約では番組を制作したことは一度も確認できない。民放も NHK も、西山事件に対してジャーナリズムの問題として、ジャーナリズムと公権力の関係の問題としてきちんと向き合い、克服しようとしないテレビ時間が流れていく間に、西山自身はアクションを起こしていった。年表を見れば、このテレビのサイレンスと西山のアクションの対比は明白である。そのアクションをテレビがまとまった形で番組化することもほとんどなかった。西山の存在を避けてきたと見ざるを得ないだろう。

　西山は 2005 年 4 月に国家賠償請求訴訟を起こし、2008 年 9 月に最高裁は上訴を棄却した。それからすぐ 2009 年 3 月には「沖縄密約情報公開訴訟」を東京地裁に起こし、「文書は存在しない」とした外務省の文書不開示処分の取消と密約文書開示および慰謝料を請求した。このとき西山は一人ではなかった。24 名の支援者がともに訴訟に参加した。

　そして、2009 年 9 月の民主党内閣の成立と政権交代、2010 年 4 月の東京地裁「沖縄密約情報公開訴訟」での西山ら原告側の全面勝訴を迎えた。判決では原告側の知る権利が侵害されたとして、国への損害賠償請求を認めた。また、国が文書は存在しないと主張するのであれば、その文書を破棄したことの立証を国に求め、国民の知る権利をないがしろにする外務省の対応は不誠実だと厳しく指弾した。敗訴した国側は東京高裁に控訴した。この裁判の経緯については、西山太吉『機密を開示せよ－裁かれる沖縄密約』（岩波書店、2010 年）に詳しく書かれている。

　フローニュースは保存されにくいので、検証の難しさがあるが、政権交代後では NHK 総合『ニュース・ウォッチ 9』で日米密約関係の報道

が次のような形であったことが確認できる。

2009年11月18日「"核持ち込み密約"－新たな証言が」では、米国のライシャワー元駐日大使の特別補佐官だったジョン・パッカートが大使の半生を描いた著書を出版したのを機会にインタビューしている。大使は1960年安保改定時の核持ち込み密約の存在について退任後に発言したが、パッカートは当時の事情を語っている。

2010年4月8日「密約から40年－対立を超えて」では、西山事件の経緯を挿入しながら、40年を経て実現した西山と吉野の対談の映像を放送している。放送日は東京地裁の判決前日である。NHKの番組としてはやっと西山の姿が登場した。

2010年12月1日「当事者が明かす沖縄返還"密約"」では、吉野文六が自宅で400万ドル肩代わりの密約を認め、現在の心境を語っているインタビューを放送。吉野が東京地裁に原告側証人として出廷する日に合わせて放送している。

まとまった番組としては、2009年12月7日NHK総合『核密約－岡田外相に問う』（クローズアップ現代）、2010年4月10日NHK総合『密約問題の真相を追う－問われる情報公開』（追跡！A to Z）がある。前者は、核持ち込み密約と非核三原則の間の整合性をめぐって、今何が問われているのか、岡田外相に問うている。後者は東京地裁「沖縄密約情報公開訴訟」で西山ら原告側が全面勝訴した翌日に放送された番組であり、ここで「政府と情報公開」の問題がテーマとなる。

その番組の冒頭は、判決後の熱気が冷めやらぬ中、西山が「私はですね、これ、一種の革命が起こったと思うんです」と裁判所前の路上で語るシーンである。まさに歴史的判決であった。番組では、密約文書について国会で発言した元外務省条約局長の東郷和彦が出演し、証言している。赤いファイルに整理して、密約を後任者に引き継いだというのである。その一部がその後に廃棄された疑いが強いのである。

他方、番組は米国立公文書館を取材するのだが、そこで機密文書担当官のペイスティングは「国民が情報を手にするときこそ民主主義が一番機能します。機密の解除と文書へのアクセスはこの国の原則です」と確信をもって語っている。

番組の最後に置かれるのは、1971年、米国の「ペンタゴン・ペーパー

ズ事件」である。「これまで、国民は政府に十分質問してこなかった。公職にある人に対して、期待も要求もしてこなかった。これからは、私たちの憲法はもっと効果的に機能していくことでしょう」と語る、当時のエルズバーグの発言資料映像が流れる。そして、番組キャスターは、昨日の判決は国民の知る権利の実現を強く国に求めているが、果たしてそれだけでいいのかと問い、「そうした国にしていくには私どもメディアも含めて国民一人ひとりが常に国に対して情報の共有を問い続けることが大切です。国民が知るべきことをきちんと知り、歴史から学べる社会にすることは次の世代への私たちの責任でもあります。密約問題はそのために私たち自身が何をなすべきか、も問いかけているのです」というナレーションで番組は終わる。その間の映像は渋谷の交差点の人々の行き来する姿であり、公園で過ごす若い家族の姿である。

　しかし、1971年の西山事件以来の経緯を考えるとき、このような美しい一般化には違和感をもたざるを得ない。「私どもメディアも含めて国民一人ひとりが」と言い、「私たち自身」と安易にまとめあげている。メディアは「国民の知る権利」に奉仕するということ、国民一人ひとりに代行して「知る権利」を行使するということは、ジャーナリズムにとっては熾烈な闘いのはずである。問題はそのような熾烈な闘いが行われてきたのかということである。

　2010年3月9日に外務省「いわゆる「密約」問題に関する有識者委員会報告書」が出され、4月9日に東京地裁「沖縄密約情報公開訴訟」で原告側の全面勝訴の判決が出された後で、つまり公権力側から安全地帯が形成された後の時点になって、そのような美しい一般化で番組を終わるということはどういうことなのだろうか。自らが闘ってこなかったことを省みることもなく、そこを棚上げにして、「何をすべきか」と問うことはどういうことだろうか。「メディアの不戦敗」が続いているということなのではないだろうか。

【番組】
　NHK総合『ニュース・ウォッチ9』（日米密約関係の報道）、2009年11月18日放送 "核持ち込み密約"－新たな証言が」(7分51秒)、2010年4月8日放送「密約から40年－対立を超えて」(8分16秒)、2010年12月1日放送「当事者

が明かす沖縄返還"密約"」(9分37秒)、△×

NHK総合『核密約－岡田外相に問う』(クローズアップ現代)、2009年12月7日放送、30分、△☑

NHK総合『密約問題の真相を追う－問われる情報公開』(追跡！A to Z)、2010年4月10日放送、54分、△☑ (ディレクター：小口拓郎、右田千代、制作統括：岩根好孝)

【文献】

西山太吉、2009年、「日米同盟と情報操作－今日的事件としての沖縄密約」『「可視化」のジャーナリスト』早稲田大学出版部、24-37頁。

西山太吉、2010年、『機密を開示せよ－裁かれる沖縄密約』岩波書店。

【資料】

「沖縄密約情報公開訴訟」東京地方裁判所判決、2010年4月9日。

5　参考図書・文献・資料一覧

〔書籍（発行年順）〕

澤地久枝、2006=1974年、『密約－外務省機密漏洩事件』岩波書店（底本は1978年8月に中央公論社から刊行。これは増補版で、初版は1974年7月に中央公論社から刊行）。

若泉敬、2009=1994年、『他策ナカリシヲ信ゼムト欲ス　新装版－核密約の真実』文藝春秋（初版は1994年刊行）。

NHK取材班、1996年、『NHKスペシャル　戦後50年　その時日本は　第4巻　沖縄返還・日米の密約／列島改造・田中角栄の挑戦と挫折』日本放送出版協会。

我部政明、2000年、『沖縄返還とは何だったのか－日米戦後交渉史の中で』NHKブックス。

外岡秀俊、本田優、三浦俊章、2001年、『日米同盟半世紀－安保と密約』朝日新聞社。

我部政明、2002年、『日米安保を考え直す』講談社。

中馬清福、2002年、『密約外交』文藝春秋。

太田昌克、2004年、『盟約の闇－「核の傘」と日米同盟』日本評論社。

筑紫哲也編、2005年、『ジャーナリズムの条件1　職業としてのジャーナリスト』岩波書店。

西山太吉、2007年、『沖縄密約－「情報犯罪」と日米同盟』岩波書店。

鈴木典之、2008年、「沖縄返還"密約"30年目の真相－琉球朝日放送の労作『告発』」田原茂行・鈴木典之編集『全国テレビドキュメンタリー　資料編（'01年～'06年）全3巻、('03年～'04年)巻』大空社、51-53頁。

鈴木典之、2008年、「沖縄返還密約をめぐる攻防の茶番－琉球朝日放送の"続編"『メディアの敗北』」田原茂行・鈴木典之編集『全国テレビドキュメンタリー

第 8 章　沖縄返還密約の樹

資料編（'01 年〜'06 年）全 3 巻、('03 年〜'04 年）巻』大空社、57-59 頁。
斉藤光政、2008 年、『在日米軍最前線』新人物往来社。
豊田祐基子、2009 年、『「共犯」の同盟史 － 日米密約と自民党政権』岩波書店。
土江真樹子、2009 年、「沖縄返還密約事件を追って － その取材課程」『「可視化」のジャーナリスト』早稲田大学出版部、10-23 頁。
西山太吉、2009 年、「日米同盟と情報操作 － 今日的事件としての沖縄密約」『「可視化」のジャーナリスト』早稲田大学出版部、24-37 頁。
吉田敏浩、2010 年、『密約 － 日米地位協定と米兵犯罪』毎日新聞社。
後藤乾一、2010 年、『「沖縄核密約」を背負って － 若泉敬の生涯』岩波書店。
西山太吉、2010 年、『機密を開示せよ － 裁かれる沖縄密約』岩波書店。

〔紀要・雑誌（発行年順）〕
岩崎貞明、2003 年、「ドキュメンタリー『告発』をめぐって」『沖縄大学地域研究所所報』28 号、53-64 頁。
太田昌克、2009 年、「日米核密約　安保改定 50 年の新証言 － あぶり出された全容」『世界』、2009 年 9 月号、142-151 頁。
東郷和彦、2009 年、「核密約『赤いファイル』はどこへ消えた」『文藝春秋』、2009 年 10 月号、290-300 頁。
本田優、2009 年、「検証　これが密約だ － 非核三原則と米国依存の狭間で」『世界』、2009 年 11 月号、164-175 頁。
西山太吉・吉野文六、2010 年、「沖縄「密約」とは何だったのか － 40 年後の邂逅」『世界』、2010 年 5 月号、194-205 頁。

〔資料〕
台本で読むドキュメンタリー『告発 － 外務省機密漏洩事件から 30 年・今語られる真実』田原茂行・鈴木典之編集『全国テレビドキュメンタリー　資料編（'01 年〜'06 年）全 3 巻、（'03 年〜'04 年）巻』大空社、2008 年、185-199 頁。
外務省「いわゆる「密約」問題に関する有識者委員会報告書」、2010 年 3 月 9 日（2011 年 10 月 1 日取得、http://www.mofa.go.jp/mofaj/gaiko/mitsuyaku/pdfs/hokoku_yushiki.pdf）
外務省「東郷和彦氏が提出した文書について」2010 年 3 月 19 日（2011 年 10 月 1 日取得、http://www.mofa.go.jp/mofaj/gaiko/pdfs/togo_memo.pdf）
東京地方裁判所「沖縄密約情報公開訴訟」判決、2010 年 4 月 9 日（2011 年 10 月 1 日取得、http://www.news-pj.net/siryou/pdf/2010/okinawamitsuyaku-hanketsu_20100409.pdf）

『近代日本総合年表　第四版』岩波書店、2001年。

6　公開授業の経験から考えたこと

　2011年11月18日（金）〜20日（日）の3日間、放送ライブラリーで大学生の参加者に向けて行われた公開授業で、「沖縄返還密約の樹」の授業は2日目に行われた。教材のほうでは5回分で授業展開が考えられているが、公開授業は1コマで90分だったので、どうするか考えた。結局、1回だけの授業として構成することにし、タイトルを「どのようにジャーナリズムは敗北したか」に絞り、琉球朝日放送『メディアの敗北−沖縄返還をめぐる密約と12日間の闘い』（2003年10月4日放送）だけを全篇観てもらうことにした。しかし、それだけでも53分になる。その番組の上映の前に、私は学生諸君にまず二つの質問をした。

- あなたは福島第一原発の爆発後、政府の発表した情報、そして政府の発表の仕方は正しいものだったと思いますか？
- あなたは現在、民主党政府が秘密保全法制を次期通常国会に提案する方針であることを知っていますか？

　前者には大部分の手が挙がり、後者にはほとんど手が挙がらなかった。それぞれについてフロアで2、3人の学生に理由などを聞いた。こうしてまずこのテーマが現在の問題と関係していることを感じてもらってから本題に入ることにした。次に、この問題を考える上での理念や原則を説明した。

- 公権力（行政＝政府、立法＝議会、司法＝裁判所）は、人民（国民）との契約書（憲法）に基づく統治を行っている機構である。
- しかし、それは完全無欠のものではなく、間違いを犯し、都合の悪い事を隠し、暴走し、基本的人権を侵害することがあるし、また戦争を起こす事ができる。
- 公権力は主権者たる人民（国民）を欺くことがある。それは歴史が証明している。人民（国民）は投票日だけの主権者になりかねない。

第8章　沖縄返還密約の樹

・デモクラシーが機能するためには、公権力は恒常的に監視されなければならない。その監視の役割を果たすのがジャーナリズムなのだということが、ジャーナリズムの規範の一つである。

　以上は「沖縄返還密約」問題をどこから眺め、どのように位置づけるかの枠組みの準備である。そして、配布した関連年表をもとに、社会的出来事と放送番組の関連動向を簡単に説明した。これだけでも相当な時間を取ってしまった。そして、先の番組の上映。誰もがこの番組を初めて観る。誰もが真剣に観ていた。上映後、もう時間はあまり残されていなかったので、「外務省機密漏洩事件」という命名の問題性とそれがメディアにも受容されたことの問題性を指摘した。出来事はその名前で人々に記憶される。そして、その名前自体が記憶の仕方を人々に指示し指定している。命名権は誰がもっているのか。そこに権力の問題が顔を出す。しかし、そのことが認識されず、問題視されず、あるいは見過ごされ、丸め込まれてしまうと、ジャーナリズムはたやすく権力の作った舞台の上で踊り、人々の意識をも巻き込むことになる。さらに、この事件と米国の同時期の「ペンタゴン・ペーパーズ事件」との比較を通じて、日本のジャーナリズムの脆弱性について考えてもらった。

　やはり授業時間のなかで番組を観ると、それだけで多くの時間を取ってしまう。できれば全篇を別の時間に観ることができる態勢が必要で、その上で授業では必要箇所だけを上映しながら話を展開していくほうがよい。そうしないと、グループディスカッションなど教室でしかできないことの時間をキープするのが難しい。グループディスカッションをした上で、グループごとに発表をしていくという時間は不可欠であろう。番組視聴、教員による解釈のガイド、学生たち自身の討論、リアクションペーパー提出という授業の連関を実現していくためには、それなりの時間スペースが必要である。

　回収されたアンケートに、ある女子学生は次のように書いていた。「やはり映像で観ないと理解できないこと、実感できないことが多い。」「このような授業をオンディマンドで見れたら本当によいと思う。横浜まではすごく遠いので…。大学とかで見れるといいと感じた。」こうした感想に応えるためにわれわれは何ができるのか、真剣に考えるべきだろう。

287

第9章　犯罪の樹

大石 泰彦（おおいし　やすひこ）

青山学院大学法学部教授（憲法、言論法）
1961年生まれ。兵庫教育大学学校教育学部助教授（憲法）、関西大学社会学部助教授（メディア倫理法制）、東洋大学社会学部教授（ジャーナリズム論・マスコミ法制論）などを経て現職。著書は『フランスのマス・メディア法』（現代人文社、1999年）、『メディアの法と倫理』（嵯峨野書院、2004年）ほか。

いま、刑務所から出たSさん。知的障害がある。所持金8000円。不安を抱えて保護観察所に向かうが…。『FNSドキュメンタリー大賞　ある出所者の軌跡　～浅草レッサーパンダ事件の深層～』（北海道文化放送、2005年5月27日）

1 テーマ「犯罪」の概説

(1) 社会問題としての犯罪

　平成22年（2010年）度版の『犯罪白書』によれば、2009年にわが国で発生した殺人事件は1,094件、強盗事件が4,512件、放火事件が1,306件、強姦事件が1,402件である。わが国の凶悪犯（上記の犯罪）の発生率は低く、たとえば殺人に関していえば、「英独仏の約3分の1、アメリカの約6分の1（2007年統計）」[注1]程度であるものの、新聞やテレビが毎日、新しいネタを私たちに供給するのに事欠かないだけの数の重大な犯罪は次々と発生していることになる。実際、紙面やニュースを継続的に見ていると、犯罪ネタがそれらにとっておなじみの題材になっていることがわかる。謎めいた事件が発生すれば、場合によっては、テレビのニュースショーや新聞の社会面がその話題でもちきりになることもある。

　実際、犯罪（この場合は、殺人事件ということにしよう）は興味をそそる出来事である。人を殺めるという途方もない行為に至った人間関係は、加害者の生い立ちは。不幸にも突然、生を断たれてしまった被害者の人となりは、その家族の悲しみは。私たちは、殺しをめぐる人間ドラマに、なぜだか強く引き付けられるのである。（そういえば、テレビなどで殺人をテーマにしたサスペンス・ドラマがいかに多いことか。私たちは、同じような観光地で、同じような殺しが起きるテレビドラマを、ここ数十年飽きもせず見続けている！）メディア（新聞やテレビ）はその事件を慣れた手つきで、お茶の間にわかりやすく、ドラマチックに伝えていく。私たちは被害者の死を悼み、遺族に同情を寄せ、時には加害者やその家族に対して厳しい鞭を加える。しかし、その騒ぎはほどなく、いつのまにか終わり、その種のサスペンス・ドラマと同様すぐ人々の記憶から消えてしまう。そしてしばらくすると、また次のドラマが小屋にかかる。

これでいいのだろうか‥‥。

あらためていうまでもなく、犯罪、特に殺人などの重大犯罪は、単なる人間ドラマ、消費物ではなく、一種の社会問題である。人は一体、自己の、そして人間社会の何に押し詰められて越えてはならない一線を越えてしまうのだろうか。容疑者・被告人を取り調べ、その責任を追及する刑事司法（警察、検察、刑事裁判）は正しく機能し、かりにも冤罪[注2]を生み出してはいないだろうか。元受刑者たちは、罪を償って社会に復帰した後も、不当な重荷を背負わされていないか（あるいは、その家族まで社会的に排除されていないか）。近親者を犯罪によって奪われた被害者遺族は、その後の人生をどのように生き、社会に何を訴えているのか。私たちは、面倒なようでも、犯罪を単なるドラマとして消費するのではなく、このような論点に目をむけ、その解決策を考えていかなければならないはずである。この意味で、日々、事件をわれわれに伝えるメディアの果たすべき役割は大きいし、私たちは、刑事司法や人権に関する一定の知識を持つとともに、メディアの「犯罪の伝え方」はこのままでいいのかについても、しっかりと考えていく必要があろう。そう、もしかすると次の初冬、あなたのもとに「裁判員候補に選ばれました」という通知が舞い込むかもしれないのだ[注3]。

(2) 冤罪の衝撃

ところで、いま（2011年）、刑事司法に対する国民の信頼は、相次ぐ冤罪事件によって根底から揺らいでいる。たとえば志布志選挙違反事件無罪判決（鹿児島地裁；2007年2月）、富山連続婦女暴行事件再審無罪判決（富山地裁；2007年10月）、足利事件再審無罪判決（宇都宮地裁；2010年3月）、厚労省文書偽造事件における大阪地検特捜部による証拠改ざん（2010年9月無罪判決；大阪地裁）、そして布川事件再審無罪判決（水戸地裁土浦支部；2011年5月）。人々の不安と憤りをかきたてたこれらの事件は、長期にわたる身柄の拘束[注4]、代用監獄[注5]の存在、自白を得るための誘導的・威嚇的な取り調べ、事実の捏造、裁判官のチェックの甘さ[注6]などに起因する冤罪が、決して過去の、解決済みの問題ではないことを明らかにするものであった。いいかえれば、私たちの社会

は、1980年代のいわゆる四大冤罪事件〔死刑確定・再審無罪事件：免田事件(1983年7月無罪)、財田川事件(1984年3月無罪)、松山事件(1984年7月無罪)、島田事件（1989年7月無罪）〕をはじめ過去幾多の冤罪事件が突きつけた刑事司法の前近代性の克服という大きな課題を、いまに至っても根本から解決できていないのである[注7]。

　これらの事件は、いずれも冤罪であったことがすでに裁判で確認された事件である。しかしこれらの他にも、袴田事件（1966年発生；2008年4月第2次再審請求）、名張毒ぶどう酒事件（1961年発生；2010年4月に最高裁が再審開始につながる可能性のある差し戻しを決定）など、冤罪の疑いが濃厚で、現在再審中あるいは再審請求（準備）中の事件がいくつか存在していることも忘れてはならない。そして、これらの事件で冤罪を訴えている当事者の中には、すでに半世紀近い期間、その身柄を拘束されている者もいるのである。また、たとえば飯塚事件（1992年発生）のように、無実を訴えて再審請求準備中の死刑囚に、突然、死刑が執行されてしまった事件も存在している（それは2008年10月のことであった）。

　これまでにも国や日本弁護士連合会（日弁連）は、被疑者・被告人の人権を守り、冤罪を抑止するためのいくつかの取り組みを行ってきた。たとえば日弁連は1992年、それまで一部の地域で行われていたいわゆる当番弁護士制度（身柄を拘束された被疑者が、弁護士会に連絡すればいつでも弁護人を選任できる制度）を全国に広げた。また、国はこれまでに、被疑者国選弁護制度[注8]の導入（2006年10月）、被疑者・被告人と弁護人との電話・ファクスによる連絡制度の導入（2007年6月；法務省・日弁連）、取り調べの録音・録画の試行（検察は2006年8月から、警察は2008年9月から）、「警察捜査における取調指針[注9]」の策定（2008年1月；警察庁）などの対策を講じている。しかし、冤罪を効果的に防止し、被疑者・被告人の人権を守るためには、やはり警察・検察における取り調べの全面可視化（全過程の録音・録画）が不可欠であるとの声が強く（日弁連など）、かつて野党時代に（2007年）、この全面可視化を盛り込んだ刑事訴訟法改正案を国会に提出した民主党が、今後与党としてどのような方向を打ち出すのかが注目されるところである。

(3) 犯罪報道の問題性

　犯罪報道に関するこれまでの議論についても、簡単に見ておこう。
　わが国ではこれまで、犯罪報道のもつ問題性を端的にあらわす言葉として、しばしば「犯人視報道」という表現が用いられてきた。犯人視報道とは、被疑者・被告人の有罪が確定する以前、とくに逮捕の前後の段階で、その者を犯人であると断定し、あるいはそのことを前提として行われる報道であり、重要な人権原則のひとつである無罪推定原則（被疑者および刑事被告人はいまだ犯人ではなく、無罪の可能性がある以上できる限りその者の人権が保障されるべきであるという原則）からの逸脱であるというのがその基本的な問題点である。犯人視報道は、私たちの犯罪（これが社会問題であることはすでに述べた）を見る目を歪め、刑事司法に対する批判的・監視的視点を衰弱させ、最悪の場合、冤罪の一要因にすらなりうるのである。
　こうした犯人視報道のもつ問題を克服あるいは回避するために、わが国では二つの改革論が提示されてきた。ひとつは、いわゆる「原則匿名報道主義」であり、もうひとつは「主観複合報道主義」と呼びうる考え方である。
　まず、原則匿名報道主義とは、いわゆる権力犯罪（政治・社会権力をもつ者が、その立場・地位を利用して行う犯罪）以外の一般刑事事件については、その被疑者・被告人の実名は原則として公表しないという考え方を指す。原則匿名報道を主張する論者は、いわゆる権力犯罪以外の犯罪事件については、ニュースの内容として必須のものとはいえない被疑者などの氏名は明示せずに報道し、もって被疑者やその家族への人権侵害を予防すべきであると主張するのである[注10]。
　次に、主観複合報道主義とは、メディアがあくまでも事件の真相（客観的真実）を追求すべき存在である以上、犯罪事件に関してもその報道は警察が発表する事実（警察的真実）の受け売りであってはならず、したがってこの種の報道においても必ず裏付け取材をし、さらに記事は複数の主観的事実の併記によって構成すべきとする考え方である。主観複合報道を主張する者は、メディアに対し、具体的には、①犯罪事件の取材・報道にあたっては、警察発表を疑う姿勢で必ず裏付け取材をするこ

と、②記事や番組の中で、警察発表、被疑者側の主張、担当記者自身が独自取材によって得た情報を区別し、そのことを明示すること、③判断材料が足りないときは、はっきり「わからない」と書くことなどを提案し、それらを通じて被疑者の人権の侵害を防ぎ、かつ犯罪報道におけるメディアの主体性を確保すべきであると訴える[注11]。

　以上のような被疑者報道改革論の提示、さらには、従来の犯人視報道に対する法律家（日弁連など）からの批判をうけて、メディア自体も、犯罪被疑者報道のあり方を改善・改革していこうとする動きをみせている。まず、NHKや全国紙といった大メディアにおいては、被疑者の"呼び捨て"の慣行が廃止され、広く「容疑者」という呼称が用いられるようになった。最初に容疑者呼称にふみきったのはNHKであり〔「犯罪報道と呼称基本方針」（1984年）〕、また他の新聞・放送メディアも、1980年代末にはそろってこの呼称を使用するようになった。

　また、裁判員制度の実施に先立つ2008年1月、日本新聞協会は、犯罪の取材・報道に関する新たな指針として「裁判員制度開始にあたっての取材・報道指針」を公表した。その骨子は、①捜査段階の供述の報道にあたっては、供述は、その一部のみが捜査当局や弁護士などを通じて間接的に伝えられるものであることを念頭におき、内容のすべてがそのまま真実であるとの印象を読者・視聴者に与えないようにすること、②被疑者の対人関係や成育歴等のプロフィールは、その事件の本質や背景を理解する上で必要な範囲内で報じること、③事件に関する識者のコメントや分析は、被疑者が犯人であるとの印象を読者・視聴者に植え付けることのないよう注意することであり、これをうけて、各メディアは、新たな事件報道の指針（ガイドライン）を作成するなどの対応をとった〔たとえば、毎日新聞の「裁判員制度と事件・事故報道に関するガイドライン」（2008年12月）など〕。なおNHKも2008年12月に、「裁判員制度開始にあたっての取材・報道ガイドライン」を作成・公表している。

　さて、以上のような大メディアの動きとは別に、一部の地方紙やローカル紙は、比較的早い時期から、先駆的な改革を行っている。たとえば、愛媛県八幡浜市で発行されているローカル紙である『南海日日新聞』は、1986年11月、わが国の新聞としてはじめて原則匿名報道にふみきり[注12]、また、福岡を拠点とする地方紙『西日本新聞』は、主観複合報道主義の実

践と位置づけることのできる「容疑者の"言い分"掲載」(「福岡の実験」と呼ばれることもある)を、福岡県で当番弁護士制度が設置された1992年12月から開始している(注13)。

　なお、少年法第61条は、20歳未満の少年の犯罪・非行事件に関して、メディアに対し、被疑少年の身元を「推知することができるような」情報を公表すること(推知報道)を禁止している(ただし、この規定は罰則を伴っていない)。そして、メディアは、これまでこの規定を基本的に"一律禁止規定"ととらえ、「逃走中で、放火、殺人など凶悪な累犯が明白に予想される場合」〔「少年法第61条の扱いの指針」(1958年；日本新聞協会)〕などの例外的な場合を除いては被疑少年の氏名等を報道しないという対応をとってきた。しかし近年、少年犯罪の"凶悪化"などを理由として確信的に少年被疑者の氏名や肖像を公表する一部のメディア(雑誌)が出現し、また、法学者の間からも少年法第61条を一律禁止規定と見なすことを疑う見解が示されている(注14)。

　最高裁は、いわゆる長良川リンチ殺人事件報道訴訟の判決(第二小法廷2003年3月14日)において、「推知報道かどうかは、その記事等により、不特定多数の一般人がその者を当該事件の本人であると推知することができるかどうかを基準にして判断すべき」であるとし、推知報道の範囲を比較的狭く限定する解釈を示している。また近年では、少年犯罪をめぐるさまざまな状況、たとえば、①容疑少年が死亡した場合、②容疑少年に自殺のおそれがあり、早期の発見が求められる場合、③少年事件を起こした者の死刑が確定した場合、④少年事件を起こした者が成人し、再び重大犯罪を犯した場合、⑤少年事件を起こした者が少年院などから退院した場合などの取材・報道のあり方について、具体的なケースに即した議論が繰り広げられている(注15)。

(4) 犯罪被害者はどう扱われてきたか

　一方、犯罪の被害者は、長らく刑事司法手続から疎外されていた。被害者やその家族(以下、あわせて「被害者」とする)が意見を述べたり、心情を吐露したりすることで、裁判が報復の場と化し、被告人の人権を侵害するおそれがあるというのがその理由である。しかし、たとえば誰

かに自分の家族を殺害されたとして、その者は事件の捜査や裁判に無関心でありえようか。「なぜ、私の家族は殺されなければならなかったのか」、「いま、容疑者（被告人、受刑者）は自らの責任をどう考えているのか」。事件後もなお、この世に生きていく遺族は、それらを知りたいのが当然であるし、また、こうした点については被害者に一定の（つまり、被告人の人権と両立しうる形式での）「知る権利」があり、また「公の場で心情や意見を述べる権利」があるといいうるのではないだろうか。

被害者が声をあげはじめたのは、地下鉄サリン事件（1995年）や神戸連続児童殺傷事件（1997年）などの事件が相次いで起きた1990年代のことである[注16]。このような声に応えるものとして、まず2000年5月、「犯罪被害者保護法」など三法が成立した。その要点は、①裁判長は、事件の被害者が裁判の傍聴を申し出た場合には、傍聴できるように配慮しなければならないこと、②裁判所は、被害者が損害賠償請求等を行おうとする場合、被害者らに裁判記録を閲覧・謄写させることができること、③裁判所は、被害者が被害を受けた心情、事件についての意見の陳述を申し出たときは、公判で陳述させること（ただし、陳述内容を証拠とすることはできない）の三点である。

この後、2004年12月には、「犯罪被害者等基本法」が成立した。この法律は、「犯罪被害者等のための施策に関し、基本理念を定め、並びに国、地方公共団体及び国の責務を明らかに」して「犯罪被害者の権利利益の保護を図る」こと（同法1条）を目的とする法律である。また、2007年6月には、被害者に、被告人への質問や刑についての主張を認めるいわゆる「被害者参加制度」が導入され（改正刑事訴訟法）、さらに2008年12月には、少年審判を被害者が傍聴できる制度も始まった（改正少年法）。このように、現在では被害者は司法手続における当事者として制度上位置づけられ、国や地方自治体にはその保護のための各種の取り組みが求められている。しかし、被害者の"苦悩"や"心の傷"の癒しについての一般の人々の意識や知識は依然として不十分であり、また、裁判に参加する際、加害者と直面し、かつ、厳しい制約の中で行動することを求められる被害者の精神的負担や、裁判員制度との兼ね合いなど、検討すべき課題は多い。また、いわゆる修復的司法（被害者と加害者との対面と和解を重視する司法プロセス）の導入についても、今後

さらに議論を重ねていかなければならない。

　では、その被害者をメディアはどのように取り扱ってきただろうか。犯罪被疑者の報道の問題性を端的にあらわす言葉が「犯人視報道」であるとすれば、被害者の報道に関しては、その問題性を「二重人格報道」と表現することができるであろう。二重人格報道とは、簡単にいえば、被害者に対し、紙（誌）面や番組においては"同情"し悲しみを共にする姿勢を示しつつも、その取材において、そして時には報道内容においても、容赦のない"冷酷さ"を発揮するメディアの態度であり、たとえば女子高生コンクリート詰め殺人事件（1989年）、東京電力女性社員殺害事件（1997年）、神戸連続児童殺傷事件、池田小事件（2001年）など、多くの事件の取材・報道において被害者に関しこのような取り扱いがなされてきた。そして、このような取材・報道の発生理由としては、一応、①犯罪の残酷さや事件の背景事情を読者・視聴者に伝達するためには、被害者の人生や私生活の追跡・公表も必要かつ当然であると一般に考えられていること、②多数の読者・視聴者を事件報道に吸引することを目的として、安易かつ陳腐な事件のドラマ化が行われ、そのドラマの重要な登場人物として被害者が恣意的に描出されること（このような傾向は、被害者が女性や子どもである場合に特に顕著である）、③被害者に対する同情の表明が、それに対する取材・報道のもつ冷酷さの緩和策あるいは免罪符として用いられてきたことなどを推定することができる。

　以上のような被害者報道をめぐる問題状況に対処するため、政府は、首相がその委員を任命する行政委員会である「人権委員会」を新たに設置し、それが各種の差別・虐待の被害者の救済に直接あたることを構想するいわゆる「人権擁護法案」（2002年3月に国会上程、2003年10月に一旦廃案）の中に、被害者に対する過剰な取材を規制する条項を盛り込んだ。しかし、このような方式での保護は、行政機関が取材・報道の倫理（ジャーナリズムと人権の理念から見て、ジャーナリストの自律性にゆだねられるべき問題）の領域に介入し、その管理者になるというある意味で特異な発想にもとづくものであり、強い反対の声があがった[注17]。また、各地の警察は、先に触れた犯罪被害者等基本法の成立をうけて、2005年4月頃から被害者氏名（一部、被疑者氏名も）の裁量的匿名発表にふみきっているが、これも多くの問題、たとえば、メディアの取材

活動を被害者の二次被害と位置付けることが正当であるかどうかや、警察の権力行使に対する記者・読者による監視・批判を不当に妨げないかなどの点を内包している[注18]。

こうした法的規制の動きの中で日本新聞協会は、2001年12月に「集団的過熱取材に対する日本新聞協会編集委員会の見解」を公表し、「いやがる当事者や関係者を集団で強引に包囲した状態での取材は行うべきではない」旨を明言するとともに、このような状況が発生した場合には、まず現場での調整をはかり、さらにそれがうまく機能しない場合には日本新聞協会編集委員会の下部機関である「集団的過熱取材対策小委員会」がこれに対応することを取り決めた。このようなメディア側の対応は、被害者取材の現場の過熱状況に関し、その解決をまずは現場に赴く記者による話し合いに委ねた点において評価することができる。しかし一方でそれは、被害者に対する集団的・威圧的な取材の根本にある問題、すなわち被害者報道の社会的意義とその限界に関する根本的探求（彼らの何を、何ゆえに報道するのかについての自問）を欠いている点においては対症療法的であるといわざるをえない[注19]。

なお、日弁連は、1970年代から長らく"犯罪報道と人権"の問題にとりくんでおり、これまでにメディアに対してさまざまな提言を行っている[注20]。また2001年7月には、報道被害の問題に継続的に取り組んできた弁護士らによって、被疑者・被害者双方を含む報道被害者救済のための組織「報道被害救済弁護士ネットワーク（**LAMVIC**）」が結成された。被害者報道の病理は、基本的には先に述べたように倫理の問題であり、これを法の論理で全面的に統制することは不適切であるが、しかし、現在はむしろ、こうした法律家の問いかけをうけてメディア側がどう行動するのかが問われているといえよう。

(5) 犯罪ドキュメンタリーをどう見るか

さて、以上のような犯罪をめぐる社会状況の中で、私たちは放送メディアの制作してきた犯罪ドキュメンタリーから何を読み取り、また、それらをどのように評価すべきであろうか。

まず、この稿の最初に述べたこと、つまり、犯罪は単なる人間ドラマ

第9章　犯罪の樹

ではなく、一種の社会問題であるという位置づけをもういちど確認してほしい。私たち、特に若い人たちの多くは、漠然と「新聞やテレビのニュースを見ると、政治や経済や国際問題は難しくてよくわからないけれど、スポーツや事件ならわかりやすい」と考えているようだ。しかし、スポーツはともかく事件（犯罪）は本当にわかりやすい出来事だろうか。犯罪が発生すると、あるいは被疑者が逮捕されたりすると、メディアの取材・報道は熱を帯び、私たちはその事件を"わかった"気になる。しかしそのときこそ、私たちはよく自問してみなければならないだろう。犯罪は、本当に居間でソファに座って画面を眺めていて"わかる"ような社会問題なのだろうか。一体自分は、その事件の加害者の、被害者の、あるいは、その事件の背後にある事情について何がわかったというのか。

　これは、やや厳しすぎるいい方かもしれない。しかし過去をふりかえってみると、事件発生当初「お受験殺人」として騒がれた音羽幼児殺害事件（1999年）は、実はお受験とは無関係の事件であったことが裁判を通じて明らかになったし、当初「イケイケ女子大生」が逆恨みされた事件として語られた桶川女子大生殺害事件（1999年）も、むしろ悪質なストーカー行為に対する警察の無策が生み出した事件であることが検証されている。当初の報道は、厳しくいえば"でたらめ"であったわけである。しかし筆者を慄然とさせるのは、そのこと（誤報）ではない。筆者が恐ろしいのは、それが本当に「お受験殺人」なのかどうかなど、私たちにとって本心では"どうでもいいこと"なのではないかということである。無期懲役囚であり、犯罪と刑罰をテーマとする著作を公刊している美達大和は、人を殺すという途方もないことを遂行させてしまう個人的な要因は、究極のところ"他者"への無関心や無理解である旨を示唆しているが[注21]、筆者には、犯罪報道の病理を生み出すのもこれに似たもの、つまりメディアと読者・視聴者双方に抜き難く存する他者への関心と想像力の欠如であるように思われてならない。

　もし、そうであるとすれば、あるいはそういう面があるとすれば、犯罪を扱うメディアのひとつであるテレビは、これから何を考え、何を改めていくべきだろうか。

　筆者が考えるのは、犯罪という社会問題を伝える枠組みとしては、ニュースあるいはニュース・バラエティーという形式は致命的にミス

マッチなのではないかということである。犯罪はたしかに、その多くが一瞬にして遂行されるものである。しかしその一瞬は、長い間放置され悪化した社会の病気の発作（社会の歪みの急激な表出）ととらえるべきものであろう。個人のドラマは、そのことをふまえてはじめて、報じる意味をもつ。また、ある犯罪と別の犯罪とに直接の関係はなくても、3年あるいは5年という長いスパンで観察したときに、はじめてそれらの背後に共通して存在するある不気味なもの（社会の歪み）の影が見えてくるということもあろう。

だとすれば、ニュースという形式で、少なくともニュースという形式のみで、犯罪という現象を伝えることは——よく考えれば、戦争、貧困、差別、環境問題など他の社会問題も同じかもしれないが——不適切であり、危険なことでもあるといえるのではないだろうか。犯罪という不可思議なものを正しく、冷静に伝えるためには、やはり一定期間その当事者たちに寄り添い、じっくりと事件の背後に横たわる社会の暗部に迫るような形式、すなわち、放送でいえばドキュメンタリーこそが適合的であろう。現状を見ると、数ある社会問題の中で特に犯罪に関しては、それをジャーナリズム、あるいは報道とはとても呼びえないような、情緒的で一過性のニュースが多すぎるように思う。

さて、筆者は、本稿の準備段階で、「放送ライブラリー」に収蔵されているものを中心に20本を超える犯罪ドキュメンタリー番組を視聴した。そして、それらの多くは、筆者にとって、犯罪という難しい問題の深部に接近しようとする見ごたえのある作品であった（また、それらの中には、放送番組を授賞対象とする各種の賞を受けたものもあった）。しかし筆者は、それらを視聴し感動しつつもやはり、「こんな立派な作品を送り出しているテレビ局が、あの浅薄な犯罪ニュースをも流し続けているのだ」という冷めた気持ちを振り切ってしまうことはできなかった。もちろん筆者は、だからテレビ局が作るドキュメンタリーには大して価値がない、などという不遜なことをいおうとしているのではない。もしかすると、より問題なのはむしろ、日ごろ浅薄なニュースやバラエティーのみで満足して、こうしたドキュメンタリーにほとんど目を向けない私たち視聴者であるかもしれないのだから‥‥。しかしそれでもなお、こうしたドキュメンタリーを視聴し、それらについて考えるとき、

第9章　犯罪の樹

ひとつひとつの作品の良し悪しとは別に、大きく「犯罪とメディア」をめぐる現実の中にそれらを位置づけ、その全体構造を批判の対象にしていくという視点をもつ必要があると思う。

すでに触れたように、2009年5月から裁判員裁判が始まった。筆者はこれを機に、犯罪ドキュメンタリーについて、さらには「犯罪とメディア」について、より根源的で自由な社会的議論が展開されることを期待している。

注
1)「「無辜の不処罰」めざし」東京新聞2010年5月23日社説。
2) 冤罪とは、無実の者に罪を着せることをいう。ただしいわゆる法律用語ではなく、その用いられ方はさまざまである。2008年2月13日、鳩山邦夫法相(当時)は、検察長官会同の席上、いわゆる志布志選挙違反事件について「冤罪と呼ぶべきではない」と発言し物議を醸した。法相は2月16日にこの発言を釈明して「法務省や検察が常日ごろ言っていることを言った」と述べ、さらに「真犯人が後から現れた場合を冤罪と言い、裁判での無罪は冤罪と表現しない」と釈明した。法相の理解の正誤はともかく、志布志事件が、捜査当局によるでっち上げであり、ある意味では「無実の者に罪を着せる」以上に悪質な事件であったこと、さらに、明らかに法相は当時、この事件についてその責任を問われるべき立場に立っていたこと (いわゆる「指揮権」の問題はあるとしても)を忘れてはならない (鳩山発言については「刑事裁判の常識欠如　憲法上も問題露呈:鳩山法相発言に三つの批判」東京新聞2008年2月23日朝刊、参照。志布志事件については、梶山天、2010年、『「違法」捜査:志布志事件「でっち上げ」の真実』、角川学芸出版、参照)。
3) 裁判員制度とは、2009年5月から実施されている「国民の中から選任された裁判員が裁判官と共に刑事訴訟手続に関与する」(裁判員法1条)制度である。裁判員の選定は、次の手順で行われる。①選挙人名簿からくじで裁判員候補者予定者名簿を作成し、候補者に通知する (2009年度分については、年末に約295,000名に通知が行われた)、②名簿の中から対象事件ごとにくじで裁判員候補者を選定し、裁判の公正さを保つための質問票とともに呼出し状を送付する、③裁判長が指揮する非公開の選任手続を経て6名の裁判員を選任する (以上の選定手続については裁判員法の第2部に規定がある)。なお、裁判員裁判の対象となる事件は、①死刑又は無期の懲役・禁錮に当たる事件、②法定合議事件で、故意の犯罪行為で人を死亡させた事件である (裁判員法

2条1項)。また、2010年11月16日、横浜地裁はマージャン店店員等殺害事件の裁判で、裁判員裁判としては初めてとなる死刑判決を下した。裁判員制度については、さまざまな観点からの分析や批判が提示されているが、一般向けのもの（新書）としては、丸田隆、2004年、『裁判員制度』、平凡社；西野喜一、2007年、『裁判員制度の正体』、講談社；井上薫、2008年、『つぶせ！裁判員制度』、新潮社、などがある。

4) この背景には、いわゆる再逮捕の問題が存在している。再逮捕とは、同一の被疑事実について被疑者を再び逮捕することであり、刑事訴訟法199条3項が「検察官又は司法警察員は、‥‥〔裁判官に〕逮捕状を請求する場合において、同一の犯罪事実についてその被疑者に対し前に逮捕状の請求又はその交付があつたときは、その旨を裁判所に通知しなければならない」と規定していることを根拠に認められているものである。しかし、一般には「再逮捕」という用語は違う意味で、すなわち、すでに身柄を拘束されている被疑者について、別の被疑事実で逮捕し、身柄の拘束を続ける場合を指す言葉として用いられている。この意味における再逮捕、特に重大事件において別件逮捕をくりかえし、長期に及ぶ取り調べを行うような形式での再逮捕には、冤罪の防止という観点からみて大きな問題がある（後者の意味における再逮捕をめぐる現状と問題性については「乱発再逮捕　人権上異論も」東京新聞2010年1月30日朝刊、参照)。

5) 刑事収容施設法は、「刑事訴訟法の規定により、逮捕された者であって、留置される者」（同法3条2号）について、「刑事施設〔＝拘置所〕に収容することに代えて、留置施設〔＝警察の留置場〕に留置することができる」（同法15条）としている。この留置施設がいわゆる代用監獄（代用刑事施設）である。被疑者の大多数は、現在この代用監獄に拘禁されている。代用監獄は、被疑者の身柄をその取り調べを行う警察が24時間監視下におくものであり、長時間の取り調べや自白の強要など、被疑者の人権侵害の温床になってきたとして批判が強い。しかし一方、代用監獄を廃止し、新たに必要な拘置所を建設することは費用、警察・拘置所間の移動などの面で非現実的であるとの指摘もある。

6) 裁判官の問題性については、秋山賢三、2002年、『裁判官はなぜ誤るのか』、岩波書店、が興味深い分析と改革提言を行っている。

7) 拷問等禁止条約（1984年；日本は1999年に批准）の履行状況を監視する国連拷問禁止委員会は、2007年5月、日本政府に対し、代用監獄の見直しを含む被疑者処遇の改革を迫る勧告を発している（この勧告については、「日本の人権に"不合格"　無視なら「国際的非難」」東京新聞2007年6月22日朝刊；吉田好「冤罪根絶　拷問禁止委の勧告に従え」朝日新聞2007年8月9日朝刊、など参照)。

8) 現行の刑事訴訟法 37 条の 2 は、「死刑又は無期若しくは長期三年を超える懲役若しくは禁錮に当たる事件について被疑者に対して勾留状が発せられている場合において、被疑者が貧困その他の事由により弁護人を選任することができないときは、裁判官は、その請求により、被疑者のため弁護人を付さなければならない」と規定している。これが被疑者国選弁護制度である。また、東京新聞 2009 年 5 月 5 日朝刊「容疑者国選弁護 10 倍に」は、「裁判員制度が始まる今月 21 日、捜査段階で容疑者の国選弁護が可能な事例が大きく拡大する。‥‥窃盗や傷害事件にも適用され、年間の対象事件数は 10 倍になると見込まれる」ことを紹介している。
9) この指針の主な内容は、①捜査部門の外に取り調べを監督する担当者をおくこと、②供述の信用性にかかわる取調官の行為、たとえば、被疑者の身体に触れる行為、その尊厳を著しく害する行為を監督対象行為とすること、③すべての取調室に透視鏡を設置すること、④深夜や長時間の取り調べを避けることである（この指針については「冤罪　なくせるか：警察庁が捜査指針」朝日新聞 2008 年 1 月 25 日朝刊；「日本式捜査　岐路に：警察庁取り調べ適正化指針」読売新聞 2008 年 1 月 25 日朝刊、など参照）。
10) 原則匿名報道主義に対しては、①報道内容の真実性は、究極のところは事件の当事者の実名の提示によって担保されるのであり、被疑者・被告人を匿名で報道すれば、極端にいえば警察やメディアによる事実の捏造・変造が可能になる、②原則匿名報道主義においては、メディアがひとつの社会現象としての犯罪事件を掘り下げ検証することの意義が軽視されているなどの批判がある。
11) 主観複合報道主義に対しては、①いわゆる「裏付け取材」のために記者が被疑者の周辺をかぎまわり、被疑者とその家族に対する人権侵害が拡大する、②犯罪の真相を明らかにし、有罪か無罪かを決めるのは司法であり、メディアがそのような活動を行う必要はなく、またメディアにはその力（警察発表を、その段階で覆す力）もないなどの批判がある。
12) 南海日日新聞の原則匿名報道については、斉間満、2006 年、『匿名報道の記録：あるローカル新聞社の試み』、創風社出版、参照。なお、同紙は現在、休刊中である。
13) 西日本新聞の容疑者の "言い分" 掲載については、西日本新聞社社会部事件と人権取材班編、1993 年、『容疑者の言い分：事件と人権』、西日本新聞社、参照。
14) 松井茂記、2000 年、『少年事件の実名報道は許されないのか：少年法と表現の自由』、日本評論社、参照。また、これとは対立的な考え方を提示する文献として、子どもの人権と少年法に関する特別委員会他、2002 年、『少年事件報道と子どもの成長発達権：少年の実名・推知報道を考える』、現代人文社、

がある。
15) たとえば、2006年の山口高専生殺害事件の際には、同級生を殺害して行方がわからなくなり、自殺して遺体で見つかった少年の実名等を公表すべきか、事件の進行に沿う形で議論が行われた（「実名・写真割れた判断：高専生殺害　自殺の容疑少年」朝日新聞2006年9月9日朝刊、参照）。また、長良川リンチ殺人事件高裁判決（死刑判決）の後、週刊新潮が事件当時少年であった被告人の実名を報道した際には、「週刊新潮は批判されるべきであるとしても、かりに死刑が確定したとすれば、もはや匿名にする意味はないのではないか」などの問題提起が行われた（「「確定後は実名」の動き：死刑判決の少年事件報道」朝日新聞2005年11月5日朝刊、参照）。
16) 2000年1月には、犯罪被害者の権利や被害回復制度の確立を掲げる被害者団体「全国犯罪被害者の会（あすの会）」（当初の名称は「犯罪被害者の会」）も結成され、その後の動向に一定の影響を与えた。
17) 人権擁護法案のメディア規制については、田島泰彦・梓澤和幸、2003年、『誰のための人権か：人権擁護法と市民的自由』、日本評論社、参照。
18) 裁量的匿名発表については、大石泰彦、2006年、「プライバシーと取材・報道の自由：匿名発表問題をどう見るか（上）（下）」、『朝日総研リポート』189号2-9頁、190号14-21頁、参照。
19) 集団的過熱取材については、鶴岡憲一、2004年、『メディア・スクラム：集団的過熱取材と報道の自由』、花伝社、参照。しかし「対策」の後も、たとえば2009年の市川外国人女性殺害事件取材、鳥取保険金殺人事件報道、埼玉婚活殺人事件報道など、集団的過熱取材や犯人視報道が疑われるメディアの取材・報道が続いている。
20) 犯罪報道のありかたに関する日弁連の活動・主張については、日本弁護士連合会編、1976年、『人権と報道』、日本評論社；日本弁護士連合会人権擁護委員会編、2000年、『人権と報道：報道のあるべき姿をもとめて』、明石書店、など参照。
21) 美達大和、2009年、『人を殺すとはどういうことか：長期LB級刑務所・殺人犯の告白』、新潮社、参照。

第 9 章　犯罪の樹

2　「犯罪」関連年表

年月日	主な事件・出来事・判決など
1961 年 3 月 28 日	名張毒ぶどう酒事件発生、2010 年 4 月に最高裁が再審開始につながる可能性のある差し戻しを決定
1966 年 6 月 25 日	袴田事件発生、2008 年 4 月第 2 次再審請求
1983 年 7 月 15 日	免田事件（死刑確定事件）再審無罪判決
1984 年 4 月	NHK、大手メディア初の「容疑者」呼称採用
1984 年 3 月 12 日	財田川事件（死刑確定事件）再審無罪判決
1984 年 7 月 11 日	松山事件（死刑確定事件）再審無罪判決
1986 年 11 月 1 日	愛媛の『南海日日新聞』がわが国の新聞として初の原則匿名報道を開始
1989 年 7 月 31 日	島田事件（死刑確定事件）再審無罪判決
1989 年 1 月	女子高生コンクリート詰め殺人事件発生
1992 年	日本弁護士連合会（日弁連）、当番弁護士制度を全国的に実施
1992 年 2 月 20 日	飯塚事件発生。2008 年 10 月 28 日、無実を訴えて再審請求準備中の死刑囚に死刑執行
1992 年 12 月	福岡県で当番弁護士制度が設置されたのを機に、『西日本新聞』が「容疑者の"言い分"掲載」（福岡の実験）を開始
1995 年 3 月 20 日	地下鉄サリン事件発生
1997 年 2 月〜5 月	神戸連続児童殺傷事件発生
1997 年 3 月	東京電力女性社員殺害事件発生
1999 年 10 月 26 日	桶川女子大生殺害事件発生
1999 年 11 月 22 日	音羽幼児殺害事件発生
2000 年 1 月 23 日	犯罪被害者の権利や被害回復制度の確立を掲げる被害者団体「全国犯罪被害者の会（あすの会）」（当初の名称は「犯罪被害者の会」）結成
2001 年 6 月 8 日	池田小事件発生
2001 年 12 月 6 日	日本新聞協会は「集団的過熱取材に対する日本新聞協会編集委員会の見解」を公表し、「いやがる当事者や関係者を集団で強引に包囲した状態での取材は行うべきではない」旨を明言
2001 年 7 月 18 日	報道被害の問題に継続的に取り組んできた弁護士らによって、被疑者・被害者双方を含む報道被害救済のための組織「報道被害救済弁護士ネットワーク（LAMVIC）」結成
2002 年 3 月	「人権擁護法案」国会上程、2003 年 10 月に一旦廃案

放送番組で読み解く社会的記憶

2003 年 3 月 14 日	長良川リンチ殺人事件報道訴訟の最高裁判決（第二小法廷）
2004 年 12 月 8 日	「犯罪被害者等基本法」成立
2005 年 5 月 19 日	「犯罪被害者保護法」など三法が成立
2005 年 4 月	各地の警察が被害者氏名（一部、被疑者氏名も）の裁量的匿名発表にふみきる
2006 年 8 月	検察による取り調べの録音・録画の試行
2006 年 10 月	国による被疑者国選弁護制度の導入
2007 年 2 月 23 日	志布志選挙違反事件無罪判決
2007 年 6 月	法務省・日弁連による被疑者・被告人と弁護人との電話・ファクスによる連絡制度の導入
2007 年 10 月 10 日	富山連続婦女暴行事件再審無罪判決
2007 年 6 月 20 日	「被害者参加制度」が導入される（改正刑事訴訟法）
2007 年 12 月	民主党が、警察・検察における取り調べの全面可視化（全課程の録音・録画）を盛り込んだ刑事訴訟法改正案を提出
2008 年 1 月	警察による「警察捜査における取調指針」の策定
2008 年 1 月 6 日	日本新聞協会が、犯罪の取材・報道に関する新たな指針として「裁判員制度開始にあたっての取材・報道指針」を公表
2008 年 2 月 13 日	鳩山邦夫法相（当時）が、志布志選挙違反事件について「冤罪と呼ぶべきではない」と発言し物議を醸す。法相は 2 月 16 日にこの発言を釈明して「法務省や検察が常日ごろ言っていることを言った」と述べ、さらに「真犯人が後から現れた場合を冤罪と言い、裁判での無罪は冤罪と表現しない」と釈明
2008 年 9 月	警察による取り調べの録音・録画の試行
2008 年 12 月	毎日新聞が「裁判員制度と事件・事故報道に関するガイドライン」を、NHK が「裁判員制度開始にあたっての取材・報道ガイドライン」を作成・公表
2008 年 12 月 15 日	少年審判を被害者が傍聴できる制度（改正少年法）開始
2009 年 5 月 21 日	裁判員制度施行
2010 年 3 月 26 日	足利事件再審無罪判決
2010 年 9 月 10 日	大阪地検特捜部によって証拠改ざんが行われた厚労省文書偽造事件に無罪判決
2010 年 11 月 16 日	マージャン店店員等殺害事件の裁判で、裁判員裁判による初の死刑判決がいい渡される
2011 年 5 月 24 日	布川事件再審無罪判決

3　授業展開案

　　第1回　冤罪の衝撃
　　第2回　加害者はどこへいくのか
　　第3回　犯罪被害者はどう扱われてきたか

第1回　冤罪の衝撃
　　　　　テーマ概説の（2）参照

a．授業の目標：
　殺人など重大犯罪のニュースに接した人々が、「かわいそう」という同情や「許せない」という正義感を表明することは自然であり、それは大切なことでもある。しかしそれが、刑事司法（捜査、裁判、刑務所、死刑など）や犯罪を伝えるメディアについての知識をふまえないものである場合には、危険を伴う。1回目の授業では、「冤罪」を扱うドキュメンタリーや映画を素材として、犯罪をめぐる法制度とその問題点を知り、あわせて犯罪に向き合うメディアの姿勢を見直す。

b．授業の構成：

Ⅰ　冤罪の実像──ⅰ．布川事件　ⅱ．名張毒ぶどう酒事件
　布川事件を扱う毎日放送『証拠開示　39年目の真実』（2006）、および、名張毒ぶどう酒事件を扱う東海テレビ『重い扉　名張毒ぶどう酒事件の45年』（2006）の一部を提示し、冤罪事件に巻き込まれた本人、家族、そして弁護士の苦悩と闘い、さらには、冤罪を生みだす強引で恣意的な捜査・裁判の実情を知る。
　二つの番組を教材として用いるのは、授業の時間枠（90分）を考えてのことである。したがって、三つ以上の番組を教材とすること、あるいは、場合によっては一つの番組のみを用いる形式で授業設計を行うことも可能であろう。三つ以上の番組を使用する場合、この二つのほか、

免田事件を扱う熊本放送『嘘　33年目の証言』(1981年)、梅田事件(1986年再審無罪) を扱うNHK総合『裁判・誤判の構造　梅田事件を読みとく』(1988)、山中事件(1990年無罪確定)を扱う石川テレビ『山中事件・真実への17年』(1989)などを組み合わせることができる。

Ⅱ　なぜ、冤罪が生まれてしまうのか——ⅰ．警察・検察の捜査と取り調べ　ⅱ．裁判のチェック機能　ⅲ．再審の壁

　Ⅰで提示される映像をふまえて、司法の現実について考える。具体的には、司法手続を「捜査」「裁判」「再審」の三段階に分け、それぞれが本来、果たすべき役割と、それとは裏腹の現実（冤罪の原因）について知り、それに対する批判的な視点を獲得する。授業に際して英米の司法を参照したい場合には、NHK総合『ドキュメント冤罪　英米司法からの報告』(1989)を用いることができる。

Ⅲ　身近にある冤罪——ⅰ．冤罪は過去の話か　ⅱ．「それでもボクはやっていない」の衝撃　ⅲ．冤罪はいまも、身近に起こっている

　学生は、冤罪は過去の、自分たちとは縁遠い出来事と思いがちであるが、そうではないことを知る。足利事件や志布志事件など最近の冤罪事件について知り、かつ、痴漢冤罪問題を扱う映画、東宝『それでもボクはやってない』(監督：周防正行、2007)や、「警察の威信をかけた捜査」の危険性を訴える読売テレビ『暴走した威信　誰が裁判長を襲ったのか』(2006)を教材としつつ考える。

Ⅳ　メディアはどうすればいいか——ⅰ．メディアは冤罪に加担しているか　ⅱ．メディアは冤罪と闘えるか　ⅲ．私たちは何をすべきか

　Ⅰで見た冤罪を扱うドキュメンタリーと、それらの発生時のニュース（それが無理な場合、現在の犯罪発生時の報道でもよい）を比較して、メディアが犯罪事件とどう向き合うべきか、その基本姿勢について考えてみる。さらにそれをふまえて、視聴者、つまり自分の立ち位置と問題点について見つめ直す。時間的余裕があれば、仙台筋弛緩剤事件を扱う、東北放送『あの日何が裁かれた？　筋弛緩剤点滴事件』(2004)を視聴し、

現在の放送メディアの「犯罪に向き合う姿勢」の問題点について、授業の受講者が議論するのも有益である。

c. 参考文献：

冤罪に関する書籍は、一般向けのものに限っても数多いが、中でも小田中聰樹、1993年、『冤罪はこうして作られる』（講談社）が充実している。わかりやすい内容・構成であるので、高校生でも十分に読みこなすことが可能であろう。また、冤罪というと警察や検察の問題性がクローズアップされがちであるが、裁判官の病理にスポットライトをあてるものとして、秋山賢三、2002年、『裁判官はなぜ誤るのか』（岩波書店）があり、こちらも読み応えがある。

写真1　全面否認のまま保釈された被告人。待ちわびていた家族。これから、249日ぶりにわが家へと向かう。『暴走した威信　誰が裁判長を襲ったのか』（NNNドキュメント'06）（読売テレビ放送、2006年4月3日）

われわれの身近にある冤罪事件に関しては、書籍が少ない。その意味で、やや法律専門家向けではあるが、今村核、2008年、『冤罪弁護士』（旬報社）が貴重である。また、冤罪問題を探求してきたテレビ制作者が、いくつかの冤罪事件について語るものとして、里見繁、2010年、『冤罪をつくる検察、それを支える裁判所：そして冤罪はなくならない』（インパクト出版会）がある。

さて、冤罪など犯罪の問題について深く考えるためには、刑事司法についてのある程度の知識が必要になる。初学者にはいささかとっつきにくい刑事法の世界への案内書としては、木村光江、2001年、『刑事法入門［第2版］』（東京大学出版会）が、やや古いが平易である。

第2回　加害者はどこへいくのか
　　　　テーマ概説の（3）参照

a. 授業の目標：
　殺人など重大犯罪の加害者が逮捕されると、メディアはその人の人物像や犯行に至る人間ドラマについて詳しく報道する。しかしその後、事件の背後にある社会の歪みが掘り下げられたり、事件後の加害者とその家族の人生にスポットがあてられることはあまりない。2回目の授業では、加害者の実像をとらえようとするいくつかのドキュメンタリーを題材として、加害者報道の現状と今後のあり方について考える。

b. 授業の構成：

Ⅰ　なぜ、人は罪を犯すのか——ⅰ．レッサーパンダ事件（2001年）と累犯障害者　ⅱ．月ヶ瀬事件（1997年）と差別　ⅲ．西鉄バスジャック事件（2000年）犯の発したメッセージ
　三つの事件は、それぞれの背後に存在する社会問題（福祉、差別、ネットコミュニケーション）を比較的はっきりと認識しうるケースであり、このうちレッサーパンダ事件と西鉄バスジャック事件については、それぞれすぐれたドキュメンタリーが残されている〔北海道文化放送『**ある出所者の軌跡　浅草レッサーパンダ事件の深層**』（2005）、および、福岡放送『**ソンザイカンホシイ‥‥**』（2000）〕。このうちとくに前者は出色の出来栄えであるので、まずこの番組の一部を提示して、犯罪が個人的要因のみならず社会的要因との複合によって

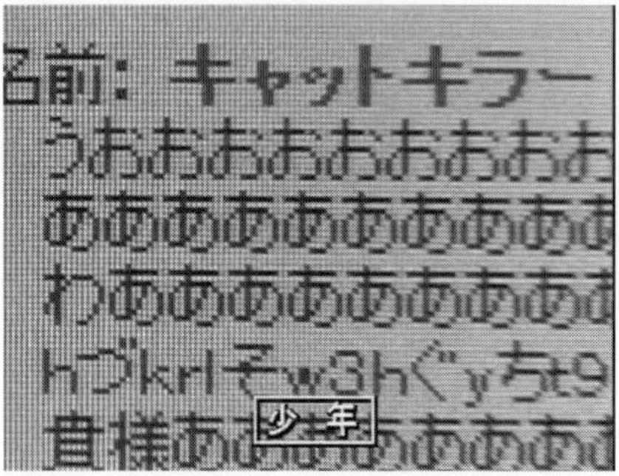

写真2　ネットの中にも彼の居場所はなかった。ゲームに敗れた彼は、バスジャックを決行する。『ソンザイカンホシイ…』（NNNドキュメント'00）（福岡放送、2000年6月19日）

発生するものであることを理解する。

Ⅱ　罪を犯すと、何が待っているのか──ⅰ．巻き込まれる加害者の家族　ⅱ．塀の中の現実　ⅲ．社会復帰と世間の風
　加害者とその家族に対しては、世間もメディアも容赦がない。また、両者にそのことに対する問題意識（加害意識）は乏しい。これでよいのだろうか。Ⅰで提示される映像と、加害者とその家族をレポートする文献資料を用いて、加害者の現実を知り、彼らと向き合うメディアと私たち（視聴者）の基本姿勢を検証する。

Ⅲ　犯罪報道の問題性──ⅰ．犯人視報道と無罪推定原則　ⅱ．犯人視報道はなぜ生まれるのか　ⅲ．犯人視報道からの脱却のためのいくつかの試み　ⅳ．少年犯罪をどう報道するか
　現在の加害者への取材・報道のどこを、どう改めていけばいいのか。犯罪報道をテーマとする映画作品など〔日活『日本の黒い夏　冤罪』（監督：熊井啓，2001）、毎日放送『揺れるマスメディア　三億円事件からビートたけしまで』（1987）、フジテレビ『シリーズ日本国憲法　第21条　表現の自由と責任を取材の現場で考えた』（NONFIX）（2005）〕を視聴し、さらにメディアの現在の取り組みについて知り、それらを通じて、加害者報道のあるべき姿、さらに、私たち（視聴者）が自覚し取り組むべき課題を探る。

Ⅳ　裁判員時代の犯罪報道──ⅰ．裁判員制度で犯罪報道は変わったか　ⅱ．犯罪報道と自殺報道　ⅲ．ニュースとドキュメンタリー
　裁判員制度が実施され（2009年）、重大事件の加害者の人生と行為に向き合うことは私たちの義務になった。このような変化の中で、メディアにはどのような役割が期待されているのだろうか。また、私たち（視聴者）とメディアはそのことを十分に自覚し、行動しているか。ここでは、Ⅲでの考察をさらに突き詰め、自省とメディア批判が表裏一体のものであり、その双方が求められていることを理解する。ここでは、松本サリン事件報道を素材にメディア・リテラシーについて考えるテレビ信

州『松本サリン事件から5年　高校生が見たテレビ報道』(1999) が利用可能である。

c. 参考文献：

　既述のように、犯罪は個人的要因と社会的要因が複雑にからみあって起きるものである。しかし、学生を含む世間一般の人々は、犯罪の個人的な部分（人間ドラマ性）には着目するが、それを社会問題としてとらえる意識は弱い。死刑肯定論が根強いのも、おそらくはそのような事情がその背後に横たわっているのであろう。

　犯罪を個人的な問題として掘り下げて考察するものとして、「概説」でも触れた美達大和、2009年、『人を殺すとはどういうことか：長期LB級刑務所・殺人犯の告白』(新潮社) がある。この方向を突き詰めると、同、2010年、『死刑絶対肯定論：無期懲役囚の主張』(新潮社) のような主張が生まれ、また、少年法に関するいわゆる"一律禁止"批判〔概説 (3) 参照〕にもつながっていくことになる。

　これに対し、犯罪を社会問題としてとらえ、社会に追い詰められる加害者たちの姿を描き出すものとして、山本譲司、2009年、『累犯障害者』(新潮文庫)（単行本としては新潮社より2006年に刊行）がある。本書には、先に触れたレッサーパンダ事件についても詳しい言及がある。また、著者・山本譲司の主張は、同、2008年、『獄窓記』(新潮文庫)（単行本としては、2003年にポプラ社より刊行）をあわせ読むことによってより明確に理解できる。

　また、この世に行き場をなくしてしまうような苛酷な加害者とその家族の現実については、鈴木伸元、2010年、『加害者家族』(幻冬社) 参照。また、斎藤充功、2010年、『ルポ　出所者の現実』(平凡社) は、この問題を冷静に、かつ制度論的に分析する。

　犯罪報道については多数の書籍が刊行されているが、やはり、主観複合報道を提唱する上前淳一郎、1977年、『支店長はなぜ死んだか』(文藝春秋) と原則匿名報道を主張する浅野健一、1984年、『犯罪報道の犯罪』(学陽書房) が、いまもなお必読書であるように思われる。このほか、bで紹介したテレビ信州の番組の素材となった高校放送部とその指

導者によって書かれた書籍として、林直哉・松本美須々ヶ丘高校放送部、2004年、『ニュースがまちがった日』（太郎次郎社）がある。

第3回　犯罪被害者はどう扱われてきたか
　　　　　テーマ概説の（4）参照

a. 授業の目標：

　犯罪が起きると、メディアはその被害者に同情を寄せ、少なくとも直接その人を批判したり、攻撃したりはしていないように見える。しかしその一方、被害者の多くは、メディアの取材・報道がいわゆる「二次被害」を生んでいると主張し、メディアにその改善を求めている。3回目の授業では、こうした現状をどう理解すればよいか考える。そのために私たちはまず、ドキュメンタリーなどを通じて被害者の実像を知ることから始めなければならない。

b. 授業の構成：

Ⅰ　犯罪被害者のすがた——ⅰ．犯罪被害者の苦悩と困惑　ⅱ．刑事司法からの疎外
　犯罪に遭遇し、たとえば家族を失った人は、どのような苦しみを抱えるのだろうか。また刑事司法は、彼らをどのように処遇してきたのだろうか。被害者の苦悩と思いに接近するため、二つのドキュメンタリー、すなわち、犯罪被害者がほぼ完全に司法制度から疎外されていた過去の状況を告発する信越放送『置き去り　少年法と被害者』（1999）および北日本放送『娘、陽子へ・・・・　事件被害者と人権』（1993）を見る。

Ⅱ　被害者報道は「二次被害」を生むか——ⅰ．二重人格報道－同情と冷酷　ⅱ．作られる物語　ⅲ．メディア、法律家、そして国
　メディアは、被害者をどのように取材し、描いているのだろうか。メディアの認識と被害者の思いにはギャップがあるのではないか。Ⅰで見

たドキュメンタリーをふまえ、いくつかの事件における被害者取材・報道の実情を知り、メディアの問題性と解決策について考える。

Ⅲ　犯罪被害者と私たち——ⅰ．光市母子殺害事件の被害者のすがた　ⅱ．本当の癒しを求めて－ジャーニー・オブ・ホープの問いかけ　ⅲ．メディア、そして私たちがすべきこと

写真3　殺害された妻の24回目の誕生日。現場となった社宅アパートを訪れ、ろうそくをともし、花をたむける。『独りぼっちパパの叫び　メールにつづられた被害者の声』（テレメンタリー2000）（山口朝日放送、2000年4月27日）

被害者たちは社会に何を求めているのか。その実現のためにメディアには何ができるのか。闘う被害者の姿を描く山口朝日放送『独りぼっちパパの叫び　メールにつづられた被害者の声』（2000）、癒しを求める被害者を描く読売テレビ『癒しへの道しるべ　犯罪被害者を守るものは‥‥』（2000）、連帯し加害者と対話する被害者を描くNHK-BS1『ジャーニー・オブ・ホープ　死刑囚の家族と被害者遺族の2週間』（1996)を見て、被害者報道の可能性について考え、さらに、犯罪に向き合う社会のあり方と自らの姿勢について（3回の授業を振り返りつつ）個々に確認する。

c.　参考文献：

　まず、犯罪被害者の実像をメディアが取材し、伝えるものとして、河原理子、1999年、『犯罪被害者：いま人権を考える』（平凡社）と西日本新聞社会部「犯罪被害者」取材班、1999年、『犯罪被害者の人権を考える』（西日本新聞社）がある。両著とも、制度が変わった現在では内容がやや古いが、その後まとまったものが出ていないだけに貴重である。なお、精神科医の立場から被害者の心の傷の問題を分析し、援助のあり方を考究するものとして、小西聖子、1996年、『犯罪被害者の心の傷』（白

水社）と同、1998年、『犯罪被害者遺族：トラウマとサポート』（東京書籍）がある。

次に、被害者報道の改善を目指すものとして、高橋シズヱ・河原理子編、2005年、『〈犯罪被害者〉が報道を変える』（岩波書店）、人権と報道関西の会編、2001年、『マスコミがやってきた！：取材・報道被害から子ども・地域を守る』（現代人文社）などがある。また、アメリカにおける犯罪被害者の動向については、坂上香、1999年、『癒しと和解への旅：犯罪被害者と死刑囚の家族たち』（岩波書店）が紹介している。

4　参考図書・文献・資料

〔書籍（発行年順）〕
上前淳一郎、1977年、『支店長はなぜ死んだか』文藝春秋。
浅野健一、1984年、『犯罪報道の犯罪』学陽書房。
小田中聰樹、1993年、『冤罪はこうして作られる』講談社。
小西聖子、1996年、『犯罪被害者の心の傷』白水社。
小西聖子、1998年、『犯罪被害者遺族：トラウマとサポート』東京書籍。
坂上香、1999年、『癒しと和解への旅：犯罪被害者と死刑囚の家族たち』岩波書店。
西日本新聞社会部「犯罪被害者」取材班、1999年、『犯罪被害者の人権を考える』西日本新聞社。
河原理子、1999年、『犯罪被害者：いま人権を考える』平凡社。
人権と報道関西の会編、2001年、『マスコミがやってきた！：取材・報道被害から子ども・地域を守る』現代人文社。
木村光江、2001年、『刑事法入門［第2版］』東京大学出版会。
秋山賢三、2002年、『裁判官はなぜ誤るのか』岩波書店。
林直哉・松本美須々ヶ丘高校・放送部、2004年、『ニュースがまちがった日』太郎次郎社。
高橋シズヱ・河原理子編、2005年、『〈犯罪被害者〉が報道を変える』岩波書店。
今村核、2008年、『冤罪弁護士』旬報社。
山本譲司、2008年、『獄窓記』新潮社。
美達大和、2009年、『人を殺すとはどういうことか：長期LB級刑務所・殺人犯の告白』新潮社。
山本譲司、2009年、『累犯障害者』新潮社。
美達大和、2010年、『死刑絶対肯定論：無期懲役囚の主張』新潮社。
斎藤充功、2010年、『ルポ　出所者の現実』平凡社。
鈴木伸元、2010年、『加害者家族』幻冬社。

里見繁、2010 年、『冤罪をつくる検察、それを支える裁判所：そして冤罪はなくならない』インパクト出版会。

5　公開授業の経験から考えたこと

　この「犯罪の樹」の担当者である私（大石）はマス・メディアの制度・規範の研究者であり、個々の放送番組の内容や効果について分析する力を持っていない。したがって、番組を視聴すると、もっぱらその番組の「こころざし」や「倫理性（あるいはこの場合、社会批判を自省にむすびつける心性、とでもいうべきか）」に目が向いてしまうところがある。また、番組内容が自分にとって納得できないものであった場合、その内容・構成上の問題点ではなく、どうしてもそのような中途半端な番組を生み出した放送業界や放送制度そのものの問題性を考えてしまう。

　要は、私には放送番組そのものを「見る目」がないのである。今回の公開授業ではそのことを痛感させられた。

　その一方、私はこれまで長きにわたって、大学での「メディア倫理・法」の授業の中で多数の新聞記事を素材として扱ってきたが、不思議なことにその際にはさほどの違和感や限界を感じてこなかった。しかし、よく考えてみると私は、放送番組の内容や効果を分析する力を持っていないのと同様に、新聞記事の内容や効果を分析する力も持ち合わせていない。これまで深く考えず、いかにいいかげんな授業をしてきたか、反省せざるをえなかった。

—・—

　以上は純粋に、私個人の教師としての力量と誠実さの問題である。しかし一方、基本的にすべての紙面を「縮刷版」にまとめ、公開し、残している新聞メディアと比べたとき、負の遺産を捨象していわゆる「良い作品」のみを、自己推薦のような形で「文化財」として残すという放送メディアのあり方（日本の放送番組アーカイブスのあり方）に問題はないのか、とも思わずにはいられなかった。現状では、かりに私ではなく、番組内容の分析能力をも備えた制度研究者が授業を担当したとしても、放送ライブラリーの番組を効果的に用いたメディア法・倫理（ひいては、ジャーナリズム論）の授業設計は困難なのではないだろうか。これは公

第 9 章　犯罪の樹

開授業がうまくいかなかった私の負け惜しみだろうか。
　皮肉ないい方で恐縮だが、制度・規範の研究者としてはやはり、「このままでは、日本の放送メディアの公共性に疑義あり」と一言、いっておかねばならない。著作権・肖像権その他の問題があることはわかるが、免許をうけて事業を行っているメディアについて、人々が（研究者でさえも）十全に検証・批判できないことはおよそ正常な状態ではない。

第10章　アフガン・イラク戦争の樹

野中 章弘（のなか あきひろ）

ジャーナリスト、プロデューサー。アジアプレス・インターナショナル代表 1953年兵庫県生まれ。現在、立教大学大学院21世紀社会デザイン研究科特任教授、早稲田大学ジャーナリズム教育研究所招聘研究員、早稲田大学大学院政治学研究科客員教授（ジャーナリズム・コース）。専門はジャーナリズム、時事問題研究など。

イラクに派遣された自衛隊。（2004年3月、筆者撮影）

放送番組で読み解く社会的記憶

1 テーマ「アフガン・イラク戦争」の概説

(1) 戦争の時代

　20世紀は戦争の時代といわれ、約2億人の人たちが戦争の犠牲となったと推定される。世界の多くの国々に多大な戦禍をもたらした第1次世界大戦、第2次世界大戦の結果、私たちは「2度と過ちは繰り返さない」という固い決意のもと、戦争を克服する努力を続けてきた。

　1928年のパリ不戦条約、1945年の国連憲章、そして1946年に公布された日本国憲法は、いずれも戦争そのものを非合法化することで、戦争の惨禍から人類を救う、という私たちの願いを結実させたものであった。

　しかしながら、第2次世界大戦後も世界各地で戦火は止まず、兵士はむろんのこと多くの市民、無辜の民の命が奪われるという現実を変えることはできなかった。

　殊にアジアでは、西洋列強からの植民地解放闘争に加え、朝鮮戦争、ベトナム戦争など数百万人の犠牲者を出す悲惨な戦争が続いてきた。また中東地域では、パレスチナ問題をめぐってイスラエルとアラブ諸国が幾度も戦火を交え、世界の政治、経済に大きな影を落としてきた。1970年代の後半からは、ソ連軍によるアフガン侵攻、イラン・イラク戦争といった事件が起き、中東地域の情勢は混迷をきわめ、不安定な政治状況はいまも続いている。またカシミールの領有を争うインド、パキスタンの確執は、両国の核保有という結果を招き、時に一触即発の危機的な事態を招くこともあった。

　私自身はジャーナリストとして1980年代初頭から、アジア、アフリカの紛争地、戦場に足を踏み入れながら、戦争の犠牲となる人びとを記録するという仕事に携わってきた。「なぜ戦争を防ぐことができないのか」「戦争の原因を除去することは不可能なのか」という問いを抱きながらの取材であった。

第10章　アフガン・イラク戦争の樹

(2) 9.11 同時多発テロの衝撃

　1990年代における冷戦構造の崩壊により、世界の体制間の矛盾と緊張は緩和され、戦争を引き起こす要因は減少したかに思えた。しかし、21世紀を戦争のない時代にしたいという人類の願いは、2001年9月、米国で起きた同時多発テロにより、無残にも踏みにじられることとなった。

　このテロ事件は、ハイジャックされた4機の航空機をテロの道具とするというきわめて異常な出来事であった。ニューヨークでは米国の資本主義の象徴ともいえる世界貿易センタービルに2機の旅客機が衝突して2つのビルは完全に崩壊。ビルの中で働いていた人びとや救助に向かった消防隊員などを含め、2800名あまりの人命が失われた。同時刻、ワシントンでは国防総省のビルに航空機が突入、またハイジャックされた残りの1機は目標物（ホワイトハウスだったという推測もある）に達する前に墜落した。いずれも、19名のハイジャック犯による自爆テロであり、航空機の乗客もろとも全員の死亡が確認された。

　米国の捜査当局の発表によれば、ハイジャック犯は全員サウジアラビアを中心とするイスラーム圏の出身であり、米国そのものを標的としたテロと断定された。

　実行犯たちはビンラディン率いる国際テロ組織アルカイーダのメンバーとされ、周到に準備されたテロとして世界を震撼させる出来事となった。ただこのテロに対しては、謀略説もあり、アルカイーダの犯行であるかどうか、100％の確証は得られていない。

　私はパキスタンのインテリジェンスを統括する軍統合情報局（ISI）のS元長官と会見した時、彼の見解を質した。S元長官の答えは意外なものであった。

　「9.11テロの実行犯は、イスラエルの情報機関モサドである。イスラエルの安全保障にとって最大の脅威のひとつはイラクのフセイン政権であり、その倒壊を狙ったもの。イスラエル自身は軍事行動を起こせないため、代わりに米国にやらせるように仕組んだ」

　このような見方はパキスタンの軍部の内部でも根強く信じられており、複雑な国際関係の一面を見せつけている。私の調べた限り、ビンラ

ディン自身は「米国を攻撃せよ」と訴えているものの、9.11 テロを実行したとは言っていない。2011 年 5 月、ビンラディンは米軍の特殊部隊によって、パキスタンで暗殺されたとされる。この殺害に関しても、まだ真相は明らかになったとは言えない。米国はビンラディンを逮捕、拘束することをせず、現場で射殺したため、ビンラディンの口から 9.11 テロに関する証言は永久に封じられてしまった。なぜ問答無用に殺害したのか。その理由は明らかではない。

　このような幾つかの疑問は残るものの、イスラーム原理主義（もしくはジハード主義）者たちによる米国に対するテロは繰り返し起きており、表面的にはイスラーム原理主義 VS 米国という対立の図式は現実のものとして認識されている。

写真 1　9.11 テロ事件 5 周年の慰霊祭で、家族を悼む遺族たち。(2006 年 9 月 11 日、筆者撮影)

　このような対立の背景にあるのは、パレスチナ問題である。ビンラディンは米国を攻撃する理由を 2 つ挙げている。①米軍がイスラームの聖地であるサウジアラビアに駐留していること②米国がイスラエルを支援していること。①については湾岸戦争以来、サウジアラビアに駐留していた米軍はすでに撤退しており、これは解決済み。残る最大の問題はパレスチナである。テロリストたちは、米国のイスラエル支援を激しく非難しており、パレスチナ問題の解決なしには、中東の政治的安定は望めない。

(3) 対テロ戦争の発動　アフガニスタン侵攻

　9.11 テロ発生の直後から、米国のブッシュ大統領はテロリストたちへ報復を訴え、「対テロ戦争」への準備を始めた。「敵」に設定されたのは、アフガニスタンを支配するタリバン政権であった。タリバンはビンラディンを匿い、アフガニスタンはテロリストたちの温床と見なされて

いた。タリバンそのものはパキスタンで学んだ神学生たちを中心に結成された武闘組織の名称で、1990年代の半ばから、アフガニスタンを武力制圧していた。

　ビンラディンをはじめ、ムジャヒディーンと呼ばれる多くの「イスラーム戦士」たちは、1979年12月に始まったソ連軍のアフガニスタン侵攻に対する武装抵抗に参加するため、アラブ各国から、パキスタンやアフガニスタンへ集結していた。当時、冷戦構造の中で米国は対ソ連武装闘争を展開するアフガン・ゲリラ（ムジャヒディーン）を支援しており、その中にはビンラディンも含まれていた。ソ連軍はゲリラの抵抗を鎮圧できず、多くの犠牲者を出した後、1989年にアフガニスタンからの撤退を余儀なくされていた。

　一方、アフガニスタンに終結したムジャヒディーンたちは、その後、攻撃の矛先をイスラエルの強力な後ろ盾であり、アラブでの影響力の拡大をもくろむ米国へ向けることになる。

　ケニアやウガンダの米国大使館爆破事件や米軍を標的とした大規模なテロ事件が頻発することになった。皮肉にも、1980年代に自らが支援したムジャヒディーンたちに米国は牙をむかれたのである。

　9.11テロ事件発生直後から、ブッシュ大統領はタリバン政権に対して、ビンラディンの身柄引き渡しを要求していたが、交渉は米国の望むような形では進展せず、米国はアフガニスタンへの武力侵攻に踏み切った。2001年10月のことである。米国は交渉如何に関わらず、アフガニスタンへの武力攻撃を準備していたようである。イスラーム原理主義組織であるタリバン政権を倒し、「反米テロ国家」としてのアフガニスタンに親米的な新しい国家を築きたいという欲求がブッシュ政権の中に満ちていたからである。

　米国のアフガニスタン侵攻は、タリバン支配区への空爆とタリバンの旧敵である北部同盟の支援という形で行われた。軍事力で圧倒的に劣るタリバンは1ヵ月あまりで首都カブールを撤退。北部同盟のゲリラたちがカブールを占拠した。

　米国や英国を中心とする外国軍は、タリバン掃討作戦を展開しながら、軍事、治安面でタリバン政権崩壊後の国家再建を支えることになった。しかし、押し付けられた西欧流の「民主主義」は、土着の支配勢力やイ

スラーム勢力の激しい反発を招き、国家再建への道は険しい。またタリバンによる武力抵抗や頻発する爆弾テロ、軍閥や部族勢力などによる小規模な軍事衝突など、さまざまな勢力が各地で跋扈しており、治安面での安定化も進展していない。むしろ、ここ数年はタリバンが勢力を盛り返しており、10数万人の米軍や国際治安支援部隊（IZAF）の駐留にも関わらず、治安の悪化はますます顕著になっている。

またタリバン攻撃の当初の「標的」であったビンラディンは、米軍の攻撃をすり抜け、パキスタン国境の部族地域やパキスタン北部カシミール地方で潜伏生活を続けていた。

2011年5月、米軍はビンラディンの潜伏先を発見。派遣された海軍特殊部隊は、問答無用にビンラディンとその家族を射殺した。ビンラディン殺害は、2011年の10大事件のトップに挙げられ、オバマ大統領も勝利宣言を行った。しかし、この事件の真相も明らかになったとは言えず、依然謎の残る後味の悪さを感じさせている。

(4) イラク戦争

アフガニスタンでタリバン政権を倒壊させた後、米国は次の標的をイラクのフセイン政権へと狙いを定めた。フセイン政権は米国の中東政策のネックのひとつであり、「対テロ戦争」という「大義」を掲げた米国は、9.11テロ事件の余熱の冷めやらぬうちにフセイン打倒を実現したいという欲望に駆られていたようである。ブッシュ政権内部のネオコンと呼ばれる幹部たちは、アフガニスタン侵攻前後から、イラク攻撃を想定しており、イラクへの軍事行動は既定の事柄であったといえる。

実際にイラク戦争の火ぶたが切られたのは、2003年3月20日のことである。米軍はイラク空爆を開始。同時に隣国クウェートから地上部隊の侵攻、米軍戦艦からのトマホーク・ミサイルの発射など、陸海空から全面的な攻撃を展開した。イラク軍は応戦したものの、湾岸戦争と同じく、米軍の圧倒的な軍事力により、なすすべもなく、後退を強いられていった。軍事力を比較すれば、横綱と中学生力士ほどの差があるといっても過言ではない。

開戦当時、ブッシュ大統領はイラク攻撃の理由を次のように挙げてい

第10章　アフガン・イラク戦争の樹

る。①イラクは生物化学兵器などの大量破壊兵器を保持している②イラクは 9.11 テロ事件を起こしたテロリストたちと繋がりがある。これらの理由から、イラクのフセイン政権は国際社会の大きな脅威であり、その脅威を一刻も早く取り除かねばならない、というものであった。

　ブッシュ政権は「サダム・フセインとその息子たちは 48 時間以内にイラクを離れなければならない。拒否した場合は、軍事衝突となる」と一方的に警告。フセイン大統領がそれに従う意志を見せなかったため、軍事行動に踏み切った、というのが米国の論理であった。

　米軍の地上部隊は、空軍の支援を受けながら侵攻を続け、4月9日、首都バグダッドの中心部を制圧した。24 年に及ぶフセイン政権は、この日崩壊した。ブッシュ大統領は、この軍事的な成果を受けて、5月1日、大規模な戦闘の終了を宣言。米国は束の間、イラク戦争の勝利に酔うことになった。

　現地の米軍は続けてイラク全土の制圧に乗り出したものの、イラク軍残党や地方の部族、周辺のアラブ諸国から流入したテロリストたちから各地で激しい武装抵抗を受け、多くの犠牲者を出すことになった。戦況は泥沼化の様相を見せ始め、バグダッド陥落は終わりなき戦いの始まりとなった。

　また後にブッシュ政権の掲げた戦争の理由は、いずれも「ウソ」であることがわかり、イラク戦争に派兵した英国、オランダなどでも、その政治的な決定が正しかったのかどうか、検証されることになった。そもそも国連安保理常任理事国のうち、派兵したのは米国と英国のみで、フランス、ロシア、中国は派兵していない。アフガニスタンへは自国の軍を送ったカナダやドイツなど、米国の同盟国でさえイラク戦争の「大義」に関しては同意せず、軍を送らなかった。開戦当時から、米国の軍事行動を全面的に

写真2　イラク戦争開戦。空爆されるバグダッド。『ニュースステーション』（テレビ朝日、2003年3月21日）

325

支持し、自衛隊まで派遣した日本の行動はその意味からも、米国追随という点においてきわめて突出したものと言わざるを得ない。

2010年8月、米軍の戦闘部隊はイラクから撤退したものの、イラク国内はさまざまな勢力が拮抗する状況にあり、国家再建の道筋は依然不透明なままである。スンニー派とシーア派との宗派対立やジハード主義、原理主義者たちによるテロの横行など、逆に多くの矛盾を激化させる結果となった。「独裁政権からイラク市民を解放した」という米国の主張は、イラク戦争を正当化する口実でしかない。

2 「アフガン・イラク戦争」関連年表

	アメリカ	イラク	アフガニスタン
1979		1～2. イラン革命、ホメイニ師帰国 7. S.フセイン大統領就任	12. ソ連、アフガニスタンに軍事介入、アフガニスタンでクーデター
1980		9. イラン・イラク全面戦争	1. 国連緊急総会、ソ連軍の撤退を求めた決議を採択、各地でゲリラが抵抗 2. カブールで大規模な反政府行動
1981			
1982			10. 国連緊急総会、ソ連軍の撤退を求めた決議を採択
1983			
1984	イラクの外交関係全面修復	3. イラン・イラク戦争激化	
1985			
1986			
1987	国連安保理、イラン・イラク戦争の停戦を求める決議を採択		

第10章　アフガン・イラク戦争の樹

1988	4. アフガニスタン、パキスタン、ソ連、アメリカの4カ国が、「アフガニスタンに関係する事態の調停のための相互関係に関する協定」に署名	8. イラン・イラク戦争停戦発効	4. アフガニスタン、パキスタン、ソ連、アメリカの4カ国が、「アフガニスタンに関係する事態の調停のための相互関係に関する協定」に署名 5. アフガニスタン駐留ソ連軍撤退開始（〜1989. 2)
1989			3〜7. ジャラーラーバードの戦い
1990	7. 米連邦議会、イラク制裁決議を可決 8. イラク軍のクウェート侵攻にブッシュ大統領、多国籍軍結成を呼びかけ、英仏も艦船の武力行使を許可	8. イラク軍、クウェートを侵攻・全土制圧、	
1991	1. 米軍を中心とする多国籍軍、イラクの戦略拠点・核施設を空爆 2. 多国籍軍、地上戦を開始、クウェート解放	1. 米軍による本土爆撃、湾岸戦争はじまる 3. 南部でシーア派、北部でクルド系の反乱が表面化 4. 国連停戦決議受諾	(12. ソ連解体)
1992			3. ナジブッラー大統領辞任、暫定政権に移行。人民民主党政府崩壊、カブール混乱 4. アフガニスタン・イスラム国成立
1993	1. W.J.クリントン大統領就任		
1994			1. イスラム民族運動によるカブール総攻撃始まる 8. タリバン結成
1995		7. 生物兵器開発計画の存在を認める	
1996	イラクのクルド人地区侵攻への制裁でミサイル発射		9. タリバン、カブールを占領『アフガニスタン・イスラム首長国』の成立を宣言

327

年			
1997		9. 査察団の大統領関連施設への立ち入りを拒絶 10. 国連査察団の米国メンバー追放を発表、国連は査察団の活動を一時停止	
1998	8. 米議会、「イラク解放法」可決 10. 安保理、イラクの査察全面協力を条件に「包括的見直し」を開始することで合意 12. 英米軍イラク攻撃	3. 米・英による空爆開始 6. 米軍機、ミサイル攻撃 11. 査察に合意	8. アルカイーダによるケニア、タンザニアのアメリカ大使館爆破
1999			10. 国際連合安全保障理事会によりビンラディンとアルカイーダ幹部の引渡しを求める決議が採択される
2000			10. アルカイーダによるアメリカのミサイル駆逐艦コール自爆テロ攻撃 12. 国際連合安全保障理事会によりビンラディンとアルカイーダ幹部の引渡しを求める決議が再び採択される。これにも従わずタリバン関係者の資産を凍結する経済制裁が行われた
2001	1. J.W.ブッシュ大統領就任 5. ブッシュ大統領、米政府の政策としてフセイン政権転覆を公言 9. 同時多発テロ 10. 対アフガニスタン報復攻撃開始		2. バーミヤーンの古代遺跡群の石仏の爆破を予告 3. バーミヤーンの古代遺跡群の石仏を破壊 10. NATO、集団自衛権を発動。有志連合諸国、空爆を開始。タリバン政権崩壊へ 11. 北部同盟軍、首都カブールを制圧。ボン合意 12. アフガニスタン暫定行政機構成立

第10章　アフガン・イラク戦争の樹

2002	1. ブッシュ大統領、一般教書演説で北朝鮮、イラン、イラクを「悪の枢軸」と名指し 7. ブッシュ大統領、イラク先制攻撃を強調 10. バリ島のディスコ「サリ・クラブ」と米国名誉領事館で爆発事件 11. 国連安保理、イラクの大量破壊兵器査察を決議	9. 英米軍機による防空施設攻撃、査察の無条件受け入れを表明	6. カルザイを大統領とするアフガニスタン・イスラム移行政府が成立 7. アフガニスタンで米空軍の誤爆、アフガニスタン副大統領暗殺
2003	2. イラクが大量破壊兵器を隠し持っていることを示す証拠をアメリカ側が安保理にて提示 3. フセイン大統領に向けて亡命要求、拒否すれば開戦を宣言、イラク戦争開戦 4. フセイン政権崩壊、英米軍イラク全土を制圧 5. ブッシュ大統領、大規模戦闘終結を宣言 7. イラク統治評議会発足	4. 首都バグダッド陥落、フセイン政権崩壊 7. イラク統治委員会発足 12. フセイン元大統領拘束	
2004	10. 米調査団、「大量破壊兵器存在せず」の最終報告発表 11. J.W. ブッシュ大統領再選	4. イラク日本人人質事件、ファルージャの戦闘 6. 暫定政府発足、占領軍から主権を委譲	3. パキスタンの連邦直轄部族地域においてタリバン、アルカイーダとパキスタン軍の間で戦闘
2005		1. イラク暫定国民議会選挙 国民投票で、イラク新憲法承認 4. 移行政府が発足	タリバンを中心とした武装勢力が南部各地で蜂起、米英軍と交戦
2006		5. シーア派主導の新政府発足 12. フセイン元大統領処刑	6. イギリスのシンクタンクにより、「再び戦争状態にある」と報告

2007	米軍の 2,500 人規模のアフガン増派を決定		4. カルザイ大統領、タリバンとの和平交渉の存在を公表
2008	11. バラク・オバマ大統領当選		12. タリバンの攻撃活動発化。国際連合世界食糧計画の輸送隊が相次いで攻撃を受ける
2009	10. 米・イラク地位協定締結、2011 年末までのイラクからの米軍の撤退が決まる 2. オバマ大統領、米戦闘部隊のイラク撤退を決定、米軍のアフガン増派を発表	1. イラク地方議会選挙実施、米・イラク地位協定締結	11. カルザイ大統領再選
2010	8. オバマ大統領、戦闘の終結を宣言		
2011	5. ビンラディンの殺害を発表 12. イラクからの完全撤退完了		
2012			

3 「アフガン・イラク戦争」を扱ったテレビ番組の系譜

　アフガン戦争の発端となった 9.11 テロ事件に関するものは、10 年以上たったいまでも、各国で数多く制作されている。枚挙にいとまがない。
　2011 年には 9.11 テロ事件から 10 周年ということもあり、NHK-BS1 で放送された『**世界を変えた日　9.11 から 10 年**』(NHK／BROOK LAPPING 共同制作　前編・後編、△☒) は、ブッシュ大統領を始め、チェイニー副大統領、ジュリアーニ NY 市長たちのその日の行動を追い、米国のもっとも長い日となった 9 月 11 日の米国人にとっての意味を改めて問い返している。
　2008 年 NHK-BS1 の BS 世界のドキュメンタリー『**ブッシュの戦争　9.11 からアフガン空爆へ**』(WGBH 制作、△×) の 5 回シリーズは、「混迷のイラク」「出口なき戦い」「ブレアとイラク戦争」など、対テロ戦争から、アフガン侵攻、イラク戦争へと突き進むブッシュ政権内部の主導権争いや葛藤を丹念に描いている。

それに対して同じ時期にNHK-BS1で放送されたBBC制作の『**対アルカイダ　情報機関の10年**』（△☑）は、ビンラディンを追い詰めてきた情報機関の活動に焦点を当てながら、この10年を振り返っている。

米国や英国は戦争の当事国であり、兵士に多くの犠牲者を出している。また国内でも大規模なテロの脅威にさらされているという危機意識から、対テロ戦争への関心は高い。NHK-BS1は米国や英BBCなどのドキュメンタリーを放送する枠を持っており、アフガン・イラク戦争関連でも、番組は質量とも他を圧倒している。

日本ではアフガニスタン関連の番組は、だいたい3つのカテゴリーに分類される。①日本の国際NGOやボランティア②国内避難民やアフガニスタンの国内問題③駐留米軍やテロリスト掃討作戦に関するもの。

2008年にアフガニスタンで殺害されたボランティア・伊藤和也さんの追悼番組『菜の花畑の笑顔と銃弾』（NHKスペシャル　2009年2月23日放送、△☑）は、中村哲などアフガニスタンに人生を懸ける日本人の姿をきちんと記録している。

放送ライブラリー所蔵の番組としては、タリバン時代のアフガニスタンを訪れた黒柳徹子のアフガニスタン報告（テレビ朝日　2001年9月30日放送）などがある。

イラク戦争関連では、日本人の関心は自衛隊派遣、人質事件などに集まり、札幌テレビ（『熱望の砂漠〜なぜ自衛隊は戦地へ向かうのか〜』2004年3月放送、◎）や北海道テレビ（『「戦地へ」　〜派遣隊員は語る〜』2004年4月放送、◎）などは、北海道の部隊からイラクへ派遣される自衛隊員たちの複雑な心情を描いたドキュメンタリーを制作してきた。

イラク戦争取材は、2004年の春以降、誘拐、殺害など現地の治安が極端に悪化したこともあり、マス・メディアの特派員たちもバグダッドからの撤退を余儀なくされた。そのため、日本のテレビ局による現地取材のドキュメンタリーはほとんど制作されていない。フリーランスによる北部地域のルポや単発的な従軍取材は、TBSの『**報道特集**』やテレビ朝日の『**報道ステーション**』などで時折、発表されてきた。

4　授業展開案

　講義では映像資料（ドキュメンタリー、ニュース番組）を材料にしながら、米国がアフガニスタンとイラクで起こした戦争の意味をおもにジャーナリズムの視点から、再検証を行う。また、これらの戦争を全面支持した日本という国のあり方とジャーナリズムのあり方についても、考察、点検する。

　　　第1回　アフガン戦争の犠牲者たち
　　　第2回　国籍を背負ったジャーナリズム
　　　第3回　イラク戦争における情報操作
　　　第4回　イラク戦争の現場を記録する

第1回　アフガン戦争の犠牲者たち

　9.11テロ事件直後から、ブッシュ大統領はビンラディンを匿うアフガニスタンのタリバン政権への憎悪、敵意をむき出しにしていた。その背景には報復のための「対テロ戦争」を宣言することで、米国の傷つけられた威信と誇りを回復したいという思いがあった。

　ただビンラディンを匿っているとはいえ、主権国家であるアフガニスタンへの軍事行動は国際法違反である。しかし、国連安保理の正式な決議もないまま、9.11テロ事件の衝撃に突き動かされるようにして、米国はアフガニスタンへの軍事行動に踏み切った。新聞やテレビは、「極悪非道な」タリバンやビンラディンを許すな、という声であふれていた。

　私自身はこの戦争を認めることはできない、と考えていた。そもそも、9.11テロ事件の実行犯をビンラディンと断定する確たる証拠はない。仮にビンラディンの仕業だとしても、主権国家に対していきなり軍事行動を行うことの正当性はない。いったん軍事行動を起こせば、多くの犠牲者が出る。

　軍事評論家たちの中には、「米軍は精密誘導爆弾を使っており、一般市民の被害は少ない」と語っていたが、それは現場を知らない者たちの理屈である。武器そのものはいくら精密に出来ていても、空爆やミサイル攻撃のさい、タリバンの兵士たちと一般の市民をどう区別するのだろ

第10章　アフガン・イラク戦争の樹

うか。多くの「誤爆」が発生することは避けられない。犠牲となるのは、市民である。

　2002年初頭から、私は4名のスタッフとともにアフガニスタンへ行き、「誤爆」の現場や生存者たちの声を記録して、戦乱の続く現地の様子をテレビで伝えることにした。9.11テロ事件直後から、私の事務所の綿井健陽（ビデオ・ジャーナリスト）はアフガニスタン現地で取材を続けており、その映像報告はテレビでたびたび流れていた。

　私はたんなるニュース・リポートではなくて、もう少し長いドキュメンタリー番組の制作を考えていた。この戦争で誰が犠牲となっているのか、を記録したいと思った。この時の取材をまとめたものは、2002年3月18日23時より、NHK総合の特別番組として放送された（『**イスラムに生きる—アフガンの人々はいま**』(アジア人間街道スペシャル) 司会・平野次郎、解説・中村哲、野中章弘など。50分）。

　この番組の中では、まず米軍の「誤爆」によって家族を殺害された人たちの証言を記録した。妻と4人の子どもを殺された高校教師は、ひとりだけ生き残った息子に「お前の生きている限り、米国に報復しろ」と教え、「米国は大きな罪を犯した。彼らは人類に謝罪しなければならない」と語った。幼い息子は事件のショックで精神的な障害を負っていた。また空爆で20名の死者を出したミニバスの運

写真3　米軍の空爆で妻と4人の子どもを失った高校教師。『イスラムに生きる』（アジア人間街道スペシャル）（NHK総合、2002年3月18日）

写真4　米軍の空爆で離村した農民。ケシ栽培で生計を立てる。『イスラムに生きる』（アジア人間街道スペシャル）（NHK総合、2002年3月18日）

転手は、空から無差別爆撃を行う米軍の非人道的な行為を証言した。

　番組の後半部分はアルカイーダの拠点として知られる東部の山岳地帯の取材ルポである。コラム村はやはり米軍の空爆で30人以上の村人が犠牲となった。生き残った村人たちは破壊された村を棄て、離散した。この付近は貧しい農村地帯で、農民たちはケシを栽培しており、世界有数の非合法アヘンの生産地。私たちはケシ栽培に依存せざるを得ない村人たちの生活の様子を取材した。

写真5　戦闘から逃げてきた国内避難民。『イスラムに生きる』(アジア人間街道スペシャル)(NHK総合、2002年3月18日)

　タリバン政権下のアフガニスタンは取材がもっとも難しい国のひとつであった。タリバンは一部のアラブ諸国を除いて外国人ジャーナリストの取材を認めず、入国すらできない状態が続いていた。そのため、1996年にタリバンが政権を掌握して以降、国内の状況を正確に報道することはきわめて困難であった。

　2001年の冬、英国のチャンネル4はアフガン系英国人の女性による潜入ルポ**『タリバン圧政下の女性たち』**（取材はハードキャッシュ・プロダクション）を制作。この番組は9.11テロ事件以降、アフガニスタンの実状を理解する数少ないドキュメンタリーとして、高い評価を受け、テレビ報道番組として数々の賞を受賞。日本でもNHK-BS1「ワールド・ドキュメンタリー」の枠で放送された（2001年10月）。

　この番組の狙いはタリバン政権の非道さを訴えるもので、アバン（冒頭）ではカブールのサッカー場で処刑される女性の姿が映し出され、タリバン政権の酷い仕打ちを強烈に印象づけた。欧米的な価値観では想像もできないようなアフガニスタンの実態に、世界の人びとは大きなショックを受けることになった。

　ただこのような番組を見るときにも注意は必要である。最初からタリバンのネガティブな面を暴くという姿勢で取材されているため、それに

第10章　アフガン・イラク戦争の樹

そぐわない事実や視点は排除されているからだ。

例えばアバンで紹介された女性を処刑する場面もそうである。残酷で目をそむけたくなるような光景だが、そもそもこの女性が誰で、なぜ処刑されるのか、という点は何も説明されていない。

私はこの番組を見た時、まずその事に疑問を持った。番組を制作したのはロンドンのハードキャッシュ・プロダクションだが、この会社とは以前、北朝鮮取材を共同で行ったことがある。直接、この場面についてプロデューサーに問い合わせたところ、彼らもこの女性については名前も罪状も知らない。流された映像はタリバン政権に抵抗している市民団体から提供を受けたのだと言う。もし、この女性が多くの人を殺害した殺人犯だとしたら、このシーンの受け取り方も違うかもしれない。女性に対する処刑（死刑）自体は日本でも存在するわけで、この場面だけを取り出してタリバン政権が「極悪非道である」とは言い切れない。

写真6　サッカー場で処刑される女性。『イスラムに生きる』（アジア人間街道スペシャル）（NHK総合、2002年3月18日）

私がいちばん怖れていたのは、ブッシュ大統領の演説にもあるような「イスラームは遅れた宗教であり、野蛮な宗教である」というステレオタイプの流布、浸透である。イスラーム教への蔑視感情は、タリバンを攻撃する米国の論理を補強する役割を果たす。戦争を起こす国家は、世論を味方につけるため、「敵」に対する差別意識を国民に植え付けようと試みる。

かつて朝鮮半島の植民地化を行い、中国大陸へ侵略した日本人の意識の中には、日本民族は朝鮮人や中国人よりも優れており、日本は彼らに代わってアジア侵略をもくろむ欧米列強と戦う力と資格を持つ、といったアジアへの蔑視と優越感が深く根付いていた。

アフガニスタン侵攻を正当化するため、米国が同じような情報操作を行おうとしていたことは間違いない。私自身もタリバンに対する共感は

持ち合わせていない。しかし、プロパガンダ的に垂れ流されるイスラーム原理主義に対する記事や情報については、十分な注意を払わねばならない。

私は件の処刑シーンの事実関係を調べるため、2002年2月に再度アフガニスタンを訪れた。処刑を隠し撮りした活動家たちとも連絡をとり、取材を始めた。処刑された女性の名前はザルミーナで、夫殺しの容疑で逮捕され、裁判にかけられていた。その裁判資料も残っており、彼女の家族の証言も記録することができた。

その取材結果は前述した番組（NHK総合『イスラムに生きる』（アジア人間街道スペシャル））の中でも報告している。またほぼ同じ内容のものを英国のチャンネル4でも放送することができた。

この報告はタリバンを擁護するためのものではない。事実とは何か、事実を積み重ねながら、事象を理解するというジャーナリズムの基本を実践したにすぎない。9.11テロ事件以降、世論は「イスラーム憎し」というきわめて情緒的で扇動的な感情に支配されていたように思う。敬虔なイスラーム教徒と過激なテロリストたちを区別することもなく、「優れた」欧米的な価値観と「遅れた」イスラーム世界の対立という2項対立的な図式に陥る愚は避けねばならない。

【番組】
NHK-BS1『アフガン潜入　タリバン圧政下の女性たち』、2001年10月放送、49分、△×
NHK総合『イスラムに生きる―アフガンの人々はいま』（アジア人間街道スペシャル）、2002年3月18日放送、50分、△○

第2回　国籍を背負ったジャーナリズム

戦争を起こす国家は必ず教育とメディアに介入する。なぜなら、戦争を遂行するためには自国の国民を兵士として戦場へ送りださねばならず、自ら進んで国家のために命を投げ出す国民を必要とするからだ。

教育では「愛国心」を植え付ける。国を愛する心というのは、言葉を代えれば、国家のために命を捧げることを至上の価値と考えることである。個人の幸福よりも国家を大事に思うということである。そのような

第10章　アフガン・イラク戦争の樹

教育を行うことで、いざ戦争となった時、兵士となって戦場へ赴くことに何ら疑問を感じることのない国民に仕立て上げる。戦場で戦う兵士の供給先は国民なのであり、力やカネを使うだけでは、命を投げ出そうとする者は少ない。独裁国家であっても、日頃から国民の国家に対する忠誠心を涵養しておかないことには、兵士の供給はできず、戦争も行えない。

　また国家は教育と共にメディアへの管理を強め、露骨な介入さえ、厭わないようになる。なぜなら、国家は常に自らの戦争を正当化せねばならぬからである。戦争は「正義」の名のもとに行われる。実質は侵略戦争であっても、「正義の戦争」もしくは「自衛のための戦争」と位置づけなければ、「大義」を掲げられないからである。1941年12月8日に始まった太平洋戦争ですら、昭和天皇の開戦の詔書によれば、「自存自衛」の戦いとして位置づけられている。戦争の正当性を国民に納得させるために、メディアは決定的な役割を果たす。

　昔の大本営発表を持ち出すまでもなく、国家はメディアを国家の広報、宣伝機関としてコントロールしようと圧力をかけてくる。それに抵抗するメディアは排除され、時に「非国民」と罵られることもある。また放送の場合、マス・メディアはNHKを除いて、すべて商業放送であり、経営的な面から圧力を掛けられた時、それを跳ね返すことは困難である。

写真7　タリバン掃討作戦中の米兵。『きょうの世界　密着アフガニスタン駐留米軍』（NHK-BS1、2008年4月2日）

写真8　タリバン掃討作戦に従事する米兵インタビュー。『きょうの世界　密着アフガニスタン駐留米軍』（NHK-BS1、2008年4月2日）

9.11テロ事件以降、米国のメディアは大政翼賛的な報道で、米国のアフガニスタン侵攻やイラク戦争を積極的に支えてきた。

CNNの著名なアンカーマンであるウルフ・ブリッツアーは、アフガニスタン報道について、次のように述べている（NHK-BS1で2002年5月22日に放送された『シンポジウム　戦争報道』より）。

「私たちは今回の戦争報道において、なるべく事実に基づいて多角的に伝えていきたいと思っていました。何が犯人たちをこのような自爆テロに駆り立てたのか。このような問題を深く掘り下げて答えを出そうとしました。しかし、それはできませんでした。なぜなら、CNNは米国のテレビ局であり、今回のテロでわれわれ自身が攻撃された以上、中立の立場を取ることは不可能です。」

CNNは英国のBBCと並んで世界でももっとも影響力の強いテレビ・メディアであり、世界中で視聴されている。そのテレビ局も戦争時には国籍を背負ってしまう。ジャーナリズムにも国籍があるということである。

ジャーナリズムの主要な役割は、（国家）権力の監視である。殊に戦争に関わる政府の動きに関しては、厳しくチェック機能を働かさねばならない。しかし、現実には大政翼賛的な報道一色に染まってしまった。

戦時下にある国家がもっとも隠しておきたいのは、自軍の攻撃によって殺害されたり、傷ついた「敵」の民間人の姿である。アフガニスタンでも米国の攻撃によって一般市民の中に多くの死傷者が出た。むろん、その中には子どもも女性、老人たちも含まれる。「敵」といえども、民間人の無残な姿は、自国民の間に厭戦気分を生む。

それはCNNの報道にも顕著な形で表れるようになっていた。米軍のアフガニスタン侵攻後、民間人の被害を伝える現地からのリポートには、毎回必ずアンカーマンのコメントがつくようになった。

「いまのリポートはタリバン支配地域からの一方的なものです。空爆のきっかけはテロ事件にあることを忘れないでください。9月11日に5000人以上の無実の人が殺されたのです。タリバンはその

第 10 章　アフガン・イラク戦争の樹

テロリストを匿っているのです。」

このような報道姿勢を取る理由について、CNN のイーサン・ジョーダン社長はテレビのインタビューで以下のように述べている（NHK-BS Hi『**メディアが伝えた"新しい戦争"**』2002 年 4 月 29 日放送）。

「このようなコメントをつけるようになったのは、ウォルター・アイザクソン会長の指示によるものです。アフガニスタンを攻撃しているのは、9.11 テロ事件の犯人を見つけるためだと言うことを視聴者のみなさんに思い出してもらうためです。今回の事態が違うのは、中立の立場を取るのは不可能だということです。私たち自身の命が脅かされているのですから、客観的な立場に立つのは不可能です。」

米国のメディアは「デモクラシー・ナウ」のような独立系のメディアを除いて、対テロ戦争を全面的に支持するという立場を自ら選択してきた。ジャーナリズムが掲げる「中立的」「客観的」という原則が、たんなるお題目でしかなかったことを如実に表している。

国籍を背負ったジャーナリズムほど危険なものはない。目の前で起きている現実、事実に目をつぶり、国家に都合のよい事柄だけを拾い集めたとするなら、戦争報道はプロパガンダと化してしまう。それは怖ろしい結果をもたらすことになる。

米国だけではなくて日本のジャーナリズムもアフガン戦争の実相を、正確に伝えてきたとは言えない。治安の悪化などにより、取材環境のリスクが高いことは事実だが、それよりも権力を批判するジャーナリスト精神の脆弱さを露呈していたように思う。

写真 9　アフガニスタンの治安維持にあたる国際治安支援部隊。『きょうの世界　密着アフガニスタン駐留米軍』（NHK-BS1、2008 年 4 月 2 日）

アフガニスタンの状況が膠着化するにつれ、世界の関心も徐々に薄れてきた。そんな中で白川徹などフリーランスのジャーナリストたちによる継続的な報告に注目が集まるようになってきた。白川はまだ20代のジャーナリストで、本格的な取材はアフガニスタンが初めてだが、米軍の従軍取材を行い、泥沼化するアフガニスタンの実状をビビットに伝えてきた。2008年4月2日、NHK-BS1の『きょうの世界』で放送された『**密着アフガニスタン駐留米軍**』では、軍事面の行き詰まりと現地住民の反米的な心情をリポートした。それ以降、白川はBS11（衛星チャンネル）の『**インサイド・アジア**』などで、定期的なアフガン報告を行い、国家の視点とは異なる、戦争の被害をもっとも受けている現地の住民の目線でアフガン戦争の実相を語った。

【番組】
NHK-BS Hi『メディアが伝えた新しい戦争』、2002年4月29日放送、△☑
NHK-BS1『シンポジウム　戦争報道』、2002年5月22日放送、△×
NHK-BS1『きょうの世界　密着アフガニスタン駐留米軍』、2008年4月2日放送、△×

第3回　イラク戦争における情報操作

「戦争の最初の犠牲者は真実である」（The first casualty when war comes, is truth.）という言葉がある。こう語ったのは、米国カリフォルニア州の上院議員、ハイラム・ジョンソンである。時に1917年のこと。この年、米国は第1次世界大戦に参戦を決めている。

ドイツと戦う英国やフランスは、戦争に勝利するためには米国の参戦が不可欠であり、米国の世論を参戦へと誘導させたいと考えていた。そこで「ドイツ軍は子どもの手足を切り落とすような蛮行を行っている」といった類の情報を意図的に流して、米国の世論を刺激した。その結果、米国は欧州での戦争への参戦を決め、イギリスはドイツに勝利した。

冒頭の言葉は、ねつ造された「ウソ」の情報で戦争が行われた、という文脈で使われたようである。

それではいまはどうだろうか。「新聞しかなかった90年前といてはまったく状況が違う」「情報のあふれる現代では、当時のような情報操

第10章 アフガン・イラク戦争の樹

作は不可能である」という見方は的を射ているだろうか。答えは「否」である。

　戦争を遂行する国家による情報操作は以前よりももっと巧妙に、もっと大規模に、もっと効果的に行われるようになっている。イラク戦争はその良い例である。

　イラクは大量破壊兵器を保有しており、9.11テロ事件を起こしたテロリストたちとつながっている、という理由で、イラク戦争は発動された。しかし、大量破壊兵器はどこを探しても発見できず、テロリストとの関係もまったく立証できないまま、すべて開戦のための「ウソ（口実）」であったことが暴露された。

　開戦前、ブッシュ大統領は一般教書演説の中で、「フセインはアフリカで大量のウランの入手を試みた」と述べ、パウエル国務長官は国連で、「イラクには移動式の生物兵器工場が存在する」と訴え、ライス補佐官は、「きのこ雲が証拠では遅すぎる」と警告を発した。メディアはホワイトハウスから、次から次へと繰り出される誤った情報を売りつけられ、世論も大量破壊兵器の存在を疑うことはなかった。

　ブッシュ政権による情報操作の実態は、NHK-BS1で放送された『アメリカニュース報道の危機　第1回　揺れる情報源の秘匿』で詳しく検証されている。例えばチェイニー副大統領はテレビのインタビューで、「ニューヨーク・タイムズも、イラクには大量破壊兵器がある、と言っている」と語ったが、実は記者に情報を渡したのは政権中枢の幹部だった。自分で都合の良い情報を流しておきながら、「ほらね、私たちだけではなくて、ニューヨーク・タイムズだってそう書いているのだから」と言ったのである。

　経験豊かなジャーナリストたちも、確たる証拠もなく、情報操作に易々と乗ってしまった。ワシントン・ポスト紙のボブ・ウッドワード編集局次長は、「イラクは間違いなく大量破壊兵器を保持している」とテレビで語っている。このドキュメンタリーはブッシュ政権による情報操作やそれに踊らされたジャーナリズムの問題点を当事者たちの証言で検証している。

　情報操作はイラク戦争報道のさまざまな場面で行われてきた。有名なのは開戦直後、捕虜となった米軍の女性兵士の救出劇である。19歳の

放送番組で読み解く社会的記憶

女性兵士ジェシカ・リンチ上等兵はイラク軍の捕虜となったが、負傷しながらも勇敢にも弾が尽きるまで最後まで抵抗したという物語。海兵隊の特殊部隊による救出劇の一部始終はビデオで記録され、リンチ上等兵は一躍イラク戦争の英雄として祭り上げられる。

BBC はその救出劇を検証するドキュメンタリー番組『アメリカの情報操作に気をつけろ』を制作。救出作戦は「壮大なハリウッドの劇映画」と批判した。米軍は米兵たちの士気を上げるため、英雄物語を作り上げた、というわけである。捕虜になったことは本当だが、リンチ上等兵自身も「メディアで伝えられたストーリーは事実ではなかった」と語り、自ら米軍の情報操作を批判した。

写真 10　バグダッド陥落の瞬間。(ドキュメンタリー映画『リトルバーズ』より)

写真 11　米軍によって倒されるフセイン像。『ニュースステーション』(テレビ朝日、2003 年 4 月 10 日)

イラク戦争でもっとも派手な情報操作の実例は、開戦から 3 週間後の 4 月 9 日、米軍のバグダッド入城のさいのフセイン像引き倒しの映像である。米軍装甲車のロープで倒される像の前で「群衆」が歓喜しているというシーンである。ラムズフェルド国防長官は「みんなベルリンの壁崩壊の瞬間を思い出したはず」と述べ、この映像はイラク戦争のクライマックスとして世界中の人びとに強烈な印象を与えた。米国は「イラク戦争は独裁者から市民を解放する正義の戦いだった」というイメージを作り上げることに成功したかに見えた。

イラク戦争取材では、私の事務所からも、綿井健陽が開戦前からバグダッドで取材を続けており、この日もフセイン像のあ

342

第 10 章　アフガン・イラク戦争の樹

る広場から、何本かの中継を行っていた。綿井はその日のテレビ朝日『ニュースステーション』の中で、米軍がバグダッドへ入って来た時の様子をこう語っている。

「24 年にわたるフセイン政権がいま崩壊しました。バグダッドの中心部を米軍が完全に制圧しました。しかし、歓迎している人は本当にごくわずかです。悲しい勝利です。いや勝利と言ってはいけないのかもしれません。米軍戦車に対してイギリス人の女性が「あなた方はいままで何人の子どもたちを殺したのだ」と叫び続けている姿が印象的でした・・・解放と受けとめる市民は非常に少ないと思われます。」

翌日の日本の新聞の論調は、米国の主張をなぞったものだった。読売新聞（2003 年 4 月 10 日付朝刊）は「首都住民は米軍を「解放者」として歓迎」「群衆は解放の喜びに浸った」と書き、イラク戦争の正当性を補強する紙面展開となっていた。しかし、読売新聞記者は開戦前からバグダッドを離れており、この記事もイラクではなく、ヨルダンやカタールで書かれたものであった。記者たちはテレビや通信社の配信記事を見て記事を書いていたのである。現場で目撃したジャーナリストとはまるで逆の見方がマス・メディアを通じて流布されたのである。

写真 12　イラク現地からリポートするアジアプレスの玉本英子。『NEWS 23』(TBS、2008 年 5 月 21 日)

米 ABC はバグダッド陥落の 3 日後のニュース番組『**ナイトライン**』で、自らの報道姿勢のあり方を反省するような特集を流していた。

「群衆がフセイン像引き倒しを祝う様子が世界中に流れましたけれども、実は群衆というほどではありませんでした。カメラを引いてみると手前にはほとんど人がいません。」

343

番組は引き倒しから3分後の映像を見せながら、放送された映像は人びとの表情をアップで撮り、「群衆」のように見せかけたもの、というテレビの「ウソ（カラクリ）」を見せていた。

米国のジャーナリズムは大政翼賛的な報道の行きすぎを、時に立ち止まって反省する冷静さを備えている。日本のマス・メディアは自らを検証しようとする意志も見識も乏しい。

イラク戦争に軍を派遣したイギリスとオランダは、イラク戦争を支持した政治的決断は正しかったのかどうか、と検証委員会で調査を始めた。NHK総合の『クローズアップ現代』はその検証の動きを伝えている。

写真13　テロリスト掃討作戦中のイラク軍部隊。『NEWS 23』（TBS、2008年5月21日）

米国による情報操作を打ち破ることのできなかったジャーナリズムの責任は大きい。

【番組】
テレビ朝日『ニュースステーション』、2003年4月10日放送、△
NHK-BS1『ABCナイトライン』、2003年4月12日放送、△×
NHK-BS1『アメリカの情報操作に気をつけろ』（BBC制作）、2003年7月5日放送、50分、△×
NHK-BS1『アメリカニュース報道の危機　第1回　揺れる情報源の秘匿』、2007年7月16日放送、50分、△×
NHK総合『イラク戦争を問う　英国・検証の波紋』（クローズアップ現代）、2010年6月9日放送、25分、△☒

第4回　イラク戦争の現場を記録する

ジャーナリストの仕事はまず現場へ行くことである。すべては現場から始まる。殊に戦争を取材するジャーナリストは戦場で起きている事を

第 10 章　アフガン・イラク戦争の樹

目に焼き付けておく必要がある。むろん、これは危険を冒してでも戦場へ行け、という意味ではない。ジャーナリストは観察者であり、兵士ではないからだ。ただ、やはり戦争の実相は戦場を抜きにしては語れない。

　イラク戦争報道を振り返った場合、日本のジャーナリズムはその意味で脆弱性を露呈したように思う。米国によるイラク攻撃が始まった2003年3月20日、バグダッドには日本の新聞、テレビの記者はひとりもいなかった。開戦前に全員、バグダッドを離れている。

　米軍がバグダッドを制圧した4月9日も、共同通信の3人を除き、バグダッド陥落を目撃した記者はいなかった。各社そろって「記者の安全を確保するため、離脱した」ということらしい。

　そのため、バグダッドに残った日本人ジャーナリストは全員フリーランスであった。戦場からの離脱はグローバル・スタンダードというわけではない。バグダッドには、米国、英国、フランス、ドイツ、スペインなどの記者たちを含め、200名前後の外国人ジャーナリストたちが留まっていたようである。

　日本の新聞記者たちの中にはリスクを冒してでも、バグダッドに行きたい、という者もいたようだが、会社はそれを認めない。

　知人のCNNのカメラマンは、そのような日本のマス・メディアを揶揄して「NHKがいればそこはもう戦場じゃない」と語っていた。

　戦争は巨大な出来事であり、取材すべき現場は数多い。戦争をどこからどのような視点で取材するのか。記者の立ち位置も問われてくる。

　戦争の当事国である米国には、ホワイトハウスをはじめ、国防総省や国務省など政府機関に記者たちが詰めかけ、毎日膨大な量のニュースが発信された。カタールに設置された米軍司令部も同様である。

　また米軍の採用したエンベッド取材にも600名を超えるジャーナリストたちが参加した。彼らの手による米軍の従軍リポートは、連日新聞のフロントページやテレビニュースのトップを飾っていた。

　取材者が少なかったのは、攻撃にさらされたイラクである。殊に空爆などで犠牲となっている市民の被害の報告は、米国、米軍から発せられる情報の量と比べ、圧倒的に少なかった。

　戦争の最大の犠牲者は誰なのか。戦争によって不条理な死を押し付けられるのは誰なのだろうか。

放送番組で読み解く社会的記憶

　戦場取材の経験豊富な綿井健陽は、開戦前の2003年2月中旬、「今回の戦争はどう見ても、大義のない戦争です。私は攻撃にさらされる側から、この戦争を記録したい」と言い残してバグダッドへ発っていた。「攻撃にさらされる側からしか見えない真実がある」という。彼の立ち位置は明確である。客観報道、中立報道というような立場は、そもそもあり得ない。それは錯覚であり、幻想にすぎない。

　綿井はイラク戦争の開始前からバグダッド陥落後までの約1ヵ月間で、テレビ、ラジオ向けに90回を超える現地リポートを行った。多い日は朝、昼、夕方、夜と何回もニュースに登場していた。記録的な数である。

　綿井の現地リポートはおもにテレビ朝日、TBSのニュース番組で流れていた。特に印象に残っているのは、フセイン政権崩壊から8日後のテレビ朝日の『ニュースステーション』である。

　この日のリポートはバグダッド陥落後も続いていた米軍の空爆で子どもを亡くした親の嘆きを伝えていた。綿井の訪れた市内の病院は、空爆の死者や負傷者であふれており、映像も生々しい。この戦争はいったい誰のために行われたのか、そんな問いを私たちに突きつけているように思えた。

写真14　米軍の空爆で死亡した5歳の少女。『ニュースステーション』（テレビ朝日、2003年4月17日）

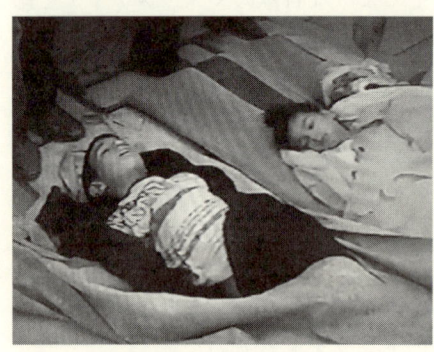

写真15　米軍の空爆で死亡した子どもたち。『ニュースステーション』（テレビ朝日、2003年4月17日）

　綿井の取材映像は帰国後、ドキュメンタリー映画『リトルバーズ』としてまとめられ、劇場公開されている。

第 10 章　アフガン・イラク戦争の樹

　戦争を仕掛けた国家は、市民の犠牲者の映像だけでなく、自国の兵士の死体も隠そうとする。イラク戦争では 4000 名を超える米軍兵士たちが死亡している。その兵士たちの遺体映像は当局から封印されていた。このような映像は、「これほどの犠牲を払ってもやるべき価値のある戦争なのか」という疑問を国民に抱かせるからだ。

　バグダッドの米軍病院に滞在して、傷ついた兵士たちにカメラを向けたのは、米国を代表するビデオ・ジャーナリストのジョン・アルパートである。彼はバグダッドの中心部にある野戦病院で、3 ヵ月間、兵士と医師たちの活動を記録した。この映像記録は『バグダッド ER』という題名で、米 HBO（ケーブルテレビ）で放送され、全米に大きな衝撃を与えた。

写真 16　米軍に射殺された青年の遺影を持ち、抗議する父と妹。(2004 年 3 月、バグダッドにて筆者撮影)

　『リトルバーズ』や『バグダッド ER』のような視点のドキュメンタリーがもっと早く放送されていたなら、イラク戦争に対する世論は変わっていたかもしれない。

　NHK 放送文化研究所発行の 2004 年版年報の特集「世界のテレビはイラク戦争をどう伝えたか」によれば、日本のテレビで流されたイラク戦争の実写映像の多くは、イラクへ侵攻する米軍戦車、戦艦から発射されるトマホーク・ミサイルなど、いずれも戦争を発動した米国側からのものであり、犠牲者映像、特に民間人の被害を映したものは少なかったことが証明されている。NHK の『ニュース 10』でも、イラク戦争で伝えた項目の第 1 位は「米軍の戦闘・動き」（66％）であり、「イラク市民の被害」（約 11％）は第 8 位となっている。もしこの順序が逆だったら、世論はイラク戦争反対へ大きく動いていたに違いない。

　残念ながら、イラク戦争について私たちは、新聞、テレビなどから、あふれるほどの情報を得てきたにもかかわらず、犠牲となった死者の数

さえ知らない。いったい戦争の何が伝えられてこなかったのか。イラク戦争報道の検証を行う必要があるように思う。

【番組】
テレビ朝日『ニュースステーション』、2003年4月17日放送、△
米HBO『バグダッドER』、2005年放送
【資料】
綿井健陽監督、2005年、ドキュメンタリー映画『リトルバーズ』

5 参考図書・文献・資料一覧

〔書籍（発行年順）〕
鳥井順、1991年、『アフガン戦争―1980～1989』第三書館。
三野正洋、1998年、『わかりやすいアフガニスタン戦争―「赤い帝国」最強ソ連軍、最初の敗退』光人社。
マフディ・エルマンジュラ、2001年、『第二次文明戦争としてのアフガン戦争―戦争を開始した「帝国の終焉」の始まり』御茶の水書房。
マイケル・T.クレア、2002年、『世界資源戦争』廣済堂出版。
柴田三雄、2002年、『アフガン戦略とアメリカの野望―柴田レポート』双葉社。
李雄賢、2002年、『ソ連のアフガン戦争―出兵の政策決定過程』信山社。
金成浩、2002年、『アフガン戦争の真実―米ソ冷戦下の小国の悲劇』日本放送出版協会。
藤原帰一、2002年、『デモクラシーの帝国―アメリカ・戦争・現代世界』岩波書店。
内藤正典編、2003年、『「新しい戦争」とメディア』明石書店。
木村汎・朱建栄編、2003年、『イラク戦争の衝撃―変わる米・欧・中・ロ関係と日本』勉誠出版。
ミシェル・チョスドスキー、2003年、『アメリカの謀略戦争―9.11の真相とイラク戦争』本の友社。
酒井啓子、2004年、『イラク戦争と占領』岩波書店。
BBC特報班、2004年、『イラク戦争は終わったか！―BBC news』河出書房新社。
世界秩序研究会編、2004年、『イラク戦争と東アジア・日本 研究報告書』世界経済情報サービス。
門奈直樹、2004年、『現代の戦争報道』岩波書店。
ノーム・チョムスキー、2004年、『チョムスキー21世紀の帝国アメリカを語る―イラク戦争とアメリカの目指す世界新秩序』明石書店。
平和をめざす翻訳者たち監修、2004年、『世界は変えられる―TUPが伝えるイラ

第 10 章　アフガン・イラク戦争の樹

　　　ク戦争の「真実」と「非戦」』七つ森書館（An anthology for posterity）。
立花隆、2004 年、『イラク戦争・日本の運命・小泉の運命』講談社。
山内昌之、2004 年、『歴史のなかのイラク戦争―外交と国際協力』NTT 出版。
イラク国際戦犯民衆法廷実行委員会編、2004 年、『イラク戦争・占領の実像を読
　　　む―ブッシュ・ブレア・小泉への起訴状』現代人文社。
ボブ・ウッドワード、2004 年、『攻撃計画―ブッシュのイラク戦争』日本経済新聞社。
山内昌之・大野元裕編、2004 年、『イラク戦争データブック―大量破壊兵器査察
　　　から主権移譲まで』明石書店。
川上和久、2004 年、『イラク戦争と情報操作』宝島社。
桜田大造・伊藤剛、2004 年、『比較外交政策―イラク戦争への対応外交』明石書店。
ジェームズ・マン、2004 年、『ウルカヌスの群像―ブッシュ政権とイラク戦争』共
　　　同通信社。
安田純平、2004 年、『誰が私を「人質」にしたのか―イラク戦争の現場とメディア
　　　の虚構』PHP 研究所。
黒田壽郎編、2005 年、『イラク戦争への百年―中東民主化の条件とは何か』書肆心水。
片倉邦雄、2005 年、『アラビスト外交官の中東回想録―湾岸危機からイラク戦争ま
　　　で』明石書店。
斎藤直樹、2005 年、『検証イラク戦争―アメリカの単独行動主義と混沌とする戦後
　　　復興』三一書房。
C.G. ウィーラマントリー、2005 年、『国際法から見たイラク戦争―ウィーラマン
　　　トリー元判事の提言』勁草書房。
立山良司監修、2005 年、『「対テロ戦争」から世界を読む』自由国民社。
日本国際問題研究所編、2005 年、『湾岸アラブと民主主義―イラク戦争後の眺望』
　　　日本評論社。
木村愛二、2006 年、『9・11/ イラク戦争コード―アメリカ政府の情報操作と謀略
　　　を解読する』社会評論社。
野崎久和、2006 年、『ブッシュのイラク戦争とは何だったのか―大義も正当性もな
　　　い戦争の背景とコスト・ベネフィット』梓出版社。
西谷文和、2007 年、『報道されなかったイラク戦争』せせらぎ出版（西谷文和の「戦
　　　争あかん」シリーズ ; 1）。
マシュー・カリアー・バーデン、2007 年、『ブログ・オブ・ウォー―僕たちのイラ
　　　ク・アフガニスタン戦争』メディア総合研究所。
ジョージ・パッカー、2008 年、『イラク戦争のアメリカ』みすず書房。
ドゥルシラ・コーネル、2008 年、『"理想"を擁護する』作品社。
テッサ・モーリス - スズキ、2008 年、『自由を耐え忍ぶ』岩波書店。
アンドリュー・コバーン、2008 年、『ラムズフェルド―イラク戦争の国防長官』緑
　　　風出版。

放送番組で読み解く社会的記憶

土井淑平、2009 年、『アメリカ新大陸の略奪と近代資本主義の誕生―イラク戦争批判序説』編集工房朔・大学国際平和研究所。
竹内幸雄、2011 年、『自由主義とイギリス帝国―スミスの時代からイラク戦争まで』ミネルヴァ書房。
イラク戦争の検証を求めるネットワーク編、2011 年、『イラク戦争を検証するための 20 の論点』合同出版。
佐々木雄太、2011 年、『国際政治史 世界戦争の時代から 21 世紀へ』名古屋大学出版会。
松本一弥、2011 年、『55 人が語るイラク戦争―9・11 後の世界を生きる』岩波書店。

〔紀要・雑誌（発行年順）〕
長倉洋海、1989 年、「私の見たアフガン戦争」『世界』、1989 年 6 月号、307-327 頁。
広島平和教育研究所、2001 年、「米国中枢テロ攻撃・アフガン戦争から見えてくるもの」『平和教育研究年報』、2001 年号、3-25 頁。
渥美堅持、2001 年、「アフガン戦争をどう終わらせるか」『世界思想』、2001 年 12 月号、12-15 頁。
伊藤成彦、2002 年、「アフガン戦争と憲法第 9 条」『軍縮問題資料』、2002 年 2 月号、16-21 頁。
岡野内正、2002 年、「WTO のためのアフガン戦争」『日本科学者』、2002 年 2 月号、92-97 頁。
ウンベルト・エーコ、2002 年、「アフガン戦争 聖戦―情念と理性」『世界』、2002 年 2 月号、121-131 頁。
門奈直樹、2002 年、「世界の潮 アフガン戦争と BBC の挑戦」『世界』、2002 年 5 月号、29-32 頁。
青山貞一、2002 年、「アフガン戦争 エネルギー権益からみたアフガン戦争」『世界』、2002 年 9 月号、126-138 頁。
谷山博史、2008 年、「アフガニスタンはどうなっているのか―アフガニスタン戦争と対テロ戦争を問い直す」『PRIME』、2008 年 10 月号、23-26 頁。
岸田芳樹、2011 年、「ワールド・レポート―特派員の眼 転機迎えたアフガン戦争」『外交』、2011 年 1 月号、156-159 頁。

〔資料〕
綿井健陽監督、2005 年、ドキュメンタリー映画『リトルバーズ』

6 公開授業の経験から考えたこと

　90分という時間的な制約の中では、番組を全部見せることは難しい。ドキュメンタリー番組はだいたい50分ぐらいで、視聴するだけで半分以上の時間を消費してしまう。番組の中身について説明する時間も必要であり、視聴後のデスカッションはもっと大切である。

　今回は講義の流れを重視して、番組はそれぞれ数分だけ、駆け足で見せることとした。ただアフガン・イラク戦争について関心の薄い学生にとっては、配布資料も含めて情報量が多すぎて、消化不良だったかもしれない。デスカッションや質疑応答の時間を十分とれなかったことも、残念だった。映像は一度見ただけではなかなか記憶に残らない。だからこそ、見終わった後のフォローが大切なのである。みんなでデスカッションすることで、視覚的なイメージを思考の回路に組み込むのである。また映像を見せる場合、文字資料も準備した方が良いようである。脳を多角的に働かせることになる。

　これまでの経験では、ひとつのテーマで3コマぐらいの時間を確保できれば、問題を掘り下げることもできる。また事前に番組をウェブ上で視聴してもらうという方法もある。大学によってはそのような形で講義を行っているところもあるようだ。

　それから、今後、映像資料を使う場合、ネットと接続できる環境を整えねばならない。ドキュメンタリーも含めて、ネットには多くの映像素材が準備されている。テレビ番組もネット経由で見ることも増えてくる。

　目下のところ、テレビ番組を教材として使う場合の最大の問題点は、自宅で録画したDVDを再生できない教室が多いことである。ファイナライズしたDVDでも、ちょっと旧式のデッキでは再生できない。

　テレビ番組はNHKであれ、民放のものであれ、公共財として教育の現場で使えるようにしてほしいものである。

　　※本文中に使用した写真の著作権はすべてアジアプレス・インターナショナルもしくは制作者自身に属している。

資料編 関連番組一覧（時系列順）

(1) 本文に関連する放送番組を各章ごとに放送日順に配列した。
(2) 掲載する項目と順番は、番組タイトル/放送局/放送年月日/放送ライブラリー及びNHKアーカイブスの公開状況（2012年3月現在）とした。
(3) 「授業展開案」で取り上げた放送番組は太字で示した。
(4) 利用者側から見て区別がつけられるように、公開状況は以下の記号で表した。
　◎＝放送ライブラリーの公開番組検索でデータあり、一般公開あり
　△＝放送ライブラリーの公開番組検索でデータなし
　○＝NHKクロニクル・NHKアーカイブス保存番組検索でデータあり、かつ「NHK番組公開ライブラリー」で一般公開あり
　☑＝NHKクロニクル・NHKアーカイブス保存番組検索でデータあり、一般公開なし
　×＝NHKクロニクル・NHKアーカイブス保存番組検索でデータなし、一般公開なし

放送ライブラリーの公開番組について
・放送ライブラリーは、本書の最終ページ「放送ライブラリーの紹介」に記載の通り、収集基準に沿って保存対象番組を選定し、保存・公開に関わる権利処理や人権・肖像権等の許諾手続きを完了させた番組から順次、一般公開を実施しています。保存・公開している番組は、放送された番組の一部です。
・放送ライブラリーの保存・公開番組は、施設内での視聴を条件に様々な権利処理等が行われているため、現状では大学での授業等に放送番組を使用したいというご要望には、応えることができません。

（放送ライブラリーより）

資料編　関連番組一覧

インターネットから、放送ライブラリー公開番組検索とNHKクロニクル・NHKアーカイブス保存番組検索にアクセスすると、以下のような形で番組データが表示される。

〈放送ライブラリー公開番組検索結果例〉
琉球朝日放送『日米関係』キーワードは「オキナワ」　秘密文書が明かす沖縄返還』

番組ID	008007
放送日	1997.05.17
放送開始時刻	13:00
分数	49
カテゴリー	ドキュメンタリー
放送局/製作者/制作社	琉球朝日放送/琉球朝日放送
概要	沖縄返還25年の節目に公開されたアメリカの公文書と当時の関係者の証言から、日米両国そして沖縄の3者からの視点で「沖縄返還」とは何だったのかを検証する。

〈NHKクロニクル　NHKアーカイブス保存番組検索結果例〉
NHK教養セミナー［証言・現代史　［牛場信彦］(2)　糸と縄の交渉～沖縄返還と繊維交渉～］

放送日	1983.7.26
チャンネル	教育
主な出演者	牛場信彦、山本正
番組内容紹介	長い間外交に携わっていた元通産省通商局長、元外務次官、元駐米大使の牛場信彦さんに、四夜連続で戦後の日本外交についてきくシリーズ。その第2回。沖縄返還と、それにからめられた日米繊維交渉の裏面史について話す。

353

第 1 章　ヒロシマ・ナガサキの樹（安藤 裕子）

番組タイトル	放送局	放送年月日	◎	△	○	☑	×
『原水爆禁止への国民の願い』（ニュース映画）		1957.7.30		△			
『原爆許すまじ』（ニュース映画）		1957.8.13		△			×
『今も残る傷あとり』（ニュースを追って）	NHK 総合	1959.8		△			
『ひろしまの心』（ETV 教養特集）	NHK 教育	1960.8.10		△			×
『よみがえる被爆者の願い』（時の動き）	NHK 教育	1963.8		△			×
『軒先の閃光〜よみがえった爆心の町〜』（現代の映像）	NHK 総合	1965.8		△			
『沖縄の被爆者・屋良朝苗・主席に聞く〜』	NHK	1967.8.4		△		☑	×
『埋もれた 26 年〜韓国の原爆被爆者〜』（NHK 特派員報告）	NHK 総合	1969.8.5		△		☑	
『被爆二世〜原爆医学の空白〜』（あすへの記録）	NHK 総合	1971.8.10		△		☑	
『市民の手で原爆の絵を』	NHK 総合	1972.8.20	◎				
『あの時、世界は・・・』(2) マンハッタン秘密計画』(NHK 特集)	NHK 総合	1975.8.6		△	○		
『核の時代』(1)　米ソ対決を海に見た (3)　ヨーロッパ核戦争のシナリオ (4)　21 世紀平和の構図』（NHK 特集）	NHK 総合	1978.4.10	◎	△			
『アメリカの中のヒロシマ〜在米被爆者は今』	NHK	1979.3.2〜23		△			×
『核戦争の悪夢』（NHK 特集）	NHK 総合	1980.5	◎				
『夢千代日記』(1)』（ドラマ人間模様）	NHK 総合	1980.4.28	◎		○		
『教科書とヒロシマ』	広島テレビ放送	1981.2.15	◎				
『これがヒロシマだ〜「原爆の絵」アメリカを行く〜』（NHK 特集）	NHK 総合	1982.3.28	◎	△			
『ノーモア・ニーナックス　アメリカにみえる核意識』	中国放送	1982.6.7	◎		○		
『きみはヒロシマを見たか〜広島原爆資料館〜』（NHK 特集）	NHK 総合	1982.8.6	◎		○		
『どう映っているのか日本の姿〜世界の教科書から〜』（NHK 特集）	NHK 総合	1983.5.13	◎		○		
『極秘プロジェクト ICHIBAN〜米極秘計画・ヒロシマ原爆の謎を追う〜』（NHK 特集）	NHK 総合	1983.7.22		△	○		
『黒い雨姪の結婚』（ドラマスペシャル）	日本テレビ放送網	1983.8.20	◎		○		
『ザ・デイ・アフター〜アメリカ・核戦争映画に議論沸とう』（土曜リポート）	NHK 総合	1983.11.26		△	○		
『世界の科学者は予見する・核戦争後の地球 (1) 地球炎上 (2) 地球凍結』（NHK 特集）	NHK 総合	1984.10.21		△	○		
『放爆 40 年特別企画・米国の暑い夏』	広島ホームテレビ	1985		△			
『核戦争と地球環境 (1) 国際学術会議連合報告書から (2) 核の冬のメカニズム (3) 核の冬のあとに来るもの』（ETV8 スペシャル）	NHK 教育	1985.10.22〜24	◎			☑	
『黒い雨　広島・長崎原爆の謎』（NHK 特集）	NHK 総合	1986.1.17	◎		○		

資料編　関連番組一覧

番組タイトル	放送局	放送年月日	◎	○	△	☑	×
『なぜ日本だけが孤立するのか　日本・西ドイツ二つの戦後』(NHK特集)	NHK総合	1987.8.14	◎			☑	
『天皇とヒロシマ』(RCC報道特別番組)	中国放送	1989.1.8	◎			☑	
『世界は原爆をどう知ったか』(NHKスペシャル)	NHK総合	1989.8.7	◎			☑	
『核の時代 (1) 究極の兵器・原水爆の登場 (2) ICBM開発戦争 (3) キューバ危機 (4) カーター・核軍縮への夢 (5) MX・次世代ICBM (6) レーガンの盾』(NHKスペシャル)	NHK総合	1990.3.4～9				☑	
『核汚染の原野　ソ連核実験場セミパラチンスク』(NNNドキュメント'90)	広島テレビ放送	1990.6.16	◎			☑	
『世界はヒロシマを覚えているか　大江健三郎・対話と思索の旅』(NHKスペシャル)	NHK総合	1990.8.3	◎			☑	
『時を返せ！カザフ核被害者の訴え』	中国放送	1990.8.5		○			
『爆心地の連合軍捕虜　オランダ兵士たちの戦後史』(NHKスペシャル)	NHK総合	1991.8.11	◎			☑	
『忘れられた兵士たち　ヒロシマ・朝鮮人救援部隊』(プライム10)	NHK総合	1991.10.31	◎			☑	
『いま世界が動く (6) 日本は踏み出すのか　パーバー50年学びあう日米』(NHKスペシャル)	NHK総合	1991.12.8			△	☑	×
『盗まれた核機密　元KGBスパイ夫婦の告白』(NHKスペシャル)	NHK総合	1992.3.11			△	☑	
『忘れられた死者たち』	長崎放送	1992.8.9	◎				
『二つの被爆都市を結ぶ～ヒロシマ・ナガサキ市長対談～』(ETV現代ジャーナル)	NHK教育	1992.8.25			△		
『核が売られている～プルトニウム密輸事件の衝撃』(クローズアップ現代)	NHK総合	1994.9			△		×
『報道特別番組　原爆投下は必要だったのか』	中国放送	1994.8.22			△	☑	
『新・核の時代 (1) 旧ソ連　迷走する核大国 (2) アメリカ　残された核超大国の苦悩』(NHKスペシャル)	NHK総合	1994.8.6～7				☑	
『失われた楽園　ビキニ核実験被害から40年』(NNNドキュメント'94)	静岡第一テレビ	1994.12.19			△	☑	
『アメリカの中の原爆論争～スミソニアン展示の波紋～』(海外ドキュメンタリー)	NHK総合	1995.6	◎				
『世界は原爆をどう伝えたか』(クローズアップ現代)	NHK教育	1995.11			△		
『韓国・忘れられた被爆者たち』(クローズアップ現代)	NHK教育	1995.8.4			△		×
『調査報告・地球核汚染　第2回「核のない平和」を求めて～キャンベラ委員会報告より～』(NHKスペシャル)	NHK総合	1995.8.6			△	☑	
『原爆をどう教えるか～日米の教室から』(ETV特集)	NHK教育	1995.9.28	◎				
『南方特別留学生　50年目の同窓会』	中国放送	1995.9.2	◎				
『メディアは今　戦争の記憶・メディアの責任～世界は原爆をどのように伝えたのか～』(ETV特集)	NHK教育	1996.8.27			△		
『核兵器廃絶への道　第2回「核のない平和」を求めて～キャンベラ委員会より～』(クローズアップ現代)	NHK総合	1996.10.29			△		
『姿なき核開発』(NHKスペシャル)	NHK総合	1997.8.6			△		
『恐怖の核拡散は防げるか～パキスタン核実験の衝撃～』(クローズアップ現代)	NHK総合	1998.6.1			△		
『放送はヒロシマをどう伝えてきたか　第1回　原爆投下　第2回　世界の中のヒロシマ』(ETV特集)	NHK教育	1998.8.3～4			△	☑	
『原爆投下　10秒の衝撃』(NHKスペシャル)	NHK総合	1998.8.6			△	☑	
『埋められた刑務所　爆死した朝鮮の人びと』(NNNドキュメント'98)	長崎国際テレビ	1998.8.10	◎				

放送番組で読み解く社会的記憶

番組タイトル	放送局	放送年月日	◎	△	○	ロ	×
『報道特別番組 神と原爆〜浦上カトリック被爆者の55年〜』	長崎放送	2000.5.31	◎				
『語り継ぐものへ・・・』	広島ホームテレビ	2000.8.6	◎				
『やっぱり核兵器は必要ですか？印パの子どもとヒロシマ〜』(NNNドキュメント'00)	広島テレビ放送	2000.8.6		△		ロ	
『"ヒロシマ"海峡を越えて〜ある日韓被爆者の絆〜』(ウィークエンドスペシャル)	NHK BS1	2001.8.4		△		ロ	
『最期に綴ったヒロシマ〜ある韓国人被爆者の遺言〜』(ウィークエンドスペシャル)	NHK BS1	2002.1.26	◎				
『被爆57周年 原爆犠牲者慰霊 長崎平和祈念式典』	長崎国際テレビ	2002.8.9		△			
『追跡・核テロリズムスクープ防止最前線』(NHKスペシャル)	NHK総合	2003.3.1		△		ロ	
『ヒロシマ〜あの時、原爆投下は止められるた いま、明らかになる悲劇の真実』	TBS	2005.8.5		△		ロ	×
『核拡散は防げるか〜IAEA事務局長に聞く』(クローズアップ現代)	NHK総合	2004.10.7		△			
『終戦60年企画 ゾーン 核と人間』(NHKスペシャル)	NHK総合	2005.8.7	◎				
『消えた町並みからのメッセージ〜CGでよみがえる8月6日〜』	広島テレビ放送	2005.12.17		△			×
『調査報告・劣化ウラン弾〜米軍関係者の告発〜』(NHKスペシャル)	NHK総合	2006.8.6		△		ロ	
『北朝鮮 "核実験"の謎』(NHKスペシャル)	NHK総合	2006.10.13		△			
『フリーズ核クライシス(1)都市を襲う核攻撃 地表爆発と高度爆発(2)核兵器開発は防げるか〜IAEA査察官・攻防の記録』(NHKスペシャル)	NHK総合	2007.8.5〜6		△		ロ	
『核は大地に刻まれていた〜 "死の灰" 消えぬ脅威〜』(NHKスペシャル)	NHK総合	2009.8.6		△		ロ	
『秘録 日朝交渉 知られざる "核" の攻防』(NHKスペシャル)	NHK総合	2009.11.8		△		ロ	
『密使 若泉敬〜沖縄返還の代償』(NNNドキュメント'10)	NHK総合	2010.6.19			○		
『平和公園に眠る故郷』	広島テレビ放送	2010.8.15		△			
『ネットワークでつくる放射能汚染地図(1)〜(4)』(ETF特集)	NHK教育	2011.5.15/6.5/ 8.28/11.27		△	○(1)	ロ(2/3)	×(4)

356

資料編　関連番組一覧

第 2 章　BC 級戦犯の樹（藤田 真文）

番組タイトル	放送局	放送年月日	◎	△	○	☑	×
『私は貝になりたい』（サンヨーテレビ劇場）	ラジオ東京テレビ	1958.10.31	◎				
『モンテンルパへの追憶』（日本の素顔）	NHK 総合	1959.8.16		△			×
『遥かなるモンテンルパ』（ある人生）	NHK 総合	1971.3.27		△			×
『汚名 ある C 級戦犯の秘録』（ドキュメント昭和 [38]）	朝日放送	1975.12.21	◎				
『戦犯たちの中国再訪の旅』	RKB 毎日放送	1978.10.31	◎				
『遠い日の戦争』（青春の昭和史第 1 回）	テレビ朝日	1979.9.3	◎				
『"戦犯"たちの仙台一誓順・太原戦犯管理所 1062 人の手記〜』（NHK スペシャル）	NHK 総合	1989.8.15				☑	
『ある戦犯の謝罪 土屋芳雄元憲兵少尉と中国』（NNN ドキュメント 90「シリーズ・45 年目の夏に 第 3 回」）	山形放送	1990.8.20	◎				
『裁きのはてに BC 級戦犯・遺された者たちの今』	信越放送	1991.5.25	◎				
『アジアと太平洋戦争 [4・終] チョウムンサンの遺書 シンガポール BC 級戦犯裁判』（NHK スペシャル）	NHK 総合	1991.8.15	◎				
『香華 [2]』（日本名作ドラマ）	テレビ東京	1993.8.30	◎				
『SUGAMO は忘れない〜BC 級戦犯の手記〜』（ETV 特集）	NHK 教育	1994.7.25		△			
『特別企画 私は貝になりたい』	TBS	1994.10.31	◎				
『戦犯大中国抑留の記録 第 1 回「抑留から戦犯裁判まで」 第 2 回「戦犯裁判での証言」』（ETV 特集）	NHK 教育	1999.12.6〜7		△			×
『獄中から届いた遺書』（親の目子の日）	北日本放送	2001.8.27		△			
『処刑台から散っていった 時代を超えて届いた BC 級戦犯 124 通の遺書「私は貝になりたい」』	テレビ朝日	2007.8		△			
『終戦記念特別ドラマ・真実の手記 BC 級戦犯 加藤哲太郎』（田原総一郎スペシャル）	日本テレビ放送網	2007.8.24		△			
『BC 級戦犯 獄窓からの声』（ハイビジョン特集）	NHK BS Hi	2008.8.13		△		☑	
『シリーズ BC 級戦犯 (1) 韓国・朝鮮人戦犯の悲劇 (2)"罪"に向きあう時』（ETV 特集）	NHK 教育	2008.8.17/24		△	○	☑	
『あの人に会いたい 渡辺はま子（歌手）』（映像ファイル）	NHK 総合	2008.11.22		△	○		
『ドラマ「最後の戦犯」』（NHK スペシャル）	NHK BS Hi	2008.11.29		△	○		
『"認罪"〜中国撫順戦犯管理所の 6 年』（ハイビジョン特集）	NHK BS Hi	2008.11.30		△			
『戦場のメロディ』（土曜プレミアム）	フジテレビジョン	2009.9.12		△			

357

第3章 華僑・華人の樹（林 怡蓉）

番組タイトル	放送局	放送年月日	◎	△	○	☑	×
『横浜中華街』（いっと6けん小さな旅）	NHK 総合	1983.4.8	◎			☑	
『アジアの目・世界の目「落地生根」華僑のはて今』（NHK 教養セミナー）	NHK 教育	1983.12.13		△			×
『日中往還5 一衣帯水をめざして 近代の亡命者と華僑』（NHK 市民大学）	NHK 教育	1986.4.4		△			
『東のはてなる国 ～横浜多国籍街～』（ぐるっと海道3万キロ）	NHK 総合	1986.5.12	◎				×
『故郷はるか華僑の春節 神戸・南京町』（ぐるっと海道3万キロ）	NHK BS1	1987.3.6		△			
『ミナト神戸 三把刀物語』（ぐるっと海道3万キロ）	NHK 総合	1988.2.1	◎				
『長い旅路 戦争をこえた家族の記録』	NHK 総合	1988.8.13		△			
『リトル香港をめざせ～横浜中華街の二世たち～』（首都圏 88）	NHK 総合	1988.10.21		△			
『西方に黄金夢あり 中国脱出・モスクワ新華僑』（NHK スペシャル）	NHK 総合	1993.2.17	◎				
『初めて戦争を知った [3] 夫たちが連れて行かれた 神戸・華僑たちと日中戦争』	NHK 総合	1993.8.4	◎				
『故郷心に継ぐ 横浜中華街』（小さな旅）	NHK 総合	1994.3.5	◎				
『"昭南島"を知っていますか 戦火に映った人間像 戦争 50 年特別企画』（NHK スペシャル）	NHK 総合	1994.11.13			○		
『神奈川再発見 横浜・中華義荘』	名古屋テレビ放送	1995.7.23	◎				
『台頭する中国人エリート企業～広がる新華僑人脈』（クローズアップ現代）	テレビ神奈川	1995.12.10	◎				
『疾走アジア [5・終] ネットワークがアジアを動かす』（NHK スペシャル）	NHK 総合	1997.6.4		△			
『華僑ネットワークの時代 4 華僑ネットワーク～白手起家』（NHK 人間大学）	NHK 総合	1997.7.25		△			
『長崎華僑の信仰 崇福寺の年中行事／JNN 九州沖縄7局共同企画』（ふるさとの伝承）	NHK 教育	1997.7.29	◎				
『九州遺産 友朋の礎 唐寺・崇福寺～』（国宝探訪）	NHK 教育	1997.10.5		△			
『小さな留学生』（金曜エンタテイメント）	長崎放送	2000.2.26			○		
『大陸からの風吹く冬 ～長崎・崇福寺～』	フジテレビジョン	2000.5.5	◎				
『若者たち』（ゴールデン洋画劇場）	NHK 総合	2000.9.16		△		☑	
『私の太陽』（金曜エンタテイメント）	フジテレビジョン	2000.11.25		△			
『新長崎歴史散歩 長崎華僑プレスステーション』	フジテレビジョン	2001.4.27		△			
『泣きながら生きて』（金曜プレステージ）	長崎放送	2001.9.23	◎				
『ようこそ神戸へ熱烈歓迎祭からー 第九回 世界華僑大会から』（ハイビジョン特集）	フジテレビジョン	2006.11.3		△			
『無国籍～ワタシの国はどこですか～』（ハイビジョン特集）	NHK BS2	2007.11.23		△		☑	
『"無国籍"を知っていほしい～始まった支援の現場～』（福祉ネットワーク）	NHK BS Hi	2009.3.25		△		☑	
『我愛池袋～もうひとつの震災物語～』（ノンフィクション）	NHK 教育	2009.4.14		△		☑	
	フジテレビジョン	2012.2.12		△		☑	

第4章　原子力の樹（鳥谷 昌幸）

番組タイトル	放送局	放送年月日	◎	△	○	☑	×
『302 週間話題 濃縮ウラン東海村へ』	毎日世界ニュース	1957.6.4	◎				
『315「原子の火」ついにともる』	毎日世界ニュース	1957.9.3	◎				
『413 週間話題 1000万ドルの平和攻勢』	毎日世界ニュース	1959.7.8	◎				
『鉄腕アトム 第1回放送』	フジテレビジョン	1963.1.1	◎				
『原子炉の周辺』(日本の素顔)	NHK総合	1963.2.10		△		☑	
『原子力潜水艦 SSN579』(NHK特派員報告)	NHK総合	1964.10.6		△		☑	
『未来への道 科学技術館をたずねて』(みんなの科学)	NHK教育	1965.4.16	◎			☑	
『テレビドキュメンタリー 佐世保港1号イレ』	長崎放送	1965.5.13	◎				
『米原子力空母エンタープライズ』(NHK特派員報告)	NHK総合	1965.12.28		△		☑	
『本土(佐)化と沖縄』(NHK特派員報告)	NHK総合	1968.6.11		△		☑	
『佐世保激動の記録』	長崎放送	1968.6.14	◎				
『巨大科学 6 原子力新時代』(海外取材番組)	NHK	1970.2.12		△		☑	
『放射性廃棄物のゆくえ』(あすへの記録)	NHK総合	1971.6.2		△		☑	
『温水の海へ原子力発電の熱汚染』(あすへの記録)	NHK総合	1972.11.5		△		☑	
『サーカスの来るころ～福島県浪江～』(新日本紀行)	NHK総合	1973.12.10		△		☑	
『太陽と人間 第6集 白いヒカリを求めて』(海外取材番組)	NHK	1974.1.16		△		☑	
『ドキュメンタリー 係留7か月 ～原子力船「むつ」～』	NHK	1975.5.16		△		☑	
『70年代はおれらの世界 原子力発電 新しいエネルギーへの選択』	NHK	1975.6.26		△		☑	
『海と人間 第9集 海をひらく』	NHK	1975.9.17		△		☑	
『ドキュメンタリー「むつ」の行方』	NHK	1975.11.7		△		☑	
『エネルギー 第3集 ゆれる核エネルギー』(海外取材番組)	NHK	1976.4.21		△		☑	
『見えない防衛線 ～米・ソ海洋戦略と太平洋～』(NHK特集)	NHK総合	1976.7.15		△		☑	
『原子炉安全テスト』(あすへの記録)	NHK総合	1976.12.15		△		☑	
『地球時代 いま原子力発電は…』	テレビ東京	1977.1.17	◎				
『耐震設計』(あすへの記録)	NHK総合	1977.3.2		△		☑	
『高速増殖炉・常陽』(NHK特派員報告)	NHK総合	1977.4.13		△		☑	
『カーターの原子力政策』(NHK特派員報告)	NHK総合	1977.7.19		△		☑	
『特集 原子力船むつ10年の航跡』	NHK総合	1978.10.10		△		☑	
『核の時代1 米ソ対決を海にみた』(NHK特集)	NHK総合	1979.3.2		△		☑	

放送番組で読み解く社会的記憶

番組タイトル	放送局	放送年月日	◎	○	△	☑	×
『これが原子炉だ』	NHK総合	1979.4.6			△	☑	
『エネルギー開発のゆくえ　原子力発電』（テレビの旅）	NHK教育	1980.11.18			△	☑	
『原子力　秘められた巨大技術 (1) 〜これが原子炉だ〜』（NHK特集）	NHK総合	1981.7.10	◎			☑	
『原子力　秘められた巨大技術 (2) 〜「安全」はどこまで〜』（NHK特集）	NHK総合	1981.7.17	◎				×
『原子力　秘められた巨大技術 (3) 〜どう葬てる放射能〜』（NHK特集）	NHK総合	1981.7.24			△	☑	
『いま原子力を考える』（NHK特集）	NHK総合	1981.8.3			△	☑	
『リポート '81「里づくりと原発」高知県窪川町』（明るい農村）	NHK総合	1981.8.26			△	☑	
『原子力・遠い道 (4) 折りづるの世界へ』（女性手帳）	NHK総合	1981.9.3			△	☑	
『原子力　遠い道 (5) 21世紀への条件』（女性手帳）	NHK総合	1981.9.4			△	☑	
『原子力船むつ回航の条件』（東北リポート）	NHK総合	1982.3.19			△	☑	
『土曜リポート (1) 原発住民投票条例・高知県窪川町 (2) 香港マネー事情』	NHK総合	1982.7.17	◎			☑	
『リポート '82「原子力船でゆれる浜」青森県むつ市ほか』（明るい漁村）	NHK総合	1982.9.22	◎			☑	
『エネルギーの科学（高等学校特別シリーズ）原子力』	NHK教育	1982.9.27			△	☑	
『日本新地図　若狭湾』	NHK総合	1982.10.15	◎			☑	
『土曜リポート (1) 原爆線量再測定 (2) 限りなき大地　オーストラリア中央地帯』	NHK総合	1982.12.4			△	☑	
『原発定期検査』（ルポルタージュにっぽん）	NHK総合	1983.2.24			△	☑	
『リポート '83「原発誘致にゆれる島　山口県上関町』（テレビの旅）	NHK総合	1983.4.27			△	☑	
『エネルギー開発のゆくえ　〜原子力〜』（テレビの旅）	NHK教育	1983.11.22			△	☑	
『証言・現代史「西堀栄三郎」探検精神半世紀』(2) 品質管理から原子力〜』（NHK教養セミナー）	NHK教育	1984.3.14			△	☑	
『描かれる原子力半島　下北』（NHK東北アワー）	NHK総合	1984.8.23			△	☑	
『特集・核燃料輸送を追う』（JNNニュースコープ）	TBS	1984.10.25	◎			☑	
『描かれる原子力半島　下北はいま』（NHK東北アワー）	NHK総合	1984.12.27			△	☑	
『海水からウランをとる　年産10キロの実証プラント建設』（資源情報 85）	NHK教育	1985.1.19			△	☑	
『追跡　核燃料輸送船』（NHK特集）	NHK総合	1985.1.28	◎				×
『福島、浜通り　原子力発電地帯』（日本地理（中学校特別シリーズ））	NHK教育	1985.9.10			△	☑	
『六ヶ所村の二人組組合長　核燃基地の波紋』（RABレーダースペシャル特集）	青森放送	1986.6.27	◎			☑	
『よみがえる被爆データ　ヒロシマとテニアンパイル』（NHK特集）	NHK	1986.8.4			△	☑	
『調査報告チェルノブイリ事故 (2) ここまでわかった放射能汚染地図』（NHK特集）	NHK	1986.9.29	◎			☑	
『円高、いまあなたの食卓は　どうなっている安全性のチェック』（くらしの経済セミナー）	NHK教育	1987.4.18			△	☑	
『ペンにかけた村長正念場　〜下北半島・東通村〜』（ぐるっと海道 3 万キロ）	NHK総合	1987.6.1	◎				×
『報道特集　はずれゆの末ゆいたち』	青森放送	1987.6.30	◎			☑	

360

資料編　関連番組一覧

番組タイトル	放送局	放送年月日	◎	○	△	☑	×
『怒れ、グルメ！これでいいか日本の食卓3』（そこが知りたい）	TBS	1987.9.1	◎				
『クローズアップ 原子炉解体 最大の汚染物質はどう処理されるか』	NHK	1987.10.27	◎			☑	
『放射能 食料汚染―チェルノブイリ事故・2年目の秋』（NHK特集）	NHK総合	1987.11.16	◎			☑	
『むつ、廃船への船出 下北半島18年の記録』（NNNドキュメント'88）	青森放送	1988.2.14	◎				
『北海道中ひとめぐり 荒海に文明開化の音がする 北海道泊村』（ふるさとネットワーク）	NHK総合	1988.2.28	◎		△		
『テレビ・私の履歴書 向坊隆』	テレビ東京	1988.3.30	◎				
『原子炉解体 放射性廃棄物をどうするか』（NHK特集）	NHK総合	1988.6.27	◎				
『3年後のチェルノブイリ 広島放射線研究者の現場報告』（ETV8）	テレビ朝日	1988.7.29	◎		△		
『いま原子力を問う／シリーズ21世紀 (1) 危険は克服できるか (2) 原子力は安いエネルギーか (3) 推進か撤退か ヨーロッパの模索』（NHKスペシャル）	NHK教育	1989.3.8	◎				
『変わる港町・北海道 "原発議会"の3日間』（中学校特別シリーズ 日本地理）	NHK総合	1989.4.5～7	◎		△		
『反古にされた90万人署名・教賀～』（NNNドキュメント'89）	札幌テレビ放送	1989.7.9	◎				
『核、まいね 六ヶ所村末る日まるる日 シリーズ過疎と原子力 (1)』（NNNドキュメンタリー'90）	NHK教育	1989.9.26	◎		△		
『原発立地はこうして進む 奥能登・土地攻防戦』（ドキュメンタリー'90）	テレビ朝日	1989.10.28	◎		△		
『核、まいね6 いま燃凍結の村で』（NNNドキュメント'90）	青森放送	1989.11.19	◎				
『汚染地帯に何が起きているか チェルノブイリ事故から4年』（NHKスペシャル）	青森放送	1990.5.23	◎				
『ハイゼンベルグ 量子力学の父 (1) 原子物理学との出会い (2) 量子力学の確立新世界への出発 (3) ナチと原爆と (4) 政治と科学～研究者の責任について』（NHKセミナー 20世紀の群像）	NHK総合	1990.7.9	◎				
『チェルノブイリ小児病棟 5年目の報告』（NHKスペシャル）	NHK教育	1990.8.5	◎				
『ホットジャーナル（特集）核査察・実態はこれだ！』（NHKミッドナイトジャーナル）	NHK	1991.1.21～24	◎		△		
『ホットジャーナル（特集）これがウラン濃縮工場だ』（NHKミッドナイトジャーナル）	NHK	1991.8.4	◎				
『アインシュタイン・ロマン (5) E＝mc2 隠された設計図』	NHK総合	1991.10.3	◎		△		
『どうする危険な旧い型原発 ハペビン報告 自由貿易にかける子どもたち』	NHK総合	1991.11.5	◎		△		
『はだしのゲンは忘れないーチェルノブイリの子供たち』	NHK総合	1991.11.24		○			
『ヨンエちゃんの夏休み・チェルノブイリとの一週間』（特報 首都圏92）	テレビ朝日	1992.7.12	◎		△		
『核廃棄物投棄 これが実態だ』（クローズアップ現代）	NHK総合	1992.8.8	◎		△		
『調査報告 チェルノブイリ大国・日本 (1) 核兵器と平和利用のはざまで (2) 核燃料サイクルの夢と現実』（NHKスペシャル）	NHK総合	1992.9.5	◎		△		
『汚染大地から ブルトニウム大国・日本 (1) 核兵器と平和利用のはざまで (2) 核燃料サイクルの夢と現実』（NHKスペシャル）	福島中央テレビ	1993.4.7	◎				
	NHK総合	1993.4.26	◎			☑	
『能登の海・風だより』	石川テレビ放送	1993.5.21/23	◎				
		1993.5.31	◎				

放送番組で読み解く社会的記憶

番組タイトル	放送局	放送年月日	◎	△	○	☑	×
『チェルノブイリ小児病棟―求められる医療協力』	広島ホームテレビ	1993.7.31	◎				
『中部 NOW 能登に"原子の火"が燃える 検証・志賀原発の25年』	NHK 総合	1993.10.23		△		☑	
『ロシア 巨大科学技術の夢の跡』（クローズアップ現代）	NHK 総合	1994.1.5	◎				
『隠された事故報告・チェルノブイリ』（NHK スペシャル）	NHK 総合	1994.1.16		△		☑	
『蒸気発生器交換 初期の原発に何が起きているか』（クローズアップ現代）	NHK 総合	1994.3.9		△			
『原発導入のシナリオ～冷戦下の対日原子力戦略～』（現代史スクープドキュメント）	NHK 教育	1994.3.16	◎				
『わたしたちの生活とエネルギー』（ジャパン＆ワールド）	NHK 教育	1994.10.25		△			
『原発、住民たちの問い～新潟・巻町 自主投票のゆくえ～』（特報 首都圏'95）	NHK 総合	1995.2.12		△			
『迷走する住民投票～新潟県巻町 原発賛否に揺れた一年～』（クローズアップ現代）	NHK 総合	1995.10.4		△			
『大賞 原発に映る民主主義 巻町民主主義巻町民 25年目の選択』（'95 "地方の時代"映像コンクール入賞作品）	NHK 教育	1995.12.24		△			
『謎の16票の行方』（あすを読む）	北陸朝日放送	1996.1.14	◎				
『原発思考』（あすを読む）	NHK 総合	1996.4.18		△			
『潜入・原潜解体工場～限界にきたロシアの核管理～』（クローズアップ現代）	NHK 総合	1996.5.13	◎				
『原発・住民投票～小さな町の大きな選択～』（NHK スペシャル）	NHK 総合	1996.8.23		△			
『原発廃炉』（あすを読む）	NHK 総合	1996.9.26		△			
『240億円は誰のもの？ ～新潟・原発交付金の使い道～』（日曜スペシャル）	NHK 総合	1997.7.13		△			
『チェルノブイリ診療日記』	NHK BS1	1997.7.20		△			
『原子炉大改修～原発心臓部に何が起きたか～』（クローズアップ現代）	NHK 総合	1997.12.17		△			
『ドトム会の32人 動燃一期生の夢と挫折』（NHK スペシャル）	NHK 総合	1998.3.20		△			
『原発解体 放射性廃棄物をどう処理するのか』（サイエンスアイ）	NHK 教育	1998.4.11		△			
『原子力解体 (1) 安全なエネルギーはあるか (2) 代わるエネルギーはあるか』（インターネット・ドキュメンタリー 地球法廷）	NHK BS1	1998.8.8〜9		△			
『あふれる使用済み核燃料』（クローズアップ現代）	NHK 総合	1998.9.16	◎				
『科学を人間の手に 高木仁三郎・闘病からのメッセージ』（未来潮流）	NHK 教育	1999.2.6		△			
『ドイツ脱原発』（あすを読む）	NHK 総合	1999.3.4		△			
『検証・牧歌原発』（あすを読む）	NHK 総合	1999.7.23		△			
『最悪の被ばく事故はなぜ起きたか～検証・東海村臨界事故～』（クローズアップ現代）	NHK 総合	1999.10.4		△			
『原子力と防災』（あすを読む）	NHK 総合	1999.10.4		△			
『神々の詩 わがままな人～ウクライナの黒い大地に生きて』	TBS	1999.11.7	◎				
『見直しは可能か？原子力の安全管理』（BS 討論）	NHK BS1	2000.2.5		△		☑	
『住民参加で変わるか？環境アセスメント 山口県・上関原発計画の場合』（ETV 特集）	NHK 教育	2000.2.23		△		☑	

362

資料編　関連番組一覧

番組タイトル	放送局	放送年月日	◎	△	○	☑	×
『神々の詩　わがまま巨人ターンクライナーの黒い大地に生きて』	TBS	1999.11.7	◎			☑	
『あすを読む ドイツの脱原発政策』	NHK総合	2000.6.23		△		☑	
『原子力安全のコスト』(あすを読む)	NHK総合	2000.7.7		△			
『豊穣なる「荒れ地」にーある市民団体の10年』(NBS月曜スペシャル)	長野放送	2000.7.24	◎			☑	
『あきらめから希望へ　市民科学者・高木仁三郎さんが伝えたこと』(ETV2000)	NHK教育	2000.10.26		△		☑	
『原発ごみをどう処理するか』(BSフォーラム)	NHK BS1	2000.11.18		△		☑	
『シナリオは極秘に　〜新しい原子力防災訓練〜』(クローズアップ現代)	NHK総合	2000.12.21		△		☑	
『チェルノブイリ　残された"負の遺産"』(クローズアップ現代)	NHK総合	2001.1.11		△		☑	
『エネルギーシフト [1] 電力革命がはじまった 〜ニューヨーク・市民の選択〜』(NHKスペシャル)	NHK総合	2001.2.10	◎			☑	
『シリーズ 国際ボランティア看聞記 第1回チェルノブイリ診療記』(クローズアップ現代)	NHK教育	2001.5.14		△		☑	
『追い詰められた核燃料サイクル 谷田部雅嗣』(あすを読む)	NHK総合	2001.5.28		△		☑	
『原子力政策の岐路 谷田部雅嗣』(あすを読む)	NHK総合	2001.5.29		△			
『反旗を翻した原発の村』	新潟放送	2001.6.1	◎			☑	
『新潟刈羽村の反乱　ラピカ事件とプルサーマル住民投票』	テレビ新潟放送網	2001.6.11	◎				
『20世紀・日本の姿 9 東北−3 石炭から原発へ』(10min.ボックス)	NHK教育	2001.8.29		△		☑	
『原発の安全と老朽化』谷田部雅嗣』(あすを読む)	NHK総合	2001.11.21		△		☑	
『原発の配管破断 〜浜岡原発事故の衝撃〜』(クローズアップ現代)	NHK総合	2002.1.28		△		☑	
『主婦たちの原発映画』(こんにちは いっと6けん)	NHK総合	2002.2.1		△		☑	
『自然エネルギーへの挑戦 (2) "浪費なき成長"は可能か』(ETV2002)	NHK教育	2002.6.6		△		☑	
『原発の信頼性と安全』谷田部雅嗣』(あすを読む)	NHK総合	2002.8.1		△		☑	
『続く原発への不信』谷田部雅嗣』(あすを読む)	NHK総合	2002.10.3		△		☑	
『問われる企業倫理　〜なぜ不祥事は続発したのか〜』(ETV2002)	NHK教育	2002.12.26		△		☑	
『原発の安全をどう守るのか　〜維持基準導入の課題〜』(クローズアップ現代)	NHK総合	2003.3.6		△		☑	
『原発の再稼働と信頼　谷田部雅嗣』(あすを読む)	NHK BS Hi	2003.7.4		△		☑	
『原発・不正の教訓は』(あすを読む)	NHK総合	2003.9.24		△		☑	
『東海村臨界事故への道』(NHKスペシャル)	NHK総合	2003.10.11		△			×
『解体 ロシア老朽原発　どうする日本の支援』(クローズアップ現代)	NHK総合	2004.1.27		△		☑	
『国策の顛末 珠洲原発29年目の破綻』(プレメンタリー2004)	北陸朝日放送	2004.3.13	◎			☑	
『勝負なき28年 原発で割れた町は…』(NNNドキュメント'04)	テレビ金沢	2004.4.19	◎				
『そして原発は消えた　珠洲　対立と混乱の29年』	北陸朝日放送	2004.4.29		△			
『どう処理する使用済み核燃料　〜動き出す核燃料サイクル〜』(クローズアップ現代)	NHK総合	2004.11.24		△		☑	

放送番組で読み解く社会的記憶

番組タイトル	放送局	放送年月日	◎	△	○	☑	×
『新原子力政策の課題 平石富男』（あすを読む）	NHK総合	2005.7.28		△			
『核燃の村 苦悩と選択の記録 青森県六ヶ所村』（ETV特集）	NHK教育	2006.1.7		△			
『この人この世界 禁断の科学 軍事・コンピューター 第6回「原子力の現在は」』（知るを楽しむ）	NHK教育	2006.1.16		△			
『核と日本の原子力』（あすを読む）	NHK総合	2006.3.28		△			
『チェルノブイリ 20年目の歌声』（BSドキュメンタリー）	NHK BS1	2006.4.22		△			
『隠された原子力 20年目の歌声』（BSドキュメンタリー）	NHK総合	2007.3.24		△			
『原子力発電所で事故？いよいよ開花！さくら！』（週刊こどもニュース）	NHK総合	2007.4.24		△			
『隠される原発～問われる原発の体質～』（クローズアップ現代）	NHK総合	2007.8.19		△			
『原子力・エネルギー政策を問う』（日曜討論）	NHK総合	2007.9.1		△			
『ウラン押さえろ～原子力エネルギー攻防戦～』（クローズアップ現代）	NHK総合	2007.10.22		△			
『原発停止 どうする電力』（特報首都圏）	NHK総合	2007.10.26		△			
『原発 いま何が問われているのか ～東海地震と浜岡原発 判決の波紋～』（07ドキュメント静岡）	静岡第一テレビ	2007.11.9	◎				
『世界原発建設ラッシュ 問われる日本』（クローズアップ現代）	NHK総合	2008.2.19		△			
『日本どアメリカ 第1回 "アメリカ" 買取～グローバル化への苦闘～』（NHKスペシャル）	NHK総合	2008.10.26		△			
『歴史をテレビ～時代を映した決定的瞬間～』（その時歴史が動いた）	NHK総合	2009.3.11		△			
『消えない不安～臨界事故から10年～』（特報首都圏）	NHK総合	2009.10.9		△			
『原発解体～世界の現場は警告する～』（NHKスペシャル）	NHK総合	2009.10.11		△			
『～NHKアーカイブス～「岬の日々 海に誓う 愛媛県佐田岬半島～」（新日本紀行ふたたび）	NHK総合	2010.5.29		△			
『原発受注 アジアで巻き返せるか』（Bizスポ）	NHK総合	2010.10.27		△			
『日めくりタイムトラベル 昭和61年！ 』	NHK BS2	2010.11.27		△			
『原発受注、信頼回復への道』（サイエンスZERO）	NHK教育	2010.12.11		△			
『ニッポンの生きる道』（NHKスペシャル 2011）	NHK総合	2011.1.1		△			
『シリーズ 受賞作品 東北関東大震災』地下深く 永遠に～核廃棄物 10万年の危険～』（BS世界のドキュメンタリー）	NHK BS1	2011.2.16		△			
『緊急報告 東北関東大震災』	NHK総合	2011.3.13		△			
『緊急報告 福島原発』	NHK総合	2011.3.16		△			
『大震災と原発』（視点・論点）	NHK教育	2011.3.21		△			
『原発事故 広がる波紋』（クローズアップ現代）	NHK総合	2011.3.24		△			
『～東北関東大震災から2週間～「福島原発事故 政府の対応を問う」』（日曜討論）	NHK総合	2011.3.25		△			
『第1部「福島原発事故 未曾有の事態にどう対応するか』（首都圏でいま何が）	NHK総合	2011.3.27		△			
『特集・双方向解説 福島県の企業・農家は 外国人が日本を脱出相次ぐ採用活動延期』（Bizスポ）	NHK総合	2011.3.28		△			
『原発事故、福島県の企業・農家は 外国人が日本を脱出相次ぐ採用活動延期』（Bizスポ）	NHK総合	2011.3.28		△			

364

資料編　関連番組一覧

番組タイトル	放送局	放送年月日	◎	△	○	☑	×
『原発避難』（特報首都圏）	NHK総合	2011.4.1		△		☑	
『原発災害者の地にて～対談 玄侑宗久 吉岡忍～』（ETV特集）	NHK教育	2011.4.3		△		☑	
『町を失いたくない～福島・浪江町 原発事故の避難者たち～』（クローズアップ現代）	NHK総合	2011.4.7		△		☑	
『原発 放射線 どう向きあうのか』（特報首都圏）	NHK総合	2011.4.8		△		☑	
『東日本大震災1か月 第1部「福島第一原発事故 出口は見えるのか」第2部「生活再建に何が必要か」』（NHKスペシャル）	NHK総合	2011.4.9		△		☑	
『地球テレビ100』	NHK BS1	2011.4.9		△			
『震災・原発最新情報』（2011 統一地方選開票速報）	NHK総合	2011.4.10		△			
『大震災をどう乗りこえるのか？』（大人ドリルスペシャル）	NHK総合	2011.4.12		△			
『地球テレビ100』	NHK BS1	2011.4.16		△			
『大震災・原発事故 いま政治は何をすべきか』（日曜討論）	NHK総合	2011.4.17		△			
『原発事故 レベル7の重み』（視点・論点）	NHK総合	2011.4.20		△			
『電気が足りない！ 暮らしは変わろう～』（視点・論点）	NHK総合	2011.4.22		△			
『大震災と原発事故の中の統一地方選挙』（首都圏スペシャル）	NHK総合	2011.4.29		△			
『原発とどう向き合うのか』（ASIAN VOICES）	NHK BS1	2011.4.30		△			
『東日本大震災 世界はいま何ができるのか』（プロジェクトWISDOM）	NHK BS1	2011.4.30		△			
『山口隆 Part2』（佐野元春のザ・ソングライターズ）	NHK教育	2011.4.30		△			
『漁場を返せ～原発事故に苦しむ福島県相馬市～ 被災地 再起への記録 －』	NHK BS1	2011.5.8		△			
『シリーズ チェルノブイリ事故 25年「永遠のチェルノブイリ」』（BS世界のドキュメンタリー）	NHK BS1	2011.5.11		△			
『シリーズ チェルノブイリ事故 25年「被ばく（ひばく）の森はいま」』（BS世界のドキュメンタリー）	NHK BS1	2011.5.12		△			
『シリーズ チェルノブイリ事故 25年「見えない敵」』（BS世界のドキュメンタリー）	NHK BS1	2011.5.13		△			
『大震災を乗り越えて～茨城の生産者は今～』（特集 キッチンが走る！）	NHK総合	2011.5.15		△			
『政治の対応を問う 福島原発事故・浜岡原発停止』（日曜討論）	NHK総合	2011.5.15		△			
『ハーバードからのメッセージ 世界は震災から何を学べるか（前編、後編）』	NHK BS1	2011.5.15		△	○		
『ネットワークで作る放射能汚染地図 福島原発事故から2か月』（ETV特集）	NHK教育	2011.5.17～18		△			
『シリーズ 放射性廃棄物はどこへ「終わらない悪夢」（前編、後編）』（BS世界のドキュメンタリー）	NHK BS1	2011.5.21		△			
『故郷に戻れる日まで～原発立地・大熊町民の今～』（目撃！日本列島）	NHK総合	2011.5.27		△			
『"原発からの避難" 追跡75日』（首都圏スペシャル）	NHK総合	2011.6.1		△			
『福島原発事故の放射線健康リスク』（視点・論点）	NHK総合	2011.6.2		△			
『間違いだらけのエネルギー選び』（爆笑問題のニッポンの教養）	NHK教育	2011.6.2		△			
『被災地・福島県障害者はいま』（きらっといきる）	NHK教育	2011.6.3		△		☑	

365

放送番組で読み解く社会的記憶

番組タイトル	放送局	放送年月日	◎	△	○	☑	×
『続報 放射能汚染地図』（ETV特集）	NHK教育	2011.6.5		△		☑	
『シリーズ 原発危機 第1回「事故はなぜ深刻化したのか」』（NHKスペシャル）	NHK総合	2011.6.5		△		☑	
『広がる原発停止の波紋』（クローズアップ現代）	NHK総合	2011.6.7		△		☑	
『原発事故に揺れる港町〜北茨城市 大津漁港〜』（目撃！日本列島）	NHK総合	2011.6.11		△		☑	
『東日本大震災 第1部「復興はなぜ進まないのか〜被災地からの報告〜」』（NHKスペシャル）	NHK総合	2011.6.11		△		☑	
『シリーズ東日本大震災から3か月 「原発のある町から」』（地球アゴラ）	NHK BS1	2011.6.12		△		☑	
『原発事故3か月 避難者たちは今』（クローズアップ現代）	NHK総合	2011.6.13		△		☑	
『原発事故と日米同盟』（クローズアップ現代）	NHK総合	2011.6.14		△		☑	
『特集 原発事故 ゆれるナゾ農家の思い〜福島 相馬〜』（ゆうどきネットワーク）	NHK総合	2011.6.20		△		☑	
『どこへ向かう 世界のエネルギー政策』（プロジェクトWISDOM）	NHK BS1	2011.6.25		△		☑	
『どうなる？日本の電力』（大人ドリル）	NHK総合	2011.6.27		△		☑	
『地球テレビ100』	NHK BS1	2011.7.2		△		☑	
『シリーズ 原発危機 第2回「広がる放射能汚染」』（NHKスペシャル）	NHK総合	2011.7.3		△		☑	
『大江健三郎 大石又七 核をめぐる対話』（ETV特集）	NHK教育	2011.7.3		△		☑	
『シリーズ 放射性廃棄物はどこへ 「旧ソ連 原子力潜水艦 どうする原発 第一部」』（BS世界のドキュメンタリー）	NHK BS1	2011.7.8		△		☑	
『シリーズ 原発危機 第3回「徹底討論 どうする原発 第一部」』（NHKスペシャル）	NHK総合	2011.7.9		△		☑	
『どうする原発再稼働問題 エネルギー政策を問う』（日曜討論）	NHK総合	2011.7.10		△		☑	
『原発被害者"進まぬ救済"』（クローズアップ現代）	NHK総合	2011.7.14		△		☑	
『細野大臣に問う 原発再稼働は？事故収束は？』（日曜討論）	NHK総合	2011.7.17		△		☑	
『特集 新日本紀行ふたたび』	NHK総合	2011.7.18			○		
『大震災 ふるさとの記録〜福島 飯舘村 岩手・田野畑村〜』（特集 新日本紀行ふたたび）	NHK BS1	2011.7.18		△		☑	
『シリーズ あらがえぬ真実の追求「ドキュ・ドラ チェルノブイリの真相〜ある科学者の告白〜」』（BS世界のドキュメンタリー）	NHK BS1	2011.7.22		△		☑	
『もう安心？まだ危険？放射能とどう向き合うのか』（NHKスペシャル）	NHK総合	2011.7.22		△		☑	
『飯舘村〜人間と放射能の記録〜』（クローズアップ現代）	NHK総合	2011.7.23		△		☑	
『双方向解説 そこが知りたい！「どうする原発、エネルギー政策」』	NHK総合	2011.7.25		△		☑	
『字幕ニュース「東日本大震災 放射能の不安の中で」』（ろうを生きる 難聴を生きる）	NHK教育	2011.7.23		△		☑	
『ヒロシマの黒い太陽』（ハイビジョン特集）	NHK BSプレミアム	2011.7.31		△		☑	
『内部被曝（ばく）』に迫るチェルノブイリからの報告〜』（ドキュメンタリーWAVE）	NHK BS1	2011.8.6		△		☑	
『シリーズ エネルギー革命「地上の太陽"核融合"発電は実現するか〜」』（BS世界のドキュメンタリー）	NHK BS1	2011.8.11		△		☑	
『特別シリーズ 福島をずっと見ているTV Vol.3「秋にできる私たちの米」』（青春リアル）	NHK教育	2011.8.12		△		☑	

366

資料編　関連番組一覧

番組タイトル	放送局	放送年月日	◎ △ ○ ☑ ×
『福島第一原発　作業員は何が』(追跡！A to Z)	NHK 総合	2011.8.12	△
『アメリカから見た福島原発事故』(ETV 特集)	NHK 教育	2011.8.14	△
『特集・取り戻せるか　原発で失われた暮らし』(ゆうどきネットワーク)	NHK 総合	2011.8.23	△
『シリーズ日本新生　第1回「どう選ぶ？わたしたちのエネルギー」』(NHK スペシャル)	NHK 総合	2011.8.25	△
『独立性の高い原子力規制機関を』(視点・論点)	NHK 総合	2011.8.26	△
『シリーズ日本新生「市民討論　どう選ぶ？わたしたちのエネルギー　第一部」』(NHK スペシャル)	NHK 総合	2011.8.27	△
『ネットワークでつくる放射能汚染地図 (3)』(ETV 特集)	NHK 教育	2011.8.28	△
『原子炉で何が起きていたのか～炉心溶融・水素爆発の真相に迫る』(サイエンス ZERO)	NHK 教育	2011.9.3	△
『町をどう存続させるか～岐路に立つ原発避難者たち～』(クローズアップ現代)	NHK 総合	2011.9.7	△
『日銀金融政策　米小型原発事故半年』(Biz スポ)	NHK 総合	2011.9.7	△
『再起への新戦略・原発事故半年』(Biz スポ)	NHK 総合	2011.9.8	△
『家族は放射能の向こうに～ある"原発避難者"の6か月～』(明日へ　再起への記録)	NHK 総合	2011.9.8	△
『ぼくたちの再会～南相馬"原発避難"の子どもたち～』(目撃！日本列島)	NHK 総合	2011.9.10	△
『震災復興　誰が金を払うのか』(マイケル・サンデル　究極の選択)	NHK 総合	2011.9.10	△
『全村避難～飯舘村　ある家族の150日～』	NHK 総合	2011.9.11	△
『大災害　心の傷と不安「放射線　どう向き合う？」』(きょうの健康)	NHK 教育	2011.9.13	△
『フクシマの衝撃～フランス・揺れる国境の原発～』(ドキュメンタリー WAVE)	NHK BS1	2011.9.17	△
『シリーズ　原発事故への道程 (前編)「置き去りにされた慎重論」』(ETV 特集)	NHK 総合	2011.9.18	△
『子どもだけの避難生活』(ヒューマンドキュメンタリー)	NHK 総合	2011.9.19	△
『シリーズ　原発事故への道程 (後編)「そして"安全"は神話になった」』(ETV 特集)	NHK 教育	2011.9.25	△

367

放送番組で読み解く社会的記憶

第5章 「水俣」の樹 (小林 直毅)

番組タイトル	放送局	放送年月日	◎	△	〇	☑	×
『奇病のかげに』(日本の素顔 第99集)	NHK総合	1959.11.29	◎	〇			
『111 奇病 15年のいま』	熊本放送	1969.1.21	◎	△	〇		
『チッソ株主総会』(現代の映像)	NHK総合	1970.12.4		△	〇		
ドキュメンタリー 苦海浄土	RKB毎日放送	1970.12.25	◎			☑	
『埋もれた受難者たち 水俣病未認定患者』(人間列島)	NHK総合	1971.7.1		△	〇	☑	
『特集 ドキュメンタリー 水俣の17年』	NHK総合	1972.3.26		△	〇		
『特別番組 村野タマの証言〜水俣の17年〜』	NHK総合	1972.10.21		△	〇		
『テレビの旅 いま水俣は… 公害1』	NHK総合	1975.1.27		△	〇		
『ドキュメンタリー 埋もれた報告〜熊本県公文書の語る水俣病』	NHK総合	1976.12.18	◎	△	〇		
『水俣・祈りの"甘夏"〜熊本県水俣市〜』(明るい農村)	NHK総合	1985.1.23		△	〇		
『水俣病はいま〜熊本県不知火海〜』(リポートにっぽん)	NHK教育	1985.12.3		△			
『苦海からの叫び〜水俣病30年〜』(NNNドキュメント'86)	熊本県民テレビ	1986.7.20	◎	△			
『そして俺は漁師になった〜熊本・不知火海〜』(ぐるっと海道3万キロ)	NHK総合	1987.10.19		△	〇		
『水俣断〜水俣病40年目の政治決着〜』(ETV特集)	NHK教育	1995.10.19	◎	△			
『市民たちの水俣病』	熊本放送	1997.5.31	◎				
『水俣病 空白の病像』	熊本放送	2002.11.30		△	〇		
『不信の連鎖〜水俣病は終わらない〜』(NHKスペシャル)	NHK総合	2004.12.12		△	〇	☑	
『水俣病2度目の幕引き〜〜加害者救済法成立〜〜』	熊本放送	2009.9.23		△			
『水俣 (ほたるの家)』	熊本放送	2010.5.31		△			

368

第6章 失業の樹（伊藤 守）

番組タイトル	放送局	放送年月日	◎	△	○	×
『黒い羽根運動によせて 救いを主ヤマの人々』	RKB毎日放送	1959.10.9	◎	△		
『黒い墓標 石炭産業合理化の断層』（日本の素顔）	NHK総合	1961.12.17		△		
『埋もれた辺境 冬山の臨時労働者』（日本の素顔）	NHK総合	1962.2.11		△		
『失対事業13年』（日本の素顔）	NHK総合	1962.9.23		△		
『ある死者の日記 三池の人災から』	九州朝日放送	1964.2.20	◎			
『組夫』	テレビ西日本	1965.8.7	◎			
『失業者同盟』（現代の映像）	NHK総合	1965.11.28		△	○	
『坑道～片すみの百年』（NHKドキュメンタリー）	NHK総合	1966.11.28	◎		○	
『ほな、山と・・・』（ある人生）	NHK総合	1967.2.18		△		
『ある倒産』（NHKドキュメンタリー）	NHK	1971.8.13		△		
『中高年失業者～飯田橋職安窓口から』（NHKドキュメンタリー）	NHK総合	1976.5.15		△		
『停年交響楽 仙台市次郎氏の不安～追跡 倒産268人の1年』	NHK総合	1977.12.17	◎			
『現代社会の構図 新失業時代 (1) 不況の中の新卒者 (2) 合理化にゆれる中高年』（NHK教養セミナー）	富山テレビ	1981.6.20	◎			
『帰郷～ヨーロッパへの移民労働者』（NHK特集）	NHK教育	1983.3.2/9		△		
『Oh！おっかライン川』	NHK総合	1984.3.2	◎			
『密室の攻防 男女雇用均等法の舞台裏』（NHK特集）	RKB毎日放送	1985.3.23	◎			
『日米テレビポットライン・どうする500億ドル 円高と貿易摩擦』（NHK特集）	NHK総合	1985.5.24	◎			
『世界の中の日本 経済大国の試練 (1) なぜ企業は日本を出ていくのか』（NHK特集）	NHK総合	1986.3.10	◎			
『世界の中の日本 経済大国の試練 (3) 円高の社会はどう変わるのか』（NHK特集）	NHK総合	1986.10.24	◎			
『雇用不安～円高の下で企業に何が起きているか』（NHK特集）	NHK総合	1986.10.26	◎			
『貧しき働くバブ日本人』（サンデーけいざい）	NHK総合	1986.12.12		△		
『完全失業者182万人～全国点検 仕事はどうなる』（NHK特集）	NHK総合	1987.2.26	◎			
『列島縦断リポート 国鉄分割民営化を前に』（NNNドキュメント'87）	NHK総合	1987.3.13		△		
『世界の中の日本 経済大国の苦悩 (3・終) 大量失業社会はくるか』（NHK特集）	日本テレビ放送網	1987.3.29	◎			
『ドキュメント 君は炭労を知っているか』	NHK総合	1987.5.17	◎			
『新・日本人の不安 (1) 残業をやめられます か』（NHKスペシャル）	北海道放送	1987.6.29	◎			
『シリーズ雇用不安 (1) サラリーマンの職場がなくなる (2) どう生き残るホワイトカラー』（くらしの経済）	NHK総合	1992.4.26	◎			
『大量失業時代の処方箋』（日曜スペシャル）	NHK総合	1993.11.27/12.4		△		
	NHK BS1	1995.10.8		△		

放送番組で読み解く社会的記憶

番組タイトル	放送局	放送年月日	◎	○	△	☑	×
『雇用不安〜再就職がだめなから独立』(くらしの経済)	NHK総合	1996.1.20			△	☑	
『転職 独立社会が変わってきた』(なるほど経済)	NHK総合	1996.9.22			△	☑	
『われらの再出発〜失業サラリーマンの6か月』(ドキュメント日本)	NHK総合	1997.4.4			△	☑	
『リストラ・倒産 高まる雇用不安』(クローズアップ現代)	NHK総合	1998.6.18			△	☑	
『日本再建 失業率4.3%〜職場は確保できるか〜 (1) '98秋 飯田橋ハローワーク (2) 会社と社員の関係が変わる』(NHKスペシャル)	NHK総合	1998.10.16/18			△		
『失業者が半減 英国の挑戦』(クローズアップ現代)	NHK総合	2001.5.29			△		
『シリーズ雇用 (1) 中小企業・進む空洞化 (2) 仕事は分け合えるか』(クローズアップ現代)	NHK総合	2001.12.10〜11		○			
『急増 一日契約で働く若者たち』(クローズアップ現代)	NHK総合	2002.1.21			△		
『ワークシェアリングで雇用を〜オランダ』(クローズアップ現代)	NHK総合	2002.2.25			△		
『世界潮流2002 第3回 働く人びとの未来〜大量失業時代をどう生きる』(NHKスペシャル)	NHK BS1	2002.7.31			△		
『ワーキングプアⅠ 働いても働いても豊かになれない』(NHKドキュメンタリー)	NHK総合	2006.7.23			△		
『ワーキングプアⅡ 努力すれば抜けられますか』(NHKドキュメンタリー)	NHK総合	2006.12.10		○			
『ワーキングプアⅢ 解決への道』(NHKドキュメンタリー)	NHK総合	2007.12.16			△		
『ネットカフェ難民〜漂流する貧困者たち』(NNNドキュメント)	日本テレビ放送網	2007.1.28			△		
『ネットカフェ難民2〜雇用が破壊される』(NNNドキュメント)	日本テレビ放送網	2007.6.24			△		
『ネットカフェ難民3〜居場所はどこに』(NNNドキュメント)	日本テレビ放送網	2008.5.25			△		
『FNSドキュメンタリー大賞 石炭奇想曲 夕張、東京、そしてベトナム』	北海道文化放送	2007.5.31	◎				
『日雇いハケン〜ネットカフェ難民4』(NNNドキュメント)	日本テレビ放送網	2008.11.24			△		
『派遣切り〜ネットカフェ難民5』(NNNドキュメント)	日本テレビ放送網	2008.11.24			△		
『特別番組激論！ネットカフェ難民』(NNN NEWS ZERO)	日本テレビ放送網	2007.11.18			△		
『セーフティネット・クライシスⅡ 非正規労働者を守れるか』(NHKスペシャル)	NHK総合	2008.12.15			△		
『援助か搾取か "貧困ビジネス"』(クローズアップ現代)	NHK総合	2008.11.4			△		
『リストラの果て世界不況に流れ込む人々』(NHKスペシャル)	NHK総合	2009.1.26		○			
『アニラー発〜世界不況で暮らしがSOS』(地球アゴラ)	NHK BS1	2009.1.18			△		
『NHKアーカイブス リストラ クローズアップ現代…揺れる雇用』	NHK総合	2009.3.9			△		
『失業率5.2% 自治体の苦闘』(クローズアップ現代)	NHK総合	2009.5.30			△		
『春が来るまで〜浜松 失業からの再出発』(福祉ネットワーク)	NHK総合	2009.6.30			△		
『かけおちネットカフェ〜渋谷2人っきり』(FNN ザ・ノンフィクション)	フジテレビジョン	2010.2.11			△		
		2010.10.3			△		

370

資料編　関連番組一覧

第7章　ベトナム戦争の樹（別府 三奈子）

番組タイトル	放送局	放送年月日	◎	△	○	☑	×
『ベトコンとともに　W・バーチェットの記録』	TBS	1965.2.18	◎			☑	
『大毎ニュース 712 ベトナム特派員報告 嵐の前のサイゴン』	NHK総合	1965.3.17	◎			☑	
『ベトナム中部戦線の表情　前線基地デニュ』	NHK総合	1965.3.25		△		☑	
『大毎ニュース 715 ベトナム特派員報告　米大使館爆破事件』	NHK総合	1965.4.7	◎				
『インドシナの底流 (1) サイゴンの学生たち (2) 山地民族 (3) 祖国のゆくえ～ラオス～ (4) 国境地帯（総集編）戦火と民衆』（海外取材番組）	NHK総合	1965.4.8/15/22/ 29/5.6/23		△		☑	
『この奇妙な戦い　ベトナム戦線をゆく』	テレビ東京	1965.4.12		△		☑	
『南ベトナム海兵大隊戦記』（ノンフィクション劇場）	日本テレビ放送網	1965.5		△			
『ティーチイン　戦争と平和を考える』	東京12チャンネル	1965.8.15		△		☑	
『戦うアメリカ　～拡大するベトナム戦争～』（NHK特派員報告）	NHK総合	1965.8.24		△		☑	
『米原子力空母エンタープライズ』（NHK特派員報告）	NHK総合	1965.12.28		△		☑	
『1965年海外ハイライト』	NHK	1965.12.29	◎				×
『ベトナム帰休兵』（現代の映像）	NHK総合	1966.4.22	◎			☑	
『1966年海外ハイライト』	NHK	1966.12.29	◎				×
『失われた非武装地帯　～南ベトナム～』（NHK特派員報告）	NHK総合	1967.1.10		△		☑	
『大毎ニュース 826 ハト派とタカ派』		1967.5.24	◎			☑	
『ひろがる戦いの影　～ベトナム戦争とタイ～』（NHK特派員報告）	NHK総合	1967.8.1		△		☑	
『大毎ニュース 842 断食』		1967.9.13	◎				
『報道特別番組　ドキュメント　ハノイ　田英夫の証言』	TBS	1967.10.30	◎			☑	
『アメリカのベトナム反戦大集会』（NHK特派員報告）	NHK総合	1967.11.14		△		☑	
『ベトナム輸送船「LST第488号」』	NHK総合	1967.12.27		△		☑	
『大毎ニュース 865 カメラ・レポート　日本の中のベトナム戦争』		1968.2.21	◎				
『ベトナム戦争の記録　北爆停止まで　～フィルム構成』	NHK総合	1968.11.2		△		☑	
『大毎ニュース 909 さようなら1968年』	NHK総合	1968.12.25	◎			☑	
『1968年海外ハイライト』	NHK	1968.12.29	◎				×
『4人の帰還兵～ベトナムから帰ったアメリカ人～』（NHK特派員報告）	NHK総合	1969.6.10	◎			☑	
『日米安保20年』（NHK特集）	NHK総合	1980.5.19		△		☑	
『カメラマン・サワダの戦争～5万カットのネガは何を語るか』（NHK特集）	NHK総合	1982.2.26		△		☑	
『社会主義の20世紀 [7] ベトナム戦争 15年目の真実』（NHKスペシャル）	NHK総合	1990.11.25	◎		○	☑	

371

放送番組で読み解く社会的記憶

番組タイトル	放送局	放送年月日	◎	△	○	☑	×
『ベトナム戦争 20年目の真実』(NHKスペシャル)	NHK総合	1990	◎				
『戦争を記録した男たち ファインダーの中のベトナム戦争』(NHKスペシャル)	NHK総合	1991.7.17		△	○		
『テレビは戦争をどう伝えたか 第2回 テレビの中のイメージと現実』(ETV特集)	NHK教育	1995.4.27		△			
『映像の世紀 第9集 ベトナムの衝撃』(NHKスペシャル)	NHK総合	1995.12.16				☑	
『正義の戦争はあるのか 小田実 対論の旅』(BS特集)	NHK BS1	2000.8.14	◎				
『よみがえる作家の声 開高健〜夏の闇〜』	NHK BS Hi	2002.5.15		△			
『ピューリッツァ賞カメラマン酒井淑夫 たどりついた風景』(スーパーステーション)	ニッポン放送	2004.1.24	◎				
『その時 歴史が動いた これは正義の戦いか ジャーナリストたちのベトナム戦争』	NHK総合	2006.5.31		△			
『あの人に会いたい「小田実」』(NHK映像ファイル)	NHK総合	2007.12.9		△			
『シリーズ ベトナム戦争「ソンミ村 虐殺の真実」(前編・後編)』(BS 世界のドキュメンタリー)	NHK BS1	2010.12.1		△			
『シリーズ ベトナム戦争「戦場のジャーナリスト」』(BS 世界のドキュメンタリー)	NHK BS1	2010.12.3		△			
『叫び声が聞こえる〜ジャーナリストたちのベトナム戦争〜』(ハイビジョン特集)	NHK BS Hi	2011.1.22		△			

資料編　関連番組一覧

第8章　沖縄返還密約の樹（花田 達朗）

番組タイトル	放送局	放送年月日	◎	△	○	☒	×
『この一年 1969年ニュースハイライト』	NHK総合	1969.12.30	◎				×
『特別番組 沖縄返還協定調印日』	NHK総合	1971.6.17		△		△	
『ドキュメンタリー 本土復帰』	NHK総合	1971.12.17		△		△	
『報道特別番組 沖縄苦闘の27年 沖縄戦から復帰まで』	TBS	1972.5.12	◎				
『密約・外務省機密漏洩事件』（ザ・スペシャル）	テレビ朝日	1978.10.12	◎		・		
『TVニュース物語―イメージは何を伝えたか』	TBS	1981.5.29	◎				
『証言・現代史「居良風苗～沖縄祖国復帰」(2) 返還の朝～1972年5月15日～』（NHK教養セミナー）	NHK教育	1983.7.13		△		△	
『4夜連続 現代史「牛場信彦」(2) 米と縄の交渉～沖縄返還と繊維交渉』	NHK総合	1983.7.26		△		△	
『戦後50年 その時の日本は 第7回 沖縄返還はいかに形成されたか 第4回 佐藤栄作と沖縄返還』（ETV特集）	NHK教育	1993.5.13		△		△	
『沖縄返還25年目の真相～米機密文書が示す基地の役割～』（クローズアップ現代）	NHK総合	1995.10.7		△		△	
『日米関係 キーワードは「オキナワ」秘密文書から30年・今語られる真実』（沖縄復帰30周年記念特別番組）	NHK総合	1997.5.13	◎				
『告発―外務省機密漏洩事件から30年・今語られる真実』（沖縄復帰30周年記念特別番組）	琉球朝日放送	1997.5.17	◎				
『メディアの敗北―沖縄返還をめぐる密約と12日間の闘い』	琉球朝日放送	2002.5.15		△		△	
『沖縄返還35年目の真実―日本政府が今もひた隠す"密約"の正体』（ザ・スクープスペシャル）	琉球朝日放送	2003.5.13		△		△	
『核持ち込み密約"新たな証言が"』（ニュース・ウオッチ9）	テレビ朝日	2006.12.10		△		△	×
『密約と岡田外相に問う』（クローズアップ現代）	NHK総合	2009.11.18		△		△	
『密約から40年―対立を超えて』（ニュース・ウオッチ9）	NHK総合	2009.12.7		△		△	×
『密約問題の真相を追う―問われる情報公開』（追跡！AtoZ）	NHK総合	2010.4.8		△		△	
『沖縄返還と密約―アメリカの対日外交戦略』（BS世界のドキュメンタリー）	NHK BS1	2010.5.15		△		△	
『密使 若泉敬―沖縄返還の代償』（NHKスペシャル）	NHK総合	2010.6.19		△		△	
『当事者が明かす沖縄返還"密約"』（ニュース・ウオッチ9）	NHK総合	2010.12.1		△		△	×
『連続ドラマ 運命の人』（日曜劇場）	TBS	2012.1.15～3.18		△		△	

373

第9章 犯罪の樹（大石泰彦）

番組タイトル	放送局	放送年月日	◎	△	○	☑	×
『白日の道 死刑台からの訴え』	西日本放送	1981.6.27	◎				
『嘘 33年目の証言』	熊本放送	1981.8.22		△			
『裁きの跡 梅田事件30年目の検証』（NNNドキュメント'82）	札幌テレビ	1982.6.13	◎				
『執念 生き抜いた死刑囚』	熊本放送	1984.6.27	◎				
『揺れるマスメディア 三億円事件からピーナッツまで』	毎日放送	1987.1.18		△			
『無実を訴えて15年 検証・山中事件』（NNNドキュメント'87）	日本テレビ放送網	1987.6.7	◎				
『裁判・誤判の構造 梅田事件を読みとく』	NHK総合	1988.5.3					×
『ドキュメント冤罪 誤判は防げるか 英・米司法からの報告』	NHK総合	1989.5.2		△			×
『山中事件 真実への17年』	石川テレビ	1989.7.8	◎				
『娘・陽子… 事件被害者と人権』（NNNドキュメント'93）	北日本放送	1993.4.18	◎				
『ジャーニー・オブ・ホープ 死刑囚の家族と被害者遺族の2週間』（日曜スペシャル）	NHK BS1	1996.11.10				☑	
『置き去り 少年法と被害者』（SBCスペシャル）	信越放送	1999.5.20	◎				
『松本サリン事件から5年 高校生が見たテレビ報道』	テレビ信州	1999.6.26	◎				
『独りぼっちないの叫び メールにつづられた被害者の声』（テレメンタリー2000）	山口朝日放送	2000.4.27	◎				
『癒しへの道しるべ 犯罪被害者を守るものは……』	読売テレビ	2000.4.27		△			
『ンザイガカンボイイ…』（NNNドキュメント'00）	福岡放送	2000.6.19	◎				
『消せない記憶 犯罪被害4家族の日々』	中京テレビ	2002.5.24	◎				
『あの日何かが裁かれた？ 筑池綾剣点滴事件』（現代見聞録しゅん）	東北放送	2004.4.10	◎				
『Space2004 おもしろか 犯罪被害者の記録』	サンテレビジョン	2004.7.25	◎				
『シリーズ日本国憲法 第21条 表現の自由と責任を取材の現場で考えた』（現代見聞録しゅん）	フジテレビジョン	2005.5.11	◎				
『加害者と話がしたい 集団暴行死遺族の1500日』（NONFIX）	東北放送	2005.2.12	◎				
『FNSドキュメンタリー大賞 ある出所者の軌跡 浅草レッサーパンダ事件の深層』	北海道文化放送	2005.3.22	◎				
『堺の中の20分 娘を殺された親と受刑者の対話』（NNNドキュメント'05）	ミヤギテレビ	2005.5.25	◎				
『証拠開示 39年目の真実』（映像'06）	毎日放送	2006.1.16	◎				
『重い扉 名張毒ぶどう酒事件の45年』	東海テレビ	2006.3.19	◎				
『暴走した威信 誰が張裁判長を襲ったのか』（NNNドキュメント'06）	読売テレビ	2006.4.3	◎				

資料編　関連番組一覧

第10章　アフガン・イラク戦争の樹（野中 章弘）

番組タイトル	放送局	放送年月日	◎	△	○	☑	×
『サンデープレゼント　絶望の叫び・女子教育を禁じる国の明日　黒柳徹子のアフガニスタン報告』	テレビ朝日	2001.9.30	◎				
『アフガン潜入　タリバン圧政下の女性たち』	NHK BS1	2001.10		△			×
『帰郷アフガニスタン ～ニューヨークからカンダハルへ～』（ウィークエンド・スペシャル）	NHK BS1	2002.2.2			○	☑	
『イスラムに生きる』―アフガンの人々はいま』（アジア人間街道スペシャル）	NHK 総合	2002.3.18	◎				
『見えざるアフガン難民の素顔 ～支援の3ヵ月～』（テレメンタリー2002）	テレビ朝日	2002.3.21		△			
『ドキュメント メディアが伝えた "新しい戦争"』（ハイビジョンスペシャル）	NHK BS Hi	2002.4.29	◎			☑	
『シンポジウム　戦争報道』	NHK BS1	2002.5.22		△			×
『ニューススーテション』	テレビ朝日	2003.4.10		△			
『ABCナイトライン』	NHK BS1	2003.4.12		△			×
『ニューススーテション』	テレビ朝日	2003.4.17		△			
『ABSスペシャル むのたけじがゆく・88歳からのメッセージ』	秋田放送	2003.5.31	◎				
『アメリカの情報操作に気をつけろ』	NHK BS1	2003.7.5	◎			☑	
『戦場特派員 ～60歳が見たイラク戦争～』（NNNドキュメント'03）	福岡放送	2003.7.7	◎				
『ムーブ2003　親子はそれぞれの戦場で』	北海道テレビ放送	2003.12.22	◎				
『戦地へ ～派遣隊員は語る～』（テレメンタリー2004）	北海道テレビ放送	2004.2.29	◎				
『熱望の砂漠 ～なぜ自衛隊は戦地へ向うのか～』（NNNドキュメント'04）	札幌テレビ放送	2004.3.1	◎				
『妻が見た戦場特派員 ～橋田信介という生きかた～』（NNNドキュメント'04）	福岡放送	2004.6.14	◎				
『9・11テロからイラク戦争 BSが伝えた人々の記録　第一部　戦争～』	NHK BS Hi	2005.3.21		△			
『9・11テロからイラク戦争 BSが伝えた人々の記録　第二部　混迷』	NHK BS Hi	2005.3.22		△			
『ふたりのさっちゃん ～今は亡き父それぞれども戦前で』（NNNドキュメント'06）	読売テレビ放送	2006.1.30	◎				
『アメリカ　ニュース報道の危機　第1回　揺れる情報源の秘匿』（BS世界のドキュメンタリー）	NHK BS1	2007.7.16		△			×
『きょうの世界　密着アフガニスタン駐留米軍』	NHK BS1	2008.4.2		△		☑	×
『ブッシュの戦争 9.11からアフガン空爆へ』（5回シリーズ）（BS世界のドキュメンタリー）	NHK BS1	2008.9.1～4		△			×
『茉の花畑の笑顔と銃弾』（NHKスペシャル）	NHK 総合	2009.2.23	◎			☑	
『イラク戦争を問う　世界・検証の波紋』（クローズアップ現代）	NHK 総合	2010.6.9	◎			☑	
『シリーズ 9.11から10年　第1週　世界を変えた日（前編・後編）』（BS世界のドキュメンタリー）	NHK BS Hi	2011.9.5～6		△		☑	
『シリーズ 9.11から10年　第1週　対アルカイダ　情報機関の10年（前編・後編）』（BS世界のドキュメンタリー）	NHK BS Hi	2011.9.8～9		△		☑	

375

放送番組で読み解く社会的記憶

あとがき

　"放送ライブラリーの保存番組を大学教育に活かすために、放送番組を使った学部学生のための授業計画を研究して頂けないか"早稲田大学ジャーナリズム教育研究所を主宰される花田達朗教授にこのような相談をさせて頂いたのが今回の共同研究の発端である。

　放送番組センターが放送法（第167条）の指定を受けて放送ライブラリー事業を開始して20年が経過し、保存・公開番組は、民放とNHKで放送されたテレビ、ラジオ番組、CM、ニュース映画など約3万本に達している。放送年代は、テレビ草創期のモノクロフィルム番組からデジタル・ハイビジョンまで幅広く、ジャンルはドラマ、ドキュメンタリー、教育・教養、アニメーション、バラエティなど多種多様で、全国の民放局が制作した番組も数多く保存している。

　これらの番組は戦後日本の世相や人びとの意識の変化を読み解き、また制作技術の発達、革新が情報伝達の手法や表現にどのように影響したかなどを考察する格好のストックといえる。この保存番組を教育に利用していくことについては、これまでも当センターで何度か研究会を設置して検討し、利用価値が高いことは見解が一致していたが、次のような課題も指摘され、実際の授業に使うには至っていない。

　　・教育利用のニーズは多様である。教師が授業に使いたいと思う番組が提供できるか。
　　・授業という利用形態に適合した著作権、肖像権等の処理ができるか。
　　・放送ライブラリーに出向かなければ視聴できないのであれば、利用価値は半減する。

　これらをクリアすることは容易ではなく、解決すべき課題を残したままの研究提案であったが、花田教授は当方の意図を汲み取ってくださり、早稲田大学以外の先生方にも参加を呼び掛けて、「放送番組の森研究会」

あとがき

を立ち上げて頂いた。

　研究会に参加された10人の先生方の専門領域はさまざまで、それぞれの視点に立って、放送番組の特性とアーカイブという時間の蓄積を活かした教材が開発された。過去の番組を教育に使っていくための環境整備に関しても、放送界と放送番組センターへの率直、かつ具体的な意見、提言が示された。

　書籍には図書館という紀元前からの歴史をもつ保存と利用のための社会的機能が定着している。放送番組についても同様の仕組みが期待されるが、現在のところわが国で、一般のアクセスを前提にして番組の保存と公開を進めているのは、当センターの「放送ライブラリー」とNHKアーカイブスの「公開ライブラリー」だけである。放送の社会的影響力と生産される情報量の大きさを考えれば、保存と活用のインフラとして十分とはいえない。

　アーカイブされた番組を資料として大学教育に使いたいという要望は根強くあり、その有用性も確認されているが、大学とアーカイブ機関をつなぐルート、番組を使う際の著作権や肖像権などの処理ルールが明確でないのが現状だ。当センターとしては、今回の研究成果を大学関係者、放送関係者に広く周知し、番組の教育利用は、学生への教育のみならず、放送に対する若者の興味を呼び起こし、放送の健全な発達につながる道でもあることに理解を求めつつ、保存番組の教育利用に活路を開く努力を重ねたいと考えている。

　最後に、2年間にわたって熱心な討議、研究を進めて頂いた10名の先生方、2011年11月に放送ライブラリーで実施した公開授業での番組の上映使用と本書に番組情報や写真の掲載を許諾頂いたNHK、民放各社、研究成果の出版に協力頂いた日外アソシエーツを始めとする関係各位に心から感謝を申し上げ、今回の研究が、アーカイブされた放送番組を大学教育に活用していく具体的な仕組み作りの端緒となることを切望するものである。

2012年3月
鈴木 豊（放送番組センター事務局長）

放送番組で読み解く社会的記憶

放送ライブラリーの紹介

【放送ライブラリー事業について】
　放送ライブラリー事業は、放送法第167条の指定を受け、NHKと民放の共同事業として、公益財団法人放送番組センターが実施・運営しています。
　放送番組を文化資産として収集・保存・公開し、後世に伝えることを目的としています。

1）放送番組の収集・保存・公開
　NHK・民放のテレビ・ラジオ番組、コマーシャルを対象に、収集基準に沿って保存対象番組を選定し収集・保存します。テレビ番組の収集基準は、「国内外賞の受賞番組」「高視聴率や視聴者の反響など話題を集めた番組」「現代史、社会風俗、人物などの記録として価値のある番組」などで、劇場用映画や海外制作番組は対象外です。
　保存・公開に関わる権利処理手続きと人権・肖像権への対応は、放送番組センターの責任で実施しています。
　テレビ・ラジオ番組、テレビ・ラジオCM、劇場用ニュース映画など3万本の映像・音声コンテンツを施設内の視聴ブースで一般公開しています。

2）放送文化への理解を促進する各種催しの開催
　放送局や関係団体などと連携・協力を受け、企画展や番組上映会、公開セミナーやシンポジウムなど、"放送と番組の足跡と今"を理解して頂く目的で各種催しを開催しています。
　また小中学生教育に対しても、施設を活用した放送体験や説明付き見学、メディア・リテラシー関連の番組視聴の提供を行っている他、放送局員による「出前授業」「アナウンサー体験教室」「ラジオ・DJ体験」などを実施しています。

【放送ライブラリーの施設紹介】
1）施設概要
　　・神奈川県横浜市の横浜情報文化センター内8階「視聴ホール」に視聴ブース（1～3人用60台100席）と研究者用ブース（事前申込み制）を設置。
　　・9階「展示ホール」には、放送の今と歴史を紹介する体験型の常設展示コーナーや企画展、番組上映会等の各種催しを開催する大小ホールを設置。

2）番組視聴・情報システム
・HDD サーバーによる VOD システムを取り入れ、全ての公開コンテンツを同一ブースで視聴できる効率的なアーカイブシステムを採用。
・使いやすいタッチパネル式端末で利用者登録、番組検索・視聴が可能。

3）映像を使った体験型の常設展示コーナー
・ニュース、情報番組のアナウンサーやリポーターの体験ができる「ニューススタジオ」や、プロ野球中継と音楽番組のテレビカメラのスイッチング体験が可能な「きみは TV ディレクター」を設置。
・放送史のエポックとなった出来事と人々の暮らしとの関わりを、写真パネルとミニジオラマで紹介する「放送お茶の間物語」、テレビ放送開始からの懐かしい番組やテレビ CM、重大ニュースなどを大画面で紹介する「プレイバックシアター」など。

4）所在地・アクセス
□神奈川県横浜市中区日本大通 11
　横浜情報文化センター
　みなとみらい線「日本大通り駅」3 番出口直結
　（東急東横線直通、渋谷から約 40 分）
　TEL　045-222-2828
　FAX　045-641-2110
□開館時間：10:00 〜 17:00
　【利用無料】
　休館日：毎週月曜・年末年始
□ホームページ（http://www.bpcj.or.jp/）に公開番組の検索、施設紹介、アクセス、催し案内のほか、キッズ・ページを掲載。

【この他の放送番組公開施設】
■ NHK 番組公開ライブラリー（埼玉県川口市、全国 NHK 放送局内）
NHK のテレビ・ラジオ番組約 8 千本が視聴できる無料施設。
電話 048-268-8000　http://www.nhk.or.jp/archives/
■ 川崎市市民ミュージアム・ミュージアムライブラリー（神奈川県川崎市）
「地方の時代賞」や日本の初期テレビ・ドキュメンタリーなどを公開。
電話 044-754-4500　http://www.kawasaki-museum.jp/

編者紹介

早稲田大学ジャーナリズム教育研究所（J-Freedom）

早稲田大学総合研究機構に承認されたプロジェクト研究所のひとつで、「ジャーナリスト教育の研究開発とジャーナリズム研究の革新」をテーマとして、2007年4月に設立された。ジャーナリスト養成教育の場として、オープン教育センター・全学共通副専攻・ジャーナリズム／メディア文化コースを展開し、全学の学部学生を対象にしている。所長は花田達朗。
ホームページは http://www.hanadataz.jp/00/front.htm

公益財団法人放送番組センター

放送の健全な発達を図ることを目的として、1968年3月、NHKと全民放テレビ局が共同して設立した。1991年からは、放送法第167条の指定を受け、放送番組を文化資産として収集・保存し、一般に公開する放送ライブラリー事業を実施。保存した番組をメディア・リテラシー教育などに役立てていく方策も推進している。2012年4月、公益財団法人に移行した。
ホームページは http://www.bpcj.or.jp/

放送番組で読み解く社会的記憶
──ジャーナリズム・リテラシー教育への活用

2012年6月25日　第1刷発行

編　集／早稲田大学ジャーナリズム教育研究所ⓒ
　　　　公益財団法人放送番組センターⓒ
発行者／大高利夫
発　行／日外アソシエーツ株式会社
　　　　〒143-8550 東京都大田区大森北1-23-8 第3下川ビル
　　　　電話(03)3763-5241(代表) FAX(03)3764-0845
　　　　URL http://www.nichigai.co.jp/
発売元／株式会社紀伊國屋書店
　　　　〒163-8636 東京都新宿区新宿3-17-7
　　　　電話(03)3354-0131(代表)
　　　　ホールセール部(営業) 電話(03)6910-0519

組版処理／日外アソシエーツ株式会社
印刷・製本／光写真印刷株式会社

不許複製・禁無断転載　　《中性紙三菱クリームエレガ使用》
《落丁・乱丁本はお取り替えいたします》
ISBN978-4-8169-2365-4　　Printed in Japan, 2012

世界のビジネス・アーカイブズ―企業価値の源泉
公益財団法人 渋沢栄一記念財団実業史研究情報センター 編
四六判・280頁　定価3,780円(本体3,600円)　2012.3刊

世界のビジネス・アーカイブズ活動を紹介する初の日本語論文集。IBM社など代表的な一流企業では企業資料を経営にどう活用しているのか、将来を見据えた中国やイギリスなどの国家的枠組み作り、グローバル企業における各国にまたがる資料管理の方法など、各国・各企業の著名アーキビストによる15の実践・調査報告を収録。

図書館活用術 新訂第3版
―情報リテラシーを身につけるために
藤田節子 著　A5・230頁　定価2,940円(本体2,800円)　2011.10刊

インターネット社会では、あふれる情報から求める内容を探索・理解・判断・発信する「情報リテラシー」能力が求められる。『新訂 図書館活用術』(2002.6刊)を最新の図書館の機能にあわせて改訂、情報リテラシー獲得のための図書館の利用・活用法を徹底ガイド。豊富な図・表・写真を掲載、読者の理解をサポート。用語解説、索引つき。

インターネット時代のレファレンス
―実践・サービスの基本から展開まで
大串夏身・田中均 著　A5・230頁　定価2,415円(本体2,300円)　2010.11刊

レファレンスの基礎から組織として安定したサービスを展開する方法まで、公共図書館に期待されているサービスがわかる図書館員のための指南書。調べ方の実例として「チャートで考えるレファレンスツールの活用」を掲載。

図書館で使える 情報源と情報サービス
木本幸子 著　A5・210頁　定価2,310円(本体2,200円)　2010.9刊

情報の宝庫・図書館の「情報源」「情報サービス」の特性を知り、上手に活用するための解説書。図書館の実際と特色を種類ごとに整理し、豊富な図表・事例をまじえて紹介。理解を助ける実践的な演習問題付き。

データベースカンパニー
日外アソシエーツ
〒143-8550　東京都大田区大森北1-23-8
TEL.(03)3763-5241　FAX.(03)3764-0845　http://www.nichigai.co.jp/